河南省杰出青年科学基金项目(2000年度)资助
河南省自然科学基金项目(004040600)资助

水资源保护规划理论方法与实践

高健磊　吴泽宁　左其亭　赵学民　等编著

黄河水利出版社

内 容 提 要

本书是在作者从事水资源保护教学、科研工作成果基础上,结合全国水资源保护规划的具体要求,同时吸收国内外相关研究成果和技术实践编著而成的。以水资源保护规划核心内容为主线,融汇系统分析、可持续发展、生态保护、总量控制等观点、方法及实用现状,较全面地阐述了水资源保护规划的基础理论、技术方法。全书共16章,包括总论、基础理论、技术方法三个部分。系统介绍了水资源保护规划的框架、水功能区划、现状调查及预测评价、总量控制及其分配、污染防治和生态保护措施及规划方案的优化或优选等内容,理论联系实际,为保护水资源并促进其永续利用、实现社会经济环境协调可持续发展,提供了理论与技术支持。

本书可供从事水资源保护规划、评价、管理及科研工作者和水利、环保、市政、农业等有关部门的科技人员,以及大专院校水文水资源工程、环境科学与工程、给排水工程等专业的教师、学生使用和参考。

图书在版编目(CIP)数据

水资源保护规划理论方法与实践/高健磊等编著.
郑州:黄河水利出版社,2002.12
ISBN 7-80621-631-6

Ⅰ.水⋯ Ⅱ.高⋯ Ⅲ.①水资源-资源保护②水资源管理 Ⅳ.TV213.4

中国版本图书馆 CIP 数据核字(2002)第 093731 号

出 版 社:黄河水利出版社
　　　　地址:河南省郑州市金水路 11 号　　　邮政编码:450003
发行单位:黄河水利出版社
　　　　发行部电话及传真:0371-6022620
　　　　E-mail:yrcp@public2.zz.ha.cn
承印单位:黄河水利委员会印刷厂
开本:787 毫米×1 092 毫米　1/16
印张:19.75
字数:456 千字　　　　　　　　　　印数:1—2 000
版次:2002 年 12 月第 1 版　　　　　印次:2002 年 12 月第 1 次印刷

书号:ISBN 7-80621-631-6/TV·294　　定价:38.00 元

前　　言

　　水是人类赖以生存和社会发展不可替代的自然资源。随着人口的急剧增加、经济社会的迅速发展,以资源匮乏和污染为主要特征的水资源危机日益成为全球性问题,亦是我国生态环境改善和经济社会可持续发展的主要制约因素。顺应水资源的自然迁移规律和社会经济特性,对其进行综合、统一、科学地管理,是保护水资源并促进其永续利用的前提条件。依据国民经济发展规划和流域综合利用规划,科学合理地制定水资源保护规划,则是实现水资源永续利用,保证经济、社会与环境可持续发展的重要条件。

　　水资源保护规划是国家统一管理、保护水资源、防治水污染等方面宏观决策的重要依据,是水资源永续利用、保障流域地区经济社会可持续发展的一项基础性工作,也是水利管理由工程水利向资源水利,传统水利向现代水利和可持续发展水利转变及日益兴起的“水务管理”工作的迫切需要。

　　从目前全国水资源保护的工作实际和部分高校、科研单位水资源保护规划教学、科研的现状看,也很需要一本理论联系实际,能将当今系统分析、可持续发展、总量控制、生态保护等诸多新观点、新概念、新方法包涵其中的水资源保护规划工作的参考书和教材,以反映国内新颁布的相关法规、管理制度、国内外新近科研与实践成果及其先进方法、发展趋势,满足从事水资源保护管理与规划工作的科技人员的需要,亦可供高校相关专业学生参考使用。

　　水资源保护规划的核心内容是通过流域(流域内地区)调查,评价水体现状和功能,明确水体主要污染源、污染物和存在问题;对水体功能进行区划,确定水资源保护目标和设计条件;按规划的不同水平进行污染预测;依据水体稀释自净特性、环境容量、技术经济比较指标等,制定总量控制允许排污方案或水资源保护对策措施方案;对提出方案进行优化或优选;确定优选方案的分期实施计划,并估算分期实现保护目标的投入与效益。由此可见,水资源保护规划是涉及面十分宽深的系统工程。

　　本书基于上述核心内容,遵循“全面综合、系统定量、先进简明、易于实用”的原则,将全书内容分为总论、基础理论、技术方法三个部分。在总论中较全面地阐述了水资源保护规划的重要性,水资源保护规划与可持续发展战略的关系和应遵循的可持续发展原则;概述了水资源保护规划的指导思想、基本任务和内容;介绍了水资源保护规划的分类情况,并说明了制定过程中的几个关键问题。基础理论部分,在总结已有预测、评价、分配与系统分析基本理论的同时,十分注意吸收国外相关最新研究成果。编入水资源保护规划的重要基础理论有:社会经济发展及需水量预测、水质模型与水环境预测、水环境评价、总量控制、水资源系统分析等概念、理论与方法。技术方法部分,结合部分实例和国内外规划制定的实用技术成果,阐述了水资源保护规划过程中应用技术方法,其主要内容有:水资源保护规划编制的过程、步骤和方法,水体环境调查、监测与分析,水功能区划,设计水量计算与确定,总量控制规划,地下水资源保护规划,生态环境问题与保护,水资源保护对策和措施等规划具体编制过程中应遵循的原则、技术程序、步骤和规划方法。本书为全面、合理、科学地编制水资源保护规划,为国家宏观决策和水资源统一管理提供了基础理论和技术支持。

本书由高健磊、吴泽宁、左其亭、赵学民和李冰共同编著。其中高健磊编写第五、七、十三章;吴泽宁编写第六、十一章;左其亭编写第一、三、四、十四、十五章;赵学民编写第二、八、九、十六章;李冰编写第十、十二章。李宇庆、翟丽华、周念来、周丽、焦瑞峰等同志参加了本书编著过程的资料汇编、整理和部分校对工作。

在本书编写过程中,得到了作者所在单位和有关单位的专家、教授的大力支持和热情帮助,在此特致谢意!

鉴于我国水资源保护规划的理论和实用技术的研究工作属初期阶段,尚未形成完善、合理、科学成熟的理论与技术体系,加之编著者水平所限,因此本书难免有不尽完善之处,许多方面还需通过不断探索、研究和实践加以完善或补充。恳请同行专家和读者批评指正。

编著者

2002 年 9 月于郑州

目　　录

第一篇 总 论

第一章 水资源问题与水资源保护
规划的重要性

　　水,是生命之源,是人类赖以生存、不可缺少的一种宝贵资源,又是自然环境的重要组成部分,是经济社会可持续发展的基础条件。自第二次世界大战以来,随着科学技术的进步和社会生产力的飞速发展,人类创造了前所未有的物质财富,并加速推进了人类文明发展的进程。但与此同时,也出现了人口过快增长、资源过度消耗、生态环境质量严重下降等问题,自然界生命支撑系统承受越来越大的压力。这其中尤以水资源问题表现得十分突出,特别是最近一二十年来,水资源短缺、水质恶化、洪水灾害等问题严重制约着经济社会的发展。

　　如何使有限的水资源满足人类日益增长的需水量的要求,已成为水资源学术界和各国政府十分关心的问题。当前,迫切需要站在可持续发展的高度,来规划水资源、保护水资源,进而促进其可持续利用。

第一节 水资源问题及其对社会发展的影响

　　水是人类维持生命和发展经济不可缺少的宝贵资源,水资源的开发利用为人类社会进步、国民经济发展提供了必要的基本物质保证。十分遗憾的是,由于人类不合理地开发和利用水资源,产生了一系列与水有关的问题,主要表现在以下几个方面:

一、水资源短缺问题

　　由于可再生的水资源量是有限的,而随着社会经济的发展,人类对水资源的需求量却逐渐增加,进而导致水资源的短缺。造成这一问题的主要原因有两个方面:一方面,由于水资源量是有限的,这是水资源短缺的内在基础;另一方面,由于生活、农业、工业和水力发电等所需水量大幅度增加,再加上人类活动排放污染物导致的水质变差,加剧了水资源的短缺,这是水资源短缺的外在因素。

　　我国多年平均降水总量为61 990亿 m^3,其中45%转化为地下水或地表水资源,55%消耗于蒸散发。我国多年平均水资源总量为28 100亿 m^3,其中地表水27 100亿 m^3,地下水8 700亿 m^3(重复计算量7 700亿 m^3)。水资源总量居世界第6位,但人均占有量仅2 300 m^3,为世界人均占有量的1/4,居世界第110位,属于贫水国家。

在我国范围内,农业、工业以及城市都普遍存在缺水问题。20 世纪 70 年代全国农田年均受旱面积 0.113 亿 hm^2,到 90 年代增加到 0.27 亿 hm^2。农村还有 3 000 多万人饮水困难,全国 600 多个城市中有 400 多个供水不足。干旱缺水已成为我国经济社会尤其是农业稳定发展的主要制约因素之一。

二、洪水灾害问题

洪水是一种自然的水文现象,洪水灾害是当今世界上造成损失最大的自然灾害。据联合国统计,每年全世界各种自然灾害所造成的损失中,洪涝占 40%、热带气旋占 20%、干旱占 15%、地震占 15%、其他占 10%,可见洪水灾害所占的比例之大。

我国由于自然地理环境和历史发展等特殊条件,全国 50% 的人口、30% 的耕地和 70% 的工农业产值都集中在七大江河的中下游约 100 万 km^2 的土地上,2/3 的国土上存在着不同类型和不同程度的洪水灾害。20 世纪 90 年代以来,我国几大江河已发生了 5 次比较大的洪水,损失近 9 000 亿元。特别是 1998 年发生的长江、嫩江和松花江流域的特大洪水,充分暴露了我国江河堤防薄弱、湖泊调蓄能力降低等问题。洪灾不仅影响人民的生活和生命财产安全,而且关系着经济社会的持续发展。

三、水污染问题

水质问题给人类带来日益严重的灾难。目前大多数人只重视水量的多少,对水质重视不够。然而水质给工农业生产特别是人民生活用水带来越来越大的威胁。随着这一问题的日益突出,人们对水质管理重要性的认识将会很快赶上水量管理。如何使"水质"与"水量"统一管理又是一个十分重要的研究课题。

近几年,我国水体水质总体上呈恶化趋势。1980 年全国污水排放量为 310 多亿 t,1997 年为 584 亿 t。受污染的河长也逐年增加,在全国水资源质量评价的约 10 万 km 河长中,受污染的河长占 46.5%。全国 90% 以上的城市水域受到不同程度的污染。

由于水污染问题的突出,导致水资源由于水质型缺水日益严重,原本可以被人类利用的水资源现在由于污染而不能利用或降低使用范围,使原本紧张的用水状况更是雪上加霜。这些水的问题最终将成为 21 世纪经济和社会可持续发展的瓶颈。

另外,由水引发的国家间、地区间的争端将会越来越普遍。由于流域自然分界与行政分界的不完全一致性,导致了上游、下游为水而争。联合国在 1997 年《对世界淡水资源的全面评价》的报告中指出:"缺水问题将严重地制约 21 世纪经济和社会发展,并可能导致国家间的冲突"。因此,如何科学地管理和保护水资源就显得尤为重要,成为当今一个非常重要的课题。

第二节　水资源保护规划的提出与发展

从以上的论述中可以看出,由于人类不合理地开发利用水资源,在水资源保护问题上重视不够,导致目前水资源问题十分突出。也就是在这种情况下,迫使人们重视水资源的保护工作,也使水资源保护规划工作从开始重视到逐步实施,以至于到目前成为水资源保护与管理必不可少的一部分。

我国的水资源保护规划工作可以说从新中国成立初期就已经开始,此时处于探索阶段。到20世纪70年代,已把水资源保护规划工作作为流域规划的一项重要内容,先后完成了流域水资源规划编制或修订工作。从1983年开始,各流域机构会同各省(区)市的水利、环保部门,开展了长江、黄河、淮河、松花江、辽河、海河、珠江等七大水系的流域水资源保护规划,至1988年底,七大江河流域水资源保护规划先后完成。此次规划完成了水体功能区划和饮用水水源保护区划分工作,并与水资源开发利用规划和水的长期供需平衡计划相协调,制定了水环境综合整治规划,确定了水污染防治措施和实施管理办法。这是我国自20世纪70年代初期开展水资源保护工作以来规模最大、最系统的规划工作,也是传统江河流域规划工作的新发展。

随着水资源保护工作的不断深入,水资源保护规划的内容不断深化和扩大。国内外大专院校和科研、设计单位也开展了水资源保护综合性研究项目,取得了一些研究成果,基本形成了一套比较完善的水资源保护工作内容和方法框架。

总体来看,水资源保护规划是在调查、分析河流、湖泊、水库等污染源分布、排放等内容的基础上,与水文状况和水资源开发利用情况相联系,利用水量水质模型,探索水质变化规律,评价水质现状和趋势,预测各规划水平年的水质状况,划定水体功能分区范围及水质标准,按照功能要求制定环境目标,计算水环境容量和与之相应的污染物消减量,并分配到有关河段、地区、城镇,对污染物排放实行总量控制,提出符合流域或区域经济社会发展的综合防治措施。

第三节 水资源保护规划的目的与意义

水资源保护规划的目的在于保护水质,合理地利用水资源,通过规划提出各种治理措施与途径,使水质不受污染,从而保证满足水体的主要功能对水质的要求,并合理地、充分地发挥水体的多功能作用。

水是人类生存和经济社会发展不可缺少的自然资源。随着经济社会的迅速发展,水资源匮乏和水污染的日益严重,所构成的水危机已成为实施可持续发展战略的制约因素。近年来,污(废)水排放量急剧增加,江、河、湖、库水质恶化的趋势没有得到有效遏制,水污染事故和省际间、地区间水污染纠纷频频发生。因此,依据社会经济发展规划和水资源综合利用规划,研究和科学合理地编制水资源保护规划,对保证水资源的永续利用和实现经济社会的可持续发展,以及为经济社会发展的宏观决策和水资源统一管理与合理利用提供科学依据,具有重要意义。

第二章 水资源保护规划概述

第一节 水资源保护规划的指导思想与基本原则

一、水资源保护规划的指导思想

水资源保护规划的指导思想是：与水资源综合利用规划相协调，面向 21 世纪，贯彻经济社会可持续发展的战略思想，体现和反映经济社会发展对水资源保护的新要求，为宏观决策和水资源统一管理提供科学依据。具体内容有以下几个方面：

(1)应以可持续发展战略作为指导思想，贯彻国家有关经济建设、社会发展与水资源合理开发利用、水资源保护及水污染防治协调、发展的方针。

(2)应贯彻"防治结合、预防为主"的方针。对于已经受污染的水资源，应尽快着手整治，对于尚未受污染或污染尚不严重的水体，则应加强保护措施。

(3)应特别重视水资源的合理开发与利用，要把节水、污水资源化及开发跨流(区)域引水工程结合起来，作为长期的重大战略措施。

(4)规划中确定的水功能区，既要考虑近期要求，也要考虑到中长期的要求，还应根据经济社会支撑能力，对水资源保护措施做出相应的分阶段优化规划方案与实施计划。

(5)制定规划既要研究、总结、吸收国外水资源保护的基本经验和先进技术，又要突出考虑本地的实际情况和条件，以便确定技术上行之有效、经济上适宜的规划方案与对策措施。

(6)对于工业废水污染，应强调源头控制，持续开展清洁生产，实施废物减量化和生产全过程控制，达到节水减污的目的，并与厂外集中处理相结合，实现入河排污口的优化布置。

(7)规划中应高度重视农村水资源的保护，特别是那些位于重要饮用水源地的农村污染源。对化肥农药、畜禽排泄物、乡镇企业废水及村镇生活污水等应采取有效措施进行控制、处理及利用，实现农村生态的良性循环。

二、水资源保护规划的基本原则

(一)可持续发展原则

水资源保护规划应与流域水资源开发利用规划及社会经济发展规划相协调，并根据规划水体的环境承受能力，科学合理地开发利用水资源，并留有余地，以保护当代和后代赖以生存的水环境，维持水资源的永续利用，促进经济社会的可持续发展。

(二)全面规划、统筹兼顾、突出重点的原则

水资源保护规划是将水系内干流、支流、湖泊、水库以及地下水作为一个大系统，充分

考虑河流上下游、左右岸,省(区)际间、市际间,湖泊、水库的不同水域,以及远、近期经济社会发展对水资源保护规划的要求进行全面规划。坚持水资源开发利用与保护并重的原则。统筹兼顾流域、区域水资源综合开发利用和经济社会发展规划。对于城镇集中饮用水水源地保护等重点问题,在规划中应体现优先保护的原则。

(三)水质与水量统一规划、水资源与生态保护相结合的原则

水质与水量是水资源的两个主要属性。水资源保护规划的水质保护与水量密切相关。规划中将水质与水量统一考虑,是水资源的开发利用与保护辩证统一关系的体现。在水资源保护规划中应从水污染的季节性变化、地域分布的差异、设计流量的确定、最小生态环境需水量、入河污染物总量控制指标等方面反映水质和水量的规划成果。还应考虑涵养水源,防止水资源枯竭、生态环境恶化等方面的因素。

(四)地表水与地下水统一规划原则

在水资源系统中,地表水与地下水是紧密相连的。水资源保护规划应注意地表水与地下水相统一,为水资源的全面统一管理提供决策依据。

(五)突出与便于水资源保护监督管理原则

水资源保护监督管理是水资源保护工作的重要方面,规划方案应实用可行,操作性强,行之有效,重点突出水资源保护监督管理措施,以利于水资源保护规划的实施。

第二节　水资源保护规划的基本任务和主要内容

一、水资源保护规划的基本任务

(1)以水资源学、环境科学技术和社会主义经济规律为指导,正确处理区域开发、城乡建设与环境保护的辩证关系,以寻求环境、经济、社会综合效益的最优化。实现经济、社会与环境的可持续发展。

(2)以国家颁布的有关水环境质量标准与法规为基本依据,按照区域的性质、功能、环境特征、居民的要求和技术经济水平,研究制订适当的水资源保护目标和一系列的排放污染物的总量控制指标。

水资源保护规划的重要任务之一,就在于弄清排放污染物与水环境质量之间的相互关系;根据本区域水环境质量标准与规划水质目标,制订各规划水域的污染物总量控制要求和排污总量分配方案。

(3)以区域流域水资源保护系统的综合效益最佳为总目标,统筹考虑规划设计条件、污染源防治、排污体制、污水处理以及水体水质之间的量化关系,并经过优化决策分析,最后制订出水资源保护规划方案。

水资源保护系统是一种多组成、多变量、多目标的复杂系统。就其组成而言,可概括为污染源、污水输排、污水区域处理和水体水质变化 4 个部分,若再增加一项最小流量则为 5 部分。它们之间可以不同方式相互连接,就每个组成部分而言,又都可能存在着多种可调控的对策与措施。不同的生产工艺改革、回收处理工艺与管理办法,不同的污水排放方式和截污程度,不同的污水处理等级、规模以及水体自净作用利用的方式和程度,都具有其相应的技术特性、经济效应和环境质量。它们之间的不同组合可构成效应各不相同的综合保护方案。

水资源保护系统规划主要任务之一，就是要对各组成部分的各种可行的对策措施进行技术、经济的定量化分析，并对由此形成的多组合的综合方案所具有的系统综合效应数量化指标加以度量，进行多目标的优化决策分析，从而获得综合效益最佳的水资源保护综合规划方案。这种系统规划，较之离开整体效益单纯追求局部优化或将各组成部分方案的简单叠加，以及经验性地根据工业排放标准进行水污染控制规划，可以获得明显的较大综合效益。

(4)以清洁生产和最佳实用防治技术为手段，研究制订水资源保护系统最佳效能条件下的水资源保护工程设施规划与管理规划。

水资源保护规划的整体战略安排，是建立在各个组成部分的各种具体对策、措施的技术经济可行性基础上的。对于这些对策、措施，需要通过调研、类比、试验和分析，论证其可行性并进行选择，这种选择必须建立在我国当前经济技术水平和地区特点的最佳实用防治技术基础上，以便使之既具有实施的可靠性，又具有最佳的效能。在此基础上，通过各种组合所形成的综合方案的水质模拟、经济分析及优化决策，才能做出最佳综合效能下的水资源保护工程设施规划与管理规划。

二、水资源保护规划的主要内容

水资源保护规划是在水环境系统分析的基础上，合理地确定水体功能，进而对水的开采、供给、使用、处理、排放等各个环节做出统筹安排和决策。水资源保护规划从理论上应涵盖水质控制规划和水资源利用规划两部分内容。前者以实现水体功能要求为目标，是水资源保护规划的基础；后者强调水资源的合理利用和水环境保护，它以满足经济和社会发展的需要为宗旨。

进行规划时，首先必须了解被规划水体的种类、范围、深度要求和规划的任务等。根据方案所形成的原则和方法，拟订比较方案。然后对比较方案根据一定的准则进行优选。因此，规划的内容可列为：①通过调查及评价水体的现状和功能，明确水体的主要污染源及污染物；②对水体功能进行区划，拟订水质目标和设计条件；③按规划的不同水平进行污染预测；④根据水体稀释自净特性、环境容量、污染物总量控制以及技术经济比较指标拟订几个比较方案；⑤优选方案；⑥拟订分期实施程序并计算分期效益。

水资源保护规划，要求把水环境及其流域作为一个生态系统，要合理地、持续地利用流域水土资源的生产能力而不致使环境退化或恶化。水资源保护规划应是流域规划或区域规划、城市规划的重要组成部分。流域（区域、城市）的各种规划是一个整体，应该全盘考虑，互相促进。

第三节　水资源保护规划的分类

水资源保护规划是水资源开发、利用、管理工作的一个组成部分。它是在现在或将来，流域（区域）开发至各不同阶段，为保护区域内水资源达到一定目标或水质标准而采取的方法或措施。其最终目的是,在达到水质要求的基础上,寻求最小(或较小)的经济代价或最大(或较大)的经济效益。因此,水资源保护规划主要有下列三种划分方法:

一、不同层次的规划分类

从水污染控制的范围和内容来看,水资源保护规划可以区分为各种不同层次的互有关联的规划问题,如流域规划、区域规划和污水处理设施规划等。每一种规划都有它的范围和目的,上一层(级)规划所涉及的问题为下一层(级)规划规定了原则、限制条件和要求。

(一)河流流域规划

在河流流域规划中,应当就整个河流流域的范围(即包括整个干流和各个支流)作出统一和协调的水资源保护规划。规划的战略目标是使所有未达到水质目标的水体达到规定的指标,并要避免高质量水体的水质下降。据此目标,首先要以被评价水质的现状,确定各河段的水质目标和污染物的允许排放量;其次把此允许排放量分配到各个点污染源;最后对整个流域的各种防治措施(如需要新建和扩建的污水处理厂)提出主次和先后建设的计划。

(二)区域规划

区域规划是指对河流流域范围内所存在的,复杂的城市和工业点污染源的污染问题而制订的区域水资源保护规划。区域规划中还应包括城市的非点源污染问题。

这项规划的目的是:估算各种控制水质的方案,并作出管理部门的执行计划。由此得出的区域水资源保护规划,要比那种按全国统一的排放浓度标准来进行控制的简单做法显得合理有效。同时,它也帮助地方政府获得综合解决水资源保护管理的办法和提供经费的依据。城市工业的废水处理是该规划中的重要部分,其中包括要制订各工业污染源应削减的排污量。

(三)污水处理设施规划

污水处理设施规划是为维持和改善河流水质,对污水处理设施所做出的规划。规划中,应调查已有的污水处理设施和估算各种废水处理和处置方案;然后根据环境、社会和经济的综合因素,选择一个投入费用最小、收益最大的方案。

对大型流域的规划一般都要遵循上述三个层次的做法。但遇流域较小、流域内的城市和工业点污染源不多的情况,也可不分为三个层次,一次做成即可。

二、不同水体的规划分类

从保护水体类型出发,水资源保护规划可分为:

(1)河流水资源保护规划。以河流为规划整体,对全河流所提出的分段水资源保护规划。

(2)河段水资源保护规划。对河流中污染最严重或有特殊要求的河段,在河流水资源保护规划的指导下进行河段水资源保护规划。

(3)湖泊水资源保护规划。根据湖泊水体现状和要求,对湖泊分块功能等方面所提出的水资源保护规划。

(4)水库水资源保护规划。根据水库任务、分块功能划分及污染的现状和趋势等条件,提出控制全库水质及分块功能水质的规划。

三、不同解决途径的规划分类

依据水污染控制系统规划问题优化途径的不同可将规划分成两大类:第一类是水污染控制系统的最优规划问题;第二类是可比选方案的模拟规划问题。

(一)水资源保护系统的最优规划问题

这种最优规划问题,简单来说,就是应用数学规划方法,科学地安排污染物的排放,或科学地协调各个治理环节,以便用尽量小的投入达到规定的水质目标。

对于不同范围、不同组成因素的水资源系统,可以形成不同特点、不同内容的最优规划,目前已经得到不同程度的研究或应用。现举例如下:

1.关于区域规划

(1)排放口最优化处理。它是在各小区污水处理厂的规模固定的条件下,寻求满足水体水质要求的各污水处理厂最佳处理效率的组合。这类问题研究的最早,当时称之为水质规划问题。目前对它求解的数学方法较多,也比较成熟。

(2)最优化均匀处理。它是在污水处理效率固定的前提下,寻求在区域污水处理和管道输水的总费用为最低的条件下,污水处理厂的最佳位置和容量的组合。由于此时各处理厂具有相同的处理效率,因而,水体自净作用未得到充分发挥。对此,有人把它称为"厂群规划"问题。有些发达国家,法律规定所有排入水体的污水都要经过二级处理,这种条件下的最优规划问题就属于最优化均匀处理。

(3)区域最优化处理。它要求综合考虑水体自净、污水处理、管道输水这三种因素。也就是说既要考虑污水处理厂的最佳位置和容量,又要考虑每座污水处理厂的最佳处理效率。这种问题比上述(1)、(2)两项更为复杂,目前还没有成熟的求解方法。

(4)区域最优化综合治理。除了考虑污水的输送和处理这种污染治理技术外,近来常采用河流流量调节和河中人工曝气等多种治理技术进行综合最优化的研究。

(5)城市给水与污水处理的综合最优化。对一个城市如何综合考虑水源、给水处理、污水处理和水的循环利用等问题,以求得满足用户对水质要求和污水排放标准的最优化的综合安排(包括诸水源中的最佳水源选择、处理过程的最佳容量以及重复用水的最佳用水量),这就是该系统的最优规划问题。

2.关于设施规划

(1)废水处理系统的最优工艺流程。即在一定的进、出水水量和水质条件下,从各种不同处理方法中寻求总费用最省的最优工艺流程。

(2)污水处理系统的最优设计。即在一定的进、出水水量和水质条件下,按整个系统的费用最小的原则来设计污水处理系统各过程所需设备的基本参数。

(二)规划方案的模拟选优问题

水资源保护系统最优规划的特点是:根据各种因素所提供的信息,一次求出整个问题的最优解,以便较容易地应用现有数学手段加以处理。在条件具备时,应用最优规划法得出的规划方案应该是理想的。但是鉴于水环境问题(特别是预测)的复杂性,我们实际上只是从一个大大简化了的水资源系统的模型来研究河流水资源保护规划问题。由于河流的实际情况比模型要复杂得多,河流水资源管理往往不仅仅限于通常所用的污水处理费用最小这一目标,而是牵涉十分复杂、广泛的各种因素。因此,用上述最优规划所得到的"最优"结果用于实际河流时,很难说是真正的"最优"。但是,如果简化合理,处理得当,从模型得到的数学规划结果对于实际河流的总体规划而言,至少可以算是"合理"或是令人满意的。这就是说,在进行水资源保护规划时,不必过分追求最优化,而应当使水资源保护管理规划合理化。

此外,在很多实际情况下,又往往不完全具备进行最优规划所需的条件,即一方面可能由于系统的范围和影响因素超过了前面提到过的那些规划问题,因此无法把问题纳入到最优规划的目标与约束之中;另一方面可能由于我国现实条件所限,一些问题难以确定,诸如目标函数、约束条件和过程关系式等。因此,最优规划方法的应用往往受到限制。这时,规划方案的排劣比较或选优比较就成为水污染控制系统规划的主要途径了。

规划方案的模拟优选与最优规划方法不同。在作区域规划时,其工作程序是先进行污水输送处理设施规划研究,提出几种可供选择比较的可行方案(可先不考虑污水输送和处理系统与水体之间的关系)。然后对各种方案中的污水排放与水体之间的关系进行水质模拟计算,检验规划方案的可行性。最后从可行方案中找出比较好的方案(或修正方案)。这是一种定性分析与定量计算相结合的方法。先定性确定模拟范围,再进行定量的模拟计算,最后选择确定最佳实用方案。这种模拟规划法虽然不一定得到"最优"解,而且它的优化与否在相当程度上取决于规划人员经验的多少。但是,它比较密切地结合和发挥了现有专家的经验,在限于时间或研究水平等条件无法取得最优规划所需要的数据时,这种方法可以节省人力、物力,减少计算工作量,保证规划工作的顺利完成。而且只要注意尽可能多地提出一些待选择的初步规划方案,加以筛选,往往能够获得与最优规划方法相近的结果。特别是在进行较高层次的战略性研究时,它更有其独到的优越性。因此,在很多情况下,模拟规划法是一种既实用又能保证效果的有效方法,应该给予足够的重视。

第四节　水资源保护规划应关注的几个问题

一、国内外水资源保护规划的制定与实施过程中存在的问题

两百多年的水资源规划工作与研究实践表明,解决好下列问题是制定规划与实施规划的关键:

(1)必须协调水资源规划、土地利用规划与环境保护三者之间的关系,用最少的投资获得最大的效益,以满足人民的用水需求。

(2)水资源规划是涉及多学科的综合技术,它需要有很多专门人才共同完成,如经济学家、环境保护专家、社会学家等。

(3)规划人员必须具有辨别规划比较方案有用性与否的能力,并通过比较分析选出最有利的方案。

在现代规划实践中最大的缺点是:对规划对象的真正本质与用途缺乏研究;对经济

学、社会学、生态学和水文学之间的关系研究得不够深入。今后应在此方面加强研究工作，为水资源保护规划的制定提供基础依据。

二、关于水资源保护规划中应注意的问题

由于水功能区划和水质目标拟订、水资源开发任务的安排以及各项保护措施的组合等都需要通过一定数量的方案比较，最终做出最优选择。因此，对于每一特定水体必须根据其具体情况以及需要与可能条件进行特定规划。系统工程、多目标分析就是研究解决这一问题最有效的技术科学。但必须注意，使用任何数学模型和方法，所求得成果的精度都不可能超过资料本身的精度。在应用系统分析时，应当避免不必要的复杂数学模型。实用性和简单性应作为评价数学模型的重要指标。单纯从数学模型中得出的最优方案，有时也可能是不现实的，在这种情况下宁可采用非最优解的决策，这在方案决策中，显得非常重要。此外，也要考虑时间因素对经济情况变化的影响，例如，某工程的几个方案的总投资可能相等或相差不大，但各方案的审批和施工过程长短不一，这就需要考虑并预测这一时段的经济变化情况。在整体规划工作中，还应通过系统分析方法，对每一方案都建立一套完整的、正确的制度，包括工程的兴建和运转阶段的各项规划（如人员培训、工程运行管理、财务、法规等相应的配套规划）。要从全流域统一着眼，干支流、上下游、左右岸要统一规划，相互协调。对本流域与相邻流域的关系，特别是对国际河流或跨省（区）河流的水资源开发和保护，更要周密考虑。此外，还要考虑规划的时间水平以及这一时段内经济情况的可能变化。在资源方面，水资源和土地资源要统一考虑；地表水、地下水要联合使用和保护；要进行多方案的比较。在个别工程的规划与实施中，必须考虑具体规划与流域的最终规划相协调（尤其是重点工程），并要留有一定余地，以适应将来的发展。至于裕度大小则视工程的重要性而定。

在进行水资源保护规划时，必须注意以下几个问题：

（1）在水资源规划与管理中，妥善解决在国际上曾出现过的一些问题。例如，地表水和地下水本是同一种资源的两种形式，却得不到统一的规划和研究；人为地将水量和水质管理分开；对某些用水户没有拟定合理的水价和有效的征收水费办法；用水户不关心节约用水；对不同水体的水法还没有订立或不完善。这些都是有待解决和并不难解决的问题。

（2）根据目前和将来对水环境的用途，严格划分保护区，要首先保证饮用水源的水量和水质。目前，我们在水质评价方面还不能反映实际情况，许多水域的水质从总体上来评价往往是好的，但是，在人们活动最频繁的水域却污染得很严重。

（3）流域的用地与人口的增长对水量、水质的改变和水环境的污染是紧密相关的。工业形成点污染，农业形成面污染。城市化一方面使用水量加大，排污量增加；另一方面由于城市铺盖面积增加使径流水量加大，洪水集中变快，洪峰提前出现。这些对下游的水环境的影响都是值得注意的问题。另外，土地耕作制度、种植作物的改变也影响水质、水量，在研究时应予充分注意。

（4）要把流域及其水环境作为一个生态系统来考虑。在水资源的供需平衡上既要统一考虑人类社会活动的用水要求，也要考虑自然安全用水，使生态系统得以协调发展。目前这一点已经引起人们的重视。

(5)我国雨洪危害最大,减免洪水灾害常常是要考虑的第一位问题。必须从全流域出发统一考虑防洪、治涝及水资源综合利用的关系。在水资源的配置上,既要考虑水、土资源的平衡,也要考虑上、下游的分配比例,并注意水量的先用后耗,一水多用,使国民经济各部门得到最大综合效益。

(6)对于任何水环境,在人为地改变其进出水量及其分配时,不仅要研究此项改变对本水环境、水质、水位引起的变化及其影响,还要研究对有关地区及有关水环境的影响。例如:新疆的博斯腾湖原是一个水质很好的淡水湖,但近年来因入湖河道开都河两岸灌溉面积剧增,引水量增加数倍,加之近期河道径流量偏小,又变相改道引水接济出湖河流孔雀河,致使入湖水量锐减,湖水位下降,失去吞吐循环,矿化度越来越大,已濒临为盐湖。

(7)要注意对远景的预测,既要做好供水量的预测,又要做好需水量的预测;既要做好水质的现状评价,也要做好远景的污染预测,以便事先采取措施,做好防治规划。

(8)水资源与水环境保护的方针与措施是综合性的,它的综合性表现在以下四个方面:①从节流与开源的关系上,要节污水之流(减少污染负荷),开清水之源(增加稀释自净能力)。一般均以前者为主,特别在清水资源缺少的干旱地区更应如此。②首先要使工业的污染尽量在生产过程中解决;其次是对污染物进行综合利用;最终就是进行污水处理。要把污水处理提到不仅是解决水环境的污染问题,也是解决水量不足、使其成为可利用水源的一部分的高度。③治理措施应该是多方面的,既要有工程措施,也要利用生物措施。特别要强调与水利规划和污染防治规划的合理结合。④关于治理措施,必须对每一特定水域进行特别设计,运用系统工程统一安排各种治理子系统或治理单元,达到以最小投资得到最大效果的目的。

(9)在治理上不能采用污染搬家的方法,要妥善处理干支流、上下游、左右岸及各种水环境的相互关系。要从根本上合理解决水资源保护并合理利用各种水环境的稀释自净能力,进行必要的专题科学研究尤为重要。

(10)采用低成本、低消耗的取水和污水处理系统。从节约能源、降低成本角度出发,应尽量避免利用非再生能源,多利用再生能源,如太阳能、风能等。

第三章 可持续发展与水资源保护规划

水,是生命之源,是人类赖以生存的不可缺少的一种宝贵资源,又是自然环境的重要组成部分,是经济社会可持续发展的基础条件。因此,从促进经济社会可持续发展的角度,必须要保护有限的水资源;反过来,从促进水资源可持续利用的角度,必须以可持续发展为基本指导思想来规划管理保护水资源。

第一节 关于可持续发展

回顾 20 世纪社会发展的历程,可以看到,地球发生了三大影响深远的变化:①社会生产力的极大提高和经济规模的空前扩大,创造了前所未有的物质财富,从而迅猛地推进了人类文明进程;②人口爆炸性增长,世界总人口翻了两番,已达 60 亿,并且仍以每年约9 200万的速度剧增;③由于自然资源的过度开发与消耗,污染物质的大量排放,导致全球性资源短缺、环境污染和生态破坏。

实际上,人们对日益严重的环境问题的认识由来已久,然而,由于立足的社会、阶层不同,观点也各异,从对人类社会发展历程进行反思到一起讨论可持续发展问题,经历了很艰难的历程。可持续发展概念、思想的诞生,从几次国际大会就可窥见一斑。

1972 年,在瑞典斯德哥尔摩召开的世界环境大会上,人们开始改变多年来习以为常的"世界实际是无限的"概念,开始明白"只有一个地球"的含义。人们已经认识到由于发展带给人类的严重灾难,也开始觉醒:经济增长要与环境、资源相协调。可惜的是,在此次大会上没能就环境与发展问题达成共识,其冲突表现在发达国家和发展中国家间的尖锐分歧。发达国家的担心主要是污染、人口过剩和自然保护;而发展中国家则认为,污染和自然资源恶化等环境问题是次要的,他们所面临的是更为迫切的贫困问题:饥荒、疾病、文盲和失业。最终此次大会也未能解决这一分歧,在最后的大会简报上简明地把这一情况概括在这样一个标题中:"只有 113 个地球"。尽管如此,这次世界环境大会的意义是重大的,它扭转了人们的观点,孕育着"可持续发展"的萌芽。

随着时间的推移,全球环境问题继续在恶化,国际社会的关注也越来越大。1983 年12 月,由挪威首相 Brundtland 夫人主持成立一个独立的特别委员会(即"世界环境与发展委员会"),专门研究制订"全球的变革日程"。这个由政治家、学者组成的委员会不负众望,经过 4 年的努力,终于在 1987 年的世界环境与发展委员会上由 Brundtland 夫人等作了题为 *Our Common Future*(《我们共同的未来》)的报告。该报告明确提出了"可持续发展"的概念,即可持续发展是指"人类在经济社会发展和资源开发中,以确保它满足目前的需要而不破坏未来发展需求的能力"。它有三个基本要求:第一,开发不允许破坏地球上基本的生命支撑系统,即空气、水、土壤和生态系统;第二,发展必须在经济上是可持续的,即能从地球自然资源中不断地获得食物和维持生态系统的必要条件与环境;第三,要求建立国际间、国家、地区、部落和家庭等各种尺度上的可持续发展社会系统,以确保地球生命支撑系统的合理配置,共同享受人类发展与文明,减少贫富差别。

1992 年 6 月,被称为"地球首脑会议"的"世界环境与发展大会"在巴西里约热内卢由联合国组织召开。百国政府首脑聚集一堂,商讨人类摆脱环境危机的对策。可持续发展的概念已被大会接受,并通过了意义深远的《21 世纪议程》文件。

可持续发展这一术语,在世界范围内逐步得到认同并成为大众媒介使用频率最高的词汇之一。并很快拓广到一些学科,对可持续发展的研究机构也如同雨后春笋般地发展起来。与此同时,学术界对可持续发展的不同定义和解释也纷纷出现。然而,最常被引用的定义仍是 1987 年 Brundtland 夫人等在世界环境与发展委员会上提出的定义。

从可持续发展的概念可以看到,可持续发展的内涵十分丰富,涉及到社会、经济、人口、资源、环境、科技、教育等各个方面,但究其实质是要处理好人口、资源、环境与经济协调发展关系。其根本目的是满足人类日益增长的物质和文化生活的需求,不断提高人类的生活质量。其核心问题是有效管理好自然资源,为经济的发展提供持续的支撑力。可持续发展的概念主要包括如下内容:

(1)可持续发展的核心是发展。因为在发展中国家,环境问题大多是由于发展不足造成的。发展中的问题只能在发展中解决,只有经济发展了才能为之提供必要的物质基础,并最终消除贫困和环境污染。因此,在发展中国家,发展是可持续发展必要的前提条件,但是这种发展观强调用社会、经济、文化、环境、生活等多项指标来衡量发展,较好地把当前利益与长远利益、局部利益与全局利益有机地结合起来,使经济发展、社会进步、环境改善统一协调起来。

(2)可持续发展把环境保护作为发展进程的一个重要组成部分。发展与资源和环境保护是相互联系的有机整体,资源的持续利用和环境保护的程度是区分传统发展与可持续发展的分水岭,因此如何保护环境和有效利用资源就成为可持续发展首要研究的问题。环境有广义和狭义之分。狭义的环境是指生态环境(自然环境),而广义的环境,除包含狭义的环境外还包括社会环境,亦是各种资源如自然资源、社会资源、人的资源、物的资源、信息资源等的总汇。生态退化或环境污染可以说是不同形式的资源短缺问题。如生态退化是生态系统的更新和平衡能力的短缺,污染则是环境自净能力的短缺。因此,采取何种战略保护广义资源的供求均衡,成为可持续发展战略的重点内容。

(3)可持续发展是与地球生物圈承载能力相适应的适度发展,特别强调地球生态系统对人类的需求有一提供支持的基本限度。在这一限度内,它能够承载人类利用自然资源的负荷,吸收人类排放的废弃物,自动调节生物圈的平衡。而一旦人类的生产和消费超过了这一限度就会严重影响生物圈的自我调节能力,这种状况若持续时间过长则生态系统可能崩溃。剧增的人口是对地球生物圈承载力的最大压力,因此控制人口数量成为可持续发展战略亟待解决的问题。

(4)可持续发展强调资源与环境在当代人群之间以及代际之间公平合理地分配。为了全人类的长远的和根本的利益,当代人群之间应在不同区域、不同国家之间协调好利益关系,统一合理地使用地球资源和环境,以期共同实现可持续发展的目标。同时当代人也不应只为自己谋利益而滥用环境资源,在追求自身的发展和消费时,不应剥夺后代人理应享有的发展机会,即人类享有的环境权利和承担的环境义务应是统一的。

(5)可持续发展承认自然资源具有价值,要求建立自然资源核算体系,合理进行资源定价。资源定价的客观基础,取决于一个社会未来可持续发展需要的全部资源的维持与发展费用。这些费用包括补偿资源损耗相应投入部分和发展新的资源所需要投入的部分。因此资源的价格基础就是保持人类一定生活质量对最低需求所需要的补偿性投入,包括为此投入的劳动力、资金、技术和其他生产资料的价格,而这些投入都可以换算为一定的劳动量,因此资源价格应满足并遵循价值规律。在条件成熟时,可促成资源利用成为一种有利可图的产业,将其纳入市场经济良性运行的轨道。

(6)可持续发展是全球的协调发展。虽然各国自主选择可持续发展的具体模式,但是生态环境问题是全球经济、科技、文化等因素相互作用的产物,必须通过全球的共同发展综合地、整体地加以解决。因此,各国必须着眼于整个人类的长远和根本利益,积极统一地采取行动,加强合作,协调关系。

第二节　水资源与可持续发展

水,是生命之源,是人类和一切生物赖以生存的不可缺少的一种宝贵资源。

水,是生态环境的基本要素,是支撑生命系统、非生命环境系统正常运转的重要条件。如果缺水或无水,将无法维持地球的生命力和生态、生物多样性,生态环境也必将遭到破坏。

水,是一个国家或地区经济建设和社会发展的重要自然资源和物质基础。作为提供人类生活用品和生态环境保护资金来源的农业和工业生产活动必须要有水的参与。

总之,从水资源与社会、经济、环境的关系来看,水资源不仅是人类生存不可替代的一种宝贵资源,而且是经济社会发展不可缺少的一种物质基础,也是生态环境维持正常状态的基础条件。哪一方面离开水资源,也不能正常运行,更谈不上经济社会的持续、稳定发展。因此,可持续发展,也就是要求社会、经济、资源、环境的协调发展。

然而,随着人口的不断增长和经济社会的迅速发展,用水量也在不断增加,水资源与经济社会发展、生态环境保护的不协调关系表现得十分突出。比如,日益突出的水资源短缺、水质恶化等问题。如果再按目前的趋势发展下去,水资源问题将更加突出,甚至对人类造成灾难性威胁。

在 21 世纪,可持续发展的水资源战略问题是一个关系人类前途和命运的重大问题。国际水资源学术界洞察到这一重大问题,近十年来多次召开国际学术研讨会来讨论可持续发展与水资源问题。1996 年,联合国教科文组织(UNESCO)国际水文计划工作组将可持续水资源管理定义为"支撑从现在到未来社会及其福利而不破坏它们赖以生存的水文循环及生态系统完整性的水的管理与使用"。它要求在水资源规划、开发和管理中,寻求经济发展、环境保护和人类社会福利之间的最佳联系与协调,亦即人们常说的探求水资源开发利用和管理的良性循环。可持续水资源管理与现行的水资源管理相比,它特别强调了未来变化、社会福利、水文循环、生态系统保护这样完整性的水的管理。简言之,它是使未来遗憾可能性达到最小的水的管理决策。

人类社会不断向前发展。在人类起源初期,人的社会活动范围狭窄,经济发展从零开始,利用的资源量很有限,当然创造的社会财富也很少,也基本上没有出现环境问题。随着社会的发展,特别是工业革命以来,人口不断增长,人类社会活动增加,科技飞速发展,经济也在不断飞速增长,伴随着资源消耗量不断增加,水资源危机也从开始出现到日益突出,为此带来的环境问题也越来越大。反过来,环境问题又在不同程度上制约着经济增长、社会进步。可以这样说,社会、经济、水资源、环境相互联系、相互制约、互为因果,构成一个复杂的大系统。可持续水资源管理的目标,是为经济社会的发展和生态环境的保护提供源源不断的水资源,实现水资源在当代人之间、当代人与后代人之间、以及人类社会与生态环境之间公平合理的分配。

第三节　可持续发展是水资源保护规划的基本原则

可持续发展,是我国的一项基本发展战略,也是编制水资源保护规划的基本原则。

实现可持续发展已经成为人类的美好愿望和共同追求目标。流域或区域水资源保护工作,是水资源与环境保护工作的一个重要组成部分,是关系到流域内各行政区域是否能实现可持续发展目标的重要因素。

反过来,可持续发展思想应该在水资源保护规划中得到体现。可持续发展思想是总结人类工业文明过程正反经验教训的结果。20世纪以来,许多国家相继走上以工业化和城市化为主要内容的发展道路,极大地推动了科技进步和生产力的提高,创造了前所未有的物质财富。但是,人类在创造辉煌现代文明的同时,也付出了资源过度消耗、环境污染和生态破坏,直至整个地球环境全面恶化的沉痛代价。面对严峻的现实,人类不得不重新反思自己的发展历程,重新审视自己的经济社会行为。人们终于认识到:高消耗、高污染、先污染后治理的传统发展模式已不再适应当今和未来发展需要,必须寻找一条社会、经济、资源、环境相协调的可持续发展道路。1992年联合国环境与发展大会(又称地球最高级会议)中心议题之一,就是"如何寻找人口、资源、环境与经济的持续协调发展"。可持续发展作为"解决环境与发展问题的惟一出路"已成为世界各国之共识。

水,是生命之源,是人类赖以生存的不可缺少的一种宝贵资源,又是自然环境的重要组成部分,是经济社会可持续发展的基础条件。

就现行的水资源规划而言,主要考虑的是:经济效益(economic benefit)、技术效率(technical efficiency)和实施的可靠性(performance reliability)。尽管它们仍然被应用,但已经不能满足可持续发展的要求。从《21世纪议程》要求的社会、经济、资源、环境相协调的高度,已迫切需要逐步转变到新的行为准则,需要站在可持续发展的高度来研究和制定水资源规划。具体地说,现行水资源规划面临以下挑战:

(1)不仅需要考虑经济效益,而且迫切需要考虑社会效益、环境效益;

(2)需要站在可持续发展的高度,考虑经济社会发展与资源环境保护之间的协调;

(3)不仅需要研究水资源、水利工程建设等问题,而且要研究经济社会系统发展变化以及与水资源—生态环境间的协调问题;

(4)不仅要考虑水资源的供需平衡,而且要考虑不同区域、不同时代人(现代与后代)用水间的平衡,以谋求经济社会持续协调发展。

第二篇　水资源保护规划的基础理论

第四章　社会经济发展及需水量预测

水资源利用、水资源保护规划与社会经济发展息息相关。一方面,社会经济发展需要水,需要水资源作保证,水资源是社会经济发展的基础条件;另一方面,水资源保护规划应与社会经济发展规划相协调,只有这样才能保证水资源保护规划得以顺利实施。因此,社会经济预测和规划是水资源保护规划的重要基础内容之一。

第一节　社会经济发展与水资源的关系

社会经济发展与水资源的关系可以从以下几方面来阐述。

一、水,是人与其他生命系统不可缺少的一种宝贵资源,是社会经济发展的基本支撑条件

水是构成生命原生物质的组成部分,参与体内一系列的新陈代谢反应,是生命物质所需营养成分的载体,是植物光合作用制造有机体的原料。可以说,没有水,就不会有人的生命,就不会有一切生物的生长。

水资源不仅是人类生存不可缺少的原料,也是社会经济发展的基本支撑条件。从农业发展来看,水资源是一切农作物生长所依赖的基础物质,如果可供应的水量小于需要的水量,可能会导致农作物减产甚至死亡。当然,如果水量过多也可能导致洪涝、土地盐碱化等消极作用,从而影响农业生产。

从工业发展来看,水是工业生产的命脉,几乎在所有工业生产过程中都需要水的参与,如洗涤、冷却等作用。随着工业的发展,对水资源的需求量逐渐增加,这时,水资源对工业发展速度和规模的决定作用也越来越明显。

从城市发展来看,城市发展不但要保证居民日常生活用水,如淘米、洗菜、洗衣服、冲厕所等,还要为城市的商业活动、旅游、休息娱乐活动以及美化环境提供水源。城市用水的特点是供水保证率高、水质好、水压稳定。一般来说,城市规模越大,人均生活用水量越高,水资源利用量越多,对水资源的压力就越大。在许多地区,水资源条件对城市发展规模、城市功能和城市布局有决定性的影响。

二、社会经济发展对水资源产生一定的压力

由于社会经济的发展,对水资源的需求量不断增加,当超出水资源一定承载能力时,会对水资源产生很大压力。比如,人口增长对水资源产生的压力表现在:人口增加的社会经济活动造成的水环境污染,以及由于水资源利用量增加所引起的污水排放量的增加。

工业发展对水资源产生的压力,表现在工业排污总量随着总产值的提高仍在增加。尽管由于科技进步带来的单位产量的污水排放量有所减小,但减小的速度小于产值增加的速度,所以污水总量仍在增加。在这种情况下,水污染不可避免地会增加,对水资源的压力也会更加严重。

农业发展对水资源产生的压力,表现在化肥、农药对地表及地下水质的非点源污染,以及农田排水排盐对干旱区淡水资源的影响等。

总之,人的社会经济行为必然要影响水资源系统,一方面,随着社会发展增加了需水量;另一方面,随着发展也增加了向水资源系统排放污水、废水的范围、数量。因此对水资源系统产生压力、带来威胁是不可避免的。

三、水资源问题反过来影响社会经济的发展

由于经济社会的发展离不开水资源,所以在水资源出现危机的情况下,必然又对社会经济发展带来影响,比如,水质污染和缺乏安全的水资源影响到人的健康状况,影响社会的稳定和民族团结;水资源短缺直接影响工业、农业生产,从而影响经济增长。

四、社会经济发展为水资源合理利用提供社会经济保障

随着社会的发展、科技的进步,人类处理污水、改善环境的能力也在提高。原来不能治理的污染现在可以治理了,原来需要花费很大代价才能治理的污染现在只需花费较小的代价。并且,随着经济发展,人类有越来越多的经济实力来改善水资源系统,比如,可以提供足够的资金进行污水处理、改善生产工艺、改善引水及供水系统、兴修水利、提高用水效率。另外,由于人的素质不断提高,对水资源的认识不断更新,人们管理水资源的水平也在不断提高。这些都说明,社会经济发展又能促进水资源的合理利用。

总之,社会经济系统与水资源—生态环境系统之间具有相互联系、相互制约、相互促进的复杂关系。正是由于社会经济系统与水资源—生态环境系统的密切关系,在进行水资源规划与管理研究时,要密切关注社会经济系统发展变化,既要考虑变化的自然因素又要考虑变化的社会因素;要把社会经济系统与水资源—生态环境系统联合起来进行研究,建立耦合系统模型,可以直接把耦合模型作为系统的结构关系模型,嵌入到水资源规划优化模型中。

第二节 社会经济发展预测

社会经济系统是一个十分复杂的大系统,对该系统的研究已有大量的研究成果和成熟的理论。本节不在此方面作过多的介绍和探讨,而是抓住与水资源系统相关联的内容

进行研究。这其中包括主要社会经济指标的动态预测方法,以及某些社会经济指标与水资源指标的内在关系模型。比如,人口指标、GDP 指标的未来趋势预测,都是社会经济方面的重要指标。再比如,农业总产值与农业灌溉用水之间的关系模型,它反映了"经济"指标与"水资源"指标之间的内在联系。

一、预测内容

社会经济发展与水资源利用和保护息息相关。在进行水资源保护规划过程中,社会经济发展预测是其很重要的一部分内容。根据研究对象的不同,其详细的研究内容也不尽相同。归纳起来,包括以下几个方面。

(一)人口预测

人口是社会经济发展的一个重要指标。在进行水资源保护规划时,需要对现状水平年的人口总数、人口结构和人口分布进行调查和统计,并对未来不同规划水平年的人口进行预测。一般地,人口指标包括总人口数、城镇人口、农业人口。

(二)国民经济发展预测

国民经济发展预测包括国内生产总值预测、产业结构预测、工业总产值预测。对于现状水平年,需要按地区、按行业统计各指标。对于规划水平年,要以实现国家总体发展目标为指导,结合基本国情和区域发展情况,符合国家产业政策,体现当地经济发展特点,预测各主要经济行业的发展指标,并协调好分行业指标和总量指标间的关系。

(三)农业与灌溉面积发展预测

包括耕地面积、农作物总播种面积、粮食作物播种面积、经济作物播种面积、草场灌溉面积、鱼塘补水面积、大小牲畜总头数,各类灌区、各类农作物灌溉面积等。

二、预测方法概述

预测,简而言之,就是对未来的推测或估计。社会发展、经济增长的预测就是对客观经济社会过程及其变动趋势的预见、分析和推断。然而,由于社会经济错综复杂,有许多不确定因素和难以进行精确定量描述的因素,这就给预测带来困难。但是,我们还是可以看到,任何社会指标(如人口总数,平均期望寿命,人均粮食产量等)、经济指标(如 GDP,人均 GDP 等)的变化趋势总是依据其一定的规律进行的。正是由于社会经济过程自身的规律性,使我们可以对社会经济过程进行分析、研究,以预测其变化趋势。

有多种标准可以用来对预测方法进行分类。如按是否采用统计方法区分,可将预测方法分为统计方法和非统计方法;按预测时期长短分为即期预测、短期预测、中期预测和长期预测;按是否采用数学模型方法分为定量预测法和定性预测法。

常用的定量预测法有:

(1)趋势外推法。根据时间序列数据的趋势变动规律建立模型,以推断未来值。这种方法从时间序列的总体进行考察,说明各种影响因素的综合作用。当预测对象的影响因素错综复杂或有关数据无法得到时,可以直接采用时间 t 作为自变量,综合替代各种影响因素,建立时序模型,以对其未来的发展变化作出大致的判断、估计。该方法只需要预测对象历年的数据资料,因而工作量大大减少,应用也比较方便。这种方法根据建模原理的不同又可分为多种方法,如平均增减趋势预测、周期叠加外延预测、灰色预测,等等。

(2)多元回归法。这种方法用于确定若干变量与预测对象的因果关系,所采用的数学模型是单一方程。它的优点是:能简单定量表示出因变量与多个自变量的关系,只要知道自变量的数据就可以简单地计算出因变量值大小,方法简单,应用也较多。

(3)经济计量模型。该模型不是简单的一个回归方程,而是两个或两个以上回归方程的集合,也就是回归方程组。这种方法揭示了各种因素间复杂的相互关系,因而对实际情况的描述会更准确些。

三、人口增长趋势分析及灰色 GM(1,1)模型应用

首先,来关注一下世界人口增长的一组数据。人类历经 200 多万年才于 1800 年达到10 亿人口;达到 20 亿人口(1930 年),增加 10 亿人口用了 130 年;达到 30 亿人口(1960年),增加 10 亿人口仅用了 30 年;达到 40 亿人口(1975 年),增加 10 亿人口的时间缩短为 15 年;达到 50 亿(1987 年),增加 10 亿人口的时间又缩短为 13 年。当今世界人口仍在以年平均增长率 17‰的速度迅速增长。

Donella Meadows 等人在 *The Limits to Growth*(《增长的极限》)一书中,提出人口增长、粮食供应、资本投资、环境污染和资源耗竭都是呈指数增长。虽然该书提出"世界末日"的观点受到许多学者的批评,人口一直呈指数增长也不太可能,但该书反映了一定时期人口增长的趋势。实际上,在一段时间内,人口呈现一定速率增长或递减(即增长率为负)。

根据人口增长(包括呈负值递减)这一特性,可以选用灰色 GM(1,1)模型进行建模和预测。该模型方法并不是万能的,它比较适合于反映序列总体增长或减小的趋势,尤其是像人口、国民收入、工农业总产值等一类呈指数增长(包括呈负值递减)趋势的预测运用该模型较好。

灰色 GM(1,1)预测模型是由邓聚龙教授提出的,从一个时间序列自身出发进行建模的灰色预测模型。

设系统某行为数列(要求非负)为:$x(k)$,$k=1,2,\cdots,N$。其 GM(1,1)建模步骤如下:

(1)对原始数列 $x(k)$ 作一次累加生成

$$x^{(1)}_{(k)} = \sum_{m=1}^{k} x(m) \qquad k = 1,2,\cdots,N \qquad (4\text{-}1)$$

(2)构造矩阵 B 和 Y

$$B = \begin{bmatrix} -\frac{1}{2}(x^{(1)}_{(1)} + x^{(1)}_{(2)}) & 1 \\ -\frac{1}{2}(x^{(1)}_{(2)} + x^{(1)}_{(3)}) & 1 \\ \vdots & \vdots \\ -\frac{1}{2}(x^{(1)}_{(N-1)} + x^{(1)}_{N}) & 1 \end{bmatrix} \qquad Y = \begin{bmatrix} x_{(2)} \\ x_{(3)} \\ \cdots \\ x_{(N)} \end{bmatrix} \qquad (4\text{-}2)$$

(3)求模型中系数向量

$$\binom{a}{b} = (B^T B)^{-1} B^T Y \qquad (4\text{-}3)$$

(4)建立模型

$$\widetilde{x}_{(k+1)}^{(1)} = \left[x_0^{(1)} - b/a \right] \mathrm{e}^{-ak} + b/a \qquad (4\text{-}4)$$

其中，$x_{(0)}^{(1)} = x_{(1)}$，$k = 0, 1, \cdots, N-1$。

(5)还原数列

$$\widetilde{x}_{(k)} = \widetilde{x}_{(k)}^{(1)} - \widetilde{x}_{(k-1)}^{(1)} \ \text{或} \ \widetilde{x}_{(k)} = -a(x_{(1)} - b/a)\mathrm{e}^{-a(k-1)} \qquad (4\text{-}5)$$

(6)精度检验。精度检验的方法有相对误差法、关联度法、反验算法等。若拟合精度达到要求，即可进行预报。有时再建立一个 GM(1,1)残差修正模型，以提高拟合精度。

应用举例：新疆巴音郭楞蒙古自治州开都河—孔雀河流域 1986~1997 年总人口变化过程如图 4-1。从图中可以看出，总人口变化趋势是不断增加的。按照灰色 GM(1,1)模型建模步骤，计算结果如下：

模型参数：$a = -0.019\,948\,19$，$b = 713\,400.1$

模型方程：$\widetilde{x}(k) = 728\,001.6\mathrm{e}^{0.019\,948\,19(k-1)}$

拟合平均相对误差：0.01

模拟值与实际值对比曲线如图 4-1(1986 年对应 $k=1$，1987 年对应 $k=2$，…，依次类推)。从拟合相对误差大小以及图 4-1 拟合曲线可以看出，模拟精度是很高的，用该模型作长期趋势预测也是可行的。

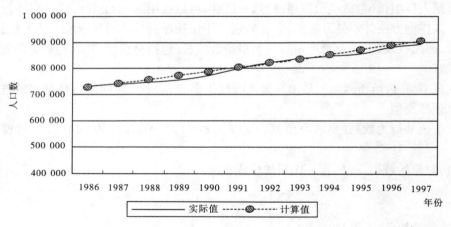

图 4-1　人口实际值与 GM(1,1)计算值曲线

四、经济增长趋势分析及经济增长模型应用

(一)经济增长的衡量指标及影响因素

经济增长是指全社会总产出或人均产出随时间的推移而不断增加的过程。可见经济增长总要体现为产出的变化。

反映我国经济增长情况的主要指标有：工农业总产值、国民收入、人均国民收入、国民生产总值、人均国民生产总值、国内生产总值、人均国内生产总值等。

影响经济增长的因素是多方面的,大体可分为两大类:经济因素和非经济因素。

经济因素主要有:劳动数量的增加和质量的提高、自然资源开发利用程度、资本投资的增加、科技进步、经济管理水平提高等。非经济因素主要有政治状况、社会文化心理和国际政治环境等。

(二)我国经济增长分析

自1949年新中国成立以来,中国经济取得了相当快的增长迅速。据官方统计,1952年至1978年,以不变价格计算的国民收入年平均增长率达6.0%,人均国民收入年平均增长率达4.0%。自1978年12月开始大规模经济改革以来,经济增长速度更为惊人。1978年至1984年的国民收入年均增长率为8.3%,人均国民收入年均增长率为7.1%。1984年至1987年间的国民收入年均增长率高达10.5%。尽管80年代中期人口增长率较高,人均国民收入年均增长率仍达9.0%。目前,中国的人均国民收入年均增长率基本维持在8.0%左右。

中国还处于社会主义初级阶段,尽管经济增长速度很快,但起点较低,人均国民收入远低于发达国家。因此,可以说中国的经济是处于发展中国家的初级阶段,这个阶段的经济增长呈指数增长,并将维持很长一段时间。

(三)经济增长模型概述

下面简单介绍一下几个主要的经济增长模型。

1.明茨的经济增长模型

波兰经济学家明茨认为国民收入水平首先取决于就业人数(L)和劳动生产率(λ)。即

$$Y = \lambda L \tag{4-6}$$

按此函数,可得

$$Y + \Delta Y = (\lambda + \Delta\lambda)(L + \Delta L) = \lambda L + L\Delta\lambda + \lambda\Delta L + \Delta L\Delta\lambda \tag{4-7}$$

转换可得下列模型方程

$$\frac{\Delta Y}{Y} = \frac{\Delta\lambda}{\lambda} + \frac{\Delta L}{L} + \frac{\Delta\lambda\Delta L}{\lambda L} \tag{4-8}$$

该模型说明,国民收入的增长率取决于就业人数的增长率和劳动生产率的增长率。

2.以投资为主要变量的经济增长模型

这种模型假定经济增长主要取决于投资。模型的基本方程式

$$\Delta Y = \frac{I + D}{v} \tag{4-9}$$

式中　ΔY——收入的增量;

I——净投资;

D——重置投资;

v——投资系数。

3.经济增长速度方程

需要首先假定国民收入有如下函数形式:

$$Y = A_t f(L \cdot K) \tag{4-10}$$

式中　Y——国民收入(产出);

L——劳动力投入;

K—资本投入;

A_t——t 时期的技术进步水平。

经过适当的假定和数学处理,可以把上述 L、K、A_t 三个因素对经济增长的作用分离出来。最终推导出增长速度方程如下:

$$\frac{\Delta Y}{Y} = \frac{\Delta A_t}{A_t} + \alpha \frac{\Delta L}{L} + \beta \frac{\Delta k}{k} \tag{4-11}$$

若假定 $\frac{\Delta A_t}{A_t}$ 为一常数(代表平均技术进步速度),记为 α_0。可用二元线性回归分析估计出 α_0、α、β 值,代入原模型方程,就可以进行预测计算。

(四)推荐的经济增长模型

1. 灰色 GM(1,1)模型

根据我国还处于社会主义初级阶段,经济呈指数增长的特性,应用 GM(1,1)模型既简单又可行。该模型不需要假定产出与影响因素的函数关系,直接根据产出的时间序列建模,有很大的优越性。

关于灰色 GM(1,1)模型的建模方法及应用举例,均已在上文介绍过,在此不再赘述。

2. 基于辨识出"科技进步因子"的一种新的投入—产出模型

本节将介绍一种新的经济增长模型,即一种新的"投入—产出"模型。该模型借鉴了"经济增长速度方程"思想,根据"投入—产出"(如:农业用水量—农业总产值、农业灌溉面积—农业总产值、工业用水量—工业总产值等)关系,用系统辨识方法分离出"科技进步因子",从而建立出投入—产出模型。

先来分析一些具体事实。在干旱区,影响农业总产值(或粮食总产量)的一个重要因素是农业灌溉引水量。一般在一定技术水平下,引水量越大产值越高。同样,农业总产值与农业耕地面积也有类似的关系。在一般缺水或较缺水城市工业总产值与用水量也有类似的联系。假设产出为 $Y(t)$,影响因素为 $X(t)$(自变量)。现不考虑时间尺度的影响,$Y \sim X$ 关系应该是一个比较稳定的函数关系。比如,人们常常把干旱区农业总产值与农业灌溉引水量、农业耕地面积的关系看成是一定的正比关系,即 $Y = kX$。这种简化的函数关系在短期经济分析中误差较小,可以使用。但在长期分析中,误差较大,不能使用。因为,它忽略了时间尺度的影响,也就是说在不同的时期,k 值不一定恒定。这主要是"科技进步"等因素对系统的影响作用导致了 Y/X 的显著变化。

根据所作的众多有关曲线特性,总结出类似问题的曲线方程形式

$$Y(T) = S^{(T-1)} k \cdot X(T) \tag{4-12}$$

式中　k——比例系数;

$S^{(T-1)}$——科技进步修正项;

T——时段序号(起始时段 $T=1$)。

下面用系统辨识方法来确定模型参数 S,k。上述方程转化为

$$\ln(\frac{Y(T)}{X(T)}) = (T-1)\ln S + \ln k \qquad (4-13)$$

进一步写出线性方程模型：

$$\begin{cases} Y_{\text{Out}} = \ln(\frac{Y(T)}{X(T)}) \\ X_{\text{In}} = T - 1 \\ Y_{\text{Out}} = a_0 + a_1 X_{\text{In}} \\ a_0 = \ln k; a_1 = \ln S \end{cases} \qquad (4-14)$$

根据已知资料,利用最小二乘法,就可以得到 a_0、a_1,亦即得到 k,S。

在上述所建的模型中,引进参数 S,作为科技进步因子的综合反映,一般 $S \geqslant 1$。S 越大,科技进步的促进作用越大;S 越小,科技进步的促进作用越小;当 S 接近于 1 时,模型方程近似为线性方程,表明科技进步对此基本不起加速作用。

这种方法建立的"投入—产出"模型的优点是:①建模简单、直接,只需要投入、产出对应的一些数据,就可以建模,且建模计算简单;②所需的投入、产出数据不一定要求是连续的,即允许资料有间断情况;③用参数 S 作为科技进步因子的综合反映,物理意义明确,模拟效果较好。

以上建立的针对所有社会经济指标的模型组合在一起,组成社会经济系统模型,记作:SubMod(SESD)。

第三节　需水量预测

水资源需求可分为国民经济需水和生态环境需水两大类。因此,需水量预测也可以分为国民经济需水量预测和生态环境需水量预测两大类。

一、国民经济需水量预测

社会经济发展对水资源规划与管理的直接影响作用,莫过于社会经济发展对水资源的需求量大小。这也是水资源规划与管理常常要计算的一项指标。

关于社会经济发展需水量的预测方法也比较多,上文介绍的预测方法也适合于需水量预测,在此不作详细介绍。本节将以新疆某流域为实例,来简单介绍利用"指标法"进行需水量预测的计算方法。

本节介绍的这个流域地处天山北坡,东西长 350 余 km,南北宽约 180km。该区气候湿润、雨量充沛,是新疆少有的丰水地区。年平均气温 2.9～9.2℃,平均降水量552.6mm;平均水面蒸发量,河谷平原区在 1 000mm 以上,高山区在 800mm 以下。

首先,根据流域的自然地理、工农业分布情况,把流域划分成几个用水量计算单元。划分单元的目的是要区分计算单元间用水定额之间的差异,在一个计算单元内,把用水定额视为常量。

其次,在每一个计算单元内进行分类计算。比如,在该区的分类是:大农业灌溉用水、渔业用水、工业用水、生活用水、牲畜用水等。其他用水,如城市园林用水包括在生态用水中。

最后,是汇总,即把各计算单元内用水量列表汇总。

用水量计算的难点在于:用水定额的确定和用水量计算方法的选取。

确定用水定额的依据是:

(1)立足于现状。对现状各行业用水进行调查分析,制定现状条件下的用水标准和定额。在此基础上根据现状水平年的用水目标和规划水平年的用水目标,作适当调整。

(2)参照国家或相邻地区用水标准,由熟悉情况的专家讨论确定。

(3)根据历史到现在用水量变化趋势,建立预测模型,通过模型计算确定。

针对本例,下面只介绍大农业灌溉用水、渔业用水、工业用水、生活用水、牲畜用水的用水定额确定及用水量计算。

(一)大农业灌溉用水

根据该区流域规划报告,已给出农业灌溉在各个计算单元的用水定额、渠系利用系数,其依据是对现状各行业用水的调查分析。

首先给出现状水平年的用水定额、渠系利用系数,再在此基础上根据规划水平年(近期、远期、远景)的目标和现状水平年的比较,预测出规划水平年的用水定额、渠系利用系数。灌溉面积指标是根据区域流域规划成果确定。

表 4-1 是该区某计算单元的大农业灌溉用水量计算结果。在确定了"综合净灌溉定额"、"灌溉面积"和"渠系利用系数"之后,就可以根据"综合净灌溉定额×灌溉面积÷渠系利用系数",得到农业灌溉用水量。

表 4-1 　　　　　　　　某计算单元大农业灌溉用水量计算

计算年	现状 1997 年	近期 2010 年	远期 2020 年	远景 2050 年
综合净灌溉定额(m^3/hm^2)	5 790	5 790	5 550	5 580
灌溉面积(万 hm^2)	10.4	15.2	19.7	20.8
渠系利用系数	0.42	0.52	0.56	0.7
农业灌溉用水(亿 m^3)	14.34	16.94	19.56	16.59

(二)渔业用水

简便的算法是,先确定用水定额再乘以面积,方法同上。再列举上面的计算单元,如表 4-2。

表 4-2 　　　　　　　　某计算单元渔业用水量计算

计算年	现状 1997 年	近期 2010 年	远期 2020 年	远景 2050 年
用水定额(m^3/hm^2)	30 000	33 000	33 000	33 000
渔业面积(万 hm^2)	0.11	0.13	0.16	0.16
渠系利用系数	0.42	0.52	0.56	0.7
渔业用水(亿 m^3)	0.75	0.85	0.93	0.75

（三）工业用水

由于工业类型比较多,用水标准也难于统一,但为了计算上的方便,常常采用按产值平均的方法计算用水定额。其用水定额的确定和用水量计算思路同上。再列举上面计算单元的工业用水情况,如表4-3。

（四）生活用水

基本思路同上。这里只列举上面计算单元的生活用水计算表,如表4-4。

（五）牲畜用水

基本思路同上。这里只列举上面计算单元的牲畜用水计算表,如表4-5。

表4-3　　　　　　　　　　　某计算单元工业用水量计算

计算年	现状 1997 年	近期 2010 年	远期 2020 年	远景 2050 年
用水定额(m³/万元)	280	280	260	240
工业产值(万元)	158 473	413 151	599 430	2 590 760
渠系利用系数	0.8	0.8	0.8	0.8
工业用水(亿 m³)	0.55	1.45	1.95	7.77

表4-4　　　　　　　　　　　某计算单元生活用水量计算

计算年	现状 1997 年	近期 2010 年	远期 2020 年	远景 2050 年
用水定额(L/(人·d))	45	70	80	110
人口(万人)	76.78	85.91	92.60	127.72
渠系利用系数	0.6	0.65	0.7	0.8
生活用水(亿 m³)	0.21	0.34	0.39	0.64

表4-5　　　　　　　　　　　某计算单元牲畜用水量计算

计算年	现状 1997 年	近期 2010 年	远期 2020 年	远景 2050 年
用水定额(L/(标准头·d))	10	10	10	10
牲畜未存栏数(万头)	135.26	138.55	142.13	149.14
渠系利用系数	0.6	0.65	0.7	0.8
牲畜用水(亿 m³)	0.08	0.08	0.07	0.07

二、生态环境需水量预测

（一）概念

为了介绍生态环境需水量预测方法,先要弄清楚生态环境需水与生态环境用水的概念。

生态用水,在有些文献中又被称为环境用水或生态环境用水,以及相近的概念如生态环境需水等。虽然在许多研究中广泛地使用了这些术语,但到目前为止,还没有一个明确的统一定义。从支撑生态系统完整性的角度,作者曾建议采用"生态用水"的统一概念(左其亭,2001,2002)。广义上讲,生态用水是指"维持生态系统完整性所消耗的水分",它包括一部分水资源量和一部分常常在水资源量计算中不被包括在内的部分水分,如无效蒸发量、植物截留量等。

为了概念的统一,本章采用生态环境用水的概念。而"生态环境需水",是指一定区域、一定条件下,达到某一生态环境保护目标时的生态环境用水量。

(二)分类

根据天然生态和人工生态的区分,可以把生态环境需水分为天然生态环境需水和人工生态环境需水两大类。另外,可以根据不同覆盖类型,把生态环境需水分为:

(1)植被生态环境需水。植被类型可分为绿洲人工林、荒漠河岸林、河谷林、荒漠林、低地草甸等。

(2)湖泊、水库及重要河道生态环境需水。湖泊、水库、河道生态对当地生态环境有十分重要的意义,是维持当地生态系统的生命线。

(3)城市生态环境需水。是指为了改善城市环境而人为补充的水量。主要包括公园湖泊用水、风景观赏河道用水、城市绿化与园林建设用水以及污水稀释用水。

(三)计算方法

关于生态环境用水的计算方法,作者及其他文献均有论述。总体来看,生态环境用水计算方法有两种:即直接计算法和间接计算法。

1. 直接计算方法

直接计算方法是以某一区域某一类型覆盖的面积乘以其生态环境用水定额,计算得到的水量即为生态环境用水,计算公式为

$$W = \sum W_i = \sum A_i \cdot r_i \tag{4-15}$$

式中　A_i——覆盖类型 i 的面积;

　　　r_i——覆盖类型 i 的生态环境用水定额。

该方法适用于基础工作较好的地区与覆盖类型。其计算的关键是要确定不同生态环境用水类型的生态环境用水定额。

考虑到有些干旱半干旱地区降水的作用,并兼顾到计算的通用性,把生态环境用水定额 r_i 定义为降水量接近为 0 时的生态环境用水量 r_{i0} 减去实际平均降水量 h。即

$$r_i = r_{i0} - h \tag{4-16}$$

式中　r_i——某地区覆盖类型 i 的生态环境用水定额,m^3/hm^2;

　　　r_{i0}——降水量接近为 0 时覆盖类型 i 的生态环境用水量(常值),m^3/hm^2;

　　　h——某地区平均降水量,m^3/hm^2。

2. 间接计算方法

对于某些地区天然植被生态环境用水的计算,如果以前工作积累较少,模型参数获取困难,可以考虑采用间接计算方法。

间接计算方法,是根据潜水蒸发量的计算,来间接计算生态环境用水。即,用某一植被类型在某一潜水位的面积乘以该潜水位下的潜水蒸发量与植被系数,得到的乘积即为

生态环境用水。计算公式如下：

$$W = \sum W_i = \sum A_i \cdot W_{gi} \cdot K \qquad (4\text{-}17)$$

式中　　W_{gi}——植被类型 i 在地下水位某一埋深时的潜水蒸发量；

　　　　K——植被系数，即在其他条件相同的情况下有植被地段的潜水蒸发量除以无植被地段的潜水蒸发量所得的比值。

这种计算方法主要适合于干旱区植被生存主要依赖于地下水的情况。

在上文对生态环境用水的定义及计算方法介绍中，还存在模糊的地方。一方面，生态系统状况维持到何种程度的用水量算是生态环境需水量？上文并没有界定；另一方面，生态系统状况立足于现状还是立足于自然状态下，还是要求达到某一个目标？上文也没有界定。

(四)生态环境用水类型

可以按照"保证生态系统好坏程度不同所需水量不同"来划分生态环境用水类型：

(1)最高生态环境用水，即对应的植物生长良好、生态系统良性发展。

(2)合理生态环境用水，即对应的植物生长较好、生态系统完整但处于一般发展状态。

(3)最低生态环境用水，即对应的植物生长不好、生态系统完整性较差，但能维持生态系统完整性。

另外，还可以按照"生态系统状况的参考状态"把生态环境用水类型划分为：

(1)现状生态环境用水，就是以现状生态系统状况的用水为依据，也就是要维持现状生态系统的需水量。适合于现状生态环境条件较好，希望未来开发维持目前状况的计算。

(2)天然生态环境用水，是假定没有人类活动时的天然状态下的生态环境用水。这种计算有利于还原自然界的本来面目，有利于已经破坏了的生态环境的保护。

(3)目标生态环境用水，是指达到生态系统某一目标状况时的用水。这种计算有利于按照实际需要规定生态系统的控制目标，有利于生态环境科学调控与水资源合理分配。

因此，在确定生态环境需水量的大小时，首先需要确定生态系统维系到什么样目标。这里，与计算生态环境用水有关的指标有两方面：一是需要确定不同覆盖陆面的面积，是维持现状还是增加或减少；二是需要确定各种覆盖类型的用水定额，是按照合理生态环境用水还是按照最低或最高生态环境用水进行计算。对于一般流域规划来说，建议如下：

(1)由于水资源规划是对水资源的合理配置，包括对生态环境用水的配置，因此建议采用合理生态环境用水确定生态环境用水定额。

(2)在一般生态环境质量较好的地区，未来水资源开发的基本原则是维持现状，可以按照现状生态环境用水进行计算。

(3)在生态环境已经遭到破坏，需要恢复的地区，应该按照拟定的目标生态环境用水进行计算。

(4)在生态环境质量很好，且目前的开发程度较低的地区，未来的水资源开发可以动用一部分生态环境用水，也就是说未来的生态环境用水量小于现状生态环境用水量，可以按照这一目标生态环境用水进行计算。

第五章　水质模型与水环境预测

第一节　污染源预测

一、概述

污染预测就是对未来某一水平年或几个水平年的污染特性作出具体的估计。污染源预测，就是要估计未来某一个或几个水平年污染源所排放的污染物的特性，如排放量、排污量、污染物浓度等，从而为水资源保护规划管理与决策提供依据。

污染源预测的范围，可能是一个生产流程、一个车间、一个工厂，也可能是一个地区、一个流域甚至全国。由于预测范围不同，需要掌握的资源的详细程度和准确性不相同。因此，采用的预测方法和预测的精度也就不同。

二、预测的一般方法

进行污染源预测，常用直觉法、因果法和外推法等三种方法。

(一)直觉法

直觉法是预测中的古典方法，这类方法基本上是基于对污染情况的个人感觉或者是专家的意见。因此，该方法带有相当大的主观性。但是，往往由于情况的复杂性和缺乏适当的可靠资料，却不得不采用这类方法。在采用直觉法进行预测时，为了尽可能地降低主观随意性，常常由各方面具有代表性的人组成一个小组来代替个别专家对污染源进行预测。

(二)因果法

因果法试图根据对构成污染源排污特性的原因的了解进行预测。根据原因，直接预测结果。有时，原因和结果之间的时差很小，往往不得不对原因进行预测。当对因果关系的结构了解得比较清楚时，则可能设计出比较准确而简易的预测方法。如对于某一工厂，可以通过调查，采用物料衡算的方法取得单位产品污染物(包括原料、中间产品和产品)的排放系数，再根据工厂生产量的变化，预测未来排污情况。然而，因果关系有时是模糊的，特别对于较大范围内的预测，则不得不利用经验的因果关系式进行预测。

(三)外推法

外推法是将过去实测的有关数据所显示的特点，外推到未来。外推法预测的成功与否直接取决于排污结构的稳定性。如利用该法在进行一个地区污染源预测时，要求该地区的工农业结构、各污染源的排污特性、污染治理情况等在所预测时段内没有大的变化。

三、预测步骤

预测技术在我国仍然处在发展阶段。有关环境的预测已经开展了不少工作,逐步地做到科学化。在科学预测中,常常包括收集资料、整理资料、建立模型、模型外推 4 个主要步骤。

(一)收集资料

因采用的预测方法不同,要求收集资料的详细程度也不同。当使用外推法进行预测时,只要占有不同年份的排污情况即可。当使用因果法预测时,就要占有更多的资料。内容包括:工业产值,农药和化肥的使用量和使用方式,人口增长率,社会和经济发展趋势,污染治理的变化,工业结构的变化,等等。但是,为了能使资料均满足几种预测方法的要求,首先占有详细资料是必要的。

这些资料大体可分成两类:一类是污染源本身的特性资料,如排污量、污染物质、生产工艺、管理水平,等等;另一类是污染源本身以外的资料,如政府部门的统计资料,新兴工业类别或工业区的规划及国民经济发展速度,等等。

(二)整理资料

从"占有资料"中,可能得到浩如烟海的信息,整理资料就是要将这许多的信息整理归纳减缩到最低限度,即构成最小限度信息。这种最小限度信息应当满足下列要求:

(1)相关性:保证这些信息是最直接相关的有用信息;

(2)可靠性:保证这些信息来源可靠、数字可靠、具有代表性;

(3)最近性:所得到的信息应当是最新获得的。

在污染源预测中,经过大量的原始资料的加工整理,可以获得某地区近年万元产值的排污量、人均排污量、工农业增长率、人口增长率、行业排污性质等资料,这就是整理资料的过程。

(三)建立模型

在获得最小限度信息后,可以用数学的和统计的方法描述,即建立模型。通用的模型有下列数种(x_t 为 t 时刻的预测值):

(1)常数平均

$$x_t = \mu \tag{5-1}$$

即在所有时段中,预测值不变。

(2)线性趋势

$$x_t = \alpha + \beta t \tag{5-2}$$

预测值随时间线性变化。

(3)线性回归

$$x_t = \alpha + \beta z_t \tag{5-3}$$

z_t 为另一个时间变量。

(4)自回归

$$x_t = \alpha + \beta x_{t-1} \tag{5-4}$$

(5)周期性

$$x_{t+nT} = x_t \qquad (5\text{-}5)$$

即每隔 T 个观测值，x_t 重复出现。

(6)指数增长

$$x_t = \alpha e^{\beta t} \qquad (5\text{-}6)$$

此外,还有一些其他模型。

(四)模型外推

模型外推就是使用已获得的模型推求某一时刻 t 的值。

上述的预测过程并未到此结束,一个完整的预测过程还应将外推求得的新值,不断地反馈到"数据占有"中去,以构成新的循环,从而使得预测结果更趋准确。

四、江河(段)污染负荷预测具体方法

污染负荷预测的影响因素较多,基本资料的丰度、精度,未来城市布局,产业结构,治理投资,去除效率以及预测方法等将直接影响预测的准确性。一般根据基准年现状,用工业产值、污水排放量、污染物排放量、用水循环利用率及规划年份工农业产值规划、工业用水循环利用率增长要求等,对不同水平年的污染物排放量进行预测计算。

(一)工业废水量预测计算

工业废水量预测计算公式为

$$Q_i = DG(1 - \Delta p) = DG\left(1 - \frac{p_2 - p_1}{1 - p_1}\right) \qquad (5\text{-}7)$$

式中　Q_i——预测年份的工业废水量,万 m^3；

　　　D——预测年份工业产值,亿元；

　　　G——基准年万元产值工业废水量,m^3/万元；

　　　Δp——预测年份工业用水循环利用率的增量,%；

　　　p_2、p_1——预测年和基准年工业用水循环利用率,%。

工业废水量预测计算中工业产值采用地方工业规划值。万元工业产值废水量采用基准年工业产值和工业废水排放量计算求得。随着技术进步、设备更新、管理水平提高等因素的改变,万元产值废水量将逐渐减少,这里只考虑逐步提高水的循环利用率的方法对上述因素的改变加以修正,并且尽量使其在 1990 年达到 60% 以上及 2000 年达到 80% 以上的要求。因此,循环利用率水平在 50% 以下者,今后每年按 6%~7% 的速度递增,在50% 以上者则按 2%~3% 递增。

(二)生活污水量预测计算

生活污水量预测计算公式为

$$Q = 0.365A \cdot F \qquad (5\text{-}8)$$

式中　Q——生活污水量,万 m^3；

　　　A——预测年份人口数,万人；

　　　F——人均生活污水量,L/(d·人)；

　　　0.365——单位换算系数。

预测年份人均生活污水量用人均生活用水量代之。根据国家建议标准 1990 年用水量：小城市 70～90L/(d·人)，中等城市 80～120L/(d·人)，大城市 120～140L/(d·人)；2000 年用水量：小城市 90～100L/(d·人)，中等城市 100～150L/(d·人)，大城市 140～200L/(d·人)。预测年份人口数，采用地方人口规划量。无地方规划量时，根据基准年人口增长率计算获得。其计算式用

$$A = A_0(1 + p)^n \tag{5-9}$$

式中　A_0——基准年人口；

　　　p——人口增长率；

　　　n——规划年与基准年的年数差值。

(三)工业污染物排放量预测计算

工业污染物排放量预测计算公式为

$$W_i = (q_i - q_0) \cdot C_0 \times 10^{-2} + W_0 \tag{5-10}$$

式中　W_i——预测年份某污染物排放量，t；

　　　q_i——预测年份工业废水排放量，万 m^3；

　　　q_0——基准年工业废水排放量，万 m^3；

　　　C_0——含某污染物废水工业排放标准，mg/L；

　　　W_0——基准年某污染物排放量，t。

如河段污染物基准年平均浓度低于排放标准，预测年份增加的污水所携带的污染物量仍按排放标准计算，其结果必然偏大。因之，当某污染物基准年均浓度大于排放标准时，按排放标准(C)计算总量；当平均浓度低于排放标准时，用平均浓度(C_0)计算总量。其计算式由上式变换为下列形式

$$W_i = (q_i - q_0) \cdot C_0 \times 10^{-2} + W_0 = \frac{q_i}{q_0} \cdot W_0 \tag{5-11}$$

$$C_0 = \frac{W_0}{q_0} \times 10^2 \tag{5-12}$$

即预测年份的污染物排放量随预测水量的(成倍)增加而相应增大。

第二节　水质预测

一、概述

在管理工作中，决策和计划占有很重要的地位。正确的决策和计划主要取决于科学预测。预测通常是根据历史资料及现状，经过定性的经验分析或定量的计算，以探索事物的演变规律。

(一)预测的分类和预测模型

(1)按预测对象可分为六大类：①社会预测；②经济预测；③科学预测；④技术预测；⑤军事预测；⑥环境预测。

(2)按预测技术属性可分为:①定性预测;②定量预测;③定时预测。

(3)按预测时间可分为:①近期预测;②短期预测;③中期预测;④长期预测;⑤未来预测。

(4)按预测方式可分为:①直观性预测;②探索性预测;③目标预测;④反馈预测。

预测模型是预测的核心,建立预测模型是预测技术的关键。

预测模型按变量之间的关系可分为,因果关系模型、时间关系模型和结构关系模型等;按变量的形式又可分为线性预测模型和非线性预测模型;按变量的数值,预测模型可分为一元模型和多元模型等。

环境预测是研究社会、经济发展给环境所造成的负担,即污染问题。预测污染物质的产生量,对未来或未知的环境前景进行估计和推测,以便采取对策,防治污染,改善环境。环境预测一般包括两个方面的内容,一是污染物排放量的预测,二是区域环境质量的预测,通过污染物的排放量来推断环境质量发展变化的方向和程度。

水质预测属于环境预测。科学的水质预测是水质管理的依据。对未来的水质状况预测越准确,作出的决策就越正确,实现确定的目标就越有把握。

(二)水质预测的一般方法与程序

1. 水质预测的一般方法

水环境质量预测是通过已取得的情报资料和监测、统计数据对水污染的现状进行评价,对将来或未知的水质前景进行估计和推测。水质预测不仅是进行水资源保护决策的依据,促进环境科学管理的动力,也是制订区域、流域水污染综合防治规划及水资源保护规划的基础。水质预测是根据经济、社会发展规划中各水平年(如 2000 年、2010 年等)的发展目标进行的。

进行水质预测的方法主要取决于预测的目的和所能得到的数据资料。对于区域和流域水环境预测来说,一般有两种方法:从整体到局部的宏观预测,以及从局部到整体的微观预测。

(1)宏观预测。预测流域、区域或整个城市实施经济、社会发展规划对水环境的影响。首先从流域、区域或城市国民经济生产总值的增长入手,用数学模型或统计方法求出万元产值的排污量,据此预测各经济、社会发展水平年的排污增长量;再根据人口预测,计算生活污水的增长,求出整个流域、区域或城市在各个经济、社会发展水平年污水和污染物的排放总量。然后根据水质调查和现状评价及水质保护目标,再分别预测区域内的各个局部的排污数量,并作出相应的影响评价。

(2)微观预测。将流域、区域或城市分为若干子系统(如行业、地区),根据各系统的具体发展规划,按照主要污染物的排放量和分布,逐行业、逐地区分别预测出主要污染物的排放量。最后预测出整个流域、区域城市在经济、社会发展的各个水平年主要污染物及污水的排放总量,并作出相应的影响评价。

2. 水质预测的一般程序

水质预测一般可分为 3 个阶段 7 个步骤,如图 5-1 所示。

(1)准备阶段。明确环境预测的目的,制订预测计划,确定环境预测期间,收集进行环境预测所必需的数据和资料。

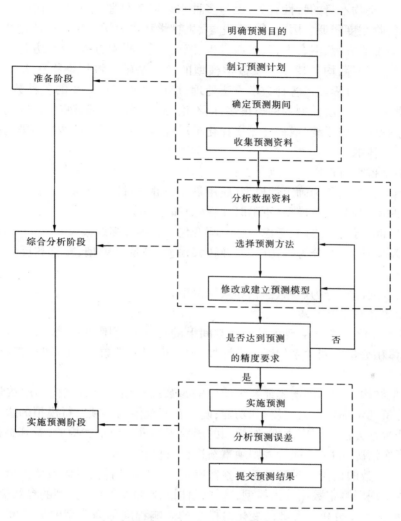

图 5-1　水质预测的一般程序

（2）综合分析阶段。分析数据和资料，选择预测方法，修改或建立预测模型，检验预测模型等。

（3）实施预测阶段。实施预测并进行预测误差分析和提交预测结果。

二、水质数学模型

水质数学模型，是描述污染物在水体中运动变化规律及其影响因素相互关系的数学表达式。它是目前环境质量数学模型中发展最早、应用最广的一种。

（一）水质数学模型的建立

1. 建立模型的根据和模型分类

污染物进入水体后，发生各种运动变化，如稀释扩散、沉淀、吸附、凝聚、挥发等物质迁移过程；水解、氧化、分解、化合等化学转化过程；碳化、硝化、厌氧等生物化学转化过程。

这些过程与污染物本身的特性有关,也与多种水环境条件紧密相连。在这些过程的综合作用下,污染物浓度降低。因此,物理、化学、生物学和水力学中用来描述这些过程的各种数学方程,如推流方程、混合方程、扩散方程、沉淀方程、吸附方程、氧化方程、碳化方程、硝化方程、厌氧方程等,均是建立水质数学模型的理论基础。将污染物在水体环境中的物理、化学和生物学过程经过各种数学方法处理,形成水质变化规律的各种数学表达式,即是水质数学模型。水质模型的种类很多,但不论哪一类模型,都是将所研究的某一特定水体当作一个化学反应系统(或称连续搅拌化学反应器),在这个系统内,污染物的变化是遵守质量守恒定律的。

水质数学模型可按以下特点分类:

(1)按解的特点,分为确定性模型(应用最广)和随机性模型。

(2)按时间,分为稳态模型(不随时间变化)和动态模型。

(3)按空间,分为一维(只考虑一维空间变化)、二维和多维模型。

(4)按反应动力学,分为生化模型、纯转移模型、纯反应模型、转移和反应模型以及生态模型等。

(5)按模型性质,分为黑箱、白箱和灰箱模型。

2.建立水质模型的步骤

(1)模型概化。确定模型在时间和空间上的规律和范围,将系统描述为具有一定形状、大小及体积分量空间关系的网络。比如,确定模型的维数(空间)和状态(是稳态还是动态)。

(2)模型结构识别。确定表征系统响应的参数及模型的函数结构。用数学方法描述系统每个分量的水环境行为、过程和功能;确定在其范围内必须进行模拟的边界条件。然后根据一些数学方法和判别准则,对模型的函数表达进行识别和检验,看其是否能代表系统动态的真实情况,如果不能代表则须重新进行概化和修改。

(3)模型参数的估值。模型的基本参数确定后,就应估计其具体数值。可通过实验室模拟试验或将现场测定数据代入模型,选择最佳拟合观测值作为模型的参数值。

(4)模型灵敏度分析。参数的变化对模型的影响程度称为模型的灵敏度。在其他参数不变时变动某一参数,若函数值随之发生较大的变化,则说明函数对该参数灵敏度高,应严格控制这个参数,以保证模型的精确性。

(5)模型的验证。在建立模型过程中,作了一系列的假设,这些假设与实际情况有一定差别;在取得数据之后,由于受到误差的干扰,也可能使参数估计产生误差。因此,为判别所建立的水质模型是否有效,必须使用新的现场观察数据来加以验证。如果结果不满意,则须重复前述步骤,重新建模。

(6)模型的应用。模型用来解决实际问题时,要选择适当的求解技术,将函数表达式变换为适合于求解的形式,形成模型的输入和输出。应当弄清楚,哪些变量是模型的输入量,哪些是所需要的输出量。输入量必须去收集,输出量则是模型的计算结果,是解决实际问题所需要的信息。

(二)常用水质数学模型的应用

水质模型的维数指的是 x、y、z 的空间方向。零维是空间完全均匀混合水体,只考虑物质在时间轴上的变化;一维是指河流纵向,即 x 方向上的浓度变化,湖、库指 z 方向,即垂直向上的浓度变化;二维通常是指 x 和 y 方向。若河流流量与污水量之比在 $10\sim20$,则一般只考虑稀释,不考虑降解,视河水与污水完全均匀混合,为零维。若考虑沿河道的污染物衰减和沿程稀释倍数的变化时,用一维;考虑排放口混合区范围时,则用二维。

第三节　河流水质模型

一、均匀混合水质模型

当污染物进入河段后,假设完全混合均匀,根据物质平衡原理,可建立水质模型基本方程如下:

$$V \frac{\mathrm{d}C}{\mathrm{d}t} = Q(C_0 - C) - KCV \tag{5-13}$$

(一)稳态情况

当污染物进入河段后,其浓度不随时间变化而变化时,称均匀混合的稳态情况,即

$$\frac{\mathrm{d}C}{\mathrm{d}t} = 0$$

将此条件代入式(5-13),解为

$$C = \frac{QC_0}{Q + KV} \tag{5-14}$$

如果是连续河段,则第 i 河段模型为

$$C_i = C_0 \left(\frac{1}{1 + K \dfrac{\Delta x}{u}} \right)^i \tag{5-15}$$

式中　C_0——起始断面污染物浓度;

　　　K——污染物衰减系数;

　　　V——河段水体体积;

　　　Q——河段流量;

　　　Δx——为河段长度;

　　　u——河段流速。

【例 5-1】　单元河段长 $\Delta x = 1\,000\mathrm{m}$,共 20 个河段,平均水深 $H = 1\mathrm{m}$,河宽 $B = 3\mathrm{m}$,河段流量 $Q = 100\mathrm{m}^3/\mathrm{s}$。已知起始断面 BOD 浓度 $C_0 = 10\mathrm{mg/L}$,BOD 衰减系数 $K = 0.1/\mathrm{d}$,求各单元河水的 BOD 浓度。

　　解　$V = \Delta x BH = 3\,000 (\mathrm{m}^3)$

$$C_1 = \frac{QC_0}{Q + KV}$$

$$= \frac{100 \times 10}{100 + (0.1/86\,400) \times 3\,000} = 9.999\,653 (\mathrm{mg/L})$$

$$C_2 = \frac{QC_1}{Q + KV} = 9.999\,306 (\mathrm{mg/L})$$

各单元河水 BOD 浓度列出如下(单位:mg/L):

$C_1 = 9.999\,653$	$C_6 = 9.997\,918$	$C_{11} = 9.996\,18$	$C_{16} = 9.994\,448$
$C_2 = 9.999\,306$	$C_7 = 9.997\,571$	$C_{12} = 9.995\,836$	$C_{17} = 9.994\,101$
$C_3 = 9.998\,959$	$C_8 = 9.997\,224$	$C_{13} = 9.995\,489$	$C_{18} = 9.993\,754$
$C_4 = 9.998\,612$	$C_9 = 9.996\,877$	$C_{14} = 9.995\,142$	$C_{19} = 9.993\,407$
$C_5 = 9.998\,265$	$C_{10} = 9.996\,53$	$C_{15} = 9.994\,795$	$C_{20} = 9.993\,77$

【例 5-2】 某排污口稳定排放含酚废水 $1 \mathrm{m^3/s}$,含酚浓度 $200 \mathrm{mg/L}$。排入较均匀河段,河水流量 $Q = 9 \mathrm{m^3/s}$,原河水含酚浓度为 0,河水平均流速 $u = 40 \mathrm{km/d}$,酚的衰减系数 $K = 2/\mathrm{d}$,求排污口以下 1km、5km、10km、50km 处河水含酚浓度。

解 河水起始断面含酚浓度为

$$C_0 = \frac{9 \times 0 + 1 \times 200}{9 + 1} = 20 (\mathrm{mg/L})$$

将每个单元河段长取为 1km,则

$$C_1 = 20 \times \left[\frac{1}{1 + 2 \times \frac{1}{40}} \right]^1 = 19.043 (\mathrm{mg/L})$$

$$C_5 = \frac{20}{(1 + 0.05)^5} = 15.671 (\mathrm{mg/L})$$

$$C_{10} = \frac{20}{(1 + 0.05)^{10}} = 12.278 (\mathrm{mg/L})$$

$$C_{50} = \frac{20}{(1 + 0.05)^{50}} = 0.744 (\mathrm{mg/L})$$

(二)非稳态情况

当污染物进入河段后,其浓度随时间变化而变化时,称为非稳态混合情况。将式 (5-13)整理得:

$$\frac{\mathrm{d}C}{\mathrm{d}t} = \frac{QC_0}{V} - \frac{Q + KV}{V}C \tag{5-16}$$

在 $t = 0$、$C = C_0$、$t = t$、$C = C$ 时,求解式(5-16)得:

$$C = (C_0 - I\theta)\exp\left(-\frac{t}{\theta}\right) - \theta I \tag{5-17}$$

式中 C_0——起始断面浓度;

I——污染负荷函数,即单位水体污染物输入速率,$I = \dfrac{QC_0}{V}$;

θ——水力停留时间,$\theta = \dfrac{V}{Q + KV}$。

二、一维水质模型

如果污染物进入河段后,其浓度只沿水流方向(x 轴向)变化,在垂直于水流方向的 y、z 轴向上浓度是均匀的,且污染物的降解服从一级反应,这时河流污染物变化可用一维水质模型描述。河流一维水质模型基本方程为

$$\frac{\partial C}{\partial t} = E_x \frac{\partial^2 C}{\partial x^2} - u \frac{\partial^2 C}{\partial x} - KC \qquad (5\text{-}18)$$

对难降解的污染物，$K = 0$，则基本方程为

$$\frac{\partial C}{\partial t} = E_x \frac{\partial^2 C}{\partial x^2} - u \frac{\partial^2 C}{\partial x} \qquad (5\text{-}19)$$

式中　C——河水污染物浓度；

　　　E_x——纵向（顺河水流向）离散系数；

　　　u——断面平均流速；

　　　K——污染物衰减系数；

　　　t——时间；

　　　x——纵向（顺河水流向）距离。

（一）稳态模型

当污染物输入量、断面平均流速和纵向离散系数不随时间变化时，则河水污染物浓度是稳定的，即

$$\frac{\partial C}{\partial t} = 0$$

边界条件　　当 $x = 0$ 时，$C = C_0$；当 $x = \infty$ 时，$C = 0$。

易降解污染物一维稳态模型的解析解为

$$C = C_0 \exp\left[\frac{u}{2E_x}\left(1 - \sqrt{1 + \frac{4KE_x}{u^2}}\right)x\right] \qquad (5\text{-}20)$$

难降解污染物一维稳态模型的解析解为

$$C = C_0 \exp\left(-\frac{ux}{E_x}\right) \qquad (5\text{-}21)$$

如果忽略离散作用，河流一维稳态模型的解析解则为

$$C = C_0 \exp(-Kt) \qquad (5\text{-}22)$$

式中　C_0——$x = 0$ 处河水中的污染物浓度；

　　　其他符号意义同前。

【例 5-3】　某排污口向一均匀河段稳定排放含酚废水，起始断面河水含酚浓度 $C_0 = 20$ mg/L。河水断面平均流速 $u = 40$ km/d。离散系数 $E_x = 1$ km^2/d，酚的衰减系数 $K = 2$/d，求 $x = 50$ km 处河段水含酚浓度。

解　　　$C = C_0 \exp\left[\frac{u}{2E_x}\left(1 - \sqrt{1 + \frac{4KE_x}{u^2}}\right) \times x\right]$

　　　　　　　$= 20 \times \exp\left[\frac{40}{2 \times 1}\left(1 - \sqrt{1 + \frac{4 \times 2 \times 1}{40^2}}\right) \times 50\right]$

　　　　　　　$= 1.647(\text{mg/L})$

【例 5-4】　按例 5-3 的数据，计算忽略离散作用时，$x = 50$ km 处含酚浓度。

解

$$t = \frac{x}{u} = \frac{50}{40} = 1.25(\text{d})$$

$$C = C_0 \exp(-Kt) = 20 \times \exp(-2 \times 1.25) = 1.6417(\text{mg/L})$$

(二)非稳态模型

(1)瞬时源。初始和边界条件为

$$C(x,0) = 0 \qquad (x \geqslant 0)$$
$$C(0,t) = C_0 \qquad (t > 0, t \to 0)$$

瞬时源一维非稳态模型的解析解为

$$C(x,t) = \frac{W}{A\sqrt{4\pi E_x t}} \exp(-Kt) \times \left[-\frac{(x-ut)^2}{4E_x t} \right] \qquad (5\text{-}23)$$

难降解污染物瞬时源一维非稳态模型的解析解为

$$C(x,t) = \frac{W}{A\sqrt{4\pi E_x t}} \exp\left[-\frac{(x-ut)^2}{4E_x t} \right] \qquad (5\text{-}24)$$

式中 C——x 处 t 时刻河水污染物浓度;

$\quad\quad C_0$——起始断面污染物浓度,$C_0 = W/Q$;

$\quad\quad W$——瞬时排放的污染物总量;

$\quad\quad A$——河流断面面积;

$\quad\quad u$——断面平均流速;

$\quad\quad E_x$——纵向离散系数;

$\quad\quad Q$——河水流量;

$\quad\quad t$——时间;

$\quad\quad K$——污染物衰减系数。

【例 5-5】 在河流某处投放 10kg 示踪剂,河流流速为 0.5m/s,离散系数为 50m²/s,断面面积为 20m²,求投放示踪剂下游 500m 处河水示踪剂浓度随时间变化曲线。

解 投放点($x=0$)处示踪剂浓度

$$C_0 = \frac{W}{Q} = \frac{10 \times 1000}{0.5 \times 20} = 1000(\text{kg} \cdot \text{s/L})$$

$x=500\text{m}$ 处河水示踪剂浓度

$$C(500,t) = 1000 \times \frac{0.5}{\sqrt{4\pi \times 50t}} \exp\left[-\frac{(500-0.5t)^2}{4 \times 50t} \right]$$

$$= \frac{199.474}{\sqrt{t}} \exp\left[-\frac{(500-0.5t)^2}{200t} \right] (\text{mg/L})$$

取不同的时间 t,计算得如下结果:

t(min)	2	10	14	20	24	36	40
C(mg/L)	0.0006	0.583	0.663	0.552	0.444	0.197	0.147

当 $t=14\text{min}$ 时,河水中示踪剂浓度最高,约为 0.663mg/L。

【例 5-6】 在某河流起始断面投放浓度为 1Ci/L 放射性废水 387.5L,放射性物质半衰期为 10.6h,河流断面面积 13.86m²,平均流速为 0.53m/s,离散系数为 $E_x = 22\text{m}^2/\text{s}$。求距起始断面 8km 处放射浓度随时间变化情况。

解 按一级动力学公式,计算放射性物质衰减系数 K,即

$$\exp(-K \times 10.6) = \frac{1}{2}$$

$$K = 0.065/\text{h}$$

$$C(8\,000, t) = \frac{1 \times 378.5}{13.86 \times \sqrt{4 \times \pi \times 22 \times 3\,600t}} \times \exp(-0.065t)$$

$$\times \exp\left[-\frac{(8\,000 - 0.53 \times 3\,600t)^2}{4 \times 22 \times 3\,600t}\right] (\text{Ci/m}^3)$$

取不同时间 t,计算得以下结果:

$t(\text{h})$	3.2	3.6	4.0	4.2	4.6	5.0	5.4
$C(10^{-3}\text{Ci/m}^3)$	0.36	3.72	9.49	10	6.26	1.98	0.373

(2)连续源。初始和边界条件为

$$C(x, 0) = 0 \qquad (x \geqslant 0)$$
$$C(0, t) = C_0 \qquad (t > 0)$$

连续源非稳态模型的解析解为

$$C(x, t) = \frac{C_0}{2}\exp\left[\frac{ux}{2E_x}\left(1 + \sqrt{1 + \frac{4KE_x}{u^2}}\right)\right] \times \text{erfc}\left[\frac{x + ut\sqrt{1 + \frac{4KE_x}{u^2}}}{\sqrt{4E_x t}}\right]$$

$$+ \frac{C_0}{2}\exp\left[\frac{ux}{2E_x}\left(1 - \sqrt{1 + \frac{4KE_x}{u^2}}\right)\right] \times \text{erfc}\left[\frac{x - ut\sqrt{1 + \frac{4KE_x}{u^2}}}{\sqrt{4E_x t}}\right] \quad (5\text{-}25)$$

难降解污染物连续源非稳态模型的解析解为

$$C(x, t) = \frac{C_0}{2}\text{erfc}\frac{x - ut}{\sqrt{4\pi E_x t}} + \frac{C_0}{2}\exp\left(\frac{ux}{E_x}\right) \times \text{erfc}\left(\frac{x + ut}{\sqrt{4E_x t}}\right) \quad (5\text{-}26)$$

式中　C_0——起始断面污染物浓度;

$\quad \text{erfc}(x)$——余误差函数 $= 1 - \text{erfc}(x) = 1 - \frac{2}{\sqrt{\pi}}\int_0^x e^{-t^2}\mathrm{d}t$;

$\quad x$——河流纵向距离;

$\quad u$——平均流速;

$\quad t$——时间;

$\quad C$——x 处 t 时污染物浓度;

$\quad E_x$——纵向离散系数;

$\quad K$——污染物衰减系数。

三、二维水质模型

在宽浅河流上,排入河中的污染物,在水深方向(z 轴向)可以认为混合均匀,在水平面的纵向(y 轴向)和横向(x 轴向)形成混合区,且污染物的降解服从一级反应,这时河水的水质需用二维水质模型描述。在稳态情况下二维水质模型基本方程为:

$$u \frac{\partial C}{\partial x} + v \frac{\partial C}{\partial y} = E_x \frac{\partial^2 C}{\partial x^2} + E_y \frac{\partial^2 C}{\partial y^2} - KC \tag{5-27}$$

式中　C——污染物浓度;

　　　x——沿河水流向的坐标;

　　　y——垂直 x 轴的横向坐标;

　　　u——河水纵向流速;

　　　v——河水横向流速;

　　　E_x、E_y——纵向和横向离散系数;

　　　K——污染物衰减系数。

二维水质模型基本方程,一般只能用数值法求解。在最简单的情况下,才有解析解。

二维水质模型最简单的情况是在无限宽的河段中 $x=0$ 及 $y=0$ 处有一单个点源——无限边界单点源模型;此外还有河岸影响的点源模型等。

四、溶解氧模型

河水中的溶解氧数量是反映河流污染程度和水环境质量的一个重要的指标。同时,溶解氧与水污染和水环境质量的许多参数密切相关。因此,溶解氧模型得到广泛应用和发展。下面介绍一种最基本的溶解氧模型:斯特里特—费尔普水质模型(简称 S—P 模型)。

1925 年,美国两位工程师(斯特里特和费尔普)根据俄亥俄河的污染调查研究,认为在河流的自净过程中,同时存在两个过程:有机污染物进行生物氧化,消耗水中溶解氧,其速率与水中有机污染物浓度成正比;大气中的氧不断地进入水体,即所谓大气复氧,其速率与水体的氧亏值(即水中溶解氧的实际浓度与该水温条件下氧的饱和溶解度之差)成正比。根据质量守恒原理,若考虑断面流速与污染物浓度分布不均匀而产生的纵向离散作用,则氧平衡的微分方程为

$$\left.\begin{aligned} u \frac{\partial L}{\partial x} &= E_x \frac{\partial^2 L}{\partial x^2} - K_1 L \\ u \frac{\partial C}{\partial x} &= E_x \frac{\partial^2 C}{\partial x^2} - K_1 L - K_2 (C_s - C) \end{aligned}\right\} \tag{5-28}$$

式(5-28)称为 S—P 模型微分式的托曼修正式。

将起始和边界条件代入式(5-28),解得 S—P 模型积分式的托曼修正式为

$$\left.\begin{aligned} L &= L_0 \exp\left[\frac{ux}{2E_x}\left(1 - \sqrt{1 + \frac{4E_x K_1}{u^2}}\right)\right] \\ C &= C_s - (C_s - C_0)\exp\left[\frac{ux}{2E_x}\left(1 - \sqrt{1 + \frac{4E_x K_2}{u^2}}\right)\right] + \frac{K_1 L_0}{K_1 - K_2} \times \\ &\quad \left\{\exp\left[\frac{ux}{2E_x}\left(1 - \sqrt{1 + \frac{4E_x K_1}{u^2}}\right)\right] - \exp\left[\frac{ux}{2E_x}\left(1 - \sqrt{1 + \frac{4E_x K_2}{u^2}}\right)\right]\right\} \\ D &= D_0 \exp\left[\frac{ux}{2E_x}\left(1 - \sqrt{1 + \frac{4E_x K_2}{u^2}}\right)\right] - \frac{K_1 L_0}{K_1 - K_0} \\ &\quad \left\{\exp\left[\frac{ux}{2E_x}\left(1 - \sqrt{1 + \frac{4E_x K_1}{u^2}}\right)\right] - \exp\left[\frac{ux}{2E_x}\left(1 - \sqrt{1 + \frac{4E_x K_2}{u^2}}\right)\right]\right\} \end{aligned}\right\} \tag{5-29}$$

若忽略离散作用,则得 S—P 模型的微分式为

$$u\frac{\partial L}{\partial x} = -K_1L$$

$$u\frac{\partial C}{\partial x} = -K_1L - K_2(C_s - C)$$

$$u\frac{\partial D}{\partial x} = K_1L - K_2D$$

$$(5-30)$$

将起始和边界条件代入式(5-30),解得 S—P 模型的积分式:

$$L = L_0\exp(-K_1x/u) \tag{5-31}$$

$$C = C_s - (C_s - C_0)\exp(-K_2x/u)$$

$$+ \frac{K_1L_0}{K_1 - K_2}[\exp(-K_1x/u) - \exp(-K_2x/u)] \tag{5-32}$$

$$D = D_0\exp(-K_2x/u) - \frac{K_1L_0}{K_1 - K_2}[\exp(-K_1x/u) - \exp(-K_2x/u)] \tag{5-33}$$

式中　L、L_0——$x = x$ 和 $x = 0$ 处河水 BOD 浓度;

　　　C、C_0——$x = x$ 和 $x = 0$ 处河水溶解氧浓度;

　　　D、D_0——$x = x$ 和 $x = 0$ 处河水溶解氧的氧亏浓度;

　　　C_s——河水某温度下的饱和溶解氧;

　　　x——顺河水流动方向的纵向距离;

　　　u——河水平均流速;

　　　K_1、K_2——耗氧系数和复氧系数;

　　　E_x——纵向离散系数。

　　S—P 模型是描述污染物进入河流水体之后,耗氧过程和大气复氧过程的平衡状态。溶解氧在河水中变化为一下垂曲线,称氧垂曲线,见图 5-2。溶解氧浓度有一个最低值,称为极限溶解氧 C_c。出现 C_c 的距离称为极限距离 x_c。

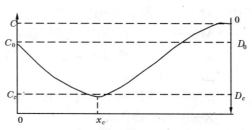

图 5-2　溶解氧沿河变化图

$$x_c = \frac{u}{K_2 - K_2}\ln\left\{\frac{K_2}{K_1}\left[1 - \frac{(C_s - C_0)(K_2 - K_1)}{L_0K_1}\right]\right\} \tag{5-34}$$

极限溶解氧

$$C_c = C_s - \frac{K_1L_0}{K_2}\exp\left(-\frac{K_1x_c}{u}\right) \tag{5-35}$$

$$D_c = \frac{K_1L_0}{K_2}\exp\left(-\frac{K_1x_c}{u}\right) \tag{5-36}$$

式中　D_c——极限氧亏;

　　　其他符号意义同前。

【例 5-7】　某一均匀河段,河水平均流速 $u = 17.5\text{km/d}$,水温 21℃,起始断面河水

BOD$_5$ 和 DO 分别为 $L_0 = 25\text{mg/L}$ 和 $C_0 = 8.5\text{mg/L}$，$K_1 = 0.3/\text{d}$，$K_2 = 0.4/\text{d}$，求极限溶解氧浓度和极限距离。

解　水温 21℃ 的 $C_s = 9.0(\text{mg/L})$

$$x_c = \frac{17.5}{0.4 - 0.3}\ln\left\{\frac{0.4}{0.3}\left[1 - \frac{(9.0 - 8.5) \times (0.4 - 0.3)}{25 \times 0.3}\right]\right\} = 49.2(\text{m})$$

$$C_c = 9.0 - \frac{0.3 \times 25}{0.4}\exp\left(-0.3 \times \frac{49.2}{17.5}\right) = 0.93(\text{mg/L})$$

第四节　湖泊水质模型

一、完全混合水质模型

对于面积小，封闭性强，四周污染源多的小湖或湖湾，污染物入湖后，在湖流和风浪作用下，与湖水混合均匀，湖泊各处污染物浓度均一。

对完全混合型的湖泊，根据物质平衡原理——某时段任何污染物含量的变化等于该时段流入总量减去流出总量，再减去元素降解或沉淀等所损失的量，建立数学方程如下

$$\frac{\Delta M}{\Delta t} = \rho - \rho' - KM \tag{5-37}$$

对难降解的污染物为

$$\frac{\Delta M}{\Delta t} = \rho - \rho' \tag{5-38}$$

$$\Delta M = M_t - M_0$$

式中　M_t——时段末湖泊内污染物总量；

M_0——时段初湖泊内污染物总量；

M——时段内湖泊平均污染物总量；

Δt——计算时段；

$\rho、\rho'$——时段内平均流入、流出湖泊污染物总量速率；

K——污染物衰减率。

（一）湖泊营养物积存过程的水质模型

营养物积存过程的水质模型

$$C(t) = \frac{W}{\alpha V}[1 - \exp(-\alpha t)] + C_0\exp(-\alpha t) \tag{5-39}$$

$$\alpha = \frac{Q}{V} + K$$

式中　V——湖泊容积；

Q——流入湖泊的流量；

K——营养物降解和沉淀率；

$C、C_0$——湖水营养物的浓度和初始浓度；

W_0——营养物入流量。

当营养物入流量 $W(t)$ 不同时,则 $C(t)$ 也不一样。

当 $W(t)$ 为常量时,即 $W(t) = W_0$,则

$$C(t) = \frac{W_0}{\alpha V}[1 - \exp(-\alpha t)] + C_0\exp(-\alpha t) \tag{5-40}$$

当 $W(t)$ 呈线性变化时,即 $W(t) = W_0 \pm \omega t$,则

$$C(t) = \frac{W_0}{\alpha V}[1 - \exp(-\alpha t)] \mp \frac{\omega}{\alpha^2 V}[1 - \exp(-\alpha t) - \alpha t \times C_0\exp(-\alpha t)] \tag{5-41}$$

当 $W(t)$ 呈指数变化时,即 $W(t) = W_0\exp(\pm\omega t)$,则

$$C(t) = \frac{W_0}{(\alpha \pm \omega)V}[\exp(\pm\omega t) - \exp(-\alpha t)] + C_0\exp(-\alpha t)] \tag{5-42}$$

当 $W(t)$ 呈极限型变化时,即 $W(t) = W_0[1 - \exp(-\omega t)]$,则

$$C(t) = \frac{W_0}{\alpha t}\left\{[1 - \exp(-\alpha t)] - \frac{\alpha}{\alpha - \omega}[\exp(-\omega t) - \exp(\alpha t)]\right\} + C_0\exp(-\alpha t) \tag{5-43}$$

(二)出入湖水量相等的水质模型

当出入湖水量相等,单位时间内,湖泊内污染物蓄量变化方程为

$$\frac{\mathrm{d}C}{\mathrm{d}t} = \frac{Q}{V}(C_1 - C) \tag{5-44}$$

湖水污染物浓度模型为

$$C(t) = C_0 + [1 - \exp(-t/T)](C_1 - C_0) \tag{5-45}$$

式中　　T——滞留时间,$T = \dfrac{V}{Q}$;

　　　　V——湖泊容积;

　　　　Q——出入湖泊流量;

　　　　C_1、C_0——入湖水中污染物浓度和湖水初始污染物浓度。

(三)出入湖水量不相等的水质模型

当出入湖水量不相等时,则单位时间内,湖泊污染物蓄量变化方程为

$$V\frac{\mathrm{d}C}{\mathrm{d}t} = QC_1 - Q'C \tag{5-46}$$

湖水污染物浓度模型为

$$C(t) = C_0 + [1 - \exp(-t/T)](RC_1 - C_0) \tag{5-47}$$

$$R = \frac{Q}{Q'}$$

式中　　Q、Q'——流入和流出湖泊的流量;

　　　　其他符号意义同前。

(四)湖泊蓄盐量的水质模型

$$M_2 = M_1 + QC_1 - Q'C - S \tag{5-48}$$

式中　　M_2、M_1——计算时段末和初湖泊内贮盐量;

　　　　Q、Q'——入湖和出湖水量;

C_1、C——入湖和出湖水中离子浓度；

S——湖泊内贮盐量的衰减量。

(五)湖泊溶氧模型

湖水中溶解氧变化为入湖水量增氧,空气复氧增氧和各种因素耗氧、减氧的总和,湖泊溶氧平衡方程为

$$\frac{\mathrm{d}C}{\mathrm{d}t} = \frac{Q}{V}(C_1 - C) + K_2(C_s - C) - R \qquad (5\text{-}49)$$

式中　C——湖水溶氧浓度；

　　　C_1——入湖水中溶氧浓度；

　　　C_s——饱和溶氧浓度；

　　　V——湖泊容积；

　　　Q——入湖流量；

　　　K_2——湖水复氧系数；

　　　R——湖泊内生物和非生物因素耗氧总量。

二、非完全混合水质模型

对于水域宽阔的大湖泊,当污染物流入湖泊后,污染仅出现在排污口附近的水域。这时需要考虑污染物在湖水中稀释、扩散规律,采用不均匀混合水质模型描述。

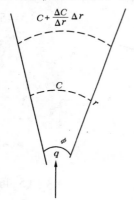

图 5-3　污染物在
湖水中扩散示意图

(一)湖泊扩散的水质模型

对难降解污染物,当排污稳定,且边界条件为 $r = r_0$ 时,$C = C_0$,则得

$$C = C_0 - \frac{1}{\alpha - 1}(r^{1-\alpha} - r_0^{1-\alpha}) \qquad (5\text{-}50)$$

$$\alpha = 1 - \frac{q}{DH\phi}$$

式中　r——距排污口距离,见图 5-3；

　　　q——入湖污水量；

　　　C——r 处污染物浓度；

　　　H——污染物扩散区平均湖水深；

　　　ϕ——污染物在湖水中的扩散角,如排污口在平直的湖岸,$\phi = 180°$；

　　　C_0——距排污口为 r_0 处污染物浓度；

　　　D——湖水紊动扩散系数(因湖泊中风浪的影响)。

D 的计算式为

$$D = \frac{\rho H^{2/3} d^{1/3}}{fg} \sqrt{\left(\frac{uh}{\pi H}\right)^2 + \overline{U}^2} \qquad (5\text{-}51)$$

其中　ρ——水的密度；

　　　d——湖底沉积物的颗粒直径；

f——经验系数；

g——重力加速度；

u——流速；

h——波高；

$\overline{U}$——风生流和梯度流合成的平均流速。

(二)湖泊自净的水质模型

当忽略扩散项,排污是稳定的,湖水中污染物浓度递减。

当 $r = 0$ 时,$C = C_0$,则得湖泊自净的水质模型

$$C = C_0\exp\left(-\frac{K\phi Hr^2}{2q}\right) \tag{5-52}$$

式中　K——污染物自净速率常数；

C_0——排污口污染物的浓度；

其他符号意义同前。

(三)湖泊氧亏模型

湖泊氧亏模型为

$$D = \frac{K_1\mathrm{BOD}_0}{K_2 - K_1}\left[\exp(-nr^2) - \exp(-mr^2)\right] + D_0\exp(-mr^2) \tag{5-53}$$

$$n = \frac{K_1\phi H}{2q}; m = \frac{K_2\phi H}{2q}$$

式中　D——距排污口 r 处的湖水的氧亏量；

K_1——耗氧速率常数；

K_2——复氧速率常数；

BOD_0——排污口的 BOD；

D_0——排污口的氧亏量。

第五节　非点源污染水质模型

非点源污染物不仅包括固体悬浮物、生化需氧量、营养物(氮和磷)、金属等,还包括酸雨、农药、微生物等。

非点源污染模型由三部分组成:径流模拟;泥沙模拟;污染物与径流和泥沙的相互关系。

一、径流模拟

降雨产生的径流分三部分:①地表径流——降雨除去入渗、填洼损失后的剩余部分;②壤中流——入渗未达地下水位深度,在土壤中的水流;③地下水径流。

其数学表达式如下:

(1)地表径流

$$R_s = P - S_1 - S_d - f\Delta t \tag{5-54}$$

(2)壤中流

$$R_1 = (f - ET)\Delta t - S_s - Q_g \qquad (5\text{-}55)$$

(3)地下水径流

$$R_g = Q_g - S_g - Q_1 \qquad (5\text{-}56)$$

式中　R_s——在 Δt 时段内地表径流量,cm;

　　　P——降雨量;

　　　S_1——拦截量,包括雨间蒸发,枝叶截留;

　　　S_d——洼地贮存变化量;

　　　f——入渗率,cm/h;

　　　Δt——时段;

　　　R_1——壤中流,cm;

　　　ET——土壤蒸发量;

　　　S_s——土壤水分储量变化量;

　　　Q_g——补给地下水,cm;

　　　R_g——地下水流出量;

　　　S_g——地下水储量变化量;

　　　Q_1——深层地下水变化量。

二、泥沙模拟

数学表达式为

$$S = K_s O^{J_s} \qquad (5\text{-}57)$$

式中　S——泥沙流失量;

　　　K_s——泥沙迁移系数;

　　　O——时段内到达受纳水体的径流比例数;

　　　J_s——径流引起的泥沙迁移指数。

三、污染物模拟

地表径流和泥沙是污染物迁移的载体,污染物的迁移因污染物而异。以 BOD—DO 为例。

数学模型的基本假定是:①BOD 对河流的负荷,既可以作为点源发生,也可以作为非点源发生;②在参数测定期间,河水流动条件不变,即当河段长度 $x \leqslant 0.5Q_0/q$ 时(Q_0 是研究河段上游的流量,q 是单位河段长度的旁侧输入水量),可满足这一条件;③硝化和光合作用的影响可以忽略;④忽略离散过程;⑤河段是均匀的,在断面上的流速和水深等均无显著变化。

四、河流非点源污染 BOD—DO 的数学模型

$$\text{BOD}: L = L_0 \exp(-K_r x/u) + \frac{L_r}{K_r}[1 - \exp(-K_r x/u)] \qquad (5\text{-}58)$$

DO: $D = D_0\exp(-K_a x/u) + \dfrac{K_r L_0}{K_a - K_s}[\exp(-K_a x/u) - \exp(-K_a x/u)]$

$\qquad + \dfrac{K_d}{K_a K_r}[1 - \exp(-K_a x/u)] - \dfrac{K_d L_r}{(K_a - K_r)K_r}[\exp(-K_r x/u)$

$\qquad - \exp(-K_a x/u)] + [1 - \exp(-K_a x/u)]\dfrac{S_B}{K_a H}$ (5-59)

式中 D——河段末端氧亏$(D = C_s - C)$；

      C_s——饱和溶解氧浓度；

      C——溶解氧浓度；

      D_0——初始氧亏；

      L_r——旁侧非点源污染输入的最终 BOD；

      L_0——初始 BOD 浓度；

      K_r——BOD 总去除系数；

      K_a——复氧系数；

      K_d——BOD 脱氧系数(不包括沉降去除 BOD)；

      x——河段长度；

      u——河水平均流速；

      S_B——底泥耗氧量；

      H——水流平均深度。

五、城市非点源污染模型

由于城市的污染物,如粉尘、大气降尘、垃圾、落叶等一般都汇集到不透水的地表排水沟内,因此,城市汇水区的非点源排污量主要来源于不透水汇水面积。

(一)城市径流量模型

降雨损失一为土壤入渗,一为填洼。径流过程见图 5-4。

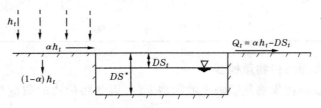

图 5-4　城市径流过程示意图

径流模型为

$$Q_t = \alpha h_t - DS_t \qquad (5\text{-}60)$$

式中 Q_t——径流总量；

      h_t——降雨量；

      α——径流系数,$\alpha = P_1 I + P_P(1 - I)$；

      I——不透水的汇流面积比例数；

P_1——不透水汇流面积上的雨量比例数；

P_P——透水汇流面积上的雨量比例数。

$DS^* = d_1 I + d_P (1 - I)$洼地总容量；$d_1$为不透水汇流面积上洼地蓄水容量；$d_P$为透水汇流面积上洼地蓄水容量；当 $h_{t-1} = 0$，则 $DS_t = DS^*$；当 $h_{t-1} > 0$，$DS_{t-1} + \alpha h_{t-1} \geqslant DS^*$，则 $DS_t = 0$；当 $h_{t-1} > 0$，$DS_{t-1} + \alpha h_{t-1} < DS^*$，则 $DS_t = DS^* - DS_{t-1} - \alpha h_{t-1}$。

下角标 t 按日计，为当天，$t-1$ 为前一天。

(二)城市堆积物的累积量模型

垃圾和碎屑主要集中在街道的排水沟内。城市堆积物的累积量通常按单位长度路缘的堆积物计算

$$Y = Y_1 L \tag{5-61}$$

式中　Y——每日城市堆积物数量；

Y_1——单位路缘长度每日堆积物数量，与土地利用情况和地理区域关系密切；

L——汇水区街道路缘总长度。

美国环境保护局的一级暴雨管理模型中使用城市堆积物和污染物见表 5-1。

表 5-1　　　　　　　　　美国一级暴雨管理模型中某些参数取值

土地利用	单位堆积物量 y_i (kg·km·d)	堆积物中污染物浓度 (C)(mg/kg)			
		生化需氧量	化学耗氧量	氮	磷酸盐
单个家庭居住	10	5 000	40 000	480	50
多个家庭居住	35	3 600	40 000	610	50
商 业 区	50	7 700	39 000	410	70
工 业 区	70	3 000	40 000	430	30
未开发地区域					
停 车 场	20	5 000	20 000	50	10

(三)城市非点源污染物量模型

假定城市非点源污染物是吸附于堆积物上的，因此污染物的数量与堆积物数量成正比，则得

$$Y_i = L \sum_j \alpha_j S_{ij} Y_{ij} \tag{5-62}$$

式中　Y_i——污染物日积累量；

α_j——土地利用情况为 j 的汇水面积比例数；

S_{ij}——土地利用情况为 j、堆积物中 i 种污染物浓度；

Y_{ij}——土地利用情况为 j、单位路缘长度堆积物日积累量；

L——汇水区街道路缘总长度。

六、农业非点源污染模型

农业污染模型是建立在土壤侵蚀和径流模型基础上的,主要污染物是营养物、农药物质和沉积物。

(一)农业径流量模型

建立降雨与径流的相关关系是通过降雨量求得径流量,如采用经验曲线方程

$$Q_{ijt} = \begin{cases} \dfrac{(h_t - 0.2S_{ijt})^2}{h_t + 0.8S_{ijt}} & \text{当 } h_t \geqslant 0.2S_{ijt} \\ 0 & \text{当 } h_t < 0.2S_{ijt} \end{cases} \tag{5-63}$$

式中　Q_{ijt}——土壤为 i、农作物为 j、t 天的径流量;

　　　h_t——t 天的降雨量;

　　　S_{ijt}——滞洪系数,与前五天降雨量、土壤类型、种植情况以及耕作方式有关,一般根据经验曲线求得。

(二)沉积物流失

农田土壤流失方程为

$$X_{ij} = E(K_i \cdot LS_i CF_j \cdot P_j) \tag{5-64}$$

式中　X_{ij}——农田 i、农作物为 j 年平均土壤流失量;

　　　E——降雨侵蚀率指数;

　　　K_i——土壤侵蚀因子;

　　　LS_i——地形因子,由农田坡度和坡地长度确定,无量纲;

　　　CF_j——农作物 j 的覆盖因子,无量纲;

　　　P_j——耕作方式因子,无量纲。

(三)农业径流中的污染物

最简单的农业径流中污染物排出模型,是用经验比例系数乘以径流量和侵蚀量,即

$$L_{ijt} = \begin{cases} C_j Q_{ijt} A_{ij} \\ e_i C_i X_{ijt} A_{it} \end{cases} \tag{5-65}$$

式中　L_{ijt}——土壤 i、农作物为 j、t 天排出的污染物;

　　　C_j——流经农作物 j 的径流中污染物浓度;

　　　A_{ij}——土壤为 i、农作物为 j 的面积;

　　　C_i——土壤 i 中污染物浓度;

　　　X_{ijt}——土壤为 i、农作物为 j、t 天土壤流失量;

　　　e_i——富集率,无量纲,一般大于 1,反映了被侵蚀土壤中污染物浓度大于土壤中污染物浓度。

溶解于农业径流中氮和磷平均浓度见表 5-2。

表 5-2 溶解于农业径流中氮和磷的平均浓度 （单位:mg /L）

作物种类	径流中的溶解氮		径流中的溶解磷	
	雨	溶雪	雨	溶雪
荒地	2	4	0.1	0.2
牧场	2	3	0.3	0.3
干草	1	3	0.2	0.2
小谷场	3	1	0.3	0.3
小麦	2	3	0.2	0.3

【例 5-8】 有一个中等城市,面积为 $20km^2$,人口是 50 000,河段长度 $x = 10km$,市区径流 $R = 1cm$,持续 2h,河段旁侧流入量 $q = 0.1m^3 \cdot km/s$,底泥耗氧速度 $S_B = 2.5$ $kg/m^2 \cdot d(25℃)$,河流最枯流量 $Q_R = 15m^3/s$,平均水深 $H = 3m$,平均流速 $u = 0.1m/s$,平均水温 $T = 25℃$,$K_r = K_d = 0.25d^{-1}$、$K_a = 0.46d^{-1}(25℃)$,上游 BOD 浓度 $b = 1.2mg/$ L,上游 DO 浓度 $C_0 = 7.6mg/L$,$C_s = 8.4mg/L$,每人每天排放 54gBOD,城市污水处理厂 BOD 去除率为 90%,城市径流中 BOD 的浓度为 30mg/L,求河水中溶解氧浓度。

解 城市下水道排放的 BOD $= 54 × 50 000 ÷ 86 400 × 10\%$

$$= 3.125(g/s)$$

暴雨径流 $Q_s = 1 × 20 × 10^4 ÷ (2 × 3 600)$

$$= 27.78(m^3/s)$$

暴雨后河中流量 $Q = Q_R + Q_s + qx = 43.78(m^3/s)$

$$u = 0.1 × \frac{Q}{Q_R} = 0.29(m/s)$$

$$L = \frac{城市排水 BOD + 城市暴雨 BOD}{Q_R + Q_s} + 河段上游 BOD$$

$$= \frac{3.125 + 27.78 × 30}{15 + 27.78} + 1.2 = 20.75(mg/L)$$

将题中参数和计算参数数据代入河流非点源污染 BOD—DO 模型得出

$$D = 3.57(mg/L)$$

溶解氧浓度 $C = C_s - D = 8.4 - 3.57 = 4.83(mg/L)$

第六节　模型参数的估计

水质模型中有许多参数,如流速、流量、扩散系数、离散系数、耗氧系数、复氧系数等,它们是水质物理、化学和生物化学动力学过程的常数。参数估值的任务就是通过一定的方法来确定水质模型中这些待定的常系数。参数估值是建立水质模型过程中的一个重要环节,只有将模型中的参数准确地确定并经过验证后,模型才能在实际的水质模拟、预测和管理中应用。模型参数的估值,可由实验室测定、野外观测以及通过资料分析计算等方法求得。

一、参数估计的方法

(一)实验室测定法

实验室测定法主要是对单个参数进行分别的测定,常利用动力学常数的测定方法。设计一个特定过程的模拟反应器,在不同的时间取样分析其反应物或产物的浓度,然后用图解法或数理统计方法(如最小二乘法、斜率法、两点法)来确定所研究过程的动力学常数。

用实验室测定法可以确定 BOD 反应速度常数 K_1,硝化速率常数 K_N 及底泥耗氧速度常数等。

(二)经验公式估算法

利用各种有关的经验公式估算河流水力学参数、扩散系数 D、离散系数 E、复氧系数 K_2 等,也可以利用现场测定数据对单参数或多参数进行估值。

应用多维参数的最优化估值方法可以同时确定模型中的多个参数。这种方法从模型的整体出发,由此求得的参数代入模型后,能大大提高模型的可靠性。但这种方法比较复杂,不易掌握,运算繁琐,通常需要借助计算机来实施。

二、部分参数的估值

下面介绍部分参数的经验公式估值,供使用时参考。

(一)水文参数的估值

断面平均流速 U,平均水深 H,水面宽度 B,与流量 Q 的关系为

$$U = \frac{Q}{A} \tag{5-66}$$

$$H = \frac{A}{B} \tag{5-67}$$

式中　A——过水断面面积。

$$U = \alpha Q^{\beta} \tag{5-68}$$

$$H = \gamma Q^{\delta} \tag{5-69}$$

$$B = \frac{1}{\alpha\gamma}Q^{(1-\beta-\delta)} \tag{5-70}$$

式中,α、β、γ、δ 为经验数据,由实测资料统计确定。α、γ 一般随河床大小而变化;β 较为稳定。对于大河,当河宽 B 和河床糙率 n 不变时,$\beta=0.4,\delta=0.6$。

(二)扩散系数的估值

根据泰勒理论的扩散系数表达式

$$D = \alpha H u^* \tag{5-71}$$

式中　H——平均水深,

　　　u^*——摩阻流速,$u^* = \sqrt{gHI}$;

　　　g——重力加速度;

I——水力坡降；

α——系数，通过试验确定。

1. 垂向扩散系数

稳定、均匀明渠水流的垂向扩散系数为

$$D_z = 0.067 H u^*$$ (5-72)

2. 顺直河段的横向扩散系数

根据矩形水槽和顺直河段的试验观测结果，据弗林的统计分析，大多数情况下 $\alpha = 0.1 \sim 0.2$，有些灌溉渠道 α 值可达 $0.24 \sim 0.25$，许多试验的平均值为

$$D_y \approx 0.15 H u^*$$ (5-73)

3. 弯曲河段的横向扩散系数

弗林（1969 年）提出的弯曲河段横向扩散系数经验关系式如下

$$\frac{D_y}{H u^*} \propto \left(\frac{U}{u^*}\right)^2 \left(\frac{H}{R}\right)^2$$ (5-74)

式中　R——河弯的曲率半径；

其他符号意义同前。

弗林认为，弯曲河道及不规则的河岸的 D_y 值，一般大于 0.4，在实用上可选用 $0.4 \sim 0.8$，即

$$D_y = 0.6 H u^*$$ (5-75)

（三）离散系数的估值

1. 河段纵向离散系数

河段纵向离散系数为

$$E_x = 0.01 U^2 B^2 / H u^*$$ (5-76)

式中　U——平均流速；

B——河宽；

H——平均水深，

u^*——摩阻流速。

2. 狭窄河渠的离散系数

假设河流在只有纵向浓度梯度的条件下，适用于狭窄河渠公式

$$E_x = 0.55 H \sqrt{gHI}$$ (5-77)

式中　I——水力坡降；

g——重力加速度；

其他符号意义同前。

3. 宽阔河渠的离散系数

宽阔河渠的离散系数为

$$E_x = 2.56 n U H^{0.338}$$ (5-78)

式中　n——曼宁粗糙系数；

其他符号意义同前。

(四)溶解氧模型中速率常数的估值

1.饱和溶解氧

t℃水温下的饱和溶解氧浓度为

$$Q_t = \frac{468}{31.6 + t} \tag{5-79}$$

2.耗氧系数 K_1 和 K_N

碳化 BOD 与硝化 BOD 的速率常数 K_1 和 K_N 值一般范围为 $0.1 \sim 0.6 \mathrm{d}^{-1}$,通常取 $0.3 \mathrm{d}^{-1}$。K_1 值可超过上述范围,对一些浅的河流可达 $1 \sim 3 \mathrm{d}^{-1}$。

怀特根据美国 23 个河系,36 个河段的资料进行多元回归分析,得出

$$\left. \begin{aligned} K_1 &= 10.3 Q^{-0.49} \\ K_1 &= 39.6 P^{-0.84} \end{aligned} \right\} \tag{5-80}$$

式中　Q——河流流量,ft^3/s;

P——河道湿周,ft(ft 为英尺,$1\mathrm{ft} = 0.304\,8\mathrm{m}$)。

Garland 根据英国 Trent 河的硝化作用研究及 Knades 等的硝化作用研究,提出了下列经验公式:

$$\left. \begin{aligned} K_N &= -0.627\,2 + 0.078\,9T + \frac{2.577\,3}{u} \\ \lg K_N &= 0.025\,5T - 0.492 \end{aligned} \right\} \tag{5-81}$$

式中　T——水温,℃;

u——水流速度,km/h。

K_1 和 K_N 值与温度的关系可用下式表达,即

$$K_t = K_{20} \times 1.047^{(t-20)} \tag{5-82}$$

式中　K_{20}——20℃时 K_1 和 K_N 值;

K_t——t℃时的 K_1 和 K_N 值;

t——水温,℃。

为了使用方便,现将国内外对 K_1 和 K_2(复氧系数)的研究成果列于表 5-3。

表 5-3　　　　　　　　某些河流水质模型 K_1 和 K_2 参数值

国家	河流	K_1	K_2	国家	河流	K_1	K_2
美国	Willamette 河	$0.3 \sim 0.4$	$0.05 \sim 1.02$	比利时	Samber 河	$0.1 \sim 2.0$	$0.02 \sim 0.043$
美国	Bagmati 河	0.5	$6.5 \sim 8.5$	日本	隅田河	$0.03 \sim 0.2$	
美国	Mile 河	$0.14 \sim 2.10$	$0.02 \sim 0.51$	日本		$0.2 \sim 0.3$	$0.3 \sim 0.6$
美国	Holston 河	$0.039 \sim 5.2$	$12.01 \sim 35.70$	日本	Yomo 河	0.53	0.1
美国	San Antonio 河	0	6.748	法国	Vienne 河	$0.01 \sim 1.0$	2
美国	Ohio 河	0.32	$0.12 \sim 1.70$	墨西哥	Lerma 河	0.2	0.3
英国	Trent 河	$0.1 \sim 0.124$	1.25	以色列	Alexander 河	0.15	1.20
英国	Tame 河	$0.42 \sim 0.98$	1.25	中国	黄河	0.85	1.90
英国	Cam 河	0.56	0.32	中国	漓江	$0.1 \sim 0.13$	$0.3 \sim 0.52$
英国	Thames 河	0.17	1	中国	赤水河	0.28	1.84
波兰	Odra 河	0.18	$1.5 \sim 2.5$	中国	沱江	0.35	0.77
德国	Necker 河	0.19	$0.01 \sim 10.0$				

3.复氧系数 K_2

应用较普遍的奥康纳-多宾斯公式为

$$K_2 = \alpha \frac{U^m}{H^n} \tag{5-83}$$

式中　U——平均流速；

　　　H——平均水深；

　　　α、m、n——经验常数，一般取 $\alpha = 12.93$，$m = 0.5$，$n = 1.50$。

对于水深较大，流速缓慢的河流

$$K_2 = 128 \frac{(D_m H)^{1/2}}{H^{3/2}} \tag{5-84}$$

对于水深较浅，而流速大的河流

$$K_2 = 480 \frac{D_m I^{1/4}}{H^{5/4}} \tag{5-85}$$

式中　D_m——氧在水中的分子扩散系数（$D_m(20) = 2.036 \times 10^{-4} \text{m}^2/\text{s} = 1.762 \times 10^{-4}$ m^2/d）；

　　　I——水面比降；

　　　U——平均流速；

　　　H——平均水深。

斯特里特-费尔普复氧公式为

$$K_2 = C \frac{U^m}{H^n} \tag{5-86}$$

式中　C——谢才系数，$C = \dfrac{U}{\sqrt{RI}}$；

　　　R——水力半径；

　　　I——水面比降；

　　　n——粗糙系数，如用曼宁糙率系数，$n = 1/6$；

　　　m——系数，一般用2；

　　　U——平均流速；

　　　H——平均水深。

第七节　水环境容量及水体允许纳污量的确定

一、水环境容量的概念

水环境容量，一般认为应是水体环境在一定功能要求、设计水文条件和水环境目标下，所允许容纳的污染物量。也就是指水环境功能不受破坏的条件下，受纳污染物的最大数量。

由于污染物进入水环境之后，受稀释、迁移和同化作用，因此水环境容量实际上由三部分组成，其表达式如下：

$$W_T = W_d + W_t + W_s \tag{5-87}$$

式中　W_T——水环境对污染物的总容量；

　　　W_d——水环境对污染物的稀释容量；

　　　W_t——水环境对污染物的迁移容量；

　　　W_s——水环境对污染的净化容量。

（一）稀释容量

水环境对污染物的稀释容量是由水体对污染物稀释作用所引起的，它与水的体积和污径比有关。

设河水的流量为 Q，污染物在河水中的背景浓度为 C_B，污染物的水环境质量标准是 C_s，排入河水的污水流量为 q，则水环境对该污染物的稀释容量可表达为

$$W_d = Q(C_s - C_B)\left(1 + \frac{q}{Q}\right) \tag{5-88}$$

令 $V_d = Q, P_d = (C_s - C_B)\left(1 + \dfrac{q}{Q}\right)$，则有

$$W_d = V_d P_d \tag{5-89}$$

式中　P_d——水环境对污染物稀释容量的比容。

（二）迁移容量

水环境对污染物的迁移容量是由水体的流动引起的，它与流速、离散等水力学特征有关。其数学表达式为

$$W_t = Q(C_s - C_B)\left(1 + \frac{q}{Q}\right)\left\{\frac{\sqrt{4\pi E_x t}}{u}\exp\left[\frac{(x - ut)^2}{4E_x t}\right]\right\} \tag{5-90}$$

式中　E_x——离散系数；

　　　u——流速；

　　　x——距离；

　　　t——时间；

　　　其他符号意义同前。

令 $V_t = Q, P_t = (C_s - C_B)\left(1 + \dfrac{q}{Q}\right)\left\{\dfrac{\sqrt{4\pi E_x t}}{u}\exp\left[\dfrac{(x - ut)^2}{4E_x t}\right]\right\}$，则有

$$W_t = V_t P_t \tag{5-91}$$

式中　P_t——环境对污染物迁移容量的比容。

（三）净化容量

水环境对污染物的净化容量，主要是由于水体对污染物的生物或化学作用使之降解而产生的，所以净化容量是针对可衰减污染物而言。假定这类污染物的衰减过程遵守一级动力学规律，则其反应速率 R 可写为

$$R = -kC \tag{5-92}$$

式中，k 为反应速率常数，将它定义为污导，其大小反映污染物在水环境中被净化的能力。将污导 k 的倒数定义为污阻，用 τ 表示。它能反映污染物被降解难易的程度，τ 越大，污染物在环境中停留的时间越长，水环境对它的容量越小。C 是污染物在水环境中的浓度，表示为水环境的污染负荷，将它定义为污压。反应速率 R 与 C 及 τ 有关，它反映水环

境对污染物自净的快慢程度,将它定义为污流。于是便有

$$C = -R\tau \tag{5-93}$$

若污压 C 不变,污阻越大,污流越小。

根据上述若干物理量,提出水环境对污染物净化容量的表达式如下:

$$W_s = Q(C_s - C_B)\left(1 + \frac{q}{Q}\right)\left[-\exp\left(\frac{x}{\tau u}\right) + 1\right] \tag{5-94}$$

式中　τ——污染物污阻;

其他符号意义同前。

令 $V_s = Q, P_s = (C_s - C_B)\left(1 + \frac{q}{Q}\right)\left[-\exp\left(\frac{x}{\tau u}\right) + 1\right]$,则有

$$W_s = V_s P_s \tag{5-95}$$

式中　P_s——水环境对污染物净化容量的环境比容。

(四)总水环境容量

水环境对污染物稀释容量、迁移容量和净化容量之和称为总环境容量,则有

$$W_T = V_T P_T = Q(C_s - C_B)\left(1 + \frac{q}{Q}\right)\left\{2 + \frac{\sqrt{4\pi E_x t}}{u}\exp\left[\frac{(x - ut)^2}{4E_x t}\right] - \exp\left(\frac{x}{\tau u}\right)\right\} \tag{5-96}$$

如果污染物是保守的,则污导 $k = 0$,那么 $\exp\left(\frac{x}{\tau u}\right) \to 1$,这时

$$W_T = Q(C_s - C_B)\left(1 + \frac{q}{Q}\right)\left\{1 + \frac{\sqrt{4\pi E_x t}}{u}\exp\left[\frac{(x - ut)^2}{4E_x t}\right]\right\} \tag{5-97}$$

说明水体对难降解污染物只有稀释容量和迁移容量,而无净化容量。

如果无离散作用存在,则 $E_x = 0$,这时

$$\frac{\sqrt{4\pi E_x t}}{u}\exp\left[\frac{(x - ut)^2}{4E_x t}\right] \to 0 \tag{5-98}$$

$$\exp\left(\frac{x}{\tau u}\right) \to 1$$

则　　　　　　$$W_T = Q(C_s - C_B)\left(1 + \frac{q}{Q}\right) \tag{5-99}$$

此式表明,对于难降解污染物,在不考虑水体的离散作用时,不存在迁移容量和净化容量,水环境的总容量就等于稀释容量。

二、水环境容量的应用

水环境容量主要应用于水环境质量的控制,是制订水资源保护和经济发展规划的依据。污染物的排入,应该与水环境容量相适应,如果超出环境容量就必须采取措施,如降低排放浓度、削减排放总量、增加污水处理设施,或者通过改善布局合理地利用水环境容量。水环境容量的应用体现在以下三个方面。

(一)制定地区水污染物排放标准的主要依据

全国性的工业三废排放标准往往不能把所有地区和所有情况都包括进去,在执行中

会遇到一些具体问题,如对于不同环境容量的水体,同一行业执行同一标准,环境效益却不同,环境容量大的水体,能符合要求,而容量小的水体可能已受到污染。因此,需要制订地区水污染物的排放标准。

水域的水环境容量是制订地区水污染物排放标准的主要依据。

(二)在水污染控制中的应用

防止水污染的关键是控制向水体排放污染物的数量。控制方法有三种:浓度控制、总量控制和污染全过程控制。总量控制是将排入某一特定水域的污染物的量控制在要求水平之下,以限制排污单位的污染物排放总量,它是环境管理的一种新方法。

污染物排放总量可依据区域水环境容量,反推允许排入水环境的污染物总量,这种方法称为容量控制法。也可依据一个既定的水环境目标或污染物削减目标,正推限定排污单位污染物排放总量,称为目标总量控制法。

由此可见,水环境容量的研究,是总量控制的重要环节,也是总量控制中的技术关键问题。只有了解和掌握水域的环境容量,才能确定水域的容许纳污量;才能将水域的负荷量分配到各排放源;才能建立起环境目标与排放源的输入响应关系;才能达到有效控制水污染的目的。因此,开发和利用水环境容量是实施污染物排放总量控制的前提,对于控制水环境污染,改善和提高水环境质量具有重大的意义。

(三)在水资源综合开发利用规划中的应用

水资源是社会发展的重要资源之一。水资源的综合开发利用,不仅要考虑它所提供的足够数量的合格水质,而且应考虑它接纳污染的能力,一个地区的水环境容量的大小也是该地区水资源是否丰富的重要标志之一。如果不能合理地利用水环境容量,就会造成水资源的破坏或浪费,因此在进行水资源的综合开发利用时,应该弄清该区域的水环境容量。

三、水体允许纳污量的计算

水体允许纳污量是以水质目标和水体稀释自净规律为依据的。一切与水质目标和水体稀释自净规律有关的因素,如水环境质量标准、水体自然背景值、水量及水量随时间的变化,水环境的物理、化学、生物学及水力学特性,以及排污点的位置和方式等均能影响水体允许纳污量。水质模型是这些因素相互关系的数学表达式。因此,水体允许纳污量可以通过选择适当的水质数学模型进行计算求得。由于模型和参数很多,如何根据需要进行选择便成为水体允许纳污量计算的关键。下面通过例题分析来介绍水体允许纳污量的计算方法。

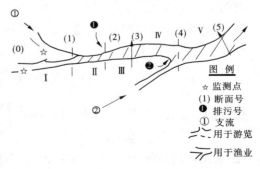

图 5-5 河流形势及河段使用目标图

【**例** 5-9】 某河流(图 5-5)在断面(1)以上河段功能目标是游览,以下则是渔业,水环境质量标准及水文水质资料见表 5-4,河流水质参数见表 5-5。

表 5-4 河流水环境目标及水文、水质资料

河流节点编号	距离(km)	水环境目标	水环境质量标准 C_N		流量(m³/s)		稀释流量比 α	水质资料			
			BOD(mg/L)	DO(mg/L)	Q 90%	q		BOD(mg/L)	BOD(kg/d)	DO(mg/L)	DO(kg/d)
初始断面(0)	0				4		2.5	7			
支流①	2.5	游览	≤4.5	≥6.5	1		0.80	2.0	172.8	8	691.2
断面(1)	3						0.83				
排污点❶	4.5					1		50	4 320	0	0
断面(2)	4.5										
断面(3)	6.0										
排污点❷	7.5	渔业				0.5	0.92	2	86.4	0	0
支流②	8.0		≤6.0	≥4.5	1.5		0.81	2	259.2	7.5	972
断面(4)	8.0						0.75				
断面(5)	10.0										

表 5-5 河流水质有关参数

河段号	流速(m/s)	耗氧系数 $K_1(\mathrm{d}^{-1})$	复氧系数 $K_2(\mathrm{d}^{-1})$	河段长度(km)	河段号	流速(m/s)	耗氧系数 $K_1(\mathrm{d}^{-1})$	复氧系数 $K_2(\mathrm{d}^{-1})$	河段长度(km)
Ⅰ	0.45	0.25	0.6	3	Ⅳ	0.30	0.32	0.3	2
Ⅱ	0.40	0.30	0.55	1.5	Ⅴ	0.25	0.37	0.4	2
Ⅲ	0.35	0.35	0.5	1.5					

由表 5-4 可知,断面(1)上的 BOD 与 DO 均符合游览的水环境质量标准。而断面(1)以下有两个排污点和一支流汇入,必须按渔业用水要求计算排放标准。

解 (1)求断面(1)的 BOD 值。

用已知数值代入下式

$$C_{下} = C_{上}\left(1 - 0.011\,6\,\frac{K_1 X}{U} + 0.011\,6\,\frac{W^*}{C_{上} Q}\right)\alpha$$

得:$\text{BOD}_{断面(1)} = 2.5 \times \left(1 - 0.011\,6 \times \dfrac{0.25 \times 3}{0.45} + 0.011\,6 \times \dfrac{172.8}{2.5 \times 4}\right) \times 0.8$

$\qquad = 2.362(\text{mg/L})$

(2)求第Ⅱ河段排污口处的 BOD 的允许排放量。

$$W_{点} = 86.4 \times 5 \times \left(\frac{6}{0.83} - 2.362\right) + 0.3 \times 2.362 \times \left(\frac{4.5 \times 5}{0.4}\right) = 2\,142(\text{kg/d})$$

但该点实际排放 BOD 为 4 320kg/d，因此必须削减 4 320 - 2 142 = 2 178(kg/d)。

(3)断面(3)的 BOD 值为

$$\text{BOD}_{\text{断面}(3)} = 6 \times \left(1 - 0.011\,6 \times \frac{0.35 \times 1.5}{0.35}\right) = 5.896(\text{mg/L})$$

(4)求第Ⅳ河段允许排污量总和。

$$W_{\text{总}} = 86.4 \times (6 - 5.896) \times 6 + 0.32 \times 5.896 \times 6 \times \left(\frac{1.5}{0.3}\right)$$
$$+ 86.4 \times 6 \times (0.5 + 1.5) + 0.32 \times 6 \times \left(\frac{6.5 \times 0.5}{0.3}\right) = 1\,168(\text{kg/d})$$

本河段实际排放 BOD(包括支流②流入的)为 86.4 + 259.2 = 345.6(kg/d)，并未超过两点的容量总和。因此，BOD 浓度不会超过渔业水环境质量标准。排放点❷的允许排污量(即排放标准)也可以算出，它大于目前实际排放量，其值为

$$W = 86.4 \times 6 \times \left(\frac{6}{0.92} - 5.896\right) + 0.32 \times 5.896 \times \left(\frac{1.5 \times 6}{0.3}\right) = 381(\text{kg/d})$$

(5)对全河 DO 分布进行计算，以检验是否符合各河段对 DO 的水环境质量标准，DO 沿程变化计算式为

$$\text{DO}_{\text{下}} = \left(\text{DO}_{\text{上}} - 0.011\,6 \frac{K_1 \text{BOD}_{\text{上}} X}{U} + 0.011\,6 \frac{K_2 D_{\text{上}} X}{U} + 0.116 \frac{\text{DO}^*}{Q}\right)\alpha$$

式中　$\text{DO}_{\text{上}}$、$\text{DO}_{\text{下}}$——河段上断面和下断面的 DO 值；

　　　K_1——为复氧系数；

　　　$D_{\text{上}}$——上断面氧亏＝饱和深氧－实际溶氧；

　　　$\text{BOD}_{\text{上}}$——上断面 BOD 值；

　　　DO^*——河段旁侧入流水中的溶解氧；

　　　U——河段平均流速；

　　　X——河段长。

假定全河的饱和溶氧量＝10mg/L，求(1)~(4)断面的 DO 值。

$$\text{DO}_{(1)} = \left(7 - 0.011\,6 \times \frac{0.25 \times 2.5 \times 3}{0.45} + 0.011\,6 \times \frac{0.6 \times 3 \times 3}{0.45} + 0.011\,6 \times \frac{691.2}{4}\right) \times 0.8 = 7.276(\text{mg/L})$$

$$\text{DO}_{(2)} = \left(7.276 - 0.011\,6 \times \frac{0.3 \times 2.362 \times 1.5}{0.4} + 0.011\,6 \times \frac{0.55 \times 2.724 \times 1.5}{0.4}\right) \times 0.83 = 6.068(\text{mg/L})$$

$$\text{DO}_{(3)} = \left(6.068 - 0.011\,6 \times \frac{0.35 \times 6 \times 1.5}{0.35}\right) + \left(0.011\,6 \times \frac{0.5 \times 3.932 \times 1.5}{0.35}\right) = 6.061(\text{mg/L})$$

$$\text{DO}_{(4)} = \left(6.061 - 0.011\,6 \times \frac{0.32 \times 5.896 \times 2}{0.3}\right) + \left(0.011\,6 \times \frac{0.3 \times 3.939 \times 2}{0.3} + 0.011\,6 \times \frac{972}{6}\right) = 5.914(\text{mg/L})$$

可见断面(1)以上 DO＞6.5mg/L，符合游览水环境质量标准；断面(1)以下各断面 DO＞4.5mg/L，均符合渔业水环境质量标准。

【例 5-10】　某地河流根据排污情况及河流状况分为 8 个河段。在Ⅱ、Ⅲ、Ⅶ、Ⅷ 4 个河段起始段有 4 个染污源，如图 5-6。各段排污量及水文基本数据如表 5-6。

根据要求，第Ⅷ河段末端断面水质标准为 BOD＜5mg/L，DO＞6mg/L，计算各污染源的污染物削减量。

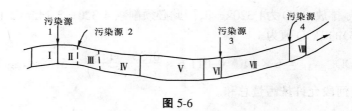

图 5-6

表 5-6 各段排污量及水文基本数据

河段序号	排污量 （t/d）	流量 （m³/s）	流速 （m/s）	距离 （km）	流经时间 （d）	BOD （mg/L）	DO （mg/L）
Ⅰ		105	0.47	20	0.49	2.40	11.40
Ⅱ	9.5	108	0.47	13	0.32	4.04	12.69
Ⅲ	138	106	0.47	22	0.54	20.8	9.36
Ⅳ		103	0.33	46	1.61	11.9	10.20
Ⅴ		95.3	0.33	84	2.95	11.0	8.52
Ⅵ		90.7	0.25	18	0.83	9.78	6.75
Ⅶ	30	95.0	0.25	104	4.82	6.86	4.02
Ⅷ	8	98.6	0.25	37	1.78	4.03	4.02

注 1.水文数据为90%保证率最枯月流量情况。
  2.断面 BOD、DO 值均为起始断面平均值。

解 采用公式如下

$$L_t = L_0 \exp[-(K_1 + K_3)t]$$

$$C_t = C_0 \exp(-K_2 t) + \frac{K_2}{K_2 - (K_1 + K_3)} L_0 \{\exp[-(K_1 + K_3)t] - \exp(-K_2 t)\}$$

根据监测数据，求得各河段模型参数如表5-7所示。

表 5-7 各河段模型参数值

河段序号	K_1	K_2	K_3	河段序号	K_1	K_2	K_3
Ⅰ	0.096 3	0.210	0.178 5	Ⅴ	0.075 1	0.003	0.042 7
Ⅲ	0.079 4	0.190	1.073 5	Ⅵ、Ⅶ	0.086 7	0.001	0.007 6
Ⅳ	0.687 3	0.006	0.122 2				

对于已建立的水质模型进行检验，结果见表5-8。模型计算结果与实测数据基本相符。因此，认为模型参数满足要求。

表 5-8　　　　　　　　　　　　　模型检验结果

河段序号	实测数据		计算结果			
	BOD（始）	DO（始）	BOD（始）	DO（末）	BOD（始）	DO（末）
Ⅰ	1.97	11.41	2.08	1.82	10.96	11.23
Ⅱ	2.38	11.64	2.79	2.55	11.23	11.37
Ⅲ	17.33	8.38	17.68	9.48	10.17	10.06
Ⅳ	8.2	10.29	9.48	6.77	10.06	8.97
Ⅴ			6.77	4.70	8.97	7.76
Ⅵ			4.70	4.35	7.76	7.44
Ⅶ			7.80	4.95	7.44	4.82
Ⅷ			5.71	4.82	4.84	4.07

（1）BOD 允许负荷量计算。

$$\Delta V \leqslant QL - Q_D L_0 \exp[-(K_1 + K_3)t]$$

式中　ΔV——BOD 的允许负荷量；

　　　Q——保护断面流量；

　　　Q_D——河段起始断面流量；

　　　L——BOD 环境质量标准；

　　　L_0——起始断面 BOD 浓度；

　　　t——起始断面至保护断面水流时间；

　　　K_1、K_3——耗氧系数及沉淀系数。

（2）考虑 DO 标准。

DO 与 BOD 关系式

$$D = \frac{K_1}{K_2 - (K_1 + K_3)} L \{\exp[-(K_1 + K_3)t] - \exp(-K_2 t)\} + C\exp(-K_2 t)$$

式中，$D = C_s - C$（对于溶解氧的要求）；L 为满足 DO 时的 BOD 浓度。

已知环境标准要求时的 D，则

$$L = [D - C\exp(-K_2 t)] \frac{K_2 - [K_1 - (K_1 + K_3)]}{K_1 L \{\exp[-(K_1 + K_3)t] - \exp(-K_2 t)\}}$$

（3）当（2）中计算的 L 值小于（1）中 BOD 标准值 L_{1s} 时，则将 L 值代替 L_{1s}，并重新计算 ΔV 值。此时求出新的允许负荷量 $\Delta V_新$，它就是同时满足水质 BOD 和 DO 要求的允许负荷量。

另外，当 $\Delta V_新$ 为负值时，说明本河段 BOD 全部削减尚不能满足 DO 要求，此时就必须在上一河段追加相应的 BOD 削减量。

（4）排污量削减分配。

由下游需保护的断面环境标准出发，逐段考虑符合环境要求的水质要求。再根据各段水质要求，计算各污染源需削减的排污量。

按重点削减主要污染源的原则，求出污染源削减方案(见表5-9)。

表5-9 污染源削减量

河段序号	原排污量(t/d)	允许负荷(t/d)	削减量(t/d)	水质计算结果			
				BOD(mg/L)		DO(mg/L)	
				始	末	始	末
I				2.08	1.82	10.96	11.23
II	9.5	9.5	0	2.79	2.55	11.03	11.37
III	138	66.87	71.13	10.0	5.37	10.77	10.84
IV				5.37	3.83	10.84	10.24
V				3.83	2.66	10.24	9.57
VI				2.66	2.46	9.57	9.39
VII	30	14.97	15.03	4.25	2.70	9.39	7.99
VIII	8	8	0	3.55	3.00	7.99	7.50

【例5-11】 计算某河流上游拦闸后闸上水体的允许纳污量。该河系某城市的备用水源，是水源保护的重点。因此，要对河流闸上水体允许纳污量进行计算，以确定污染源的削减方案，从而使水质能满足饮用水源的要求。

解 (1)模型的选择。

该河是入海河流，其上游由桥闸拦截，近似静止水体，入海水量极少。因此在进行水体允许纳污量计算时，可按水库水体处理。

对于湖泊、水库等水体的允许纳污量，按保持某种水质标准的污染物排放总量进行计算。并取枯水期水体容积为安全容积。即湖泊、水库水体允许纳污量计算式为

$$W_c = \frac{1}{\Delta T}(C_s - C_0)V + KC_sV + (C_s - C_0)v$$

式中 ΔT——枯水时段，d，它取决于水库(湖泊)水位年内变化，泊水时间短，水位年内变化大的可取60~90d；若常年稳定可取90~150d；

C_s——水环境控制目标浓度(水质标准)，mg/L；

C_0——背景值浓度，mg/L；

v——在安全容积期间，从湖(库)水中排泄出的流量(m³/d)；

K——水体污染物的自然衰减系数，1/d；

V——历年最枯蓄水量，m³。

从上式中可以看出，水库(湖泊)水体允许纳污量是由水库(湖泊)水体的稀释容量 $\frac{1}{\Delta T} \times (C_s - C_0)V$、自净容量 KC_sV 和迁移容量 $(C_s - C_0) \times v$ 等三种容量相加而得到。

（2）参数选择。

该河的枯水季节一般为 8 个月，即 $\Delta T = 240d$。最枯径流深取值为 1.714mm，河流流域面积约 184km²，最枯月水量 V 取值为 $3.154 \times 10^5 m^3$。

污染物自然衰减系数取值 $K = 0.181(1/d)$。河流桥闸上游断面 COD 的平均浓度为 6.92mg/L，即 $C_0 = 6.92mg/L$；水环境目标 C_s 按饮用水源 III 类水质要求，即 $C_s = 15$ mg/L；v 取历年入海量最小值，即 $v = 2\,191.8m^3/d$。

（3）河流闸上水体允许纳污量计算结果。

将上述各项参数代入模型中，可以得到该河闸上水体达到饮用水 III 类标准要求的允许排放的污染物量，即

$$W_c = \frac{1}{240} \times (15 - 6.92) \times 10^{-3} \times 3.154 \times 10^5$$
$$+ 0.181 \times 15 \times 10^{-3} \times 3.154 \times 10^5$$
$$+ (15 - 6.92) \times 10^{-3} \times 2\,191.8 = 884.63(kg/d)$$

（4）污染物的削减量的计算。

河流桥闸上游周围污染物 COD 的排放量为 1 835.32kg/d，由于污染物的排放去向不定，且入河途中有污染物的流失，所以可以认为河流闸上水体实际接纳 COD 的量是排放量的 60%，即 1 835.32×60% = 1 101.19(kg/d)。由于实际排入河流闸上水体的 COD 的量为 1 101.19kg/d，比允许排放量多 216.56kg/d，因此，要使该河水质达到 III 类饮用水要求，必须削减 COD 排放量 216.56kg/d 以上。

第八节 水体允许纳污量系统计算实例

一、确定河流污染物允许纳污量与浓度实例

（一）引言

A 河及与其相连的 C 河和 B 湖地处水网，且印染、纺织工业相当发达，排放有机污染物和含氮化合物的数量相当大，已远远超出河湖的承纳能力，威胁着水厂水源地和风景游览区的水质。为确保水厂水源地的水质，须制定出合理的允许纳污量与浓度、水资源保护规划及实施方案，直接为生产服务。

为作出具有实用价值的水资源保护规划，除探索碳化阶段生化需氧量（CBOD），硝化阶段生化需氧量（NBOD）和溶解氧（DO）的转化规律外，特别对四氮（有机氮、氨氮、亚硝酸氮和硝酸氮）降解和转化机理作了有意义的探索，并建立了河流分散型和湖泊极坐标系的四氮降解和转化水质数学模型。

水资源保护规划根据水厂近期和远期须达到《地表水环境质量标准》二级和一级的水质标准为目标，运用上述的水质模型和参数，反求入 A 河允许纳污量与浓度，并据此制定沿 A 河各污染源污染物削减量的方案。

（二）概况

A 河全长 9.45km，水深一般在 3.0m 左右，水面宽平均 6.0m，流速在 0.1～0.5m/s

之间,水面比降较小,经测定为 1/10 000。

　　B 湖涉及范围长 20km,宽 0.5～3.0km 不等,主航道水深在 1.6～3.0m 之间,见图 5-7。在距入湖河口 10km 处有一水厂集中取水口,日取水量为 10 万 t(约 1.16m³/s),高峰时可达 15 万 t(约 1.74m³/s)。

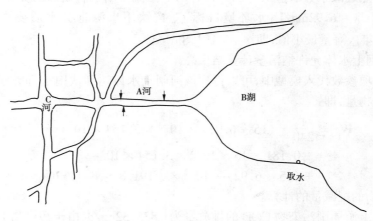

图 5-7　河湖简图

(三)水质数学模型和参数

　　A 河的流速虽较小,但由于流向顺逆不定,因而断面流速和浓度不均匀所引起的纵向离散作用,对污染物的转化占了一定的比重,所以不能轻易地忽略不计。为此,在水质模型中考虑了纵向离散作用项。

　　1.四氮降解与转化模型

　　含氮化合物是造成 A 河与 B 湖污染的主要污染物之一。水体中含有过量的氮,既对人体与水生生物有害,当磷含量达到一定程度时,又会引起富营养化。

　　水体中的氮一般以有机氮、氨氮、亚硝酸氮和硝酸氮四种形态出现。A 河的四氮降解与转化模型见式(5-100)与式(5-101),B 湖的模型见式(5-102)和式(5-103)。

　　(1)当河流需要考虑纵向离散作用时,氮循环的微分方程是

$$\left.\begin{array}{l} U\dfrac{\mathrm{d}N_1}{\mathrm{d}x}=E_x\dfrac{\mathrm{d}^2N_1}{\mathrm{d}x^2}-K_{11}N_1+N_1^* \\[2mm] U\dfrac{\mathrm{d}N_2}{\mathrm{d}x}=E_x\dfrac{\mathrm{d}^2N_2}{\mathrm{d}x^2}-K_{22}N_2+K_{12}N_1+N_2^* \\[2mm] U\dfrac{\mathrm{d}N_3}{\mathrm{d}x}=E_x\dfrac{\mathrm{d}^2N_3}{\mathrm{d}x^2}-K_{33}N_3+K_{23}N_2+N_3^* \\[2mm] U\dfrac{\mathrm{d}N_4}{\mathrm{d}x}=E_x\dfrac{\mathrm{d}^2N_4}{\mathrm{d}x^2}-K_{44}N_4+K_{34}N_3+N_4^* \end{array}\right\} \tag{5-100}$$

积分得解为

$$N_{1x} = \frac{1}{Q_n}\left[N_{10}Q_0\exp\frac{Ux}{2E_x}\left(1 - \sqrt{1 + \frac{4K_{11}E_x}{U^2}}\right) + qN_1^*\right]$$

$$N_{2x} = \frac{1}{Q_n}\left\{N_{20}Q_0\exp\frac{Ux}{2E_x}\left(1 - \sqrt{1 + \frac{4K_{22}E_x}{U^2}}\right) + \frac{K_{12}N_{10}Q_0}{K_{22} - K_{11}}\right.$$
$$\left.\left[\exp\frac{Ux}{2E_x}\left(1 - \sqrt{1 + \frac{4K_{11}E_x}{U_2}}\right) - \exp\frac{Ux}{2E_x}\left(1 - \sqrt{1 + \frac{4K_{22}E_x}{U^2}}\right)\right] + qN_2^*\right\}$$

$$N_{3x} = \frac{1}{Q_n}\left\{N_{30}Q_0\exp\frac{Ux}{2E_x}\left(1 - \sqrt{1 + \frac{4K_{33}E_x}{U^2}}\right) + \frac{K_{23}K_{12}N_{10}Q_0}{(K_{33} - K_{11})(K_{22} - K_{11})}\right.$$
$$\left[\exp\frac{Ux}{2E_x}\left(1 - \sqrt{1 + \frac{4K_{11}E_x}{U^2}}\right) - \exp\frac{Ux}{2E_x}\left(1 - \sqrt{1 + \frac{4K_{33}E_x}{U^2}}\right)\right] + \frac{K_{23}Q_0}{(K_{33} - K_{22})}$$
$$\left(N_{20} - \frac{K_{12}N_{10}}{K_{22} - K_{11}}\right)\left[\exp\frac{Ux}{2E_x}\left(1 - \sqrt{1 + \frac{4K_{22}E_x}{U^2}}\right)\right.$$
$$\left.\left. - \exp\frac{Ux}{2E_x}\left(1 - \sqrt{1 + \frac{4K_{33}E_x}{U^2}}\right)\right] + qN_3^*\right\}$$

$$N_{4x} = \frac{1}{Q_n}\left\{N_{40}Q_0\exp\frac{Ux}{2E_x}\left(1 - \sqrt{1 + \frac{4K_{44}E_x}{U^2}}\right)\right.$$
$$+ \frac{K_{34}K_{23}K_{12}N_{10}Q_0}{(K_{44} - K_{11})(K_{33} - K_{11})(K_{22} - K_{11})}$$
$$\left[\exp\frac{Ux}{2E_x}\left(1 - \sqrt{1 + \frac{4K_{11}E_x}{U^2}}\right) - \exp\frac{Ux}{2E_x}\left(1 - \sqrt{1 + \frac{4K_{44}E_x}{U^2}}\right)\right]$$
$$+ \frac{K_{34}K_{23}Q_0}{(K_{44} - K_{22})(K_{33} - K_{22})}\left(N_{20} - \frac{K_{12}N_{10}}{K_{22} - K_{11}}\right)$$
$$\left[\exp\frac{Ux}{2E_x}\left(1 - \sqrt{1 + \frac{4K_{22}E_x}{U^2}}\right) - \exp\frac{Ux}{2E_x}\left(1 - \sqrt{1 + \frac{4K_{44}E_x}{U^2}}\right)\right] + \frac{K_{34}Q_0}{K_{44} - K_{33}}$$
$$\left[N_{30} - \frac{K_{23}}{K_{33}K_{22}}\left(N_{20} - \frac{K_{12}N_{10}}{K_{22} - K_{11}}\right)\left[\exp\frac{Ux}{2E_x}\left(1 - \sqrt{1 + \frac{4K_{33}E_x}{U^2}}\right)\right.\right.$$
$$\left.\left. - \left[\exp\frac{Ux}{2E_x}\left(1 - \sqrt{1 + \frac{4K_{44}E_x}{U^2}}\right)\right] + qN_4^*\right\}\right.$$

(5-101)

式中　N_{10}、N_{20}、N_{30}、N_{40}——有机氮、氨氮、亚硝酸盐氮、硝酸盐氮的起始浓度；

N_{1x}、N_{2x}、N_{3x}、N_{4x}——有机氮、氨氮、亚硝酸盐氮、硝酸盐氮经 x 距离衰减后浓度，mg/L；

N_1^*、N_2^*、N_3^*、N_4^*——污染源排放负荷，mg/(L·s)；

K_{11}、K_{22}、K_{33}、K_{44}——有机氮、氨氮、亚硝酸盐氮、硝酸盐氮的降解系数，1/d；

K_{12}、K_{23}、K_{34}——有机氮转化氨氮、氨氮转化亚硝酸盐氮、亚硝酸盐氮转化硝酸盐氮的转化系数，1/d；

U——计算河段平均流速，m/s；

Q_n——与旁侧入流混合后河水流量，m^3/s;

Q_0——河流上游流量，m^3/s;

q——旁侧入流量，m^3/s;

其他符号意义同前。

(2)氮循环在湖泊中的应用。湖泊中的氮,其降解转化的机理与河流相同,按此原理,导出河流入湖氮转化水质模型,其微分方程是

$$\left.\begin{aligned}
\frac{\partial N_1}{\partial t} + \frac{Q_0}{\pi H\gamma}\frac{\partial N_1}{\partial \gamma} &= -K_{11}N_1 \\
\frac{\partial N_2}{\partial t} + \frac{Q_0}{\pi H\gamma}\frac{\partial N_2}{\partial \gamma} &= -K_{22}N_2 + K_{12}N_1 \\
\frac{\partial N_3}{\partial t} + \frac{Q_0}{\pi H\gamma}\frac{\partial N_3}{\partial \gamma} &= -K_{33}N_3 + K_{23}N_2 \\
\frac{\partial N_4}{\partial t} + \frac{Q_0}{\pi H\gamma}\frac{\partial N_4}{\partial \gamma} &= -K_{44}N_4 + K_{34}N_3
\end{aligned}\right\} \tag{5-102}$$

在稳态条件下,其解为

$$\left.\begin{aligned}
N_{1\gamma} &= N_{10}\exp(-\alpha\gamma^2) \\
N_{2\gamma} &= N_{20}\exp(-\beta\gamma^2) + \frac{K_{12}N_{10}}{K_{22}-K_{11}}[\exp(-\alpha\gamma^2) - \exp(-\beta\gamma^2)] \\
N_{3\gamma} &= N_{30}\exp(-\eta\gamma^2) + \frac{K_{21}K_{12}N_{10}}{(K_{33}-K_{11})(K_{22}-K_{11})}[\exp(-\alpha\gamma^2) - \exp(-\eta\gamma^2)] \\
&\quad + \frac{K_{23}}{K_{33}-K_{22}}(N_{20} - \frac{K_{12}N_{10}}{K_{22}-K_{11}})[\exp(-\beta\gamma^2) - \exp(-\eta\gamma^2)] \\
N_{4\gamma} &= N_{40}\exp(-\varepsilon\gamma^2) + K_{34}\{\frac{K_{13}K_{12}N_{10}}{(K_{44}-K_{11})(K_{33}-K_{11})(K_{22}-K_{11})} \\
&\quad [\exp(-\alpha\gamma^2) - \exp(-\varepsilon\gamma^2)]\} + \frac{K_{23}}{(K_{44}-K_{22})(K_{33}-K_{22})} \\
&\quad (N_{20} - \frac{K_{12}N_{10}}{K_{22}-K_{11}})[\exp(-\beta\gamma^2) - \exp(-\varepsilon\gamma^2)] + \frac{1}{K_{44}-K_{33}} \\
&\quad [N_{30} - \frac{K_{23}}{K_{33}-K_{22}}(N_{20} - \frac{K_{12}N_{10}}{K_{22}-K_{11}})][\exp(-\eta\gamma^2) - \exp(-\varepsilon\gamma^2)]
\end{aligned}\right\} \tag{5-103}$$

式中,$N_{1\gamma}$、$N_{2\gamma}$、$N_{3\gamma}$、$N_{4\gamma}$ 分别为经过 γ 距离的有机氮、氨氮、亚硝酸盐氮和硝酸盐氮的浓度,mg/L。

$$\alpha = \pi h K_{11}/2Q_0 \qquad\qquad \beta = \pi h K_{22}/2Q_0$$
$$\eta = \pi h K_{33}/2Q_0 \qquad\qquad \varepsilon = \pi h K_{44}/2Q_0$$

如遇入湖河口或污染源排污口与湖岸线不垂直,将 π 换成 Φ 即可。Φ 为入湖河口和点污染源与湖岸线的夹角(°)。

2.生化需氧量与溶解氧模型

按 S—P 方程基本假定,结合 A 河与 B 湖的特点,将生化需氧量分为 CBOD 和 NBOD,并与溶解氧耦合。

(1)A 河 CBOD、NBOD 和 DO 模型。

$$U\frac{\mathrm{d}C^C}{\mathrm{d}x} = E_x\frac{\mathrm{d}^2C^C}{\mathrm{d}x^2} - K_1^C C^C + C^{C*}$$

$$U\frac{\mathrm{d}C^N}{\mathrm{d}x} = E_x\frac{\mathrm{d}^2C^N}{\mathrm{d}x^2} - K_1^N C^N + C^{N*}$$

$$U\frac{\mathrm{d}C^D}{\mathrm{d}x} = E_x\frac{\mathrm{d}^2D}{\mathrm{d}x^2} - K_1^C C^C + K_1^N C^N - K_2 D + D^*$$

$$(5\text{-}104)$$

积分式(5-104),得解为

$$C_x^C = \frac{1}{Q_n}\left[C_0^C Q_0 e^{j_1 x} + qC^{C*}\right]$$

$$C_x^N = \frac{1}{Q_n}\left[C_0^N Q_0 e^{j_2 x} + qC^{N*}\right]$$

$$D_x = \frac{1}{Q_n}\left[D_0 Q_0 e^{j_3 x} + \frac{K_1^C C_0^C Q_0}{K_2 - K_1^C}(e^{j_1 x} - e^{j_3 x}) + \frac{K_1^N C_0^N Q_0}{K_2 - K_1^N}(e^{j_2 x} - e^{j_3 x}) + qD^*\right]$$

$$(5\text{-}105)$$

式中　C^C、C^N、D——分别为 CBOD、NBOD 和氧亏量浓度,mg/L;

C_0^C、C_0^N、D_0——分别为起始断面(或上断面)的 CBOD、NBOD 和氧亏量浓度,mg/L;

C^{C*}、C^{N*}、D^*——分别为 CBOD、NBOD 和氧亏量旁侧入流负荷,mg/(L·s);

$$j_1 = \frac{U}{2E_x}\left(1 - \sqrt{1 + \frac{4K_1^C E_x}{U^2}}\right)$$

$$j_2 = \frac{U}{2E_x}\left(1 - \sqrt{1 + \frac{4K_1^N E_x}{U^2}}\right)$$

$$j_3 = \frac{U}{2E_x}\left(1 - \sqrt{1 + \frac{4K_2 E_x}{U^2}}\right)$$

q——旁侧污水入流,m³/s;

Q_n——上游来水与污水量之和,即 $Q_n = Q_0 + q_1 + q_2 + \cdots + q_n$,m³/s;

U——计算河段平均流速,m/s。

(2)B 湖 CBOD、NBOD 和 DO 模型,见式(5-106)和式(5-107)。

入湖河流或岸边的污染源,以一定的流速携带了污染物入源,由于水面突然开阔,入湖的河水或废污水便以河口或点污染源为圆心的扇形形式向前及向四周扩散,在扩散过程中逐渐与湖水稀释混合,如图 5-8 所示。污染物在 $\Delta\gamma$ 的距离内均匀地向前扩展,因此认为各 $\Delta\gamma$ 内的水体是一个均匀混合的单元体,仍符合单元体水质数学模型的各有关假定。

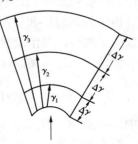

图 5-8　圆柱体扩展图

CBOD、NBOD 和 DO 水质模型。易降解的有机污染物,按符合 S—P 方程的各项基本假定,按质量守恒原理,导出的微分方程是

$$\left.\begin{array}{l} \dfrac{\partial C^C}{\partial t} + \dfrac{Q_0}{\pi H \gamma} \dfrac{\partial C^C}{\partial \gamma} = - K_1^C C^C \\[3mm] \dfrac{\partial C^N}{\partial t} + \dfrac{Q_0}{\pi H \gamma} \dfrac{\partial C^N}{\partial \gamma} = - K_1^N C^N \\[3mm] \dfrac{\partial D}{\partial t} + \dfrac{Q_0}{\pi H \gamma} \dfrac{\partial D}{\partial \gamma} = K_1^C C^C + K_1^N C^N - K_2 D \end{array}\right\} \tag{5-106}$$

式中　Q_0——入湖流量，m^3/s；

$\quad\quad \Delta\gamma$——扇形的间距，m；

$\quad\quad H$——受污染水域的湖泊平均水深，m；

$\quad\quad C^C$、C^N、D——分别为 CBOD、NBOD 和氧亏量浓度，mg/L；

$\quad\quad K_1^C$、K_1^N、K_2——分别为 CBOD、NBOD 的降解率和大气复氧系数，1/d。

在稳态条件下，其解为

$$\left.\begin{array}{l} C_\gamma^C = C_0^C \exp(1 - \alpha\gamma^2) \\[3mm] C_\gamma^N = C_0^N \exp(1 - \beta\gamma^2) \\[3mm] D_\gamma = D_0 \exp(- \eta\gamma^2) + \dfrac{K_1^C C_0^C}{K_2 - K_1^C} [\exp(- \alpha\gamma^2) - \exp(- \eta\gamma^2)] \\[3mm] \quad\quad + \dfrac{K_1^N C_0^N}{K_2 - K_1^N} [\exp(- \beta\gamma^2) - \exp(- \eta\gamma^2)] \end{array}\right\} \tag{5-107}$$

式中　C_γ^C、C_γ^N、D_γ——流经 γ 距离后的 CBOD、NBOD 和氧亏量的浓度，mg/L；

$\quad\quad C_0^C$、C_0^N、D_0——入湖的起始 CBOD、NBOD 和氧亏量的浓度，mg/L；

$\quad\quad \alpha = \pi h K_1^C / 2Q_0 \quad\quad \beta = \pi h K_1^N / 2Q_0 \quad\quad \eta = \pi h K_2 / 2Q_0$

其他符号意义同式(5-106)。

式(5-107)适用于入湖河口和点污染源的排污口与湖岸线垂直的位置，如成一定的角度，则用下面 A·日卡拉乌舍夫的扩散方程。

$$\left.\begin{array}{l} \dfrac{\partial C}{\partial t} + \dfrac{Q_0}{\Phi H \gamma} \dfrac{\partial C}{\partial \gamma} = - K_1 C \\[3mm] \dfrac{\partial D}{\partial t} + \dfrac{Q_0}{\Phi H \gamma} \dfrac{\partial D}{\partial \gamma} = K_1 C - K_2 D \end{array}\right\} \tag{5-108}$$

式中，Φ 为入湖河口和点污染源与湖岸线的夹角，(°)。

由于入湖河口和点污染源的排污口与湖岸线不垂直，因而入湖的废污水在湖中不同位置的扩展情况及浓度分布也有差异，为此用 Φ 角进行修正。在稳态条件下，其解为

$$\left.\begin{array}{l} C_\gamma = C_0 \exp(- \alpha\gamma^2) \\[3mm] D_\gamma = D_0 \exp(- \beta\gamma^2) + \dfrac{K_1 C_0}{K_2 - K_1} [\exp(- \alpha\gamma^2) - \exp(- \beta\gamma^2)] \end{array}\right\} \tag{5-109}$$

式中，$\alpha = \Phi h K_1 / 2Q_0$，$\beta = \Phi h K_2 / 2Q_0$，其他符号意义同前。

3. 参数估算

(1)纵向离散系数 E_x。E_x 是与河流流速、河宽成正比的参数，计算 E_x 的方法甚多。据以往的工作经验得知，E_x 是一个不甚灵敏的参数，因此用费切的半经验公式能反映 E_x

对污染物演化的机理,且数据相差也不大。其计算式是

$$E_x = 0.011U^2B^2/Hu_* \qquad (5\text{-}110)$$

式中　B——计算河段的平均水面宽,m;

　　　H——计算河段的实测平均水深,m;

　　　u_*——剪切流流速,$u_* = \sqrt{gHI}$,其中 g 为重力加速度,m/s^2,I 为河底比降,H 意义同上。

经 7 次不同流速、河宽及水深资料计算,E_x 值在 8.0～60.0 之间。

(2)四氮降解和转化系数。有机氮的降解系数 K_{11} 具有与生化需氧量相类似的特性,因而可在半对数纸上作出浓度与传播时间相关图,其直线的斜率即为 K_{11} 值。

A 河的计算式为

$$K_{11} = \frac{2.30}{t_{\text{下}} - t_{\text{上}}} \lg \frac{N_{1\text{上}}}{N_{1\text{下}}} + \frac{E_x}{x^2} \left(2.30 \lg \frac{N_{1\text{上}}}{N_{1\text{下}}}\right)^2 \qquad (5\text{-}111)$$

B 湖的计算式为

$$K_{11} = \frac{2Q_0}{\pi h \gamma^2} \ln \frac{N_{1\text{上}}}{N_{1\text{下}}} \qquad (5\text{-}112)$$

式中　$t_{\text{上}}$、$t_{\text{下}}$——有机氮浓度在上下断面出现的时间,d;

　　　γ——入湖河口至计算半径的距离,m;

　　　$N_{1\text{上}}$、$N_{1\text{下}}$——上下断面有机氮浓度,mg/L;

　　　其他符号意义同前。

氨氮的降解系数,用类似的图解法及公式(5-111)和式(5-112)求得 K_{22},然后代入式(5-101)和式(5-103)的第二个公式,求得有机氮的转化系数 K_{12}。亚硝酸氮和硝酸氮的降解率系数,氨氮和亚硝酸氮的转化率系数用相同的方法求得。

用上述方法求得四氮降解率和转化率系数作为初始值,然后用计算机模拟,并要求各模拟值与实测值绝大部分的相对误差在 ±10% 以内。

经 7 次对四氮资料进行图解与模拟,并取其均值作为各反应系数的代表值,列于表 5-10 中。

表 5-10　　　　　　　　　　　　20℃时氮降解率和转化率系数

名　　称		K_{11}	K_{12}	K_{22}	K_{23}	K_{33}	K_{34}	K_{44}
降解率和转化率系数	A 河	1.249	0.572	1.985	0.429	8.277	1.634	0.341
	B 湖	0.061	0.289	0.975	0.215	3.828	0.995	0.136

在资料分析和模拟中发现,水温在 15～25℃ 时,藻类繁殖极快,各态氮的硝化作用也明显,因而水生物摄取氨氮和硝酸氮的数量大,因而降解率系数数值相对也较大,转化率系数便变小。反之,水温接近和小于 10℃ 时,藻类繁殖较慢,而各态氮的硝化作用也不再以一个明显的速率出现,因而水生物摄取量也减少,其降解率系数小,转化率系数相对便增大。pH 值高于 8.5 时,硝化作用强烈,各态氮的反应率系数便增大;pH 值在 7.0 以下时,硝化作用缓慢,各态氮的反应率系数便降低。

湖泊各反应率系数小于河流,是由各态氮浓度降低所致,符合各态氮反应率系数与浓度成正比的基本规律。

　　(3)CBOD的降解率系数。将7次BOD_5资料,采用图解法及以下两式进行计算。

A河

$$K_1 = \frac{1}{t_下 - t_上} \ln \frac{C_上}{C_下} + \frac{E_x}{x^2} (\ln \frac{C_上}{C_下})^2 \tag{5-113}$$

B湖

$$K_1 = \frac{2Q_0}{\pi h \gamma^2} \ln \frac{C_上}{C_下} \tag{5-114}$$

然后按下式计算各测点的CBOD值。

$$CBOD = \frac{BOD_5}{1 - e^{-5k_1}} \tag{5-115}$$

　　由式(5-115)可见,CBOD是BOD_5与K_1系数的函数,所以BOD_5的降解率系数,即是CBOD的降解率系数,$K_1 = K_1^C$。

　　(4)NBOD的降解率系数。由于无连续20天的化验资料,无法获得最大硝化阶段的BOD值。因此采用下式进行计算。

$$NBOD = 4.57TKN + 1.14(NO_2 - N) \tag{5-116}$$

　　式中的TKN是耶克达尔氮,为有机氮和氨氮之和,但有机氮经水解转化为氨氮,并不消耗水体中的溶解氧,所以用氨氮来替代更符合实际情况。算出氨氮后,按式(5-113)和式(5-114)相同的结构式算出NBOD的降解率系数K_1^N。

　　(5)大气复氧系数K_2。用上述求得的K_1^C、K_1^N,按式(5-105)和式(5-107)的第三式反求K_2值,然后与流速和水深建立相关关系,导出A河与B湖的大气复氧经验公式,分别为

A河

$$K_2 = 60 \frac{(D_{m(T,℃)} U)^{1/2}}{h^{3/2}} \tag{5-117}$$

B湖

$$K_2 = 25 \frac{(D_{m(T,℃)} U)^{1/2}}{h^{3/2}} \tag{5-118}$$

式中　$D_{m(T,℃)}$——实测水温条件下的分子扩散系数,在20℃时为2.037×10^{-5}cm/s;
　　　　　其他符号意义同前。

　　(6)参数温度改正。用实测资料求得的各参数,需将各参数改正到20℃时的数值并取其均值作为各反应率参数的代表值。本例采用的改正式是

$$K_{1(T℃)}^C = K_{1(20℃)}^C \times 1.047^{(T-20)} \tag{5-119}$$

$$K_{1(T℃)}^N = K_{1(20℃)}^N \times 1.09^{(T-20)} \tag{5-120}$$

$$K_{2(T℃)} = K_{2(20℃)} \times 1.024^{(T-20)} \tag{5-121}$$

$$D_{m(T℃)} = D_{m(20℃)} \times 1.037^{(T-20)} \tag{5-122}$$

四氮降解和转化系数的温度改正用式(5-120)。

CBOD、NBOD 和 DO 的反应率系数的代表值列于表5-11中。

表 5-11　　　　　　　　　　20℃时 K_1^C、K_1^N 和 K_2 值

项　　目	K_1^C	K_1^N	K_2
A河	0.576	0.822	1.385
B湖	0.326	0.878	1.955

由表 5-11 可见,同一河道中 K_1^N 大于 K_1^C,主要原因是工业废水中印染、纺织工业的废水占较大的比重,氮的含量较高,同时按氨氮和亚硝酸氮换算成 NBOD,其数值也偏大所致,从而证实了将生化需氧量分为 CBOD 和 NBOD 是合乎河流的实际情况的,也找到 BOD₅ 的数值相对较小,而溶解氧耗损却很大的原因所在。并从实测资料分析,氨氮的浓度超过 3.0 mg/L时,将 BOD 分为 CBOD 和 NBOD 来处理,才比较合乎水体溶解氧演变的实际情况。

(7)灵敏度分析。参数确定后必须进行灵敏度分析,首先在其他参数不变的情况下,将 E_x 提高 50% 和 100%,其计算结果仅在 2%～5%内变动,由此可见, E_x 是一个不灵敏的参数,用半经验公式计算已能反映 E_x 对污染物的影响,无需再作进一步的论证。

四氮的降解系数与转化系数,以及 K_1^C、K_1^N 和 K_2 值,分别降低或提高 5%、10%、15%、20%进行计算,其结果在降低或提高 5%、10% 范围内,成果的精度大部分仍可在误差的允许范围内,但参数值提高或降低达 20%时,其计算值将大部分超出误差的允许范围。所以说,上述确定的各参数是有代表性的,而且也是灵敏和稳定的。

参数灵敏度分析后,另取未参加参数计算的资料进行检证。相对误差在 20%以内的占 85.6%,20%～30%占 6.4%,因此成果是令人满意的。

(四)水资源保护规划

在水质模型验证和参数率定的基础上,按研究的总目标,进行了以下几方面的工作。

1.设计水量和水质

A 河是一条双向源河流,为此,对 C 河入 A 河的水量与水质,及对水厂所造成的影响进行对比观测,发现入湖流量在 20m³/s 以上时,其相应的水质对水厂危害最大。所以选取连续 7 天最小平均流量,并经比较后,确定保证率为 95% 的水量为设计水量,其值为 23.32m³/s。该流量流向 A 河的条件概率为 35%,入 A 河的各污染物浓度的代表值见表 5-12。

表 5-12　　　　　　　　　入 A 河各污染物浓度的代表值　　　　　　　　(单位:mg /L)

项目	N_1	N_2	N_3	N_4	CBOD	NBOD	DO
浓度	13.830	8.140	0.790	1.488	13.400	38.100	0

用上述水质模型及参数计算水厂的水质如表 5-13 所示。

从表 5-12 和 5-13 对比来看,C 河入 A 河的水质经降解、稀释扩散净化后,浓度下降是比较明显的,因此应充分利用此净化能力,减少污染治理的投资。同时也看到水厂的水

质存在大的问题,为此决策与规则作出以下的建议。

表5-13　　　　　95%保证率设计水量时水厂的水质状况　　　　（单位:mg/L）

项目	N_1	N_2	N_3	N_4	CBOD	NBOD	DO
浓度	1.946	1.604	0.107	2.172	5.308	2.958	4.065

2. 确定 C 河入 A 河及沿 A 河的允许纳污量与浓度

在取水口以上 1km 处,按国家《地表水环境质量标准》规定的一级和二级水的浓度标准,及沿 A 河各污染源削减 50% 至 90%,分别用水质模型推求 C 河入 A 河的水质要求,成果见表5-14。

由表5-14 所列的各数据可见,取水口以上 1km 处达到《地表水环境质量标准》一级和二级水标准,与 A 河污染源削减量关系不太大,只要 C 河进入 A 河水达到标准要求,水厂的水质便可得到保证。因此,这个标准不仅为水厂的水质控制提供了科学的依据,而且 C 河水污染治理到什么程度方可也就有据可循了。由于削减 A 河污染源对水厂的水质作用不大,因此以削减 50% 的排放负荷为当地的允许排放浓度即可满足要求。这个要求较低,且在一级机械处理的范围内,各厂均可自行解决。

表5-14　　　　　按水厂水质标准反求 C 河入 A 河的水质要求　　　　（单位:mg/L）

项　　　目		95%保证率						
		N_1	N_2	N_3	N_4	CBOD	NBOD	DO
取水口以上 1km 处二级水浓度		0.436	0.296	0.021	0.211	1.010	1.377	0.842
A 河污染源各削减百分数后,C 河入 A 河的浓度	50%	0.909	0.835	3.605	0	1.561	3.750	8.417
	60%	0.929	0.853	3.605	0	1.565	3.866	8.417
	70%	0.950	0.872	3.605	0	1.568	3.981	8.417
	80%	0.970	0.890	3.605	0	1.572	4.097	8.417
	90%	0.990	0.909	3.605	0	1.575	4.212	8.417

项　　　目		95%保证率						
		N_1	N_2	N_3	N_4	CBOD	NBOD	DO
取水口以上 1km 处一级水浓度		0.506	0.347	0.024	0.211	3.027	1.613	2.417
A 河污染源各削减百分数后,C 河入 A 河的浓度	50%	1.487	0.917	3.683	0	4.731	4.492	4.761
	60%	1.508	0.935	3.683	0	4.734	4.607	4.765
	70%	1.528	0.954	3.683	0	4.738	4.723	4.779
	80%	1.548	0.971	3.683	0	4.741	4.838	4.793
	90%	1.569	0.990	3.683	0	4.745	4.954	4.806

3. C 河入 A 河水质要求的规划设想

按污染现状,C 河水系各污染源削减 50% 的排放负荷,则水厂的水质即可达到表5-15 中的数据。从所列数据可以看出,水厂的水质已接近二级水标准。因此在近期内该市水系的污水治理不是建造集中式的污水处理厂,而是抓紧厂内治理,这样效果好,投资少,水厂的水质将立即好转。

表 5-15 　　　　　 C 河各污染源削减 50% 后水厂的水质状况 　　　　　（单位:mg/L）

项目	N_1	N_2	N_3	N_4	CBOD	NBOD	DO
浓度	1.472	1.103	0.073	0.681	4.407	5.551	2.119

二、确定湖泊污染物允许纳污量与浓度实例

某湖位于某市郊区,因受甲、乙两河的城市工业废水和生活污水及沿湖污染源排放污水的影响,近年来水质污染渐趋严重。为此,试据多年的水质监测资料,预测该湖水质的变化趋势,并制订满足水产养殖要求的甲、乙两河及沿湖污染源入湖的允许纳污量与浓度,河湖位置见图 5-9。原始监测数据和调查资料列于表 5-16。

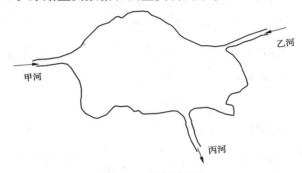

图 5-9　某湖示意图

表 5-16 　　　　　　　　　　 原始监测数据及调查资料

年　　份	COD 浓度 Y(mg/L)	农业产量 x_1(亿斤)	工业产值 x_2(亿元)	湖泊水位 x_3(m)
1970	2.50	0.25	4.0	3.17
1985	3.63	0.92	21.10	3.24
1986	3.15	0.87	29.10	3.02
1987	2.52	0.60	33.00	3.24
1988	4.06	0.63	37.50	2.63
1989	3.72	0.65	42.40	2.80
1990	2.82	0.42	49.25	3.65
1991	3.31	0.40	50.00	2.97

注　1斤为 0.5kg。

(一)水质多元线性回归分析

假定水质变量 $\hat{y}$ 与其影响因素 x_1、x_2、x_3 之间存在线性相关,则回归方程为

$$\hat{y} = b_0 + b_1x_1 + b_2x_2 + b_3x_3 \tag{5-123}$$

式中 $\hat{y}$——预测的水质变量;

b_0、b_1、b_2、b_3——待定系数。

按最小二乘法原理,得下列各式,并代入表 5-16 中的数据得

$$L_{11} = \sum (x_{1i} - \overline{x}_1)^2 = \sum x_{1i}^2 - \frac{1}{N}(\sum x_{1i})^2 = 3.182 - 2.808 = 0.374$$

$$L_{12} = L_{21} = \sum (x_{1i} - \overline{x}_1)(x_{2i} - \overline{x}_2) = \sum x_{1i}x_{2i} - \frac{1}{N}(\sum x_{1i})(\sum x_{2i})$$
$$= 157.399 - 157.812 = -0.413$$

$$L_{13} = L_{31} = \sum (x_{1i} - \overline{x}_1)(x_{3i} - \overline{x}_3) = \sum x_{1i}x_{3i} - \frac{1}{N}(\sum x_{1i})(\sum x_{3i})$$
$$= 14.543 - 14.646 = -0.103$$

$$L_{22} = \sum (x_{2i} - \overline{x}_2)^2 = \sum x_{2i}^2 - \frac{1}{N}(\sum x_{2i})^2$$
$$= 10\,526.590 - 8\,867.790 = 1\,658.800$$

$$L_{23} = L_{32} = \sum (x_{2i} - \overline{x}_2)(x_{3i} - \overline{x}_3) = \sum x_{2i}x_{3i} - \frac{1}{N}(\sum x_{2i})(\sum x_{3i})$$
$$= 821.454 - 823.022 = -1.568$$

$$L_{33} = \sum (x_{3i} - \overline{x}_3)^2 = \sum x_{3i}^2 - \frac{1}{N}(\sum x_{3i})^2$$
$$= 77.066 - 76.385 = 0.681$$

$$L_{1y} = \sum (x_{1i} - \overline{x}_1)(y_i - \overline{y}) = \sum x_{1i}y_i - \frac{1}{N}(\sum x_{1i})(\sum y_i)$$
$$= 15.702 - 15.233 = 0.469$$

$$L_{2y} = \sum (x_{2i} - \overline{x}_2)(y_i - \overline{y}) = \sum x_{2i}y_i - \frac{1}{N}(\sum x_{2i})(\sum y_i)$$
$$= 875.781 - 855.982 = 19.799$$

$$L_{3y} = \sum (x_{3i} - \overline{x}_3)(y_i - \overline{y}) = \sum x_{3i}y_i - \frac{1}{N}(\sum x_{3i})(\sum y_i)$$
$$= 78.582 - 79.444 = -0.862$$

列出矩阵方程

$$L_{11}b_1 + L_{12}b_2 + L_{13} = L_{1y}$$
$$L_{21}b_1 + L_{22}b_2 + L_{23}b_3 = L_{2y}$$
$$L_{31}b_1 + L_{32}b_2 + L_{33}b_3 = L_{3y}$$

将数据代入

$$0.374b_1 - 0.413b_2 - 0.103b_3 = 0.469$$
$$-0.413b_1 + 1\,658.800b_2 - 1.568b_3 = 19.799$$
$$-0.103b_1 - 1.568b_2 + 0.681b_3 = -0.862$$

解矩阵方程

$$D = \begin{vmatrix} 0.374 & -0.413 & -0.103 \\ -0.413 & 1\,658.800 & -1.568 \\ -0.103 & -1.568 & 0.681 \end{vmatrix}$$

$$= 422.486 + 0.648 + 0.648 - 17.598 - 2.459 - 0.171$$

$$= 403.554$$

$$D_1 = \begin{vmatrix} 0.469 & -0.413 & -0.103 \\ 19.799 & 1\,658.800 & -1.568 \\ -0.862 & -1.568 & 0.681 \end{vmatrix}$$

$$= 528.802 + 0.648 - 31.045 - 147.278 - 2.459 + 8.177$$

$$= 356.845$$

$$D_2 = \begin{vmatrix} 0.374 & 0.469 & -0.103 \\ -0.413 & 19.799 & -1.568 \\ -0.103 & -0.862 & 0.861 \end{vmatrix}$$

$$= 5.043 - 0.735 + 0.356 - 0.210 - 1.352 + 0.194$$

$$= 3.296$$

$$D_3 = \begin{vmatrix} 0.374 & -0.413 & 0.469 \\ -0.413 & 1\,658.800 & 19.799 \\ -0.103 & -1.568 & -0.862 \end{vmatrix}$$

$$= -534.777 - 8.177 - 0.648 + 80.132 + 31.045 + 0.171$$

$$= -432.254$$

$$b_1 = \frac{D_1}{D} = \frac{356.845}{403.554} = 0.884$$

$$b_2 = \frac{D_2}{D} = \frac{3.296}{403.554} = 0.008$$

$$b_3 = \frac{D_3}{D} = \frac{-432.254}{403.554} = -1.071$$

常数项 $\quad b_0 = \bar{y} - b_1\bar{x}_1 - b_2\bar{x}_2 - b_3\bar{x}_3 = 3.214 - 0.884 \times 0.593$

$$- 0.008 \times 33.294 + 1.071 \times 3.090 = 5.633$$

得多元水质回归模型为

$$\hat{y} = 5.633 + 0.884x_1 + 0.008x_2 - 1.071x_3 \tag{5-124}$$

多元水质回归模型能否满足水质预测的要求，通过相关系数法检验因变量与自变量之间是否存在线性关系来完成，其计算式为

$$R = \sqrt{\frac{b_1 L_{1y} + b_2 L_{2y} + b_3 L_{3y}}{\sum y_i^2 - \frac{1}{N}(\sum y_i)^2}} \tag{5-125}$$

当 $R = 1$ 时，完全线性相关；R 越趋近 1 时，线性关系越好；$R = 0$ 时无线性关系，则式 (5-124) 计算所得的结果不能应用。现将有关数据代入式(5-125)，得

$$R = \sqrt{\frac{0.884 \times 0.469 + 0.008 \times 19.799 + (-1.071) \times (-0.862)}{84.930 - 82.626}}$$

$$= 0.806 \approx 0.81$$

由此可见,式(5-124)拟合的多元水质回归模型是线性相关的,可用于预测湖泊中的COD浓度。

(二)工农业产值预测

1989 年至 1990 年工业增长率为 7%,农业为 5%,按湖区经济历年增长情况,同时也考虑国民经济增长速度估计,2000 年至 2010 年工业增长率为 8%,农业为 5.5%。

1. 工业总产值预测

(1)以 1990 年工业总产值 49.25 亿元为起点,增长率为 7%,则 2000 年的工业产值为

$$P = 49.25(1 + 0.07)^{10} = 96.88(亿元)$$

(2)以 2000 年的 96.88 亿元为起点,增长率为 8%,则 2010 年的工业产值为

$$P = 96.88(1 + 0.08)^{10} = 209.15(亿元)$$

2. 农业总产量预测

(1)以 1990 年农业产量 0.42 亿斤为起点,增长率为 5%,则 2000 年的产量为

$$P = 0.42(1 + 0.05)^{10} = 0.684(亿斤)$$

(2)以 2000 年的 0.684 亿斤为起点,增长率为 5.5%,2010 年的农业总产值为

$$P = 0.684(1 + 0.055)^{10} = 1.168(亿斤)$$

(三)水情预测

为预测未来不同水情期湖泊的水质污染状况,并根据工农业用水量,选择近十年最小月平均水位相应的容积,作为湖泊枯水期容积;选择近十年最大月平均水位相应的容积,作为湖泊丰水期的容积;选择近十年平均水位相应的容积为湖泊平水期容积。按上述原则得各代表性的湖泊水位是

$$H_丰 = 3.80m \qquad H_平 = 3.15m \qquad H_枯 = 2.50m$$

(四)水质污染预测

按工业产值、农业产量和湖泊水位的预测值,代入多元线性回归方程式(5-124),得出 2000 年和 2010 年可能出现的 COD 浓度,如表 5-17 所示。

表 5-17 　　　　　　　　　　**2000 年与 2010 年水质预测**　　　　　　　　(单位:mg /L)

2000 年 COD 预测值			2010 年 COD 预测值		
丰水期	平水期	枯水期	丰水期	平水期	枯水期
2.94	3.64	4.20	4.27	4.97	5.66

水质预测的逐月变化,可根据近十年内年平均浓度与月平均浓度之比,来求得逐月的浓度值。月平均浓度与平均浓度的比值列于表 5-18。如需更详细和精确的情况,可用近十年至二十年典型的丰水、平水和枯水年的年平均浓度与月平均浓度之比值,来求不同水情期的逐月浓度值。逐月的水质浓度预测值列于表 5-19。

表 5-18 　　　　　　　　　　　　**月平均浓度与年平均浓度比值**

月份	1	2	3	4	5	6	7	8	9	10	11	12
比值	0.76	0.86	1.02	1.03	1.04	1.41	1.56	1.52	1.53	0.86	0.68	0.72

年 份		月 份											
		1	2	3	4	5	6	7	8	9	10	11	12
1990年	丰	2.23	2.53	3.00	3.03	3.06	4.15	4.59	4.17	4.50	2.53	2.00	2.12
	平	2.77	3.13	3.71	3.75	3.79	5.13	5.68	5.53	5.57	3.13	2.48	2.62
	枯	3.19	3.61	4.28	4.33	4.37	5.92	6.55	6.38	6.43	3.61	2.86	3.02

年 份		月 份											
		1	2	3	4	5	6	7	8	9	10	11	12
2001年	丰	3.25	3.67	4.36	4.40	4.44	6.02	6.66	6.49	6.53	3.67	2.90	3.07
	平	3.78	4.27	5.07	5.12	5.17	7.01	7.75	7.55	7.60	4.27	3.38	3.58
	枯	4.30	4.87	5.77	5.83	5.89	7.98	8.83	8.60	8.66	4.87	3.84	4.08

(五)容许负荷量计算

本例按计算湖泊的允许负荷量。设计水量为 $V_P = 2.5$ 亿 m^3，出水河道的总出水量 $q = 15.84 m^3/s = 1\ 360\ 000 m^3/d$，COD 因沉淀而降解，经估算 $K = 0.02$ 1/d。湖泊按用途确定 COD 最高允许浓度为 4mg/L，其容许负荷量为

$$W_{COD} = 0.02 \times 2.5 \times 10^8 \times 4 + 1.36 \times 10^6 \times 4 = 25.44 (t/d)$$

根据 1990 年调查，湖面降水的 COD 量为 354t/a，沿岸农田径流入湖的 COD 量为 313t/a，两条主要入湖河道的入湖量为 4 010t/a，其他污染来源为 2 000t/a，全湖合计为 6 677t/a，折合每天 18.3t/d，与容许负荷量相比未超过允许值要求。

根据 2000 年与 2010 年枯水期预测的最高月平均浓度分别为 6.55mg/L 和 8.83 mg/L，该时可能的每日最大 W'_{COD} 来量为

2000 年
$$W'_{COD} = 0.02 \times 6.55 \times 10^8 \times 2.5 + 6.55 \times 1.36 \times 10^6$$
$$= 41.66 (t/d)$$

2010 年
$$W'_{COD} = 0.02 \times 8.83 \times 10^8 \times 2.5 + 8.83 \times 1.36 \times 10^6$$
$$= 56.16 (t/d)$$

因此，为在 2000 年与 2010 年维持 COD 在 4mg/L 的水质允许值，湖泊需削减的污染量总量 W''_{COD} 为

2000 年
$$W''_{COD} = 41.66 - 25.44 = 16.22 (t/d)$$

2010 年
$$W''_{COD} = 56.16 - 25.44 = 30.72 (t/d)$$

由于湖泊非点污染源(农田径流、降雨等)的量较大，在控制与治理上目前较为困难。因此，只能将削减的污染物量分配给沿湖排污单位和入湖河道。在分配时必须运用系统

分析方法,以达到既维护环境目标,又能满足治理费用为最小的原则。

现按各入湖河道和岸边各排污口的污染负荷进行分配,其方法是

$$(W_{COD})_i = W''_{COD} \frac{W_i}{W_D} \qquad (5\text{-}126)$$

式中　W_i——某排污口的排污量,t/d;

　　　W_D——沿岸排污口与入湖河道总的排污量,t/d;

　　　$(W_{COD})_i$——某排污口的削减量,t/d。

当求出各排污口的削减量$(W_{COD})_i$后,则该排污口的排放标准即为

$$(W_S)_i = W_i - (W_{COD})_i$$

得甲河需削减的 COD 量,2000 年为 4.71t/d,2010 年为 8.78t/d;乙河需削减的 COD 量,2000 年为 4.58t/d,2010 年为 8.68t/d;沿岸各污染削减的 COD 量,2000 年为 6.93 t/d,2010 年为 13.27t/d。

(六)治理费用概算

按本地区处理 1t COD 需 600 元(包括基建和运行费),则所需经费如表 5-20 所示。

表 5-20　　　　　　　　　　　　治理费用概算

年份	甲河		乙河		沿湖各污染源	
	削减污染物 (t)	费用 (元)	削减污染物 (t)	费用 (元)	削减污染物 (t)	费用 (元)
2000	4.71	2 826	4.58	2 748	6.93	4 158
2010	8.78	5 268	8.68	5 208	13.27	7 962

每日削减总量所需费用,2000 年每日为 9 732 元,全年为 355.22 万元;2010 年每日为 18 438 元,全年 672.99 万元。

第六章 水环境质量评价理论和方法

第一节 概 述

　　水环境质量评价简称水质评价。水质评价是根据不同的用途,选定适当评价参数,按对应用途的质量标准和评价方法,对水资源的质量状况进行定性或定量的评定和分级。水质评价的目的是了解水体的质量状况,为水资源开发、利用和保护提供依据。水质评价中首先要解决评价参数的选择和评价标准的确定,并在此基础上选定相应的评价方法。

　　水质评价参数通常可分为感官性因素,包括色、味、嗅、透明度、浑浊度、悬浮物、总固体等;氧平衡因子类,包括溶解氧、化学耗氧量、生化需氧量等;营养盐因子类,如硝酸盐、氨盐和硫酸盐等;毒物因子类,包括挥发酸、氰化物、汞、铬、砷、镉、铅、有机氯等,以及微生物因子类,如大肠杆菌。在评价中应依据评价的目的,水体类型及具体水域的水质监测现状,环境特点及水质特征,选用不同参数来评价水资源质量。

　　根据目的要求选择评价标准是水质评价的基本工作之一。随着社会经济发展,我国已先后颁布了许多与水质有关的标准,如《生活饮用水卫生标准》、《农田灌溉水质标准》、《渔业水质标准》、《地表水环境质量标准》、《景观娱乐用水水质标准》、《地下水质量标准》、《地表水水资源质量标准》等。在评价时,要以国家标准为评价依据。如果标准未定,可参考当地环境背景值制定评价标准。

第二节 水环境质量标准

一、水质标准的概念

　　水质标准是水环境质量标准的简称,是对水体中的污染物质及其排放源提出的限量阈值(及最高容许浓度)的技术规范。水是人类不可缺少的宝贵资源,它不仅是人类生存的重要物质基础,同时又广泛用于工业、农业、渔业、绿化及畜牧业生产等多种经济活动。不同的用途对水有不同的水质要求,需要建立相应的物理、化学及生物学方面的水质标准。同时,为了保护已有水体的正常功能,也要对排入水体的污水及废水水质有一定的限制与要求。

　　水质标准在水环境保护方面有重要的作用。它为环境保护部门提出了水环境保护的工作目标;是衡量和评价水环境质量尺度和监督执法的主要依据;为产业企业部门提出了组织现代化生产管理的条件与要求;为科研设计部门提出了水环境科技工作的要求和相应的技术规范。同时,水质标准亦是水质监测工作的依据。

二、地表水环境质量标准

为了保障人体健康,维护生态平衡,保护水资源,控制水污染,改善地表水质量和促进经济发展,我国制定了适用于江河、湖泊、水库的《地表水环境质量标准》(GB3838 - 2002),如表 6-1、表 6-2、表 6-3 所示。标准的颁布与实施为地表水体环境质量的正确评价奠定了基础。

表 6-1　　　　地表水环境质量标准基本项目标准限值　　　　(单位:mg/L)

序号	标准值 分类 项目	Ⅰ 类	Ⅱ 类	Ⅲ 类	Ⅳ 类	Ⅴ 类
1	水温　(℃)	人为造成的环境水温变化应限制在 周平均最大温升≤1 周平均最大温降≤2				
2	pH 值 (无量纲)	6～9				
3	溶解氧　≥	饱和率90%(或7.5)	6	5	3	2
4	高锰酸盐指数　≤	2	4	6	10	15
5	化学需氧量(COD)　≤	15	15	20	30	40
6	五日生化需氧量(BOD_5)　≤	3	3	4	6	10
7	氨氮(NH_3-N)　≤	0.15	0.5	1.0	1.5	2.0
8	总磷(以 P 计)　≤	0.02 (湖、库0.01)	0.1 (湖、库0.025)	0.2 (湖、库0.05)	0.3 (湖、库0.1)	0.4 (湖、库0.2)
9	总氮(湖、库,以 N 计)　≤	0.2	0.5	1.0	1.5	2.0
10	铜　≤	0.01	1.0	1.0	1.0	1.0
11	锌　≤	0.05	1.0	1.0	2.0	2.0
12	氟化物(以 F^- 计)≤	1.0	1.0	1.0	1.5	1.5
13	硒　≤	0.01	0.01	0.01	0.02	0.02
14	砷　≤	0.05	0.05	0.05	0.1	0.1
15	汞　≤	0.000 05	0.000 05	0.000 1	0.001	0.001
16	镉　≤	0.001	0.005	0.005	0.005	0.01
17	铬(六价)　≤	0.01	0.05	0.05	0.05	0.1
18	铅　≤	0.01	0.01	0.05	0.05	0.1
19	氰化物　≤	0.005	0.05	0.2	0.2	0.2
20	挥发酚　≤	0.002	0.002	0.005	0.01	0.1
21	石油类　≤	0.05	0.05	0.05	0.5	1.0
22	阴离子表面活性剂　≤	0.2	0.2	0.2	0.3	0.3
23	硫化物　≤	0.05	0.1	0.2	0.5	1.0
24	粪大肠菌群(个/L)　≤	200	2 000	10 000	20 000	40 000

表 6-2

序　号	项　目	标准值
	集中式生活饮用水地表水源地补充项目标准限值　　　（单位:mg/L）	
1	硫酸盐(以 SO_4^{2-} 计)	250
2	氯化物(以 Cl^- 计)	250
3	硝酸盐(以 N 计)	10
4	铁	0.3
5	锰	0.1

表 6-3　　　　　　　　**集中式生活饮用水地表水源地特定项目标准限值**　　　（单位:mg/L）

序　号	项　目	标准值	序　号	项　目	标准值
1	三氯甲烷	0.06	21	乙苯	0.3
2	四氯化碳	0.002	22	二甲苯①	0.5
3	三溴甲烷	0.1	23	异丙苯	0.25
4	二氯甲烷	0.02	24	氯苯	0.3
5	1,2-二氯乙烷	0.03	25	1,2-二氯苯	1.0
6	环氧氯丙烷	0.02	26	1,4-二氯苯	0.3
7	氯乙烯	0.005	27	三氯苯②	0.02
8	1,1-二氯乙烯	0.03	28	四氯苯③	0.02
9	1,2-二氯乙烯	0.05	29	六氯苯	0.05
10	三氯乙烯	0.07	30	硝基苯	0.017
11	四氯乙烯	0.04	31	二硝基苯④	0.5
12	氯丁二烯	0.002	32	2,4-二硝基甲苯	0.0003
13	六氯丁二烯	0.0006	33	2,4,6-三硝基甲苯	0.5
14	苯乙烯	0.02	34	硝基氯苯⑤	0.05
15	甲醛	0.9	35	2,4-二硝基氯苯	0.5
16	乙醛	0.05	36	2,4-二氯苯酚	0.093
17	丙烯醛	0.1	37	2,4,6-三氯苯酚	0.2
18	三氯乙醛	0.01	38	五氯酚	0.009
19	苯	0.01	39	苯胺	0.1
20	甲苯	0.7	40	联苯胺	0.0002

注　①二甲苯:指对-二甲苯、间-二甲苯、邻-二甲苯。
　　②三氯苯:指1,2,3-三氯苯、1,2,4-三氯苯、1,3,5-三氯苯。
　　③四氯苯:指1,2,3,4-四氯苯、1,2,3,5-四氯苯、1,2,3,4,5-四氯苯。
　　④二硝基苯:指对-二硝基苯、间-二硝基苯、邻-二硝基苯。
　　⑤硝基氯苯:指对-硝基氯苯、间-硝基氯苯、邻-硝基氯苯。

三、地下水质量分类指标

表 6-4 中的地下水质量分类,主要是依据我国地下水水质现状、人体健康基准值及地下

水质量保护目标,并参照了生活饮用水以及工业用水水质要求,将地下水质量划分为五类。

Ⅰ类:主要反映地下水化学组分的天然低背景含量,适用于各种用途。

Ⅱ类:主要反映地下水化学组分的天然背景含量,适用于各种用途。

Ⅲ类:以人体健康基准值为依据,主要适用于集中式生活饮用水水源及工、农业用水。

Ⅳ类:以农业和工业用水要求为依据,除适用于农业和部分工业用水外,适当处理后可用于生活饮用水。

Ⅴ类:不宜饮用,其他用水可根据使用目的选用。

表 6-4　　　　　　　　　　地下水质量分类指标(GB/T14848-93)

项目序号	项目	Ⅰ类	Ⅱ类	Ⅲ类	Ⅳ类	Ⅴ类
1	色度(度)	≤5	≤5	≤15	≤25	>25
2	嗅和味	无	无	无	无	有
3	浑浊度(度)	≤3	≤3	≤3	≤10	>10
4	肉眼可见物	无	无	无	无	有
5	pH 值	6.5~8.5			5.5~6.5 8.5~9	<5.5, >9
6	总硬度(以 $CaCO_3$ 计)(mg/L)	≤150	≤300	≤450	≤550	>550
7	溶解性总固体(mg/L)	≤300	≤500	≤1 000	≤2 000	>2 000
8	硫酸盐(mg/L)	≤50	≤150	≤250	≤350	>350
9	氯化物(mg/L)	≤50	≤150	≤250	≤350	>350
10	铁(Fe)(mg/L)	≤0.1	≤0.2	≤0.3	≤1.5	>1.5
11	锰(Mn)(mg/L)	≤0.05	≤0.05	≤0.1	≤1.0	>1.0
12	铜(Cu)(mg/L)	≤0.01	≤0.05	≤1.0	≤1.5	>1.5
13	锌(Zn)(mg/L)	≤0.05	≤0.5	≤1.0	≤5.0	>5.0
14	钼(Mo)(mg/L)	≤0.001	≤0.01	≤0.1	≤0.5	>0.5
15	钴(Co)(mg/L)	≤0.005	≤0.05	≤0.05	≤1.0	>1.0
16	挥发性酚类(以苯酚计)(mg/L)	≤0.001	≤0.001	≤0.002	≤0.01	>0.01
17	阴离子合成洗涤剂(mg/L)	不得检出	≤0.1	≤0.3	≤0.3	>0.3
18	高锰酸盐指数(mg/L)	≤1.0	≤2.0	≤3.0	≤10	>10
19	硝酸盐(以 N 计)(mg/L)	≤2.0	≤5.0	≤20	≤30	>30
20	亚硝酸盐(以 N 计)(mg/L)	≤0.001	≤0.01	≤0.02	≤0.1	>0.1
21	氨氮(NH_4)(mg/L)	≤0.02	≤0.02	≤0.2	≤0.5	>0.5
22	氟化物(mg/L)	≤1.0	≤1.0	≤1.0	≤2.0	>2.0
24	氰化物(mg/L)	≤0.001	≤0.01	≤0.05	≤0.1	>0.1
25	汞(Hg)(mg/L)	≤0.000 05	≤0.000 5	≤0.001	≤0.001	>0.001
26	砷(As)(mg/L)	≤0.005	≤0.01	≤0.05	≤0.05	>0.05
27	硒(Se)(mg/L)	≤0.01	≤0.01	≤0.01	≤0.1	>0.1
23	碘化物(mg/L)	≤0.1	≤0.1	≤0.2	≤1.0	>1.0
29	铬(六价)(mg/L)	≤0.005	≤0.01	≤0.05	≤0.1	>0.1
30	铅(Pb)(mg/L)	≤0.005	≤0.01	≤0.05	≤0.1	>0.1
31	铍(Be)(mg/L)	≤0.000 02	≤0.000 1	≤0.000 2	≤0.001	>0.001
32	钡(Ba)(mg/L)	≤0.01	≤0.1	≤1.0	≤4.0	≤4.0

项目序号	标准值 类别 项目	Ⅰ类	Ⅱ类	Ⅲ类	Ⅳ类	Ⅴ类
33	镍(Ni)(mg/L)	≤0.005	≤0.05	≤0.05	≤0.1	>0.1
34	滴滴涕(μg/L)	不得检出	≤0.005	≤1.0	≤1.0	>1.0
35	六六六(μg/L)	≤0.005	≤0.05	≤5.0	≤5.0	>5.0
36	总大肠菌群(个/L)	≤3.0	≤3.0	≤3.0	≤100	>100
37	细菌总数(个/L)	≤100	≤100	≤100	≤1 000	>1 000
38	总 α 放射性(Bq/L)	≤0.1	≤0.1	≤0.1	>0.1	>0.1
39	总 β 放射性(Bq/L)	≤0.1	≤1.0	≤1.0	>1.0	>1.0

四、不同供水目的的水质评价标准

由于不同用水目的对水质具有不同的要求,因此,可以根据不同供水目的水质标准对水体进行评价,以确定水体的具体适用范围,这是进行供水水质评价的重要一环。由于用水目的繁多,很难一一列举,下面仅对具有代表性的饮用水水质标准、主要工业用水水质标准、农田灌溉用水水质标准给予说明。

(一)饮用水水质评价

饮用水的水质状况直接关系到人体健康,其安全与洁净显得尤为重要。在饮用水供水水源地勘察过程中及供水之前,从生理感觉、物理性质、溶解盐类含量、有毒成分及细菌成分等方面对地下水质进行全面评价是十分必要的。为此,各国针对各自不同的地理环境、人文环境及水资源状况制定了一系列符合各自用水环境的饮用水水质标准,目的是保证饮用水的安全性和可靠性。表 6-5 为我国制定的饮用水水质标准。在水质评价中必须以最新标准和地方标准为依据,不符合引用水标准的地下水源,是不允许作为直接的引用水水源的,如果处理后能够满足引用水水质的要求,仍可以间接作为饮用水供水水源。

表 6-5　　　　　　　　　　我国生活饮用水卫生标准(GB5749−85)

项　目		标　准
感官性状和一般化学指标	色	色度不超过 15 度,并不得呈现其他异色
	浑浊度	不超过 3 度,特殊情况不超过 5 度
	嗅和味	不得有异臭、异味
	pH 值	6.5~8.5
	总硬度(以碳酸钙计)	450　mg/L
	铁	0.3　mg/L
	锰	0.1　mg/L
	铜	1.0　mg/L
	锌	1.0　mg/L
	挥发酚类(以苯酚计)	0.002　mg/L
	阴离子合成洗涤剂	0.3　mg/L
	硫酸盐	250　mg/L
	氯化物	250　mg/L
	溶解性总固体	1 000　mg/L

项目		标准
毒理学指标	氟化物	1.0　mg/L
	氰化物	0.05　mg/L
	砷	0.05　mg/L
	硒	0.01　mg/L
	汞	0.001　mg/L
	镉	0.01　mg/L
	铬(六价)	0.05　mg/L
	铅	0.05　mg/L
	银	0.05　mg/L
	硝酸盐(以氮计)	20　mg/L
	氯仿*	60　μg/L
	四氯化碳*	3　μg/L
	苯并(a)芘*	0.01　μg/L
	滴滴涕*	1　μg/L
	六六六*	5　μg/L
细菌学指标	细菌总数	100　个/mL
	总大肠菌群	3　个/mL
	游离余氯	在与水接触 30 min 后应不低于 0.3 mg/L。集中式给水除出厂水应符合上述要求外,管网末梢水不应低于 0.05mg/L
放射性指标	总 α 放射性	0.1　Bq/L
	总 β 放射性	1　Bq/L

* 试行标准

(二)工业用水水质标准

不同的工业生产对水质的要求各不相同,因此在水资源保护过程中,应该在了解各种工业用途的水质要求的基础上,有重点地布置水质采样点,确定水质分析内容,并对水质做出正确的评价。

不同的工业部门对水质的要求不同,如表 6-6 所示。其中,纺织、造纸及食品等工业对水质的要求较严。水的硬度过高,对生产肥皂、染料、酸、碱的工业不太适宜。硬水妨碍纺织品着色,并使纤维变脆,皮革不坚固、糖类不结晶。如果水中有亚硝酸盐存在,会使糖制品大量减产。水中存在过量的铁、锰盐类时,能使纸张淀粉及糖出现色斑,影响产品质量。食品工业用水首先必须考虑符合饮用水标准,然后还要考虑影响生产质量的其他成分。

(三)农田灌溉用水水质标准

灌溉用水的水质状况主要包括水温、水的总溶解固体及溶解的盐类成分。同时,由于人类活动的影响,水的污染状况,尤其是水中的有毒有害物质的含量对农作物及土壤的影响也不可忽视。因此,在农业生产中,农作物生长所需的基本水量和水质保证是实现农业发展的关键。可见农用水,尤其是农业灌溉用水(占总需水量的 70% ~80%)在供水中占据十分重要的地位。农田灌溉用水水质评价成为水资源开发、利用和保护的重要内容。

表 6-6

某些企业生产对水的要求

项目	造纸(上等纸)	人造纤维	粘漆生产	纺织	印刷	制革	制糖	淀粉	酿酒	粘胶纤维	胶片制造	备注
浑浊度(mg/L)	2~5	0	5	5	5	10	0	0		2		
色度(德国度)	5	15	0	10~20	5~10	10~20	10~20	10~20				
总硬度(德国度)	12~16	2	0.5	4~6	0.5~4	10~20	<20	<20	2~6	2.7	3	硬水妨得染色,使皮革柔性变坏
耗氧量(mg/L)	10	6	2		8~10	8~10	<10	<10	<10	<5		使皮革具吸水性,糖不易结晶
氯(mg/L)					50	30~40	50	60	30~60	30	10	$CaSO_4$、Na_2SO_4 妨碍染色,对制糖起不良影响
硫酐(mg/L)					50	60~80	50	60		10		
亚硝酐(mg/L)		0	0		0	痕量	0	0	5~25	0.002	0	N_2O_3 可使糖大量减产
硝酐(mg/L)		0	0		痕量	痕量	痕量	0	0.3	0.2	0	
氨(mg/L)		0	0		0.1	0.1	痕量	0	0.1	0	0	
铁(mg/L)	0.1	0.2	0.03	0.2	0.1	0.1	0.5	0.5	0.1	0.05	0.07	使染色物、纸张起斑点,淀粉、糖起色
锰(mg/L)	0.05	0.03	0.03	0.3	0.1	0.1	0.05	0.05	痕量			使染色色物、纸张起斑点,淀粉、糖起色
碳酸(mg/L)						1.0		100				
硫化氢(mg/L)												
氧化钙(mg/L)								120				
氧化镁(mg/L)								20				使淀粉灰分增多 Ca 和 Mg 过多使纤维变硬变脆
氧化硅(mg/L)	20											
固形物(mg/L)	300		100			300~600	200~300	400~600		80	100	
pH值	7~7.5	7~7.5		7~8.5	7~8.5				6.5~7.5			

为了保护农田土壤、地下水源(防止灌溉水入渗、尤其是污灌水入渗污染地下水水源)以及保证农民农产品质量,使农田灌溉用水的水质符合农作物的正常生产需要,促进农业生产,保障人民身体健康,我国颁布了《农田灌溉水质标准》(见表6-7),作为农田灌溉用水水质评价的依据。

表6-7　　　　　　　　　　　农田灌溉水质标准(GB 5084－92)　　　　　　　(单位:mg/L)

序号	项目		水　作	旱　作	蔬　菜
1	生化需氧量(BOD₅)	≤	80	150	80
2	化学需氧量(COD$_{Cr}$)	≤	200	300	150
3	悬浮物	≤	150	200	100
4	阴离子表面活性剂(LAS)	≤	5.0	8.0	5.0
5	凯氏氮	≤	12	30	30
6	总磷(以P计)	≤	5.0	10	10
7	水温(℃)	≤	35		
8	pH	≤	5.5~8.5		
9	全盐量	≤	1 000(非盐碱土地区)2 000(盐碱土地区) 有条件的地区可以适当放宽		
10	氯化物	≤	250		
11	硫化物	≤	1.0		
12	总汞	≤	0.001		
13	总镉	≤	0.005		
14	总砷	≤	0.05	0.1	0.05
15	铬(六价)	≤	0.1		
16	总铅	≤	0.1		
17	总铜	≤	1.0		
18	总锌	≤	2.0		
19	总硒	≤	0.02		
20	氟化物	≤	2.0(高氟区)　　3.0(一般地区)		
21	氰化物	≤	0.5		
22	石油类	≤	5.0	10	1.0
23	挥发酚	≤	1.0		
24	苯	≤	2.5		
25	三氯乙醛	≤	1.0	0.5	0.5
26	丙烯醛	≤	0.5		
27	硼	≤	1.0(对硼敏感作物,如:马铃薯、笋瓜、韭菜、洋葱、柑橘等) 2.0(对硼耐受性较强的作物,如:小麦、玉米、青椒、小白菜、葱等) 3.0(对硼耐受性强的作物,如:水稻、萝卜、油菜、甘蓝等)		
28	粪大肠菌群数,个/L	≤	10 000		
29	蛔虫卵数,个/L	≤	2		

注:在以下地区,全盐量水质标准可以适当放宽:
　　①具有一定的水利灌溉工程设施,能保证一定的排水和地下水径流条件的地区;
　　②有一定淡水资源能满足冲洗土体中盐分的地区。

第三节 常用的水质评价方法

以上介绍了为不同水体及不同使用目的所制定的水质标准,这些标准规范了不同水质的适用范围。在多数情况下,需要对水体环境质量给予综合评价,以便了解其综合质量状况,这就需要研究和选定合适的水质评价方法。因此,只有选择或构建了正确的评价方法,才能对水体质量做出有效评判,确定其水质状况和应用价值,从而为防治水体污染及合理开发利用、保护与管理水资源提供科学依据。

水环境质量评价具有如下特征:

(1)系统中污染物质之间存在复杂关系,各种污染物质对环境质量的影响不一;

(2)水质分级标准难以统一;

(3)对水体质量的综合评价存在模糊性。

虽然,从不同角度和目的出发提出的方法各异,但水质评价方法本身应具有科学性、正确性和可比性,满足实际使用要求,以利于查清影响水质的各种因素,以便于水环境的保护与水污染的治理。下面介绍在水质评价中应用比较广泛的几种方法。

一、单要素污染指数法

单要素污染指数计算公式如下:

$$I_i = c_i / c_0 \tag{6-1}$$

式中　I_i——单要素污染指数;

　　　c_i——水中某组分的实测浓度;

　　　c_0——某组分的背景值或对照值(标准值)。

当背景值为一含量区间时:

$$I_i = |c_i - \bar{c}_0| / (c_{0\max} - \bar{c}_0) \quad \text{或} \quad I = |c_i - \bar{c}_0| / (\bar{c}_0 - c_{0\min}) \tag{6-2}$$

式中　$\bar{c}_0$——背景(或对照)含量区间中值;

　　　$c_{0\max}, c_{0\min}$——背景(或对照)含量区间最大和最小值;

　　　其他符号意义同上。

利用这种方法可对各种污染组分进行分别评价,是多要素污染指数评价的基础。当 $I_i \leqslant 1$ 时,为未污染;$I_i > 1$ 时,为污染。其优点是直观、简便,缺点是不能反映水体整体污染情况。

二、内梅罗(N. L. Nemerow)指数

内梅罗于 1974 年发表了一种计算河流水污染指数的方法,该方法与其他方法不同之处在于不仅考虑了影响水质的一般水质指标,还考虑了对水质污染影响最严重的水质指标状况。其计算公式为:

$$P_{ij} = \sqrt{\frac{(c_i / L_{ij})_{\max}^2 + (c_i / L_{ij})_{\mathrm{av}}^2}{2}} \tag{6-3}$$

当 $c_i/L_{ij} > 1$ 时,

$$c_i/L_{ij} = 1 + P' \lg(c_i/L_{ij}) \tag{6-4}$$

当 $c_i/L_{ij} \leqslant 1$ 时,用 c_i/L_{ij} 的实际值。

$$P_i = \sum_{j=1}^{m} W_j P_{ij} \tag{6-5}$$

式中 i——水质项目数($i = 1, 2, \cdots, n$);

  j——水质用途数($j = 1, 2, \cdots, m$);

  P_{ij}——j 用途 i 项目的内梅罗指数;

  c_i——水中 i 项目的检测浓度;

  L_{ij}——j 用途 i 项目的最大允许浓度;

  P'——常数,内梅罗采用 5;

  P_i——几种用途的总指数,取不同用途的加权平均值;

  W_j——不同用途的权重,$\sum_j^m W_j = 1$。

内梅罗指数法将水体用途分为三类:

(1)人类直接接触($j = 1$):包括饮用、游泳、饮料制造用水等;

(2)间接接触($j = 2$):养鱼、农业用水等;

(3)不接触($j = 3$):工业用水、冷却水、航运等。

内梅罗将第一类和第二类用途的权重各定为 0.4,第三类为 0.2,$\sum_j^m W_j = 1.0$。

上述公式表明了一个函数关系:

$$P_{ij} = f\left[\left(\frac{c_i}{L_{ij}}\right)_{\max}, \left(\frac{c_i}{L_{ij}}\right)_{av} \right] \tag{6-6}$$

上式中用下角 max 表示最大,用 av 表示平均。$\left(\frac{c_i}{L_{ij}}\right)_{\max}$ 或 $\left(\frac{c_i}{L_{ij}}\right)_{av}$ 值越大,水质质量状况越差。

根据上述公式计算结果,将水质分为三类:

(1)$P_{ij} > 1$,水质污染较重;

(2)$0.5 \leqslant P_{ij} \leqslant 1$,水质已受到污染;

(3)$P_{ij} < 0.5$,水质未受到污染。

内梅罗指数反映了水体中多项污染物的污染规律,兼顾了污染影响最高的一个水质参数,综合考虑了水体的多种用途,具有一定的使用价值。存在的主要问题是忽略了次高值,评价结果偏高。

三、多项水质参数综合评价方法

多项水质参数综合评价的方法很多,根据《环境影响评价技术导则》(HJ/T2.1～2.3-93),可采用下述几种方法进行水质综合评价。

1.幂指数法

幂形水质指数 S 的表达式为:

$$S_j = \prod_{i=1}^{m} I_{i,j}^{W_i} \qquad 0 < I_{i,j} \leqslant 1 \qquad \sum_{i=1}^{m} W_i = 1 \qquad (6\text{-}7)$$

首先,根据实际情况和各类功能水质标准绘制 $I_i \sim c_i$ 关系曲线,然后,由 $c_{i,j}$ 在曲线上找到相应的 $I_{i,j}$ 值。

2. 加权平均法

此法所求的 j 点综合评价指数 S_j 可表达为

$$S_j = \sum_{i=1}^{m} W_i S_i \qquad \sum_{i=1}^{m} W_i = 1 \qquad (6\text{-}8)$$

3. 向量模法

此法所求的 j 点综合评价指数 S_j 可表达为

$$S_j = \left[\sum_{i=1}^{m} S_{i,j}^2 \right]^{1/2} \qquad (6\text{-}9)$$

4. 算术平均法

此法所求的 j 点综合评价指数 S_j 可表达为

$$S_j = \frac{1}{m} \sum_{i=1}^{m} S_{i,j} \qquad (6\text{-}10)$$

四、地下水水质综合评价法

根据地下水质量评价指标(GB/T14848 - 93),地下水质量综合评价采用加附注的评分法。具体步骤如下:

(1)参加评分的项目,应不少于表 6-4 中所列出的监测项目,但不包括细菌学指标。

(2)首先进行各单项组分评价,划出组分所属质量类别。

(3)对各类别按表 6-8 规定分别确定单项组分评价分值 F_i。

表 6-8   各类别分值

类别	Ⅰ	Ⅱ	Ⅲ	Ⅳ	Ⅴ
F_i	0	1	3	5	10

求综合评价分值 F:

$$F = \sqrt{\frac{\overline{F}^2 + F_{max}^2}{2}} \qquad (6\text{-}11)$$

$$\overline{F} = \frac{1}{n} \sum_{i=1}^{n} F_i \qquad (6\text{-}12)$$

式中　$\overline{F}$——各单项组分评分值 F_i 的平均值;

　　　F_{max}——单项组分评分值 F_i 中的最大值;

　　　n——项数。

(4)根据 F 值,按表 6-9 所规定的区间划分地下水质量级别,再将细菌学指标评价类别注在级别名之后,如"优良(Ⅱ)类"、"较好(Ⅲ)类"。

级别	优良	良好	较好	较差	极差
F	<0.8	0.8~<2.5	2.5~<4.25	4.25~<7.2	≥7.2

当使用两组以上的水质分析资料进行评价时,可分别进行地下水质量评价。也可根据具体情况,使用全年平均值、多年平均值或分别使用多年的枯水期、丰水期平均值进行评价。

限于篇幅,其他方法参见有关的文献资料。

第四节   水质模糊层次综合评价

一、模糊层次综合评价的方法原理

模糊评价(评审、评判、决策),即在评价过程中引入模糊性概念,运用模糊数学来处理水质评价的一些问题,以反映水质质量状况或水体污染程度的不确定性。例如某段河流水质评价结果一般用清洁、轻微污染、严重污染等来表示,而所谓清洁、轻微污染、严重污染等划分,具有模糊性。模糊数学是研究对这些模糊性问题进行定量处理的一种方法,而层次分析法(AHP)是用于进行定性和定量因素相结合的一种有效决策方法。将这两种方法互相结合对水质进行综合评价的方法称为模糊层次综合评价。

模糊层次综合评价中涉及的基本要素和主要方法可简要归纳如下。

1. 建立评价因素(指标)集

因素集 $U = \{u_1, u_2, \cdots, u_j, \cdots, u_n\}$,这是指评价指标的集合。

2. 建立(决策)评语集

评语集 $V = \{V_1, V_2, \cdots, V_i, \cdots, V_m\}$,这是指分级(例:清洁、尚清洁、轻污染、中污染、重污染或Ⅰ级、Ⅱ级、Ⅲ级、Ⅳ级、Ⅴ级等5个等级)评语的集合。

3. 建立单因素评判矩阵 R

应用模糊数学的基本概念,确定因素集中每一个指标隶属于评语集中不同评语分级(是一个模糊集合)的程度,称为隶属度。隶属函数和隶属度是模糊数学中最基本的概念。前者一般以 $\mu_v(x)$ 表之,其含义是:因素集 U 中某一指标 x(相当于指标 U)隶属于模糊集合 V(相当于评语集 V,这是模糊集合)的程度,其取值在[0,1]区间,并以 r_{ji} 表之。此值即为指标 u_j(模糊数学中以 x 表示)的隶属度。隶属函数的形式,可视评价指标的特征确定或选用已有的公式,评价因素集 U 中全部指标隶属度的合成,即为单因素评价矩阵。

参考水质标准,若某指标的取值范围为$[a, b]$。根据人们对其判断和敏感性程度,将$[a, b]$分为与评语集 V_i($i = 1, 2, 3, 4, 5$)相对应5个区间$[a_1, b_1]$、$[a_2, b_2]$、$[a_3, b_3]$、$[a_4, b_4]$及$[a_5, b_5]$。若将 V_i 看成是$[a_j, b_j]$上的普通集合,则会造成两个区间的边缘点数值相差不大,而评语却相差一个级别的不合理现象。为了消除这种不合理现象,需进行模糊化处理。在水质评价中可取各级水质的标准值对应的隶属函数取最大值1.0,而相邻两区间互相交叉。这样,对某个指标的具体数值,可以以不同的隶属度分归于不同的模糊集合 V_i 和 $V_{i+1}(i=1,2,3,4)$。

根据各指标的特征,拟定各隶属函数为线性函数,并且满足:若 $\mu_{vi}(u_j)=1.0$,则 $\mu_{vi+1}(u_j)=\mu_{vi-1}(u_j)=0$,如图 6-1 所示(当然,亦可选用其他函数形式的隶属函数)。其数学表达式为

$$\mu_{v1}(u_j) = \begin{cases} (u_j - a_i)/(c_j - a_j), & a_j \leqslant u_j \leqslant c_j \\ (b_j - u_i)/(b_j - c_j), & c_j \leqslant u_j \leqslant b_j \\ 0, & \text{其他} \end{cases} \tag{6-13}$$

此处,$\mu_{vi}(u_j)$ 表示指标 u_j 隶属于评语集 V_i 的程度,亦即隶属度 r_{ji} 在 $[0,1]$ 区间的取值,如图 6-2 所示。但端点的 $\mu_{v1}(u_j)$ 及 $\mu_{v5}(u_j)$ 其函数及图形略有不同。见图 6-1。

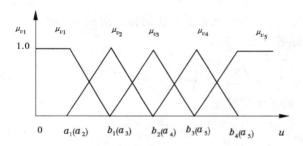

图 6-1　$V_i(i=1,2,3,4,5)$的线性隶属函数　　　　　　图 6-2

利用上述方法,具体拟定(或选定)水质指标 u_j 相应的隶属函数,将实测的各指标值代入相应的隶属函数,即可求得各指标的单因素的不同隶属度 r_{ji},并得评判结果为 $R_j=(r_{j1},r_{j2},r_{j3},r_{j4},r_{j5})$,$j=1,2,\cdots,n$,综合各指标的评价结果得单因素评价矩阵为

$$R = \begin{bmatrix} R_1 \\ R_2 \\ \vdots \\ R_n \end{bmatrix} = \begin{bmatrix} r_{11} & r_{12} & \cdots & r_{15} \\ r_{21} & r_{22} & \cdots & r_{25} \\ \vdots & \vdots & & \vdots \\ r_{n1} & r_{n2} & \cdots & r_{n5} \end{bmatrix} \tag{6-14}$$

4.用层次分析法确定各因素(指标)的权重 $W=(W_1,W_2,\cdots,W_n)$

通过上述步骤,已经确定了各因素的评判结果,求得单因素评判矩阵 R,但各因素相对于水质评价目标,其各自的影响权重数尚不得而知。一般讲,各因素的相对权重可通过专家评分法求得。本节重点介绍采用层次分析法确定权重。其具体步骤为:

(1)确定评价因素集 $U=\{u_1,u_2,\cdots,u_j,\cdots,u_n\}$。

(2)两两比较构造判断矩阵 A

$$A = \begin{bmatrix} a_{11} & a_{12} & \cdots & a_{1n} \\ a_{21} & a_{22} & \cdots & a_{2n} \\ \vdots & \vdots & & \vdots \\ a_{n1} & a_{n2} & \cdots & a_{nn} \end{bmatrix} \tag{6-15}$$

a_{ij} 的含义如表 6-10 如示,表示指标 u_i 与 u_j 比较,u_i 比 u_j 重要的程度。

表 6-10

判断矩阵标度及其含义

标　度	含　义
1	表示两因素相比,具有同样"重要性"
3	表示两因素相比,一因素较另一因素"稍微"重要
5	表示两因素相比,一因素较另一因素"明显"重要
7	表示两因素相比,一因素较另一因素"强烈"重要
9	表示两因素相比,一因素较另一因素"极端"重要
2、4、6、8	上述两相邻判断的中值
倒　数	因素 i 与因素 j 比较判断若为 a_{ij} ,则因素 j 与因素 i 比较判断为其倒数 $a_{ij} = 1/a_{ij}$

(3)计算重要性排序:求判断矩阵 A 的最大特征根所对应的特征向量 W , $W = (W_1, W_2, \cdots, W_n)^T$ 即为所求的各指标的权重。其中

$$W_i = \sqrt[n]{\prod_{j=1}^{n} a_{ij}} \bigg/ \sum_{i=1}^{n} \sqrt[n]{\prod_{j=1}^{n} a_{ij}} \tag{6-16}$$

(4)一致性检验:计算判断矩阵 A 的最大特征根 λ_{max}

$$\lambda_{max} = \frac{1}{n} \sum_{i=1}^{n} \frac{(AW)_i}{W_i} \tag{6-17}$$

其中, $(AW)_i$ 表示向量 AW 的第 i 个元素。则判断矩阵的一致性检验指标 CR 为

$$CR = CI/RI \tag{6-18}$$

其中, $CI = \frac{1}{n-1} (\lambda_{max} - n)$ 。

RI 为判断矩阵的随机一致性指标,取值如表 6-11 所示。

表 6-11　　　　　**判断矩阵的随机一致性指标**

阶数 n	1	2	3	4	5	6	7	8	9
RI	0	0	0.58	0.90	1.12	1.24	1.32	1.41	1.45

当 $CR \leqslant 0.1$ 时,一般认为判断矩阵具有满意一致性,说明确定的各指标的权重是合理的,否则需对判断矩阵进行调整,直至具有满意的一致性。

5.模糊层次综合评价

前面已经分别求得单因素评判矩阵 R 和层次总排序权值分配 $W = (W_1, W_2, \cdots, W_n)$ 。则模糊层次综合评判结果为

$$B = W \cdot R = (W_1, W_2, \cdots, W_n) \begin{bmatrix} r_{11} & r_{12} & \cdots & r_{15} \\ r_{21} & r_{22} & \cdots & r_{25} \\ \vdots & \vdots & & \vdots \\ r_{n1} & r_{n2} & \cdots & r_{n5} \end{bmatrix} = (b_1, b_2, \cdots, b_5)$$

$$\tag{6-19}$$

上述模糊合成采用模糊加权线性变换,即相乘相加法。其表达式为

$$b_i = \sum_{k=1}^{n} W_k \cdot r_{ki} \qquad (i = 1, 2, \cdots, 5) \qquad (6\text{-}20)$$

对所得结果 B 进行归一化,使 $\sum_{i=1}^{5} b_i = 1.0$,取 $b = \max\{b_1, b_2, b_3, b_4, b_5\}$,即得相应的综合评价结果“$V_j$”。例:若 $b^* = b_1$,则综合评价为“V_1”,相当于“清洁”;若 $b^* = b_2$,则综合评价为“V_2”,相当于“尚清洁”。

二、水质模糊层次综合评价实例

某河流林桥 2000 年度监测数据如表 6-12 所示。

表 6-12　　　　　　　　　　某河林桥 2000 年监测结果统计　　　　　　（单位:mg/L）

测点	酚	COD$_{Cr}$	BOD$_5$	石油类	氨氮	亚硝酸盐
1	0	3.38	2.28	0.15	0.155	0.010
2	0.528	12.22	5.96	4.905	3.100	0.251
3	0.144	16.16	7.00	2.084	4.190	0.368
4	0.146	11.23	5.25	1.108	5.880	0.317
5	0.005	10.08	4.85	0.338	4.520	0.367

根据地表水环境质量标准(GB 3838－2002)可得表 6-12 中指标水质量标准值如表 6-13。

表 6-13　　　　　　监测指标相应的地表水环境标准(GB 3838－2002)

序号	参数	Ⅰ类	Ⅱ类	Ⅲ类	Ⅳ类	Ⅴ类
1	亚硝酸盐(以 N 计)≤*	0.06	0.1	0.15	1.0	1.0
2	化学耗氧量(COD$_{Cr}$)≤	15 以下	15	20	30	40
3	生化需氧量(BOD$_5$)≤	3 以下	3	4	6	10
4	挥发酚　　　　　　≤	0.002	0.002	0.005	0.01	0.1
5	石油类　　　　　　≤	0.05	0.05	0.05	0.5	1.0
6	氨氮　　　　　　　≤	0.15	0.5	1.0	1.5	2.0

* 属采用老标准(GB 3838－88)的分级标准,新标准(GB 3838－2002)中无此项目。

单指标评价:

(1)根据各指标的特征,按Ⅰ类、Ⅱ类、Ⅲ类、Ⅳ类、Ⅴ类与地表水质量标准对应,拟定各隶属函数为线性函数,如图 6-3。

(2)按式(6-9)和图 6-3 可建立各水质指标 u_j 相应的隶属函数(略),将实测的各指标值代入相应的隶属函数单因素评判矩阵 R。计算过程如下:

测点 1:

　　酚:　　　　　$\mu_{v1}(0) = 1$　　$\mu_{v2}(0) = \mu_{v3}(0) = \mu_{v4}(0) = \mu_{v5}(0) = 0$

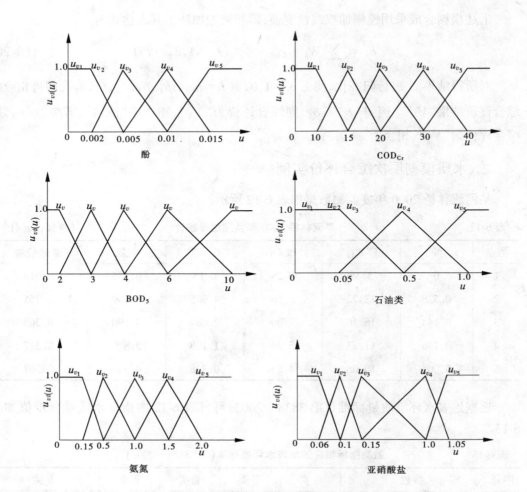

图 6-3 各参数的线性隶属函数

COD$_{Cr}$: $\mu_{v1}(3.38)=1$ $\mu_{v2}(3.38)=\mu_{v3}(3.38)=\mu_{v4}(3.38)=\mu_{v5}(3.38)=0$

BOD$_5$: $\mu_{v1}(2.28)=(3-2.28)/(3-2)=0.72$

$\mu_{v2}(2.28)=(2.28-2)/(3-2)=0.28$

$\mu_{v3}(2.28)=\mu_{v4}(2.28)=\mu_{v5}(2.28)=0$

石油类: $\mu_{v3}(0.15)=(0.5-0.15)/(0.5-0.05)=0.778$

$\mu_{v4}(0.15)=(0.15-0.05)/(0.5-0.05)=0.222$

$\mu_{v1}(0.15)=\mu_{v2}(0.15)=\mu_{v5}(0.15)=0$

氨氮: $\mu_{v1}(0.155)=(0.5-0.155)/(0.5-0.15)=0.986$

$\mu_{v2}(0.155)=(0.155-0.15)/(0.5-0.15)=0.014$

$\mu_{v3}(0.155)=\mu_{v4}(0.155)=\mu_{v5}(0.155)=0$

亚硝酸盐: $\mu_{v1}(0.01)=1$ $\mu_{v2}(0.01)=\mu_{v3}(0.01)=\mu_{v4}(0.01)=\mu_{v5}(0.01)=0$

综上得测点 1 单因素评价矩阵 R^1，即

$$R^1 = \begin{bmatrix} R_1^1 \\ R_2^1 \\ R_3^1 \\ R_4^1 \\ R_5^1 \\ R_6^1 \end{bmatrix} = \begin{bmatrix} 1 & 0 & 0 & 0 & 0 \\ 1 & 0 & 0 & 0 & 0 \\ 0.72 & 0.28 & 0 & 0 & 0 \\ 0 & 0 & 0.778 & 0.222 & 0 \\ 0.986 & 0.014 & 0 & 0 & 0 \\ 1 & 0 & 0 & 0 & 0 \end{bmatrix}$$

同理,可得测点 2、3、4、5 的单因素评价矩阵分别为 R^2、R^3、R^4、R^5,即

$$R^2 = \begin{bmatrix} R_1^2 \\ R_2^2 \\ R_3^2 \\ R_4^2 \\ R_5^2 \\ R_6^2 \end{bmatrix} = \begin{bmatrix} 0 & 0 & 0 & 0 & 1 \\ 0.556 & 0.444 & 0 & 0 & 0 \\ 0 & 0 & 0.02 & 0.98 & 0 \\ 0 & 0 & 0 & 0 & 1 \\ 0 & 0 & 0 & 0 & 1 \\ 0 & 0 & 0.881 & 0.119 & 0 \end{bmatrix}$$

$$R^3 = \begin{bmatrix} R_1^3 \\ R_2^3 \\ R_3^3 \\ R_4^3 \\ R_5^3 \\ R_6^3 \end{bmatrix} = \begin{bmatrix} 0 & 0 & 0 & 0 & 1 \\ 0 & 0.768 & 0.232 & 0 & 0 \\ 0 & 0 & 0 & 0.75 & 0.25 \\ 0 & 0 & 0 & 0 & 1 \\ 0 & 0 & 0 & 0 & 1 \\ 0 & 0 & 0.743\,5 & 0.256\,5 & 0 \end{bmatrix}$$

$$R^4 = \begin{bmatrix} R_1^4 \\ R_2^4 \\ R_3^4 \\ R_4^4 \\ R_5^4 \\ R_6^4 \end{bmatrix} = \begin{bmatrix} 0 & 0 & 0 & 0 & 1 \\ 0.754 & 0.245 & 0 & 0 & 0 \\ 0 & 0 & 0.375 & 0.625 & 0 \\ 0 & 0 & 0 & 0 & 1 \\ 0 & 0 & 0 & 0 & 1 \\ 0 & 0 & 0.803\,5 & 0.196\,5 & 0 \end{bmatrix}$$

$$R^5 = \begin{bmatrix} R_1^5 \\ R_2^5 \\ R_3^5 \\ R_4^5 \\ R_5^5 \\ R_6^5 \end{bmatrix} = \begin{bmatrix} 0 & 0 & 1 & 0 & 0 \\ 0.984 & 0.016 & 0 & 0 & 0 \\ 0 & 0 & 0.575 & 0.425 & 0 \\ 0 & 0 & 0.36 & 0.64 & 0 \\ 0 & 0 & 0 & 0 & 1 \\ 0 & 0 & 0.745 & 0.255 & 0 \end{bmatrix}$$

(3)确定各因素的权重 $W = (W_1, W_2, W_3, W_4, W_5, W_6)$。

①评价因素为 $U = \{$酚, COD_{Cr}, BOD_5, 石油类, 氨氮, 亚硝酸盐$\}$。

②经两两比较判断矩阵 A,即

$$A = \begin{bmatrix} 1 & 4 & 3 & 3 & 1 & 2 \\ 1/4 & 1 & 2 & 1/2 & 1/3 & 1/3 \\ 1/3 & 1/2 & 1 & 1/3 & 1/4 & 1/4 \\ 1/3 & 2 & 3 & 1 & 1/3 & 1/2 \\ 1 & 3 & 4 & 3 & 1 & 2 \\ 1/2 & 3 & 4 & 2 & 1/2 & 1 \end{bmatrix}$$

③据式(6-12)计算判断矩阵 A 的最大特征根所对应的特征向量
$W = (W_1, W_2, W_3, W_4, W_5, W_6)$ 即为各指标的权重。

$W_1 = 0.283$ $W_2 = 0.076$ $W_3 = 0.054$ $W_4 = 0.116$ $W_5 = 0.283$ $W_6 = 0.187$

得： $W = (0.283, 0.076, 0.054, 0.116, 0.283, 0.187)$

④进行一致性检验,根据式(6-13)和(6-14)计算：

$$AW = [1.754, 0.469, 0.342\,5, 0.712, 1.732, 1.146]^T$$

$$\lambda_{max} = 6.183 \qquad CI = 0.036\,6$$

查表6-11 $RI = 1.24$,则

$$CR = CI/RI = 0.03 < 0.1$$

所以判断矩阵 A 具有满意一致性。

(4) 综合评价各测点,由式(6-15)得测点1的综合评价结果为：

$$B_1 = W \cdot R^1 = (0.283, 0.076, 0.054, 0.116, 0.283, 0.187) \begin{bmatrix} 1 & 0 & 0 & 0 & 0 \\ 1 & 0 & 0 & 0 & 0 \\ 0.72 & 0.28 & 0 & 0 & 0 \\ 0 & 0 & 0.778 & 0.222 & 0 \\ 0.986 & 0.014 & 0 & 0 & 0 \\ 1 & 0 & 0 & 0 & 0 \end{bmatrix}$$

$$= (0.864, 0.019, 0.090, 0.026, 0)$$

$$b^* = \max\{b_1, b_2, b_3, b_4, b_5\} = b_1$$

据此判断林桥测点1的水质为Ⅰ级,即清洁。

同理：

$B_2 = (0.042, 0.034, 0.166, 0.075, 0.682)$, $b^* = \max\{b_1, b_2, b_3, b_4, b_5\} = b_5$

测点2水质为Ⅴ级,即重污染。

$B_3 = (0, 0.058, 0.157, 0.088, 0.696)$, $b^* = \max\{b_1, b_2, b_3, b_4, b_5\} = b_5$

测点3水质为Ⅴ级,即重污染。

$B_4 = (0.057, 0.019, 0.171, 0.07, 0.682)$ $b^* = \max\{b_1, b_2, b_3, b_4, b_5\} = b_5$

测点4水质为Ⅴ级,即重污染。

$B_5 = (0.075, 0.001, 0.495, 0.145, 0.283)$ $b^* = \max\{b_1, b_2, b_3, b_4, b_5\} = b_3$

测点5水质为Ⅲ级,即轻污染。

第五节　水质综合评价的灰色聚类决策模型

一、灰色聚类决策的基本原理

灰色系统理论是我国学者邓聚龙先生在 1982 年创立的,他善于处理贫信息系统,并能在资料、信息少的条件下建模,进行预测和决策,在经济、社会和技术系统中得到了广泛应用。根据水质评价具有灰色不确定性的特点,可将灰色聚类决策方法应用于水质评价中,建立水质综合评价的灰色聚类决策模型。

灰色聚类决策是以灰数的白化函数生成为基础,将收集的聚类对象观测值的分散信息,按照灰类进行归纳,判断聚类对象所属灰类。记 $1, 2, \cdots, n$ 为聚类对象;$j = 1, 2, \cdots, m$ 为聚类指标;$k = 1, 2, \cdots, K$ 为灰类。d_{ij} 为第 i 个聚类对象对于第 j 个聚类指标的样本值,D 是以 d_{ij} 为元素的样本矩阵,即

$$D = (d_{ij}) = \begin{bmatrix} d_{11} & d_{12} & \cdots & d_{1m} \\ d_{21} & d_{22} & \cdots & d_{2m} \\ \vdots & \vdots & & \vdots \\ d_{n1} & d_{n2} & \cdots & d_{nm} \end{bmatrix}$$

设 f_{jk} 为第 j 个聚类指标属于 k 灰类的白化函数,$f_{jk} \in [0,1]$。白化函数有三种基本形式,如图 6-4 所示。图中 λ_{jk} 为白化函数 f_{jk} 的阈值。

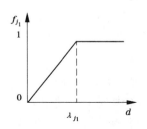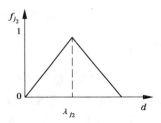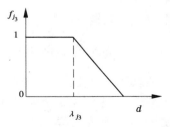

图 6-4　白化函数 f_{jk}

记 η_{jk} 为灰色聚类权重,它表示第 j 种指标属于第 k 灰类的权重。当聚类指标的量纲相同时,

$$\eta_{jk} = \frac{\lambda_{jk}}{\sum\limits_{j=1}^{m} \lambda_{jk}} \tag{6-21}$$

若聚类指标量纲不同,且不同指标的样本值在数量上相差很大时,可先进行无量纲处理:

$$\gamma_{jk} = \frac{S_{jk}}{S_j} \tag{6-22}$$

式中,S_{jk} 为第 j 种指标的第 k 个灰类的灰数(标准值),或取白化函数的阈值 λ_{jk};S_j 为第 j

种指标的参照标准,在水质评价中,可视评价水体的环境目标确定。然后,计算灰色聚类权值

$$\eta_{jk} = \frac{\gamma_{jk}}{\sum\limits_{j=1}^{m} \gamma_{jk}} \tag{6-23}$$

令 σ_{ik} 为灰色聚类系数,它反映第 i 个聚类对象隶属于第 k 灰类的程度。

$$\sigma_{ik} = \sum_{j=1}^{m} f_{jk}(d_{ij}) \times \eta_{jk} \tag{6-24}$$

式中 $f_{jk}(d_{ij})$——由样本值 d_{ij} 求得的白化函数值;

η_{jk}——灰色聚类权值。

灰色聚类决策矩阵

$$\sigma_c = \begin{bmatrix} \sigma_1 \\ \sigma_2 \\ \vdots \\ \sigma_i \\ \vdots \\ \sigma_n \end{bmatrix} = \begin{bmatrix} \sigma_{11} & \sigma_{12} & \cdots & \sigma_{1k} \\ \sigma_{21} & \sigma_{22} & \cdots & \sigma_{2k} \\ \vdots & \vdots & & \vdots \\ \sigma_{i1} & \sigma_{i2} & & \sigma_{ik} \\ \vdots & \vdots & & \vdots \\ \sigma_{n1} & \sigma_{n2} & \cdots & \sigma_{nk} \end{bmatrix}$$

若有 σ_{ik},满足

$$\sigma_{ik}^* = \max_{1 \leqslant k \leqslant K} \{\sigma_{ik}\} = \max_{1 \leqslant k \leqslant K} \{\sigma_{i1}, \sigma_{i2}, \cdots, \sigma_{ik}\}$$

称聚类对象 i 属于灰类 k^*。即是说,在聚类行向量 $\sigma_i = (\sigma_{i1}, \sigma_{i2}, \cdots, \sigma_{ik})$ 中,找出最大聚类系数 σ_{ik}^*,该最大灰类系数所对应的灰类 k^*,即该聚类对象 i 所属灰类。

二、水质评价灰色聚类决策模型

现以某市地表水水环境质量评价为例,阐明灰色聚类综合评价的具体应用。

某市 2001 年在 7 个采样点对污染指标进行了监测,表 6-14 中列出了其中 8 项指标的实测值。现将采样点作为聚类对象($i = 1, 2, \cdots, 7$);8 项污染指标作为聚类指标($j = 1, 2, \cdots, 8$);d_{ij} 为第 i 个采样点的 j 个污染指标的样本值。

表 6-14   地表水水质监测实测值

污染指标 j	测点 i						
	1	2	3	4	5	6	7
溶解氧	5.195	3.195	6.30	5.24	3.95	2.15	6.05
高锰酸盐指数	9.175	10.375	0.925	6.12	17.91	19.94	0.81
COD_{Cr}	49.6	47.84	18.68	47.33	99.4	71.31	1.645
BOD_5	7.13	14.24	2.33	9.26	17.58	6.68	0.51
氨氮	21.21	8.43	0.29	13.78	7.51	12.33	0.324
挥发酚	0.005	0.006 5	0.00	0.003 5	0.016	0.014 5	0.001
砷	0.041	0.188	0.005 5	0.017 5	0.057	0.087 5	0.003 5
铬(六价)	0.029 5	0.029 5	0.012	0.017 5	0.04	0.033 5	0.017

1.确定白化函数

以《地表水环境质量标准》确定水质的标准值,如表6-15所示,将水质分为5级,即5个灰类($k=1,2,\cdots,5$)。选用表中不同指标的分级标准值作为各灰类白化函数的阈值λ_{jk},并构造第j指标白化函数,如图6-5所示。

表6-15 地表水水质评价标准值

污染指标 j		分 级 k				
		I	II	III	IV	V
溶解氧	$\geqslant$	9	6	5	3	2
高锰酸盐指数	$\leqslant$	2	4	8	10	15
COD$_{Cr}$	$\leqslant$	15	16	20	30	40
BOD$_5$	$\leqslant$	2	3	4	6	10
氨氮	$\leqslant$	0.4	0.5	0.6	1	1.5
挥发酚	$\leqslant$	0.001	0.003	0.005	0.01	0.1
砷	$\leqslant$	0.01	0.05	0.07	0.1	0.11
铬(六价)	$\leqslant$	0.01	0.03	0.05	0.07	0.10

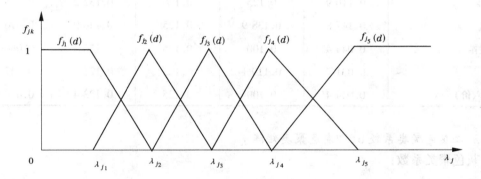

图6-5 各灰类白化函数(以 BOD 指标为例)

根据图6-5,可写出第j类指标的各灰类的白化函数f_{jk}:

$$f_{j1}(d)=\begin{cases} 1 & d\in[0,\lambda_{j1}] \\ \dfrac{\lambda_{j2}-d}{\lambda_{j2}-\lambda_{j1}} & d\in[\lambda_{j1},\lambda_{j2}] \\ 0 & d\in[\lambda_{j2},\infty] \end{cases} \tag{6-25}$$

$$f_{jk}(d)=\begin{cases} \dfrac{d-\lambda_{j,k-1}}{\lambda_{j,k}-\lambda_{j,k-1}} & d\in[\lambda_{j,k-1},\lambda_{j,k}) \\ \dfrac{\lambda_{j,k+1}-\lambda_{j,k}}{\lambda_{j,k+1}-\lambda_{j,k}} & d\in[\lambda_{j,k},\lambda_{j,k+1}] \\ 0 & d\notin[\lambda_{j,k-1},\lambda_{j,k+1}] \end{cases} \tag{6-26}$$

$$(k=2,\cdots,K-1)$$

$$f_{jK}(d) = \begin{cases} 0 & d \in [0, \lambda_{j,K-1}] \\ \dfrac{d - \lambda_{j,K-1}}{\lambda_{j,K} - \lambda_{j,K-1}} & d \in [\lambda_{j,K-1}, \lambda_{j,K}] \\ 1 & d \in [\lambda_{j,K}, \infty] \end{cases} \tag{6-27}$$

2. 计算灰色聚类权 η_{jk}

水质评价中,各聚类指标的量纲不同且数值差别较大,因此需按式(6-8)作无量纲化处理,然后按式(6-19)计算灰色聚类权值 η_{jk},计算结果如表6-16所示。

表6-16   灰色聚类权值 η_{jk}

污染指标 j	分级 k				
	I	II	III	IV	V
溶解氧	0.399 2	0.200 1	0.125	0.052 9	0.012 2
高锰酸盐指数	0.055 4	0.083 4	0.125	0.110 2	0.057 0
COD_{Cr}	0.166 3	0.133 4	0.125	0.132 2	0.060 9
BOD_5	0.110 9	0.125	0.125	0.132 2	0.076 1
氨氮	0.147 8	0.138 9	0.125	0.146 9	0.076 1
挥发酚	0.044 4	0.100	0.125	0.176 3	0.060 9
砷	0.031 7	0.119 1	0.125	0.125 9	0.047 8
铬(六价)	0.044 4	0.100	0.125	0.123 4	0.060 9

3. 求灰色聚类系数 σ_{ik} 即灰色聚类矩阵 σ_c

灰色聚类系数:

$$\sigma_{ik} = \sum_{j=1}^{8} f_{jk}(d_{ij}) \times \eta_{jk} \tag{6-28}$$

$$(i = 1, 2, \cdots, 7; k = 1, 2, \cdots, 5)$$

灰色聚类矩阵为

$$\sigma_c = \begin{bmatrix} 0.023\ 8 & 0.193\ 8 & 0.225\ 6 & 0.159\ 6 & 0.137\ 0 \\ 0.001\ 1 & 0.097\ 5 & 0.012\ 2 & 0.202\ 5 & 0.261\ 0 \\ 0.389\ 1 & 0.275\ 5 & 0.083\ 6 & 0.000\ 0 & 0.000\ 0 \\ 0.053\ 5 & 0.222\ 1 & 0.192\ 5 & 0.024\ 5 & 0.137\ 0 \\ 0.000\ 0 & 0.127\ 4 & 0.165\ 6 & 0.192\ 3 & 0.270\ 2 \\ 0.000\ 0 & 0.082\ 5 & 0.021\ 9 & 0.358\ 8 & 0.204\ 4 \\ 0.592\ 0 & 0.231\ 8 & 0.000\ 0 & 0.000\ 0 & 0.000\ 0 \end{bmatrix}$$

4. 判断聚类对象所属灰类

按 $\sigma_{ik}^* = \max\limits_{1 \leqslant k \leqslant 5} \{\sigma_{ik}\}$ 划分水质类别,即在 σ_c 中由各行找出最大聚类系数,此最大聚类

系数所属灰类即聚类对象 i(测点)所属灰类(水质类别)。

由灰色聚类矩阵 σ_c 可知,测点 3、7 归为灰类 I,即一级水质;测点 4 为二级水质;测点 1 为三级水质;测点 6 为四级水质;测点 2、5 为五级水质。表 6-17 为某市 2001 年地表水水质评价结果。

表 6-17 列出了两种评价方法的评价结果。地图重叠法是将观测值与水质评价标准相比较,只要单项指标超标,水质即属此类。灰色聚类方法比较全面地反映了各评价因素的影响,评价结果不仅较客观地划分了水质类别,而且由灰色聚类矩阵 σ_c 提供了各采样点归属不同水质级别程度的丰富信息。

表 6-17　　　　　　　　　　地表水水质评价结果(水质等级)

测点	1	2	3	4	5	6	7
HSJL	III	V	I	II	V	IV	I
DTCD	V	V	III	V	V	V	II

注　HSJL 为灰色聚类法;DTCD 为地图重叠法。

从以上水质评价过程可知,水质灰色聚类评价的特点是:

(1)它克服了单因素评价中受个别因素影响大的缺陷,比较全面地反映了各评价因素的影响,评价结果比较客观地反映水体水质状况。

(2)灰色聚类决策不仅按灰色聚类系数最大原则划分水体水质类别,而且在灰色聚类矩阵 σ_c 中显示了各采样点对于不同水质级别的隶属程度,这对于全面了解各测点的水质状况提供了丰富的信息。

第六节　水质综合评价的人工神经网络模型

水质模糊层次综合评价模型、灰色综合评价模型,引入了不确定性概念,克服了综合污染指数法的硬性分级划分的不足。在评价原理的科学性和实际评价结论的合理性等方面都取得了长足的进步,但是,上述诸模型和方法都涉及到各指标的权重和转换问题,使得模型和方法在使用上出现一定的困难。人工神经网络(Artificial Neural Network)理论是 20 世纪 80 年代后期在世界范围内迅速发展起来的一个前沿研究领域,其具有很强的鲁棒性和容错性,善于联想、概括、模拟和推理,具有很强的自学能力,善于从大量统计资料中分析提取客观统计规律,广泛应用于模型识别领域。事实上,在评价指标确定之后,水质综合评价的过程是把这些指标的统一分级标准视为一个标准样本,将待评价样本这些指标的检测值与标准样本进行比较和分析,在此基础上判断其与哪一级分级标准更接近。因此,水质综合评价属于模式识别问题。

一、人工神经网络概述

人工神经网络(ANN)是一个由简单信息处理元(类似于人脑神经元,称之为单元)组成的高度相关综合体,神经元从单方面或多方面的来源采集输入资料,并根据预先确定的非线性函数得到输出。一个神经网络是由许多个相互联系的神经元按已知形式构筑的。

神经网络的主要特征是：信息的分布表达方式、局部运算和非线性处理。

神经网络技术有以下几方面的优点：

(1)神经网络的应用不需要基本过程的前期知识；

(2)在调查研究中，可不用识别过程的部分之间的复杂关系；

(3)人工神经网络方法既不需要任何约束，也不需要假设解的结构。

学习方法或训练构成神经元间的相互联系，并利用已知的输入或输出来完成。用误差收敛技术调节神经间相互联系的极限，以便根据已知的输入形式得到所要求的输出。

二、水质综合评价的 B—P 网络结构

用于水质综合评价的人工神经网可采用具有一个输入层、一个隐含层、一个输出层的三层结构。已证明，三层网络可以实现任一非线性映射功能。据此，采用 B—P 网络构造水质综合评价的人工神经网络拓扑结构如图 6-6 所示。

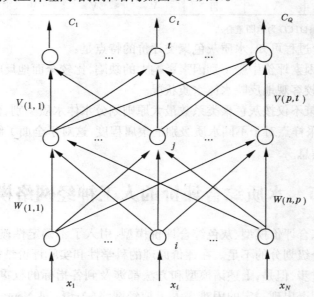

图 6-6　水质综合评价网络拓扑结构

图 6-6 中，输入层神经元个数与指标个数 N 相同，输出层为 Q 个神经元，与评价结果分级相对应，隐含层神经元的个数尚无统一的确定方法。因任何一个指标对评价等级的影响方式、途径及效果是错综复杂的，所以隐含层神经元个数视具体情况确定，设为 P 个。

三、网络学习算法及评价等级确定

(一)网络学习步骤

针对图 6-6 所示的网络，采用误差逆传播(B—P)算法，设计网络学习步骤。设 W_{ij} 和 V_{jt} 分别表示输入层到隐含层、隐含层到输出层的连接权值；$Q1_j$ 和 $V1_t$ 分别表示隐含层、输出层神经元的阈值。

(1)网络初始化。

给各连接权值$\{W_{ij}\}$、$\{V_{jt}\}$及阀值$\{Q1_j\}$、$\{V1_t\}$赋予$(-1,+1)$间的随机值。

(2)随机选取训练样本把k提供给网络。

(3)计算隐含层第j神经元输入s_j、b_j。

$$s_j = \sum_{i=1}^{N} W_{ij}x_i - Q1_j \qquad (j=1,2,\cdots,P) \qquad (6\text{-}29)$$

$$b_j = f(s_j) \qquad\qquad (j=1,2,\cdots,P) \qquad (6\text{-}30)$$

式中,x_i为第i神经元的输入;$f(x)$为网络响应函数,取$f(x)$为Sigmoid函数,即

$$f(x) = \frac{1}{(1+\mathrm{e}^{-x})} \qquad (6\text{-}31)$$

(4)计算输出层第t神经元的输入L_t与计算输出C_t。

$$L_t = \sum_{j=1}^{p} V_{jt}b_j - V1_t \qquad (t=1,2,\cdots,Q) \qquad (6\text{-}32)$$

$$C_t = f(L_t) \qquad\qquad (t=1,2,\cdots,Q) \qquad (6\text{-}33)$$

(5)计算输出层各神经元的一般化误差$\{d_t\}$。

$$d_t = (Y_t - C_t)C_t(1-C_t) \qquad (t=1,2,\cdots,Q) \qquad (6\text{-}34)$$

式中 Y_t——第t神经元的希望输出。

(6)计算隐含层第j神经元的一般化误差$\{E_j\}$。

$$E_j = (\sum_{t=1}^{Q} d_t V_{jt})b_j(1-b_j) \qquad (j=1,2,\cdots,P) \qquad (6\text{-}35)$$

(7)调整连接权值和阈值。

$$\Delta V_{jt} = ad_t b_j \qquad (j=1,2,\cdots,P;t=1,2,\cdots,Q) \qquad (6\text{-}36)$$

$$\Delta W_{ij} = \beta E_j x_i \qquad (i=1,2,\cdots,N;j=1,2,\cdots,P) \qquad (6\text{-}37)$$

$$\Delta Q1_j = -\beta E_j \qquad (j=1,2,\cdots,P) \qquad (6\text{-}38)$$

$$\Delta V1_j = -ad_t \qquad (j=1,2,\cdots,P) \qquad (6\text{-}39)$$

$$0 < \alpha < 1 \qquad 0 < \beta < 1$$

(8)随机选取下一个训练样本对,返回(3),直至所有样本对训练完毕。

(9)计算全局误差E。

$$E = \sum_{k=1}^{M} \sum_{t=1}^{Q} (y_t^k - C_t^k)^2 / 2 \qquad (6\text{-}40)$$

式中 M——学习样本对数;

y_t^k——第k对学习样本的希望输出;

C_t^k——第k对学习样本的计算输出。

(10)从训练样本模型中随机选取一对模型,返回(3),直至全局误差小于预先给定的精度。

(二)学习样本的确定

根据水质评价的特点,针对上述B—P网络结构,水质评价的训练样本为相应的水质分级标准,即网络输入为相应水质标准中各指标标准值,网络的希望输出为相应标准值组

对应的水质等级(详见下文实例)。

(三)水质评价等级确定

用学习样本对网络进行训练,当网络收敛时得到的各层之间的连接权值即确定了水质综合评价模型。将评价对象(如测点等)的实际观测值作为网络输入的相应的输出值 $C = \{C_1, C_2, \cdots, C_Q\}$。$C^* = \max_t \{C_t\}$ 对应的水质级别即为水质评价结论。

四、实例研究

某河流水质污染较为严重,现采用以上建立的 B—P 网络进行水质评价。根据《地表水环境质量标准》确定网络学习样本如表 6-18。表 6-18 同时列出了归一化处理后的实时检测值标准化后的数值。归一化处理方法为:取各级标准中的最大值去除各级标准值和相应项目的检测值,以使进入 B—P 网络的数值均在 [0,1] 之间。因评价指标为 4 个,标准等级为 5 级,故 B—P 网络的输入、输出节点相应分别设置为 4 个和 5 个,其中输入节点分别输入 4 个评价指标的信息,输出节点分别输出从属于各级水中的定量信息。隐含层节点个数本网络设定为 6 个。

取学习参数 $\eta = \beta = 0.3, \alpha = 0.5$,随机附于 B—P 网络的初始权重和阈值后,输入 5 级分级标准反复学习并与期望输出进行比较,直至满足 $E < 0.005$ 学习结束,保存调整后的各相关权和阈值。然后再将 5 级标准值分别输入作输出拟合检验。如将第 1 级标准值输入后,在输出层第 1 级至 5 个节点的输出值分别为 0.968 7、0.036 7、0.006 1、0.000 7、0.000 1 与期望输出 1、0、0、0、0 十分接近,表明第Ⅰ级水质标准 B—P 网络评价为Ⅰ级水的从属度为 0.968 7,Ⅱ级水的从属度为 0.036 7,Ⅲ级水的从属度为 0.006 1,Ⅳ级水的从属度为 0.000 7,Ⅴ级水的从属度为 0.000 1,其对Ⅰ级水的输出从属度远大于其他 4 级。B—P 网络对Ⅱ～Ⅴ级标准的拟合输出列入表 6-19。可见 B—P 网络通过学习后对水质的综合分辨能力较强,可用于实际评价。将某河流的实时监测值输入 B—P 网络得到的输出一并列入表 6-19。其第 3 个输出节点的输出值为 0.752 8,明显大于其他节点输出,故综合评价该河流的水质为Ⅲ级,属于轻污染水体。

表 6-18   **某河流实时水质监测值和水质分级标准**

评价指标	某河流水质监测值	分级标准(样本输入)				
		Ⅰ(清洁)	Ⅱ(尚清洁)	Ⅲ(轻污染)	Ⅳ(中污染)	Ⅴ(重污染)
高锰酸盐指数	0.072	0.025	0.05	0.075	0.125	1.00
BOD$_5$	0.065	0.025	0.037 5	0.062 5	0.125	1.00
溶解氧	0.78	1.00	0.75	0.625	0.375	0.25
氨氮	0.15	0.012 5	0.025	0.125	0.25	1.00
学习样本期望输出	C_t	1	0	0	0	0
		0	1	0	0	0
		0	0	1	0	0
		0	0	0	1	0
		0	0	0	0	1

表 6-19 水质学习样本和某河实时监测值网络输出

	分级标准 B—P 网络输出					某河流水质 B—P 网络输出
	I	II	III	IV	V	
实际输出 O_n	0.968 7	0.030 0	0.082	0.002 1	0.001 0	0.020 1
	0.036 7	0.965 7	0.004 2	0.002 7	0.000 0	0.106 2
	0.006 1	0.072 7	0.930 0	0.008 2	0.000 4	0.752 8
	0.000 7	0.002 0	0.051 3	0.949 0	0.002 1	0.110 8
	0.000 1	0.000 4	0.000 7	0.028 2	0.971 5	0.010 8

　　B—P 网络用于水质综合评价只需将水质分级标准作为样本作自适应学习,用学习结束后调整好的权重和阈值就可对所需评价的水质样本进行识别和评价,因而模式具有通用性;同时由于 B—P 网络评价是一种有监督的学习算法,无论权值和阈值的初始值如何赋值,都能通过学习样本实际输出与期望输出之间的误差,反复调整权重和阈值,逐步减少误差,达到要求的精度。正因为它具有自学习、自适应能力,因而评价结果具有客观性。

第七章　污染物总量控制理论方法

水污染物总量控制,其概念来自日本的"闭合水域总量控制",技术方法引自美国的水质规划理论,经近二十年的探索实践,逐渐完善成为我国水资源保护规划管理的核心内容、技术方法和管理手段之一。区域(流域)水污染物总量控制目标与水功能区水质保护目标(标准)密切相关,因此确定区域(流域)规划水域的环境容量或污染物允许排放量,并将其合理地分配至各支流和排污口,是水资源保护规划的核心内容。相关理论方法则是水资源保护规划的重要理论基础之一。

第一节　污染物总量控制基本概念

一、与总量控制相关的基本概念

(一)水环境容量

水环境容量指水环境使用功能不受破坏条件下,受纳污染物的最大数量。通常将给定水域范围,给定水质标准,给定设计条件下,水域的最大容许纳污量拟作水环境容量。

水环境容量由稀释容量与自净容量两部分组成,分别反映污染物在环境中迁移转化的物理稀释与自然净化过程的作用。只要有稀释水量,就存在稀释容量;只要有综合衰减系数,就存在自净容量。通常稀释容量大于自净容量,在净污比大于10～20倍的水体,可仅计算稀释容量。自净容量中设计流量的作用大于综合衰减系数,利用常规监测资料估算综合衰减系数,相当于加乘安全系数的处理方法,精度能满足管理要求。

(二)受纳水域允许纳污量

根据水功能区划分及水质标准要求,把满足不同设计水量条件,给定的排污地点、方式与数量,单位时间内给定水域所能受纳的最大污染物量,称为受纳水域允许纳污量。

水功能区范围可以是一块完全均匀混合水体,也可以是一段有污染物衰减作用的河段,也可以是纵向衰减与横向混合作用同时发生的混合区。水质标准与排污数量对应于同一种污染物,有定常排放和随机排放两种假定,有水下排放与漫流排放两种方式。设计水量条件,可以划分为定常设计流量、流速、水温、潮流条件系列,以及随机设计流量、排污水量、排污浓度、达标率条件系列。

(三)控制区域容许排污量

按照水污染控制目标,或将受纳水域允许纳污量加乘安全系数,或根据控制区域内排污总量的控制要求,选定规划水平年或削减率,在经过技术、经济可行性论证后确定的污染物排放总量控制目标,称为控制区域容许排污量。

控制区域,通常应与受纳水域保护目标相对应,与设计条件规定的污染物类型、控制时间相对应。技术、经济可行性论证的基点是每一个支流口和每一个污染源的多种可供

· 106 ·

选择的总量控制方案。

(四)支流和排污口总量控制负荷指标

根据支流和污染源位置、纳污特征以及支流区域社会经济发展状况和管理水平,技术与经济承受能力,环境容量利用条件,逐支流和排污口分配控制区域内容许排污总量负荷,并经行政决策部门批准的各支流和排污口容许排污总量,称为支流和排污口总量控制负荷指标。

支流和排污口总量控制负荷指标,针对每一具体的支流和排污口给出控制要求,与一刀切的浓度控制标准不同,指标值因支流和排污口而异。

二、污染物总量控制的概念与类型

(一)污染物总量控制的概念

所谓总量控制,是在污染严重、污染源集中的区域(流域)或重点保护的区域(流域)范围内,在研究确定其环境容量或最大允许纳污量的基础上,通过合理的分配方式将其分配至各排污源,并采取有效措施把该区域(流域)的污染物排放总量控制在环境容量或最大允许纳污量之内,使其达到预定环境目标(水功能区要求的水质目标)的一种控制手段。

(二)污染物总量控制的类型

就污染物总量控制作为我国实施的一项基本环境管理制度而言,在全国范围内实施的主要有三种类型的总量控制,即第一类容量总量控制,第二类目标总量控制,第三类行业(最佳技术条件下的)总量控制。在水资源保护领域,实施的主要为第一类和第二类总量控制。

1. 容量总量控制

自受纳水域允许纳污量出发,制订排放口总量控制负荷指标的总量控制类型。主要步骤为:受纳水域允许纳污量→控制区域容许排污量→总量控制方案技术、经济评价→排放口总量控制负荷指标。

2. 目标总量控制

自控制区域容许排污量控制目标出发,制订排放口总量控制负荷指标的总量控制类型。主要步骤为:控制区域容许排污量→总量控制方案技术、经济评价→排放口总量控制负荷指标。

3. 行业总量控制

自总量控制方案技术、经济评价出发,制订排放口总量控制负荷指标的总量控制类型。主要步骤为:总量控制方案技术、经济评价→排放口总量控制负荷指标。

4. 三种总量控制类型的相互关系

容量总量控制以水质标准为控制基点,以污染源可控性、环境目标可达性两个方面进行总量控制负荷分配。目标总量控制以排放限制为控制基点,从污染源可控性研究入手,进行总量控制负荷分配。行业总量控制以能源、资源合理利用为控制基点,从最佳生产工艺和实用处理技术两方面进行总量控制负荷分配。

第二节 总量控制的本质

根据排污地点、数量和方式,分别通过排污源地域分布和排污特征,对各控制区域(流域)不均等地分配环境容量资源。根据排污源排污总量削减的优先顺序和技术、经济可行性,通过在流域范围内不均等地分配环境容量资源,在区域范围内不均等地分配技术、经济投入,实现最小投资条件下的最大总量负荷削减,或在最小投资条件下实现环境目标。这种宏观总量控制的实施,体现了使水资源永续利用和社会经济与环境协调可持续发展的水资源保护基本原则。

一、容量资源分配

流域范围内各控制区域的合理布局与负荷分担率的确定,是容量资源有偿使用的体现。各控制区域间水质控制断面的位置与标准;上、下游分担削减负荷与治理投资的政策与标准;未来经济开发区的布局与负荷预测和容量分配原则,只能通过容量资源分配来解决。

方法是通过建立污染源排放量与水资源保护区(段)水质目标的输入响应关系,模拟不同输入值的环境响应,比较不同分配方案的优劣,最终选出最适宜的分配方案。

二、污染负荷的技术、经济优化分配

总量控制负荷指标可操作性的体现,是对区域范围内各主要污染源排污总量削减方案进行取舍及先后顺序决策。各控制区域内点源优先治理方案,集中控制工程方案,重大无废少废、综合利用、生产工艺改造方案,改变排污去向与排放方式方案,以及加强管理方案,均需按照区域(流域)排污总量控制目标进行技术、经济优化分配,以及实施顺序的时间分配。

方法是通过建立各控制方案的削减量与投资、效益的关系,优化比较不同控制方案组合的成本效益比值,比较不同分配方案的优劣,最后做出选择。

三、总量控制负荷分配的特点

容量资源分配的基点在于合理布局。总量负荷技术、经济优化分配的基点在于实施。资源分配建立于水环境容量定量化、水质模拟程序化的基础上,这是国外负荷分配技术的应用。

负荷技术、经济优化分配建立于污染源最佳生产工艺与实用、可行处理技术成本、效益分析定量化、模型化的基础上,对主要污染源施行逐个优化比较,体现中国国情,即污染源生产工艺与处理工艺问题交叉;生活污水与工业废水混杂;点源控制与集中控制方案需灵活决策。这是中国负荷分配技术的特点。

第三节　总量控制的理论关系——源与目标间的输入响应

一、总量控制的理论关系

水功能区水质目标是基于水资源保护目标的多样性、阶段性和区域性而提出的,同时,还基于实现水资源保护目标可行途径的投资可支持性、工程措施有效性。在多目标选择、多条件制约中,要实现水资源保护的最终目标,必须采用系统分析方法。这在本质上反映了水资源保护的重要措施——总量控制的理论关系(如图7-1)。

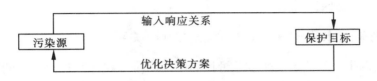

图7-1　目标管理的本质

图7-1揭示了两个研究对象之间的两个定量关系。其中一个研究对象是污染源,另一个研究对象是水功能区划的水量、水质目标。这也是水资源保护规划的两个研究对象。

第一个定量关系是污染源排放量与水资源保护目标之间的输入响应关系,这一关系限定污染源调查的项目及迁移、转化规律必须与保护目标紧密相连,区域、项目、时间均应配套吻合,从而实现不同污染源对保护目标贡献率的定量评价。

第二个定量关系是实现某一保护目标,在限定时间、投资条件下,区域治理费用最小的优化决策方案。此定量关系,对保护目标的可达性、污染源的可控性都作了技术、经济限定。

前一个定量关系的建立需要认识水体同化自净规律、水体纳污能力、污染物迁移转化规律等,属于认识和理解自然规律阶段;后一个定量关系的建立需要研究技术经济约束、管理措施与工程效益等问题,属于改造自然阶段,也是规划目的的体现。

在这一全过程中,考察污染源的指标是污染物排放总量,衡量水资源保护目标的指标是水域污染物浓度。前半部分的定量化工具是各类数学模型,后半部分的定量化工具是技术经济优化模型。

二、污染源

对环境质量可以造成影响的物质与能量输入源,统称为污染源。通常分为人工与自然两大类。

人工污染源又可分为点、面污染源。点污染源,如流域中的城市区域、工业区域概化排放口,区域中的主要工业企业、城市污水处理厂、生活污水管道排放口等。面污染源,如城市径流、农田径流、矿山开采、森林采伐活动形成的与雨水汇流相联系的排污行为。我国乡镇企业、固体废弃物弃置与雨水汇流相联系形成的排污行为,也可作为面污染源处理。

自然污染源,如水土流失,洪、涝灾害,河床冲淤等,与人工污染源共同作用,会加剧环境质量的恶化,但是通常不属于总量控制对象。

三、水资源保护目标

对水资源管理的不同阶段、不同范围提出的定量评价指标,统称水资源保护目标。水资源保护目标按水环境质量和污染源排放分为两大类。

水环境质量方面,按水环境质量标准、水源保护区禁排要求、综合整治定量考核评分等指标,确定水资源保护目标。

污染源排放方面,按容许排放总量、排污总量削减率、污水处理率与达标率、水回用率等指标,确定水资源保护目标。

四、污染源与水资源保护目标的输入响应关系

图 7-1 的两个定量关系反映了总量控制中的两步分配。源与目标间的定量关系,反映了容量资源分配。控制污染源的优化分配定量关系,反映了负荷技术、经济优化分配。这是典型的容量总量控制。

目标总量控制,同样需要这两个定量关系反映不同输入响应方案的效益比较。即通过源的不同方案输入值,寻求满意的保护目标响应。既不"过保护",也不"不足保护"。再通过给定的不同保护目标目标值,寻求效益最佳的污染源控制组合方案,保证方案的可供实施。

行业总量控制研究这两个定量关系,则是先寻求资源与能源的最佳利用率,再寻求实现这一最佳利用率的污染源调控方案。

总之,必须把这两个定量关系都理解为源与目标间输入响应关系的组成部分,才能把握总量控制的理论本质,才能将源与目标间评价与控制两个问题解决好。只有实现源与目标间定量评价与控制,才能做到水资源保护管理的定量化。

第四节   总量控制理论模型

一、污染物宏观总量控制模型

在人口、资源、环境与经济的大系统中,污染物的产生、排放、治理与控制的研究必须建立在经济预测研究的基础上。通过不同时期各部门的经济发展、人口增长、水资源需求,模拟各部门污染物产生、治理、综合利用的控制方案,提供水资源保护决策,使水资源保护与社会经济相协调。

(一)宏观总量控制模型总体设计

污染物宏观总量控制模型,是对规划区域或流域内的经济部门、居民生活与社会消费污染物的产生、削减、排放、综合利用及控制投资需求的综合研究。

1.废水宏观总量控制模型结构设计

废水宏观总量控制模型由生产废水和生活污水两部分组成。污染物以 COD 为例。

经济部门废水总量控制:利用所建经济模型,通过基准年部门产值、废水、COD 的产生量,计算万元产值废水产生系数和吨废水 COD 产生系数。在考虑科技进步的前提下,修正水平年污染物产生系数,根据水平年部门产值求得部门污染物产生量,以高、中、低三个方案废水治理率为控制变量,经过优化选择求得经济部门污染物总量控制目标的相应废水治理投资。城市生活污水总量控制:利用城市人口及生活污水产生量建立人均生活污水产生系数,求得排污量(如 COD 量),仍以治理率为控制变量,求得城市污水治理投资及根据污水回用量求得污水回用效益。

2.环境经济模型结构设计

环境经济模型是在废水宏观总量控制模型的基础上建立的,主要侧重分析与评价:

(1)各个行业污染物控制总投资及所占比例;

(2)居民生活和社会消费污染物控制总投资;

(3)各物质生产部门水资源保护投资占本部门基建和更新改造投资的比重;

(4)水资源保护计划投资占计划期 GNP 的比重;

(5)各类污染物治理、回用、回收、综合利用效益分析。

另外,决策者根据分析与评价结果,不断将新的信息输送到部门有关污染物控制变量中,经过计算寻求新的解,直到满意为止。

(二)宏观总量控制模型

1.废水宏观总量控制模型

(1)污染物产生量:

$$WW_{ij}(t) = \alpha_{ijk}(t)X_{ik}(t) \tag{7-1}$$

式中　WW_{ij}——污染物产生量;

　　　X_{ik}——产值,人口;

　　　α_{ijk}——万元污染物产生系数或排放因子;

　　　i——物质生产部门,城市居民生活,人口;

　　　j——污染物种类,废水、COD、石油类、其他污染物;

　　　t——时间。

(2)污染物治理(去除)量:

$$WA_{ij}(t) = \beta_{ij}(t)WW_{ij}(t) \tag{7-2}$$

式中　WA_{ij}——污染物治理或去除量;

　　　β_{ij}——污染物治理率或去除率。

(3)废水治理后回用量:

$$WU_{ij}(t) = \gamma_{ij}(t)WA_{ij}(t) \tag{7-3}$$

式中　WU_{ij}——污水治理后回用量;

　　　γ_{ij}——废水回用率。

(4)废水排放量:

$$WD_{ij}(t) = WW_{ij}(t) - WU_{ij}(t) \tag{7-4}$$

式中　WD_{ij}——废水排放量。

(5)废水治理投资：

$$IWA_{ij}(t) = \delta_{ij}(t)[WA_{ij}(t) - WA_{ij}(t_0)] \qquad (7-5)$$

式中　IWA_{ij}——废水治理投资；

δ_{ij}——废水治理投资系数。

(6)利用效率：

$$IWB_{ij}(t) = \theta_{ij}(t)WU_{ij}(t) \qquad (7-6)$$

式中　IWB_{ij}——利用效率；

θ_{ij}——利用效率系数。

2.环境经济综合分析模型

$$\left.\begin{array}{l} I_i = IWA_i + IGA_i + ISA_i \\[2mm] ID = \displaystyle\sum_{i=1}^{n} I_i \quad (i = 1,2,\cdots,n) \\[2mm] IO_i = I_i / ID \\[2mm] IW = IWA / ID \\[2mm] IG = IGA / ID \\[2mm] IS = ISA / ID \\[2mm] A_i = \dfrac{I_i}{IB_i + IR_i} \\[2mm] B = \dfrac{ID}{GNP} \end{array}\right\} \qquad (7-7)$$

式中　GNP——国民生产总值,万元；

I_i——i 部门污染物控制总投资,万元；

ID——所有部门污染控制总投资,万元；

A_i——i 部门保护投资占本部门基建和更新改造投资比重,%；

B——保护投资占国民生产总值的比重,%；

IO_i——i 部门保护投资占所有部门投资比重,%；

IW——部门水治理投资占所有部门治理总投资比重,%；

IG——部门大气治理投资占部门治理总投资比重,%；

IS——部门固废治理投资占部门治理总投资比重,%；

IB_i——i 部门基建投资,万元；

IR_i——i 部门更新改造投资,万元。

(三)污染物产生系数的修正

1.污染物产生系数修正的意义

污染物总量宏观控制模型是动态模型。由于科学技术不断进步、管理水平不断提高等因素,输入的各种参数随时间不断变化,污染物产生系数的变化将直接影响到规划期未来污染物的产生量、排放量、治理量及污染控制的投资。因此,污染物产生系数的修正是污染物总量宏观控制模型研究成功与否的关键。

2.影响污染物产生的主要因素

(1)物质生产部门生产工艺改革。新技术、新设备、新材料的采用提高了资源利用率和经济效益,因而使万元产值污染物产生系数降低。国内外大量调查统计数据表明,技术进步对污染物产生量降低的影响是很大的。

(2)节约用水与提高循环率。水资源短缺是我国社会经济发展重要的制约因素,节约用水和水循环利用是我国经济发展中合理利用水资源的重要政策。同时,治理污水使之回收利用将会使污水排放系数降低。

(3)提高污染物综合利用。发展无废少废技术,使资源得到充分利用,降低污染物产生系数。

(4)发展规模经济。大、中、小型企业结构变化对污染物产生系数有显著影响,一般大企业技术先进,由于规模效应,万元产值废水排放量小。

(5)提高企业管理水平,落实岗位责任制。减少生产过程中的跑冒滴漏现象,减少污染物的产生量。

3.污染物产生系数修正的方法

污染物产生系数的修正是通过科学技术,提高资源利用率、减少污染物的产生,采用清洁工艺将污染物消灭在生产过程之中的具体反映。修正的常用方法有:特尔菲预测法、专家预测法和约束外推预测法。长期预测多用前两种方法,短期预测多用第三种方法。

二、总量控制技术经济优化分配模型

通过线型规划方法可求得在满足水资源质量要求的前提下,污染源排放量最大、总污染源削减量最小,或削减污染物措施的总投资费用最小的污染物控制方案。通过整数规划方法和离散型规划方法可获得最佳的削减污染物的措施和方案,还可通过动态规划方法求得排放量的分配问题。

(一)线型规划法

1.白色线型规划

通常所指的线型规划即是白色线型规划,就是指规划模型中的全部参数(包括各种系数和常量)都是已知的优化方法。其标准模型为

目标函数
$$\max(\min)Z = \sum_{j=1}^{n} C_j X_j \tag{7-8}$$

约束条件
$$\sum_{j=1}^{n} A_{ij} X_j \leqslant (=, \geqslant) B_i \qquad (i = 1, 2, \cdots, m) \tag{7-9}$$

线型规划的数学模型在水资源保护规划中的重要物理意义为:

(1)当 Z 为最大排放量时: X_j 为第 j 个源的排放强度,mg/s; C_j 为第 j 个源的排放权重系数; A_{ij} 为第 j 个单位源在第 i 个控制点的浓度值即输入响应系数,s/m³(s/L); B_i 为第 i 个控制点的水质目标值,mg/m³(mg/L);式左应≤B_i

(2)当 Z 为最小削减量时:
$$X_j = X_j^0 - X_j^1 \tag{7-10}$$

式中 X_j^1 ——优化后第 j 个源的排放量,mg/s。

X_j^0——原第 j 个源的排放量,mg/s。

模型中,C_j 为第 j 个源削减量的权重系数;A_{ij} 为第 j 个单位源在第 i 个控制点上的浓度值即输入响应系数,s/m³(s/L)。

$$B_i = B_i^0 - B_i^1$$

式中 B_i^1——第 i 个控制点的水质目标值,mg/L;

B_i^0——第 i 个控制点的原浓度值,mg/L(mg/m³);

式左应≤B_i。

(3)当 Z 为最小削减率时:X_j 为第 j 个源的削减率;C_j 为第 j 个源削减率的权重系数;A_{ij} 为第 j 个单位源在第 i 个控制点上的浓度值即输入响应系数,mg/L(mg/m³);$B_i = B_i^0 - B_i^1$;式左应≤B_i。

(4)当 Z 为最小费用时:X_j 为第 j 个源的削减量,mg/L(mg/m³);C_j 为第 j 个源的每单位削减量的费用,万元/(mg/m³)(万元/(mg/L));A_{ij} 为第 j 个单位源在第 i 个控制点上的浓度值即输入响应系数,s/m³(s/L);$B_i = B_i^0 - B_i^1$;式左应≤B_i。

解线型规划的方法最常用的是单纯形法。

单纯形法算法简便,理论上成熟,且有标准的计算程序可供使用,但是在求解大型问题时源和控制点很多,采用单纯形法则是无能为力的。首先是数据的存储,即使采用改进的单纯形法,将整个系数矩阵 A 置于计算机的外部存储机构,而只把 B 放在内存里,一般也只能计算大约 300 个约束问题。因为该矩阵的近 10 万个元素就几乎耗尽了一台普通计算机的存储能力。另一个严重问题是舍入误差的积累,由于这些大型问题要经过多次迭代后才能得到最优解,而舍入可能会使在计算机上进行的只有有限位字长的计算,最后变得与精确解相去甚远,甚至毫无意义。幸运的是这些线型规划模型是一些大型稀疏的线型规划模型,针对这一特点,可以用两类方法进行求解。一类称为分解方法,即把原来的问题分解成一些规模较小的极值问题来求解;另一类称为直接方法,即直接求解原问题,对矩阵的逆的存放与使用,设计一些紧凑而方便的办法。

2.灰色线型规划

白色线型规划有一定的局限性,即要求所有的"参数白化",才能通过它求解到满意的优化方案。在水资源保护规划中建模所用的某些参数难以精确地"白化",设计条件和污染源等有关数据资料不能 100% 反映实际情况,灰色线型规划的出现,弥补了白色线型规划的这种局限性。

1)灰色线性规划不同于白色线型规划的主要表现

(1)约束条件的约束值可以随时间变化。不像白色线型规划的约束值只有一个特定值,不能反映实际情况的变化,这种规划称为预测规划。

(2)模型系数有的是上限白化值,也有区间白化值,还可以在一定范围内漂移,这种规划称为漂移型规划。

(3)目标函数不一定是数学上的极值,而可以是相对优化值,或者是一个灰区间值,这种规划称为灰靶型规划。

基于以上几点,可以说灰色线型规划和白色线型规划相比,具有更大的科学性、先进性和实用性。

2）灰色线型规划模型

目标函数

$$\max(\min)Z = \sum_{j=1}^{n} \otimes C_j X_j \tag{7-11}$$

约束条件　$\sum_{j=1}^{n} \otimes A_{ij} X_j \leqslant (=, \geqslant) \otimes B_i \qquad (i = 1, 2, \cdots, m) \tag{7-12}$

式中，$\otimes$为灰色参数，当$\otimes = 1$时，即为白色参数；其余的变量和参数的含义均与白色线型规划中的意义相同。

（1）预测规划模型。在预测规划模型中，约束条件中的水质目标值是可以用时间序列来描述的，即在不同时期内水质目标值可以是不同的，也可根据过去和现在的水质浓度值，预测将来的水质目标值。预测水质目标值的方法如下：

微分方程

$$\frac{\mathrm{d}x^{[1]}}{\mathrm{d}t} + ax^{[1]} = b \tag{7-13}$$

设系数向量 $B = [a, b]^{\mathrm{T}}$。用最小二乘法对 B 求解：

$$B = [X^{\mathrm{T}} X]^{-1} X^{\mathrm{T}} Y \tag{7-14}$$

式中　X、Y——系数矩阵，详见有关参考资料。

解出向量 $B = [a, b]^{\mathrm{T}}$ 后，代入微分方程得解：

$$X^{[1]}(t) = \left(X^{[1]}(0) - \frac{b}{a}\right) \mathrm{e}^{-at} + \frac{b}{a} \tag{7-15}$$

令 $X^{[1]}(0) = X^{[0]}(1)$，则预测时间函数为

$$X^{[1]}(t+1) = \left(X^{[0]}(1) - \frac{b}{a}\right) \mathrm{e}^{-at} + \frac{b}{a} \tag{7-16}$$

（2）漂移规划模型。在漂移规划模型中，灰色参数在定义区间内，按一定的取数方式，取不同的漂移系数，灰色系数漂移关系式为

$$\left.\begin{array}{l} \otimes(C_j) = \underline{C_j} + \alpha_1(C_j - \underline{C_j}) \\ \otimes(A_{ij}) = \underline{A_{ij}} + \alpha_2(A_{ij} - \underline{A_{ij}}) \\ \otimes(B_i) = \underline{B_i} + \alpha_3(B_i - \underline{B_i}) \end{array}\right\} \tag{7-17}$$

式中　α_1、α_2、α_3——漂移系数；

C_j、$\underline{C_j}$——C_j 的上界值与下界值；

其他符号同前。

①当 $\alpha \in [0, 1]$ 时，则白化值$\otimes(C_j)$，$\otimes A_{ij}$，$\otimes B_i$ 将在上界值$\otimes$和下界值$\underline{\otimes}$之间漂移。

②当 $\alpha = 0$ 时，则

$$\left.\begin{array}{l} \otimes(C_j) = \underline{C_j} \\ \otimes(A_{ij}) = \underline{A_{ij}} \\ \otimes(B_i) = \underline{B_i} \end{array}\right\} \tag{7-18}$$

即灰数白化值取下界$\underline{\otimes}$。

③当 $\alpha = 1$ 时，则

$$
\left.\begin{array}{l}
\otimes(C_j) = C_j \\
\otimes(A_{ij}) = A_{ij} \\
\otimes(B_i) = B_i
\end{array}\right\} \tag{7-19}
$$

即灰数白化值取上界 $\otimes$。

④漂移系数分别取 $\alpha_1 = 1$、$\alpha_2 = 0$、$\alpha_3 = 1$ 时，则满足约束关系 $\otimes A \cdot X \leqslant B$ 的一组 X 必取上界值 X_{max}；相应地有目标函数值为最大，并记为

$$
Z = [C_1, C_2, \cdots, C_n] X \tag{7-20}
$$

⑤当 X_α 为某个 α 值下的决策变量的取值，则相应地有其目标函数 Z 值，记为

$$
Z_\alpha = C_\alpha X_\alpha^{\mathrm{T}} \tag{7-21}
$$

⑥当 X 为 $\alpha_1 = 0$、$\alpha_2 = 1$、$\alpha_3 = 0$ 时的决策变量必取下限值，则相应地有其目标函数 Z_{min}，记为：

$$
Z_{min} = C_j X_{min}^{\mathrm{T}} \tag{7-22}
$$

⑦如果上述 Z 值均客观存在时，则 Z 必然满足：

$$
Z_{min} \leqslant Z_\alpha \leqslant Z_{max} \tag{7-23}
$$

⑧假设 X 为某个 α 值下的决策变量值，则定义 μ_α 为 α_0 下的可信度。

$$
\mu_\alpha = \frac{C_\alpha T_\alpha^{\mathrm{T}}}{Z_{max}} \quad \mu_\alpha \in [0, 1] \tag{7-24}
$$

式中　Z_{max}——$\alpha_1 = 1$、$\alpha_2 = 0$、$\alpha_3 = 1$ 时的最大目标函数值；

　　　C_α——目标函数中灰系数取 α 时的白化向量。

漂移型规划求解步骤如下：

绘出满意度 μ_α 值后，进行下述计算。

①对约束方程灰系数取 $\alpha_2 = 0$，对目标函数灰系数取 $\alpha_1 = 1$，对约束常量灰系数取 $\alpha_3 = 1$，求最大目标函数值 Z_{max}。

②绘出一个或一组 $(\alpha_1、\alpha_2、\alpha_3)$ 值，求取 Z_α。

③计算可信度 μ_α。

$$
\mu_\alpha = \frac{Z_d}{Z_{max}} \tag{7-25}
$$

④判断如果 μ_α 满足要求，即 μ_α 大于或等于所要求的值，则停止计算；否则取另一个或另一组 α 值，重复计算直到 μ_α 达到或超过给定值为止。

(3)灰靶型线型规划。在线型规划求解时，经常遇到无解的情况，而在灰靶型线型规划中是将求解的目标函数的极值，不是按最大或最小给定，而是按一定范围给定。这个范围就是一个灰区间，即 $\otimes Z \in [\underline{Z}, \overline{Z}]$，这个灰区间是有界的，其中 $\underline{Z}$ 是下界，$\overline{Z}$ 是上界。这就使得变无解为有解。

灰靶型线型规划求解步骤如下：

①按一般方法求解，计算 Z 值，一直算到难以再算为止。

②比较求解得到的 Z 值，选择其最大者作为求伪解的基础，建立灰区间。

③进行逐步改进,修改伪解,增大 Z 值,直到得到满意的 Z 值为止。

(二)整数规划

1.0—1 型整数规划

在城市污染物浓度已经超标的情况下,已知各排放源若干个削减污染的措施及费用,通过 0—1 整数规划可求得在整体费用最小的情况下,每个源应选取的哪个治理措施。

0—1 整数规划模型:

$$\text{目标函数} \qquad \min Z = \sum_{j=1}^{n} \sum_{l=1}^{k_j} C_{jl} X_{jl} \qquad (7\text{-}26)$$

$$\text{约束条件} \qquad \sum_{j=1}^{n} \sum_{l=1}^{k_j} A_{ijl} X_{jl} \leqslant B_i \qquad (i = 1,2,\cdots,m) \qquad (7\text{-}27)$$

$$X_{jl} = 0,1$$

$$\sum_{l=1}^{k_j} X_{jl} = 1 \qquad (j = 1,2,\cdots,k_j) \qquad (7\text{-}28)$$

式中　Z——采取治理费用的总和,万元;

C_{jl}——第 j 个源第 l 个治理方案的费用,万元;

k_j——第 j 个源中共有 k 个治理方案;

X_{jl}——第 j 个源第 l 个治理方案的取舍因子,X_{jl} 等于 0 或 1;

A_{ijl}——第 j 个源采取第 l 个治理方案后第 i 个控制点上的浓度,mg/L;

B_i——第 i 个控制点上的水质目标值,mg/L。

0—1 整数规划的求解是用隐权举法,求解思路是:

(1)把给定的原始 0—1 规划模型首先转换成等效模型,即目标函数变为极小值,约束条件全变为不等式约束。

(2)因为 $C_{jl} \geqslant 0$,因此,X_{jl} 全为零时的 Z 必最小。于是,从所有变量等于零出发,依次指定一些变量为 1 直到获得满足约束条件的一个可行解为止。暂时认为这是迄今为止的一个最好可行解。

(3)再依次检查变量等于 0 或 1 的各种组合,对目前已获得的最好可行解不断改进,直到获得最优解。

(4)该法在依次检查变量值的各种组合时,对于不可能得到较好的可行解的组合将自动舍弃。这样就可以大大节约计算量。尽管如此,由于在水资源保护规划中变量数即污染源一般有成百个,约束数为控制点乘以设计条件个数,一般也是上百个,因此计算量是非常大的,如不作简化就无法在普通计算机上进行运算了。

2.混合整数规划

在水资源保护规划中,治理措施有的可表现为连续变量,有的则是不连续的。这些方案要么被采用,要么不被采用,在规划模型中它们表现为 0—1 整数变量。因此,包含具体治理措施方案在内的总量控制规划是一个混合整数规划。其数学表达式如下:

$$\text{目标函数} \qquad \min Z = \sum_{k=1}^{k_0} C_k X_k \qquad (7\text{-}29)$$

约束条件
$$\sum_{k=1}^{k_0} A_{ik}X_k \geqslant B_i \qquad (i = 1,2,\cdots,m) \qquad (7\text{-}30)$$

$$X_k \geqslant 0 \qquad (k = 1,2,\cdots,k_0)$$

$$X_k = 0,1 \qquad (k = k_1 + 1, k_1 + 2,\cdots,k_0) \qquad (7\text{-}31)$$

$$B_i = B_i^0 - B_i^1$$

式中　　Z——总投资费用最小,万元;

k——治理措施的编号;

k_1——连续变量的个数;

X_k——当 $k \leqslant k_1$ 时为污染源的削减量,当 $k > k_1$ 时为 0 或 1,mg/s;

C_k——费用函数,当 $k \leqslant k_1$ 时为削减单位排放量所需费用,当 $k > k_1$ 时为采用第 k 号治理措施所需费用;

A_{ik}——当 $k \leqslant k_1$ 时,为第 k 号治理措施所对应的污染源单位源强对第 i 个控制点的浓度贡献,当 $k > k_1$ 时,为第 k 号治理措施所对应的污染源在第 i 个控制点的浓度贡献,mg/L;

B_i^0——第 i 个控制点上的原浓度值;

B_i^1——第 i 个控制点上的水质目标值;

B_i——第 i 个控制点上的水质标准值。

解混合整数线型规划问题一般采用分枝定界法。设求费用最小的混合整数规划为问题 A,与它相配合线型规划为 B。从解问题 B 开始,若其最优解不符合 A 的整数条件,那么 B 的最优目标函数必是 A 的最优目标函数 Z^* 下界,记作 $\underline{Z}$;而 A 的任意可行解的目标函数值将是 Z^* 的一个上界 $\overline{Z}$。分枝定界法就是将 B 的可行域分成子区域的方法。逐步增大 $\underline{Z}$ 和减小 $\overline{Z}$,最终求得 Z^*。

(三)动态规划

动态规划是解决多阶段决策过程最优化的一种数学方法,是根据一类多阶段决策问题的特点,把多阶段决策问题变换为一系列互相联系的单阶段问题,然后逐个加以解决。在多阶段决策问题中,各个阶段采用决策,一般来说是与时间有关的,决策依赖于当前的状态,又随即引起状态的转移,一个决策序列就是在变化的状态中产生出来的,即为动态规划。但是,一些与时间没有关系的静态规划问题,只要人为地引进时间因素,也可以把它视为多阶段决策问题,用动态规划方法处理。

在水资源保护规划中,把水域看成资源,给出一总的纳污量,任何分配污染物排放总量问题即是一静态规划问题,此问题可写成:

$$\max Z = g_1(x_1) + g_2(x_2) + \cdots + g_n(x_n) \qquad (7\text{-}32)$$

$$x_1 + x_2 + x_3 + \cdots + x_n = a$$

$$x_i \geqslant 0 \qquad i = 1,2,\cdots,n \qquad (7\text{-}33)$$

式中　　$g_i(x_i)$——第 i 个污染源相对应的生产效益,万元;

a——允许的排污总量,mg/s;

x_i——第 i 个污染源的排放量,mg/s。

当 $g_i(x_i)$ 都是线型函数时,它是一个线型规划问题;当 $g_i(x_i)$ 都是非线型函数时,它是一个非线型规划问题。但当污染源比较多时,具体求解是比较麻烦的。然而,由于这类问题的特殊结构,可以将它看成一个多阶段决策问题,并利用动态规划的递推关系来求解。

在应用动态规划方法处理这类"静态规划"问题时,通常可以把水资源分配给一个或几个使用者的过程作为一个阶段,把问题中的变量 x 作为决策变量,将累计的量或随递推过程变化的量选为状态变量。

设状态变量 S 表示分配给第 k 个到第 n 个污染源的排放量。

决策变量 U 表示分配给第 k 个污染源的排放量,即 $U_k = X_k$。

状态转移方程:

$$S_{k+1} = S_k - U_k = S_k - X_k \tag{7-34}$$

允许决策集合:

$$D_k(S_k) = \{ U_k \mid O \leqslant U_k = X_k \leqslant S_k \} \tag{7-35}$$

令最优值函数 $f_k(S_k)$ 表示排放量为 S_k 的污染物分配给第 k 个至第 n 个污染源所对应的最大总收入。因而可写出动态规划的递推关系式为:

$$\begin{cases} f_k(S_k) = \max[g_k(x_k) + f_{k+1}(S_k - x_k)] \\ 0 \leqslant x_k \leqslant S_k \qquad\qquad k = n-1, \cdots, 1 \\ f_n(S_n) = \max_{x_n-S_n} g_n(x_n) \end{cases} \tag{7-36}$$

利用这个递推关系进行逐段计算,最后求得 $f_1(a)$ 即为所求问题的最大总收入,这种方法称为递推解法。

(四)离散规划

在求最优的综合治理水资源保护规划中,一般受整数规划方法的约束,污染源控制点与设计条件都尽可能地减少,一般只能做到几十个,否则在计算机上就承受不了这么大的计算量。由于人为地挑选污染源控制点和设计条件,故此就失去了最优性。用快速排除法求解离散规划问题,可解决几百个变量和约束方程问题,算法简便,易掌握。

离散规划模型:

目标函数
$$\min Z = \sum_{j=1}^{n} Z_j(l_j)$$
$$Z_j(l_j) > Z_j(l+1) \qquad (l_j = 1,2,\cdots,k) \tag{7-37}$$

约束条件
$$\sum_{j=1}^{n} A_{ij} X_j(l_j) \leqslant B_i \quad (i = 1,2,\cdots,m) \tag{7-38}$$
$$X_j(l_j) < X_j(l+1) \quad (i = 1,2,\cdots,k)$$

式中　$Z_j(l_j)$——第 j 个源采取第 l 个治理方案的费用,万元;

Z——采取治理费用的总和,万元;

l_j——第 j 个源第 l 个治理方案;

A_{ij}——第 j 个单位污染源对第 i 个控制点上的排放浓度,s/L;

$X_j(l_j)$——第 j 个源采取第 l 个治理方案的排放量,mg/s;

B_i——第 i 个控制点上的水质目标值,mg/L。

求解具体步骤为：

(1)验证所有源采取第 k 种治理措施后,是否满足约束方程,如满足,则为最优解。

(2)验证所有源采取第一种治理措施后,是否满足约束方程,如不满足,则无解。若满足,记为 $X(0)$,作为措施组合初始点。

(3)试探步。试探能否通过迭代计算求出更满意的解。即由 X 出发,向投资减少的方案前进一步,寻找对控制点浓度影响最小的排放源和措施。然后验证其是否满足约束方程。若满足,则继续寻找;若不满足,则原问题的最优解即为措施组合的初始点。

(4)求相应初始措施组合,控制点浓度增加单位值,投资减少最大的排放源和措施。按费用与浓度之比的最大速率进行寻找。

最大速率计算公式如下：

$$V_{jl} = \max \frac{Z_j(l_j) - Z_j(l_j + 1)}{A_{ij}X_j(l_j + 1) - A_{ij}X_j(l_j)} \tag{7-39}$$

(5)求相应初始措施组合,一次减少费用最大的排放源和措施。

计算公式为

$$W_{ij} = \max[Z_j(l_j) - Z_j(l_j + 1)] \tag{7-40}$$

(3)~(5)步为迭代步骤,每一次将上一循环的 $X(2)$ 作为下一个循环的 $X(0)$ 重复(3)~(5)步,则可求得满意组合。

快速排除法有较高的灵敏度,在大多数情况下可获得最优解,至少可获得可接受解,是一种新的简便优化方法。

三、总量控制非数学优化分配方法

采用前述技术经济优化分配的数学规划方法,求得的满足总量控制条件下,排放污染物分配、削减量分配指标与方案成果,虽然反映了区域(流域)整体性经济、社会、环境最佳效益,但其并不能反映出每个排污源的负荷分担的合理性。为了总体方案的优化,有些排污源要承担超过应承担的削减量,而另外一些排污源则可能承担少于应承担的削减量。

总量控制制度的"公开、公平、公正"原则,要求排污总量控制指标与总量削减指标必须公平分配,为配合技术经济优化分配的数学规划模型更好地运用,便产生了在一定程度上体现公平、公正原则的非数学优化分配方法,主要有:等比例分配法、排污标准加权分配法、分区加权分配法、调节系数分配法、按贡献率削减排污量分配法和行政协商分配法等。

在进行总量控制负荷分配时,应进行总体分析综合采用各种分配模型与方法,并综合运用有关政策、法规进行协商,使得既保持总体合理,又尽量公平地承担。

(一)等比例分配法

即在承认各污染源排污现状的基础上,将总量控制系统内的允许排污总量按各污染源核定的现状排污量,按相同百分率进行削减,各源分担等比例排放责任。

等比例分配法的基本思路是同等对待的原则,对所有参加控制排污总量分配的污染源,按某一相同比例分配允许排污量。通常以现状排污量为基础,进行等比例分配允许排污量,其分配模型为

$$W_i = W_{0i}(1 - \eta) \tag{7-41}$$

$$W_s = \sum_{i=1}^{n} W_i \tag{7-42}$$

式中　W_i——第 i 个污染源的允许排污量,t/d;

　　　W_{0i}——第 i 个污染源的现状排污量,t/d;

　　　W_s——区域允许排污总量,t/d;

　　　η——污染物的削减率,%,由下式计算:

$$\eta = 1 - \frac{W_s}{\sum_{i=1}^{n} W_{0i}} \tag{7-43}$$

这种分配方法,考虑了各污染源的实际排污现状,避免了不按实际排污情况平均分摊污染负荷的问题。污染源排污量小,分配到的允许负荷量小;污染源排污量大,分配到的允许负荷量大,削减量也大。这种方法计算简便,各方面易于接受。是在承认排污现状的基础上,一刀切的、也是比较简单易行的分配方法。然而并不绝对公平,因为这要求一个生产技术和管理水平高、排污少的区域内污染源要和污染物排放量大的落后的区域内污染源承担相同的义务。但从承认现状、简单方便角度分析,等比例分配原则仍可采用。

(二)排污标准加权分配法

考虑各行业排污情况的差异,以"污水综合排放标准"所列各行业污水排放标准为依据,按不同权重分配各行业容许排放量。同行业内按等比例分配。

(三)分区加权分配法

将所有参加排污总量分配的污染源划分为若干控制区域或控制单元,根据与区域或单元相应的水环境目标要求、各控制单元的排污现状、治理现状与技术经济条件,确定出各区域或单元的削减权重,将排污总量按此权重分配至各区,区域内可采用等比例分配等法将总量负荷指标分配至污染源。

(四)调节系数分配法

在划定控制区域或控制单元内,确定区域内或单元内污染允许排放量或总量削减指标后,将其按区别对待的调节系数不同,分配至污染源。其分配模型为

$$X_i = K_t X_a \tag{7-44}$$

式中　X_i——i 污染源的排污总量削减指标;

　　　X_a——控制单元(水域或地区)排污总量平均削减率(削减指标);

　　　K_t——调节系数。

调节系数 K_t 可根据下列原则筛选参数来确定:

(1)贯彻国家产业和技术政策。在分配排污总量控制指标时要区别对待:对属于国务院和省级人民政府明令关停、取缔和淘汰的落后生产能力、工艺设备和产品范围的排污单位,不分配给排污总量控制指标;对于产业政策和技术政策要求大力发展的企业,经营状况良好、对区域经济贡献大的排污单位,在核定排污总量控制指标时适当给予优惠。

(2)根据排污现状区别对待。在分配排污总量削减指标和排污总量控制指标时,对排污单位的排污现状要进行深入分析、区别对待:排污单位排放的污染物已超过国家或地方规定的排放标准,或万元产值排污量明显高于全国同行业的平均值的,对这种排污单位要

从严要求,增大其排污总量削减率(或削减量);对已达标排放的排污单位,其万元产值排污量又明显低于全国同行业的平均水平,应减少其排污总量削减率(或削减量)或免于削减;对等排污效应大的排污单位也要从严要求,这样做有利于优化排污口分布或优化排放方式。

(3)根据环境经济综合分析区别对待。要对各排污单位的单位经济活动所造成的环境损害,以及单位经济活动的经济效益进行综合分析。若万元投入净收益为正贡献,万元投入损失为负贡献,那么,对正贡献明显小于负贡献的排污单位,要从严要求、增大其排污总量削减率(或削减量);对正贡献明显大于负贡献的排污单位,则应给予适当优惠。

(五)按贡献率削减排污量分配法

按各个污染源对总量控制区域内环境影响程度的大小(或污染物排放量大小及其所处地理位置)来削减污染负荷。即环境影响大的污染源多削减,反之少削减。它体现每个排污者公平承担损害环境资源价值的责任。对排污者来说,这是一种公平的分配原则,有利于加强企业管理、提高效率和开展竞争。但是,这种分配原则并不涉及采取什么污染防治的方法以及相应的污染治理费用,也不具备治理费用总和最小的优化规划特点,所以在总体上不一定合理。

(六)行政协商分配法

在已知允许排污总量或目标削减量控制区域或控制单元内,根据水资源保护执法管理人员了解的各点源、生产、污染、排放、治理与技术经济状况及区内排污影响状况等,经与排污单位反复协商,行政决策分配总量负荷指标。

第八章 水资源系统分析方法

第一节 水资源系统工程的产生和发展

水资源系统工程是用系统工程方法,研究水资源工程的共性问题和系统性问题的工程技术,着重研究水资源系统规划、设计和运用过程的合理化方法。它作为研究水资源系统的方法学,已广泛应用于水资源工程的各个方面。

水资源系统工程是系统工程的一个重要分支,是水利科学及其他科学技术发展到高度综合化阶段并与系统工程相结合的产物,是系统工程的扩充和发展。尽管人类利用水资源的历史开始于久远的古代,然而作为一门新兴学科,水资源系统工程的出现才仅有三十多年的光景。

水资源系统工程产生和发展的原因,概括起来说,主要是由于当代水资源的开发,愈来愈变得具有系统的性质,不仅水资源工程的规模变得如此巨大,以至于涉及广大的区域甚至跨越国界,而且,就涉及的科学技术领域而言,它已经成为一个与多种学科有关的边缘科学,除水利工程外,诸如社会、政治、法律、经济、管理,以及国家关系等各个方面,都成为它不可缺少的内容和制约因素。这就是说,水资源的开发利用,是涉及某地区整个环境的复杂的问题,它突破了区域性、行业性、学科性的界限,成为一类综合性很高的系统性问题,对于这种问题的解决,只用传统的水利工程技术,不能达到人们的期望和要求,要求采用解决系统性问题行之有效的方法——系统工程方法,这就是水资源系统工程产生的客观基础。此外,现代科学技术的发展,如自然科学、社会科学、系统科学、现代数学、计算方法和计算技术的辉煌成就,以及信息科学的发展和水资源的科技情报资料的急增等,也为水资源系统工程的产生提供了理论基础,并大大促进了它的迅速发展。

在 20 世纪 50 年代,人们开始认识到水资源系统既具有某种基本的工程学性质,还具有经济学和社会学的色彩,开始研究规划和设计复杂的现代水资源系统工程的方法学。这种方法学的目的在于:首先,要能够初步筛选系统的有关方案,以便鉴定出适宜于进一步分析的有前途的方案;其次,要详细分析这些方案,以得出一个或几个最优设计。由此,使得在水资源系统的解析模型和数字计算机模拟模型两个方面,都取得了很大的进展。

在水资源系统最优化问题的研究中,R.E.贝尔曼所著动态规划和 W.A.霍尔等所著的水资源开发的动态规划法,是这方面最早的著名论著,他们把动态规划法用来分析水资源工程方面的多阶段序列决策过程,成为水资源工程中最优化方法之一。然而,这种方法以及其他优化方法,还有不完善之处,因而仍在继续研究中。

在此之后,水资源工程的研究和实践得到了迅速发展,在全世界,有许多研究机构都在进行这方面的研究,几乎在每个国家和地区都能找到这样的科研活动中心,其职能愈来愈扩大。在美国,不仅有总统水资源政策委员会,而且在一些大学,在加强科研和教育活动的推动下,都设有大学水文委员会,后又转为大学水资源委员会。同时,美国的水资源研究条例,使得美国所有高等学校都能成立水资源研究中心。在英国,水资源科研活动中心是英国水资源研究协会,它把相当大的力量集中在分析水的存贮和水库调度运用规则的探求上。在法国,卡图电力试验中心是这方面的代表机构,它在水资源工程方面,主要致力于研究蓄水问题,应用概率论来分析具有调节水库的水电站的来水,对其进行调度控制。在分析中,应用了马尔柯夫过程,因而能够拟定多目标水库的合理调度运用规则。

水资源开发利用和保护治理的实践告诉人们,一个区域的水资源与其他资源必须作为整体进行综合规划。在这种观点和对水资源系统工程方法研究的推动下,世界各地相继兴建了一些著名的工程。这些工程,由于在水资源规划、设计、开发、运用和经营管理上采用了系统工程原理和方法,使水资源系统更切合实际而合理化。例如,科罗拉多河流域水资源开发所取得的长期效果,远远超出这个流域的范围,它把一片荒芜的沙漠变成了几百万英亩的肥沃田野。事实上,加利福尼亚出现的许多奇迹般的进步,都与水资源的开发直接相关。田纳西流域的水资源开发,使水成了促进农业增产的强有力的武器,而且提供了大量廉价电力,大大推动了地区工业,尤其是矿业和化肥工业的发展。印度次大陆的印度河流域的开发,使得一个浩瀚的荒野,在短短几十年时间内,变成了一个繁荣而有几百万人口的地区,水促进了印度河流域土地资源的开发,其作用是非常壮观的。

在我国,古老的都江堰是举世闻名的水利工程,它的设计体现了系统思想,应用的知识是综合性的,解决的问题则带有全局优化的性质,这是一个完整的系统工程,是水利工程史上的奇迹,由于它的巨大作用,使四川成为名副其实的天府之国。当今,国家对水利工程极为重视,已建的大量水利工程发挥着巨大的经济效益,更可喜的是,近年来已经开始应用系统工程方法研究河流流域规划问题,以及水库水电站的最优调度问题,有的已经取得良好结果。

近二十年来,由于经济迅速发展和人口剧烈膨胀,水资源供需紧张和生态环境恶化的局面愈来愈严峻,人们逐渐认识到:水不仅是发展国民经济的重要物质资源,而且是自然生态(包括自然人)赖以生存发展的生命要素和自然环境的重要因子,开始注意了水对生态环境、社会经济发展的多种功能效应。水利建设的服务对象,再不仅是少数部门,而是要为所有国民经济部门和社会各个方面服务;重视了水资源综合开发、治理、保护和利用的总体性,关心水资源的数量与质量的统一,注意水资源开发与水资源保护的同等重要性;衡量水资源开发与管理的效应,不仅仅是经济效益,而是经济、社会、生态环境效益的综合。

面对水资源的一系列新问题,跨学科的理论方法不断涌进原有水利科学的领地。特别是系统科学和系统工程的理论与技术,已广泛地引起人们的重视与应用,并且取得了可喜的成绩和发展。值得提及的是,在系统理论上,认识到水资源系统理论必须纳入系统科学的范畴来考察,必须将其视为更广泛的自然——社会系统来研究;在技术方法上,为适应问题要求和科技发展现实,逐渐冲出了传统的单一目标、单一技术和个体决策的圈子,考虑了水资源的多目标、多层次和群体决策的特点,走向探索新理论和新方法的途径。这些趋势和动向,虽需投入艰苦的努力,但客观世界的现实,必定促进其逐渐实现和完善。

系统具有如下主要特征:

(1)目的性。人造系统皆具有目的性,而且往往不止一个,水资源系统也是如此,系统的目的决定着系统的基本作用和功能,系统功能一般是通过同时或顺次完成一系列任务来达到的。系统的功能可能有若干个,而这些功能的达到也就实现了系统中间的或最终的目的。

通过系统的目的性分析,一般都将目的用系统目标来具体化。系统目标又可以用模型来描述,这样就可以把问题变成有可能求解的形式。因此,系统的目的性是系统设计的一个重要问题。

(2)集合性。把具有不同属性的一些对象看做一个整体,便形成一个集合。集合里的各个对象叫做集合的要素。系统的集合性是说,系统至少是由两个或两个以上的可以相互区别的要素所组成。在这里,所谓有区别的要素,是从它们对系统整体性能的影响来看,它们具有不相同的性能,如果只有一个要素,或者即使不是一个而是若干个性质相同的要素,也不能构成系统。

(3)整体性。系统是作为一个整体而存在,只有作为一个整体,系统才能充分发挥其功能。系统的整体功能,是系统组成各要素的性能综合的结果,一个要素的性能和行为,对系统整体的影响多不具有独立性,由于这种综合的结果,使得系统的性质和各要素的性能面貌全非了。因而系统的各要素,必须服从整体的要求,在整体功能的基础上展开各要素及其相互间的活动。这就是系统功能应具有的整体性。

(4)相关性。这是指系统内的要素间存在着相互作用、相互依存和相互制约的关系,即它反映了系统的内在联系。有要素但要素间没有相互联系则构不成系统,因为系统不是要素的简单堆积,而是要素的集合。

系统的相关性是不言而喻的。正是系统的相关性,才有可能建立系统要素间的模型关系,用工程方法去解决系统性的问题。

(5)环境适应性。任何一个系统都存在于一定的环境(或更大的系统)之中。从集合论的角度看,环境是系统的补集。因此,它必须要与外部环境产生物质、能量和信息交换,必须适应外部环境的变化。

能够经常与外部环境保持最佳适应状态的系统是理想系统。不能适应环境变化的系统是没有生命力的系统,一个生产系统,其输入来自环境,而输出又进入环境,如果环境断绝了输入,系统的生命就无法维持。如果系统的输入不被环境所承认,则系统将因资金、物力和人力的耗尽又无法补充而无法生存。从这里可以看出系统与环境的紧密依存关系。联系到一个建成的水力发电系统,如果没有天然来水的输入,或者输出的电力不被社会所接受,那么这个系统的存在将失去意义。因此,任何系统都必须适应环境。

环境适应性要求系统应该有高效率的信息系统和过硬的决策机构,长远的产品开发规划,素质高的技术和管理干部队伍和操作工人队伍。

在分析系统基本特征的基础上,提出一般系统的定义为:系统是由两个以上的相互联系、相互制约、相互作用、相互区别的要素,在一定的环境下组成的、以整体的功能完成规定目标的有机集合体。

第二节　水资源系统结构、功能及特征

一、水资源系统结构与功能

(一)概念

水资源系统是以水为主体构成的一种特定的系统。这个系统是指处在一定范围或环境下，为实现水资源开发、利用和保护的目标，由相互联系、相互制约、相互作用的若干水资源工程单元和管理技术单元所组成的有机体。这些物质的和非物质的(概念的)单元之间既存在着关联性，也存在着相对独立性，前者是构成系统整体性的前提，后者是划分系统(子系统)与环境、识别系统内部结构的必要条件。

系统的整体性是任何系统工作的出发点，尤其是现代的水资源系统，从目标的确定、决策方案的选择，到决策实施的整个过程中，一切工作都是建立在系统整体原则的基础上。系统的整体性表现在系统内部诸单元之间及系统与环境之间的有机联系，这种联系是通过系统结构和系统功能这两个媒介沟通的。如果系统结构与功能之间经常处于良好状态，则系统的整体属性就可永远保持和发挥作用；否则，系统的整体属性就要受到损害和失效。因此，系统的结构和功能在系统中的作用是非常重要的。

系统结构是指系统各单元间相互联系、相互制约、相互作用的组成形式和关系。在水资源开发、利用和保护系统中，建筑物群体是系统的物质单元；系统设计方案，管理策略，人、财、物的组织管理等，则是概念性的单元，它们的相互联系构成了概念化的结构术语。系统功能是系统内部与外部相互关联和相互作用的结果，由系统结构和系统环境所决定。水资源系统的功能，一般以防洪、除涝、发电、灌溉、供水、航运和它们的综合利用目标来表示，进而也可用自然—社会系统综合最佳效用指标来表示。

(二)相互关系

水资源系统结构与系统功能的关系，主要反映在两个方面：一是系统结构决定系统功能；二是系统功能反作用于系统结构。

1.系统结构决定系统功能

水资源系统运转效应的好坏，取决于系统实体结构形式和组织管理技术的协调。如果系统内部没有形成一个好的结构，系统功能必将受到影响；当然，外部环境也对系统功能产生影响。

水资源系统像其他系统一样，系统结构形式呈现多级层次性或递阶性。层次不同，结构不同，系统总体和子属功能也不同；即系统结构形式相同，内部关系不同，功能也不相同。例如，流域水资源的综合利用与地区单项水资源利用，显然，层次、结构均不同，两个系统的功能当然大小迥异；又如，两个相似的综合利用水利枢纽，它们的结构形式(大都有大坝、水库、溢洪道、电站、船闸、取水口等设备)基本相同，但综合利用项目之间的重要性、目的性和组织管理技术不同，两个枢纽的总体功能肯定也不一样。

系统结构形式和方式虽不同，但可决定或实现相同的系统功能，这就是异构同功能。在水资源系统中，实现同一特定功能的任务，常常可有不少的替代措施和方案来完成。例如,城市污水处理,可利用分散处理和集中建污水处理厂等方式,还有其他许多方式,都可取得异曲同工之效。类似的例子是很多的。

2.系统功能对系统结构的反作用

系统功能是系统中的一个活跃因素,易受系统内部和外部环境的影响,发生变化或拓展。而系统结构,特别是已建的系统结构,不易受外界的影响,可保持相对的稳定。但是,当系统功能发展或变化到一定的程度时,系统结构的部分或全部也不得不作相应的改变,以适应变化了的系统功能,在水资源系统中这种情况是屡见不鲜的。例如,我国50、60年代兴建的水利工程基本上是单一的为农业服务的,随着我国现代化建设和人口的发展,许多工程系统的功能,已逐渐转向为所有国民经济部门和人民生活服务了。这样,系统功能发生了变化,势必引起系统结构也随之部分或全部地改变。实践中看到的工程改建和扩建,甚至一般工程的岁修与大修等,都是调整和改变系统结构以适应功能改变的例子。

从上面系统结构与系统功能关系的分析中,为使系统设计和系统运行满足人们的要求,可得到几点启发和借鉴:改变系统结构的部分组成或改变它们之间的相互关系,就可改变系统功能,若系统功能已定,采用不同的系统结构也能实现既定的目标或功能;当管理者发现系统结构已经影响系统功能的发挥和目标的实现时,改变或改进部分系统结构(包括物质的和非物质的),以适应系统功能的发展是十分必要的。所有这些也正是系统工程应用的基本目的。

二、水资源系统特征

考察水资源系统独自特征的基本出发点,应从组成这个特定系统的物质形式——水及水与经济社会间的密切关系入手,进而分析揭示它的独特性质。从这个观点看,水资源既是自然系统的一员,又是社会系统不可缺少的重要物质资源的组成部分。无疑,它是个自然与社会(人工)相结合开放性的复合系统。其特点有:

(一)水资源系统的结构和功能受自然规律的影响和制约

作为自然系统之一的水资源系统,有许多不以人们意志为转移的自然规律,对系统的结构、功能和行为起着重要的制约和支配作用,对系统环境包括自然环境和社会环境也有着重要的影响。但这种制约和影响的作用,在系统设计和系统运行阶段是有一定的差别的。

在建立新的水资源系统设计阶段,任何流域或地区水资源开发和治理的规模、方式、措施和目的,无不受自然地理、地质、生态、水文循环、水量、水质等约束,有时这些约束或某种约束是起决定性作用的。对于已建的系统运行阶段,外界(自然的和社会的)对系统结构的影响是较小的,且可使其保持相对的稳定性。然而,对于系统功能却易受外界影响,且影响较大。

任何水资源工程的建设期和运行期,对自然环境和社会环境都会带来影响。这种影响或大或小,或正或负,因具体情况而异;有时某种影响是不可逆转的。因此,水资源开发利用和保护治理的合理性,只能在不断认识自然,合理利用自然规律的基础上实践;那种粗暴地对待自然、掠夺自然资源的行为,必将遭受自然的无情惩罚。

(二)水资源系统的正负效应受人类意识和活动的主宰和支配

作为经济社会系统一部分的水资源系统,是人类为了自身的利益,长期以来对自然过程进行干预控制的产物。人类生存离不开水,经济社会发展更离不开水资源的供给。然而,自然状态的水和资源并不能满足人类生活和生产的需求,迫使人们不得不采取各种措施,主要的是工程技术措施,用以改变自然水资源的时空分布特征,使之为人民利益服务。由于人类对自然规律认识的不足,对自然进行粗暴干预的结果是自然对人类愈来愈严重的惩罚。

人在干预自然的过程中,既是组织参与者,又是受益的享受者,还是受害的承受者。总之,人在水资源系统中的地位,越来越成为系统的主宰者和支配者。主宰者的社会意识包括人的水意识,往往就决定了水资源系统的规模、作用和方向。

(三)水资源系统是连接生态环境与社会环境的桥梁,是协调自然与经济社会环境系统良性发展的不可替代的必要条件

人口增长和经济社会发展,都需要大量自然资源及其再生资源的供给。如果万物赖以生存的自身环境遭到破坏,自然生产能力必然下降,人类社会必将受到损害,甚至威胁人类的存亡。然而,建立和发展水资源系统,保护改善生态环境,并将其与社会经济连接起来,通过工程技术和人力物力的投入,调节控制生态环境与经济社会协调发展,就可使自然与社会系统持续稳定地沿着良性循环的轨道运转。这样,水资源系统在协调和维持自然社会良性发展过程中,不仅起到二者联系的媒介作用,更重要的是提供了二者协调的必要条件,而且是不可替代的必要条件。

水资源的开发、利用、保护、配置、节约和治理,对维持生态平衡和发展国民经济的作用,是由水与生态环境和人类社会的特殊关系和水资源系统的开放性质所决定的。水的三大功能:生物(态)的生命要素、环境的活跃因子和人类社会发展的可再生资源,以及水资源系统与外界进行的物质流、能量流和信息流的开放性质,沟通生态环境与经济社会系统的联系作用,是其他系统无法替代的。正是由于水资源系统的这一特殊性质和作用,其本身也就置于生态与经济系统之中,形成了水资源—生态环境—社会经济新的复合巨型系统。同时,也就掀起了这种巨型系统的综合理论、技术和应用的研究。尽管这种研究才刚刚起步,但我们坚信会有光明的前景。

综上所述,水资源及其系统性质(以水为主体的自然人工复合开放系统),决定了水资源系统的上述三大特点。为了进一步明确水资源系统较为突出的特征或特点,以利于这个复合系统的研究和应用,特总结下列几点:

(1)系统的目的性功能是多种多样的。水资源开发利用和保护治理的总体目标,是为了充分利用水土资源、保护改善生态环境,以满足社会和经济发展的需要。但具体的目标却很多,如除害、兴利、保护环境、协调自然和社会的良性发展,等等。因此,评价水资源系统好坏的标准,总是多准则、多目标的,如经济的、社会的、环境的、地区的和其他等。随着科技进步和人类对水的全方位认识,水资源系统的目的性功能必将得到更充分的开发。

(2)系统结构是可变的和可选择的。系统结构决定系统功能,但根据异曲同工律,系统结构是可变可选的,只有依据评价准则,从多结构方案(物质的和概念的)中选择整体最佳的结构,才是水资源系统规划设计与管理的基本任务和系统工程的应用目的。同时,系

统结构的可选性,也为人类解决水资源开发、治理、保护、利用和更复杂的目标提供了回旋余地。

(3)系统行为是动态的和可控的。系统行为是系统状态随时间变化的体现,它既是动态的,又是可控的。一个水资源系统的建设,从勘测、规划、设计、施工到运行管理,历经几十年的连贯阶段;而任一阶段的运转,也总是随时间和外部条件变化而变化的。这种变化的趋势和导向是可调节控制的,即总可使其朝着实现系统整体功能的方向转变和运用。因此,为发挥水资源系统的最佳功效,制定长期、短期的规划、管理和实施措施,并随系统行为的变化进行实时控制是十分必要的,且是不可缺少的。

(4)系统决策存在大量的不确定性。水资源系统规划设计和管理方案的决策,总是伴随着不确定因素的影响。因此,任何决策都必须承担一定的风险。这种不确定性是由两个方面造成的:其一,是自然现象发生的不确定性,如系统输入的径流(包括洪水、枯水和其间的变化),传递信息的水文预报和靠输出供水补给的作物需水量等均具有很大的不确定性;其二,是外界社会的和人类思维过程中的不确定性,如社会上不可预知的变化,人对概念系统中的某些要素的模糊认识以及人的不确定性的效用观念,都会影响决策的正确性。因此,系统决策的风险性,或大或小总是存在的。

第三节　水资源系统分析方法

一、系统分析概念及作用

系统分析是系统工程应用中最基本、最普遍的分析方法,也是所谓系统方法的最核心部分。系统分析原本出自对数学方程式组成的系统所进行的数学分析。但是,它并不是简单的数学技术的应用,而是集合了若干传统学科的概念、观点和技术综合发展起来的一门学科。它是分析研究系统规划和决策问题的科学方法,也是帮助决策人从多种可行方案中识别和选择最优方案的决策手段。

系统分析方法,主要研究确定系统内有关要素、结构、功能、状态、行为等之间的关系,及其与外部之间的相互关系,并通过逻辑思维推理和科学计算的定量途径,找出可行方案;再经过分析、综合和评价技术,选出可行方案的最佳者,提供给决策者参考。所以,可以认为系统分析是对系统工程作出定量评价的基础,也是优选方案的工具。

系统分析的最重要内容是:确定系统目的和目标,建立系统数学模型,实施模拟和优化技术,进行分析、综合和评价,作出选择方案的满意决策。这些内容或课题,将在以下诸节中专门讨论。

系统分析在水资源系统中的应用,贯穿于水资源系统规划、设计、施工、运行和管理的各个阶段。

系统规划阶段:在明确系统概念,系统建设的必要性以及系统的目的、开发治理目标、约束条件、环境要求后,制定开发、利用、保护和治理方案,通过系统分析,要确定方案规模、建成期限、投资效益大小等,并初步选定可行方案。

系统设计阶段:在对各个可行方案进行概略设计后,经过系统分析,得出各方案的投资费用效益和综合评价,比较确定最优方案,最后对选定方案进行详细设计。

系统施工阶段:包括施工的组织管理、施工场地的总体布置。各个子系统:如土石开挖系统,混凝土拌和浇筑系统,场地交通系统,风、水、电供应系统等的合理布局、日常的施工管理等,均需通过系统分析使其达到全局协调、经济合理的最优运转。

系统运行阶段:系统投入运行后,系统运行方式、维护检修方法等,需经过系统分析进行改进,提出最优运行方式,以取得系统开发治理目标的最大价值。

系统管理阶段:最根本的问题是使人、财、物经常处于最佳状态,从而使水资源系统的经济效益、社会效益和生态环境效果不断地提高和改进。这项任务的实现,无疑要靠系统工程的方法来完成。

总之,一个最佳的水资源系统的运转,要通过系统分析,从各种设想方案中选出最优者予以实施和管理。所以,系统分析是使一个设想变为现实的技术手段,也是系统规划和管理的不可缺少的重要环节。

二、系统分析的特点

在水资源系统规划、管理决策中,应用系统分析方法,具有如下的一些特点:

(一)思想方法——全局观点和协调精神

系统分析是以全局的整体性和复杂的协调性作为观察处理系统问题的思想方法。这种方法强调的是系统单元之间的相互影响和依赖关系,而不强调系统各单元的个别性能。尤其是对于庞大而复杂的系统,为求总体系统最优,常将这个大系统分解为若干相对独立的子系统,在分析各组成因素及子系统的基础上,再进行整个系统的综合,并产生一个为实现某一开发利用或保护及治理目标的完整优选方案。所以,全面安排、统筹兼顾,以局部服从整体,以大系统协调子系统的全局观点和协调精神,是系统工程和系统分析的基本思想。

(二)多学科的综合和多学科梯队的协作

系统分析在解决复杂的系统问题中,既需要应用各个学科的综合和分支知识,又需要多学科性人员的协作。特别是在研究解决实际问题时,有决策部门的管理专家、系统分析(工程)专家和有关专业人员参加,对研究系统目的要求、运行机制和成果分析评价等都是非常重要的。

(三)定性研究与定量研究相结合

系统分析面对现代的大规模复杂系统的问题,建立定量研究的数学模型是必不可少的。然而,建立反映复杂系统运动规律的精确模型并非易事,常常遇到的困难有:系统的实际运行机制并不十分清楚,即使有辨识理论和方法,对复杂系统的应用仍有局限性;系统运行机制虽比较清楚,但数学工具无法准确描述系统;还可能遇到实际系统要求与目前系统理论与方法不足的差距等。所有这些说明,对于复杂系统,在应用模型做定量研究的同时,辅以人们经验性的定性研究是十分必要的。目前已有一定研究基础的专家系统、人工智能和决策支持系统等方法,实践证明都是很有效的。

(四)人—机结合的分析方法

在建立系统模型、运用运筹学等数学技术后,还要靠计算机的运算提供定量分析的数据,才能进行系统分析和评价。其中有关定性分析和定量定性综合分析,以及评价作出决策,还是要靠人的参与,而且人是系统中最积极、最主要的决定因素。所以,对于现代系统的分析,总是人—机相结合的分析方法。这又构成系统分析的另一特点。

三、系统分析步骤

系统分析是一种科学的逻辑推理技术,对于任何系统问题的分析都必须有一个严密的步骤,一般分为5个阶段。

(一)明确目的,确定目标

对于任何系统问题的分析,首先要明确问题的目的要求和相应的衡量目标。目的是指研究系统预期达到的效果,多以原则的、理想的定性形式表示;而目标则是为了实现目的而选择的定量标准,二者既是密切相关的,又是有区别的,如果对所研究问题的目的、目标不确定或确定不正确,就会使整个系统分析无法进行或走错方向。一般来说,由系统概念形成问题,由问题而产生目的,由目的确定相应的目标,然后依目标(可能单目标或多目标)去寻求答案。这就是重要的逻辑推理程序。

(二)探索性研究

这个阶段的工作主要是收集资料,确定替代方案。资料是一种实际数据与估计性的数据,它是分析的基础,其正确与否,直接影响到分析的质量。除了收集为达到系统目标的有用资料外,应拟订系统若干可行的对比方案,既为进一步明确收集资料的对象和范围,又为确定分析方法进行可行性研究做准备。

(三)可行性的研究

这一阶段的工作是在初选可行方案的基础上,对特定工程或问题作进一步地详细研究,要尽量发挥个人和集体的智慧,充分考虑各种工程和非工程措施的各种组合,创造出能够满足目标的各种系统方案;要建立各种分析计算的模型,对不同方案的一些定量因素进行分析计算,以便找出能够评价系统方案性能的各项指标(包括数量指标和质量指标)。

建立分析计算的模型,主要是数学模型、经济模型和图表模型。它们的功能是对研究问题的主次变量及其相互因果关系,可抽象化地表示出来,从而简化和易于方案选择的实现。数学模型是将系统有关的参数和因素及其相互关系,归纳成一个或一组数学方程式,用来反映系统的性能。这个数学方程式(或组)就是系统的模型,用来求解和定量分析。经济模型,一般指的是费用(或成本)效益模型,用来进行方案经济分析,以便比较和优选。至于图表模型往往是经济模型的一种图解表示方法。

(四)评价判断

利用模型或其他资料所获得的预测结果,对各个方案进行分析比较,显示出每个方案的利弊得失和经济、环境、社会效益。同时尚须对各种无法定量的因素,如政治、环境等加以综合和分析,进行系统评价,从而得出结论,决定实施方案。一般情况下,分析到此阶段,应该得出下述的三者之一的结论:①所研究的系统能解决问题;②在特定方案得出正确结论前,尚须补充资料和(或)进行实验室工作;③在现有的经济和技术条件下,本系统无须进一步进行。

(五)检验核实

这个阶段对于一般的系统来讲,是以试验方法来鉴定所得的结论如何,或通过综合分析得出或证实所选的方案是正确的或可接受的。

以上选择的方案如果认为满意就建议为最优方案;否则,可进行反馈重新按上述步骤再进行一轮,直至满意为止。整个系统分析的过程,如图 8-1 所示。

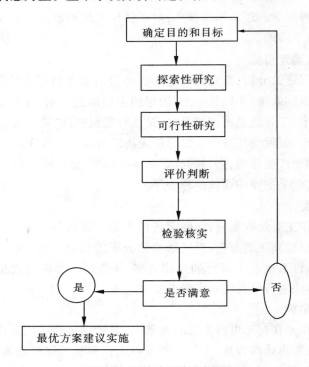

图 8-1 系统分析步骤框图

第四节 水资源系统目标与约束

一、目的和目标的确定

凡属作出决策的重大问题,首先的任务是确定问题的目的和反映目的的适当目标,以便作为系统分析决策的基础。水资源的开发利用和保护问题也是如此。

水资源开发利用、保护治理和保护的目的,一般地说,是为了满足一定时期的经济社会发展和人民生活改善的需要,具体地说,应根据不同情况具体确定。在通常情况下,目的所要求的结果,需要多种目标来实现。确定目的和目标的原则与标准可归结为两条,而且这两条对目前和未来来讲,都是同等重要的。一条是促进经济社会的发展,可用增加国家物质财富的价值和提高国民经济效率的措施来达到;另一条是改善环境质量和增进社会福利,可通过对自然、文化资源和生态系统的管理、保护、预防和改善等手段来取得。在一些经济发达的国家,凡是公共投资的水资源系统,一般要考虑下述目标之间的协调,如经济增长、地区发展、资源开发、环境质量、就业、人口控制、农业自给、能源发展、国防、公共健康和国际贸易等。

根据反映的系统目的,采用不同数目的目标来分,目前,存在有两种基本目标形式,即单目标和多目标。下面分别进行论述。

(一)单目标

不管水资源开发利用和保护治理项目是单一的还是综合的,也不管确定目标的单位用什么尺度(货币、物理量或其他)来度量,但终究只是一个目标时,称为单目标。在单目标中,对于一些无法折算成统一货币量或统一数量的目标(如环境质量、社会福利),以及综合利用项目中,除以某项为目标以外的其他项目的目标,通常有两种方式来处理:一是将这类目标作为约束条件来处理;二是通过不同要求水平,作为已知条件来看待,在实践中,两种方式均可使用。

(二)多目标

水资源的开发利用,涉及国计民生和生态环境的广阔领域,其中包括经济发展、地区开发、社会福利、自然环境和国防安全等诸多方面。所以任一流域或地区的水资源规划与管理,其目标总是多种多样的,如经济的、社会的、地区的、环境的和其他。这就是现代水资源系统要考虑多目标问题的根本由来。

在水资源的开发利用和保护中,需要考虑多目标问题的另外一些原因还在于:与水资源开发利用和保护治理的有关经济部门和社会团体,可以根据它们各自的不同期望目标影响当局的决策,而且这些目标往往是相互矛盾、相互竞争和不可公度的;同时,水资源问题的决策中,存在着许多不确定性和风险,一旦作出决策付诸实施,就很难逆转(如水库建成,想要恢复原貌,几乎是不可能的)。因此,对于任何一项水资源工程的决策,只考察某一个目标(或指标,或准则)就作出决定,是难以满足经济社会可持续发展要求的。

二、最优准则

上述的宏观目的和目标,在实际应用中,尚须将其转化为可以计量的准则,一般称为优化准则,或设计准则、经济准则、评价准则等(因问题性质不同,可采用不同名称),以便选用合适的优化技术,实现目标要求的最优化。事实上,在系统分析方法中,都要将输入与输出变量和可计量的准则函数联系起来,进行分析与求解。

水资源系统分析中,经济分析是一个重要的环节。所以,将经济目标转化为经济准则(或优化准则)有:

(1)净效益最大。一般用于投资、效益均不受限制的情况。

(2)效益最大。多用于费用一定的情况下。

(3)费用最小。多用于效益一定或方案等效的情况下。

这是经济准则的三种基本形式,从它们派生的常用规则还有:效益费用比最大,净现值最大,年费用最小,投资回收期小于规定的回收期,等等。这里就不一一列举了。

水资源系统分析中,采用非经济的、而以数量指标表示的优化准则也是常见的,如:

(1)供水量或发电量最大;水量或能量损失最小。一般用于兴利事业的供水(灌溉、城市、给水等)、发电、航运等工程。

(2)受灾损失最小,如淹没面积最小、淹没时间最短等。多用于防洪、排涝等工程。

(3)环境目标的数量表示因素是众多的,有物理的、化学的、生物的和人类要求等,如水资源保护规划中,常以污染物削减量最小等表示。

水资源系统分析中,同时采用经济的和非经济的优化准则,也是目前和未来发展的趋势,这就是所谓的多目标分析问题。

三、目标函数与约束方程

当一个目标(或多目标)转化为优化准则时,把它写成数学表达式的形式,就称为目标函数,它是由一些待求的未知变量(或称决策变量、控制变量)及其有关的参数所组成的数学方程式。它表示开发利用目的能够达到的定量程度,是区别各个开发方案优劣或顺序的一个衡量尺度,是水资源系统分析中重要的组成部分或环节。

水资源开发利用和保护治理等问题中的另一些要求,常以约束的形式来表达,一般也以数学函数方程来表示,称为约束方程。对不能以数量关系表示的要求,才以硬性的限制条件来处理。目标函数中,通常均有一定数量的约束条件,但有时也可无约束条件,这主要视所解决问题的性质而定。

目标函数与约束方程的作用是不同的。目标函数是方案选择的判据;约束条件是所有方案必须满足的要求。水资源系统分析中,通常有两大类约束条件:

(1)物理约束。是必须遵守的自然规律和条件,如质量(能量)守恒定律,资源限制和设备容量限制等。

(2)隐含有目标性质的约束。这些约束实际上虽可能遭到破坏,但要付出昂贵的代价。这类约束包括为了维持水质下泄最小流量的限制、配水时程的约束、可靠性或风险率限制及预算限制等。

此外,有时也会遇到政策、法律、合同的约束,不过它们也常常转化为经济的和数量的约束形式来表示。

上述的约束方程,一般以确定性形式来表示。但是,有时也会出现随机约束形式,如灌溉供水量(或水电发电量)必须等于或大于保证供水量(或保证发电量)的概率为若干百分数等。这种约束多半是由问题的可靠性要求而提出的。

研究问题的若干要求,可用目标函数来满足,也可用约束方程来表示。实践中对不同的目的要求,如何分别处理为目标函数,还是约束方程,有时容易确定,有时难以确定。这是因为在制定水资源开发利用和保护治理方案过程之始,一是目标不好确定;二是某些情况下开发利用目标要求之间,把那些要求作为目标,还是作为约束条件来处理,其间的差别是不大的。

第五节　水资源系统分析模型

一、建模的基本概念

数学分析是系统分析中最重要的分析方法之一。实质上系统分析就是借助数学模型,应用模拟技术和优化技术求解系统目标函数最优的科学方法,也是帮助决策人应用模拟和优化技术,选择能够满足约束条件最优策略的工具。

在生产实践中,为了获得一种控制和管理真实物理系统的方法,首先要建立精确反映物理系统的数学模型;然后采用适当的优化技术,求解这个数学模型;最后又把这个模型的最优解应用到真实物理系统中,以实现对系统控制和管理的意图。

数学模型是真实系统的抽象,是描述和表示真实系统行为的数学方程组。它的作用在于:揭示问题的不同方面,识别系统结构、组成元素间与环境间的函数关系,确定其有效性和约束条件,指明为定量分析需要搜集的资料和数据等。这样的数学模型不仅起到传统物理模型的描述作用,而且更能起到选择方案的导向作用。数学模型方程组,可能是代数的、微分的和其他形式,这主要依据系统的模型特性而定。建立模型的作业及其过程,称为模型化或称为建模。

数学模型一般由系统元素、变量、参数和函数关系所组成。系统元素是系统中直接相互关联,相互作用的一些因素,它们之间的因果关系和影响关系一般都是明确的。

变量分为三种:一是输入变量,也称外生变量,一般是可控制变量;二是输出变量,也称内生变量,它是在输入变量及状态变量共同作用下,而产生的系统输出变量,一般是非控制变量,但加以调节也是可控制的;三是状态变量,是系统内部状态随时间而变的变量,也是表示系统元素状态的变量。状态变量模型的应用很广,我们将结合水资源系统的规划管理模型进行分析。

参数对系统行为而言具有独立的属性,是个常数。参数对模型的精度和准确性起着重要的作用,在动态系统中它也是变量,只有在特定条件或假定条件下才是个常数。如何确定或估计模型参数,也是建模的重要组成部分,这将在下一节中专门讨论。

函数关系是系统元素、变量和参数之间的相互关系或数学关系。各种数学模型都是由变量间的函数关系而组成的。

二、模型的分类

在实践中,能反映或描述真实物理系统行为特征的模型是多种多样的,如实体(或形象)模型、类比(相似)模型、图形模型、符号(或数学)模型,以及文字、图表模型等。这里研究的模型是指那些抽象的模型,如数学和图形模型,而不涉及具体的实体和类比模型。处理这种抽象模型,因研究对象系统不同,采用的各种方法也不同。这需要有多学科的丰富知识和经验,并不是容易做到的。此外,高速、大容量的计算机为抽象模型的处理提供了条件。

抽象模型或数学模型的分类,可以从很多不同角度去分。下面仅就比较一般的分法对模型类别作简要地介绍。

(一)从模型的结构或形式分

数学模型:即由数学、逻辑式子等组成的模型。

图形模型:即用图表达的模型,如框架图、信息流程图、网络图模型等。

仿真(模拟)模型:采用数字模拟语言的模型。

其他模型:即采用其他形式表达的模型,如关联树、文字模型等。

(二)从模型的目的(用途)分

功能模型:用于研究系统功能的模型。数学模型一般都是功能模型。

构造模型:表明系统结构的模型。图形模型一般都是构造模型。

计划模型:以计划、日程为目的的模型,如 PERT、CPM 等。

评价模型:表示系统功能、费用、可靠性(风险性)、时间等系统评价的模型预测模型,预测系统未来值的模型,如时序模型等。

(三)从系统的特性分

静态模型:输入、输出关系在同一时刻都是确定的模型,如代数方程式、逻辑方程式等。

动态模型:输入、输出关系作为时间函数所确定的模型,如微分、积分方程式、差分方程式等。

确定模型:具有确定性质的模型,如常微分方程式、代数方程式等。

不确定模型,具有不确定性质的模型,如概率分布模型、模糊模型等。

线性、非线性模型:输入、输出呈线性、非线性的模型。

连续、离散的模型:在时间上连续动作的模型,如微分方程式等;在一定时间间隔上动作的模型,如差分方程式等。

微观、宏观模型:在瞬时、微观上反映系统行为的模型,如微分、差分方程式等;在长期、宏观上反映系统行为的模型,如积分、代数方程式等。

上述的一些模型类别和含义是容易理解的,无须多作解释。所谓微观与宏观模型,只是由反映系统行为的着眼点不同来划分的,二者并无严格的区分。一般说来,因为积分方程式和联立代数方程式被看做是从宏观角度来表示系统平衡的,所以多用于宏观模型。

三、建模要求与步骤

模型是真实系统的写照或概念化的表述。一般具有下列特征:

(1)反映真实系统的形态;

(2)反映真实系统各元素间的结构;

(3)反映真实系统各部分或各元素之间的相互关系。

建模的一般要求有:

(1)真实性。一般模型只能反映系统最本质的东西,如系统的主要性质、关系和功能,而忽略一些次要的因素。但必须保证模型反映系统的真实性,并能满足系统要求的精确性。

(2)简练性。模型不仅要真实、精确,还应结构简单,易于求解;否则,有时宁肯降低一些精确度,必须取得模型的简练明确。

(3)标准性或通用性。有些系统数学模型有标准型,可以借用或借鉴,但水资源系统模型很少有典型的和直接可用者,一般均需针对研究系统的特点建立相应的实用模型。实践中,应力求标准化和通用化,以便发挥更大的作用。

模型建立的过程,大体分以下几步:

(1)明确研究系统的目的和要求,选定相应的单目标或多目标。

（2）确定系统和环境的边界条件，明确影响系统功能的主要因素、主要变量、主要参数，以及它们之间的关系、变化范围和约束条件。

（3）剖析系统的结构组成，对大系统进行分解，以利于建立相应的模型和求解。

（4）建立数学模型。一般需通过模型识别、参数估计和模型验证等几个环节，才能确定出满意的数学模型。有关系统辨识的问题，将在下节中专门论述。

第六节　模型识别与参数估计

一、系统识别

在建模过程中，根据先验认识程度的不同，建模有两种类型：其一是对系统的性质完全不了解；其二是对系统的性质虽有相当了解，但对系统的某些参数并不确知。对前者需要进行模型辨识，确定模型结构；对后者，模型的表达方程是已知的，或可从系统的基本性质推导出来，只需确定某些系数或参数。确定系统模型结构和估计参数，统称为系统辨识。

建立反映真实系统行为的数学模型，要做到精确、简练和高质并非易事，下述的三个步骤一般是不可少的。

（一）系统识别

它的任务是确定一个较为理想的系统结构或模型结构，也就是确定最佳的模型方程式的类型和形式。要确定模型结构，需要对研究系统具有一些先验知识和对系统输入、输出数据进行分析（这些数据一般是通过长期地与一定范围的，并遵守物理、生物和其他规律的长期观测得来的），力求选定一个简单适用的模型结构形式。

根据模型使用目的（预测、决策、评价或机理研究等）以及精度要求，考虑模型结构的形式，可以是：静态或动态的；线性或非线性的；确定的或不确定的；集中参数的或分布参数的形式等。模型结构选择的正确与否可用得到的一些数据加以验证。一个被识别出来的模型结构，须是一个对所研究系统的理论与实践公认一致的结构。

具有时间变量的动态系统，常微分或偏微分方程组的方次、阶数和形式，也是模型结构的问题。例如，著名的 Streeter－Phelps 方程（1925）。模拟河流溶解氧和生化耗氧量之间的关系，是一个动态系统模型。其结构由一次、一阶的常微分方程给定如下：

$$\frac{\mathrm{d}D(t)}{\mathrm{d}t} = K_1 L(t) - K_2 D(t) \tag{8-1}$$

$$L(t_0) = L_0$$

$$D(t_0) = D_0$$

式中　$D(t)$——t 时间后的氧亏；

　　$D(t_0)$——t_0 时水的初始氧亏；

　　$L(t)$——有机质耗氧量；

　　$L(t_0)$——有机质的初始需氧量（BOD_5）；

　　K_1、K_2——耗氧系数和复氧系数。

这个方程有两个参数和两个初始条件(通过适当的转化可换成一个)。应该指出的是,该方程作为模型结构的说明是可以的,但作为近似表示河流水质的真实行为,用高阶和非线性的微分方程组更逼真些。

(二)参数估计

假定模型结构已被认定,在输入与输出进行长期观测的基础上,确定模型参数的工作,一般称为参数估计。它的含义是:给定一组系统输入和相应的输出,寻求一组参数,使数学模型的输出和真实物理系统的输出之间的误差最小。确定公式(8-1)式系数 K_1 和 K_2 就是参数估计的一个例子。

实践中,要使所建立的模型与模型所使用的特定条件相符,利用实际观测数据定出模型参数的适当值,通常要采用一定的数学方法,在某种准则下进行和确定,在得到这些参数值后,代入模型中,就完成了一个初步的数学模型。但对这个模型必须加以检验方可使用。

(三)模型的验证

这一步可利用独立于结构识别和参数估计时所采用的数据,对已估计好的模型作进一步验证,比较模型的输出与实际观测或试验值的误差。若差别明显,说明该模型不能真实地反映实际系统的行为,应进行参数的调整和修正,以使误差减少;如调整修定系数仍不能达到要求(精度),就须对模型结构进行相应变动,甚至完全放弃原来的模型结构,重新识定新结构及参数估计,直至模型符合要求为止。

图 8-2 展示了建立数学模型时的一般过程或程序。

二、参数估计

在系统数学模型建立的过程中,模型的参数估计是非常重要的一环。模型使用的精确性与可靠性如何,直接与参数估计的正确与否相关。早期估计参数的方法是凭经验单独进行的,自从计算机技术发展以来,相继产生了一些卓有成效的估计方法,如各种直接寻优法、最小二乘估计法、最大似然识别法、卡尔曼滤波法,以及一系列线性和非线性模型的参数估计法。在这些方法中,最小二乘估计法是应用最广泛、最基本的方法,其优点是简单易行。本节仅就一般线性、非线性和动态模型的常用参数估计法的一般原理进行介绍,而不涉及具体方法本身。具体方法可查阅各方法相应的专门文献。

(一)线性(或静态)模型参数估计的最小二乘法

线性或静态模型的特点,就是孤立考虑瞬时变量关系的模型,即只需考虑输入与输出关系就行了。

设过程的输入为 $\chi = (x_1, x_2, \cdots, x_n)^{\mathrm{T}}$,输出为 y(只考虑 Y 的标量情况),则它们之间的静态模型关系为

$$y = f(\chi, \vec{\beta}) \tag{8-2}$$

式中 β——P 维未知参数向量,$\beta = (\beta_1, \beta_2, \cdots, \beta_P)^{\mathrm{T}}$;

   f——函数形式,设其已知。

通过观测或试验取得 N 组输入输出数据 $\{(x_i, y_i), i = 1, 2, \cdots, N\}$。利用这些数据

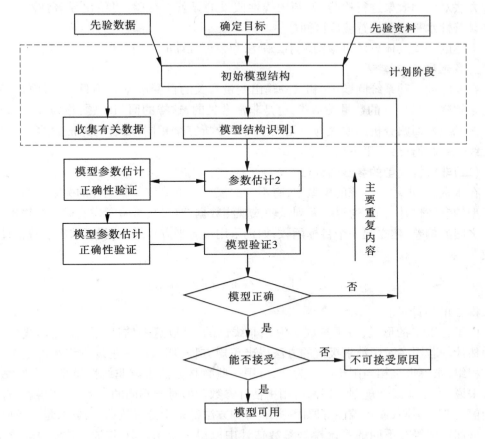

图 8-2　数学模型建立的一般步骤

来估计模型中的未知参数时,一般取实测值与计算值总的误差平方和最小为目标,通过演算可求得参数的估计值。这种方法所取得的估计量称为最小二乘估计量。若模型的函数形式 f 是线性的,则称线性最小二乘估计;若是非线性的,就是非线性最小二乘估计,需用非线性规划方法进行求解。

　　1. 一元线性回归模型

　　这是一种最简单的模型,是处理两个变量之间关系的模型。若两个变量 x 与 y 存在一定关系,通过试验分析所得的数据,就可找出两者之间关系的经验表达式。若两个变量间有线性关系,其模型即是含有待定参数 a 和 b 的线性模型 $y = a + bx$。根据最小二乘法估计 a 和 b,是使实测值与计算值残差平方和最小,求得 a、b 估计值。为了检验回归直线是否具有意义,主要靠实践经验和专业知识,也可用数学方法定义一个相关系数 r 来衡量两个变量配置直线关系是否显著。

　　实践中许多变量间并不具备线性关系,但通过一定的数学转换,可将非线性表达式化为线性表达式,这样仍可利用上述方法来确定出它的未知参数。

　　通常更关心的问题是,上面求出的回归系数可信度如何,它们所揭示的规律是否显著,用所求的回归方程根据 x 预测或控制 y,其精度又如何? 回答这些问题,可利用数理统计方法对回归效果进行检验,如利用线性假设的显著性检验,可给出显著性水平 α 及在某显著性水平 α 下的置信度区间。

上述的一些具体方法可参阅最小二乘法和数理统计的专门著作。

2. 多元线性回归

在实际的各种系统问题中,和某一输出变量有关的自变量 y 并不只一个,而是多个,从而必须建立起与 y 的数量关系式,也是非常常见的,这样的回归问题,称为多元回归问题。多元线性回归分析的原理与一元线性回归分析完全相同,后者的方法很容易推广到多元线性回归情况,这里不再讨论。

(二)非线性模型的参数估计法

在水资源、水环境系统的模型中,有不少的模型对于参数呈非线性的关系。对于非线性模型的参数估计,仍是通过一系列试验或观测数据,对每次试验考虑到模型的输出与实测值之间的偏差,建立起一个目标函数,如仍采用偏差平方和最小,就可求出参数估计值,即使

$$J = \sum_{i=1}^{n} \left[y_i - f(x_i, \vec{\beta}) \right]^2 \rightarrow \min \tag{8-3}$$

来求得 $\vec{\beta}$ 的估计量。

由于这里 f 的形式,对于参数来说是非线性的,所以这一估计实际上是非线性最小二乘估计。若用多元函数求极值的方法得出正规方程,那么这一正规方程组也是个非线性方程组,求解也是相当困难的。为此,可用一些直接方法求解非线性模型的参数估计。一般来说,许多非线性规划方法都可用来估计参数。但对于不同的模型,由于各种方法对初始值的要求不同,或收敛性等原因,并非每种方法都是十分有效的。其中,最速下降法、单纯形加速法等在不同的系统模型参数估计中取得了应用。具体方法请参阅运筹学专著。

(三)系统动态模型的参数估计

考虑某些变量随时间变化的模型,就是动态模型。若考虑的时间是连续变化的,模型一般以微分方程表示,一般系统状态方程就属于这种。若只在一些离散时间上研究系统过程的动态,则模型多以差分方程表示。这里只讨论连续动态模型的参数估计。

$$\frac{\mathrm{d}X}{\mathrm{d}t} = f(\chi, U, \vec{\beta}) \tag{8-4}$$

式中　χ——n 维状态向量;

　　　U——m 维控制向量;

　　　$\vec{\beta}$——P 维未知参数向量。

$$\frac{\mathrm{d}X}{\mathrm{d}t} = AX + Bu \tag{8-5}$$

$$Y = HX + \varepsilon \tag{8-6}$$

式(8-6)为输出方程。

对于这种连续的线性动态模型的参数估计方法有:

(1)数值微分近似法:若模型的输出变量与状态变量一致时(即直接测量状态变量

时),可用实测数据近似求出状态变量的各阶导数。这样,就可将微分方程变为代数方程,然后再利用线性或非线性最小二乘估计法,估计出未知的参数。

若设已得到的一些状态变量在离散时间上的观测值:$X(k-1)$,$X(k)$,$X(k+1)$,…,采用时间间隔 Δt,计算 $t = t_k$ 时的导数 $\dfrac{\mathrm{d}X}{\mathrm{d}t}$,$\dfrac{\mathrm{d}^2 X}{\mathrm{d}t^2}$,用近似计算公式计算,可得出待估的参数值。这种方法计算简单,适用于参数呈线性的模型,但精度较差。

(2)利用解方程的方法:对于线性连续动态模型,可仍用式(8-5)和式(8-6)表示,即

$$\frac{\mathrm{d}X}{\mathrm{d}t} = AX + Bu$$

$$Y = HX + \varepsilon$$

这里假定上面的模型结构已知,即矩阵 A,B,H 的结构完全确定,且 H 是已知的。由于上面的第一个方程是线性微分方程,所以,当给定初始条件 $X(0) = X_0$ 时,就可求出它的解析解。一般可表示为

$$X(t) = \xi(A, B, X_0, t) \tag{8-7}$$

对于每个时间离散点 t_1,t_2,…,t_n,根据方程式(8-6)其输出为

$$X(t_1) = H\xi(A, B, X_0, t_i) + \xi(t_i) = \boldsymbol{\Psi}(A, B, X_0, t_i) + \xi(t_i) \tag{8-8}$$

$$(i = 1, 2, \cdots, N)$$

式中,ξ 是观测误差。于是,可按误差平方和最小求出 A、B 的估计值,即求

$$\min Q = \sum_{i=1}^{n} \left[Y(t_i) - \boldsymbol{\Psi}(A, B, X_0, t_i) \right]^2 \tag{8-9}$$

来估计 A、B 值。

一般说来,式(8-9)对 A、B 是非线性的,所以,求 A、B 的估计值,实际上是一个非线性最小二乘问题,可用最速下降法等非线性规划方法来求解。

上面讨论了线性连续动态模型中参数识别,在方法上利用解方程而得出的 $\boldsymbol{\Psi}(A, B, X_0, t_i)$。但若方程是非线性时,仍可利用方程的解来求 A、B 的估量值。这时当参数 $\vec{\beta}$ 给定后(这时参数不能再以矩阵表示),可用数值法求得 $\boldsymbol{\Psi}$ 在 t_1,t_2,…,t_N 时刻上的值,然后利用这些数值计算 Q,即可利用上面的方法来求解未知的参数值。

以上是一般系统,包括水资源、水环境系统数学模型参数估计的一般方法。对随机模型的参数估计,近年来发展的卡尔曼滤波方法,在一定场合下是行之有效的。对于一些非线性模型,也发展了一些新的参数估计法。

应该指出的是,数学模型的参数估计,不论采用哪种适宜的方法求出结果,都应进行灵敏度分析,以考察不可避免地带进模型中的一些不确定因素的影响及其影响程度。

第七节　水资源系统常用数学模型类别

水资源系统分析中常用的数学模型,依模型的结构形式、系统特性和模型用途等,可有各种分类及名称,但最常用者是解析模型、模拟模型和二者的混合模型。另一种常见的模型为:静态与动态模型、确定和随机模型……当然也还可根据水资源开发利用和保护治

理阶段的特点分为规划模型、设计模型、运行模型等;也可按水资源综合利用专业项目分为防洪模型、发电模型、灌溉模型、保护模型等。本节仅介绍最通用的数学模型。

一、模拟模型和优化模型

模拟模型,是水资源系统分析中,特别是评价系统方案时应用最广的一种模型,是模仿系统的真实情况而建立的模型。通过模拟模型的多次计算(或试验),可以回答"如果……,则……"的问题。实用中,仿造真实系统行为,编制模拟程序,利用计算机的运算,可以解决水资源系统需要的人工合成的径流系列,洪峰涨落过程,以及城市供水、水质控制、航运等需要解决的问题。它能提供流域开发利用和保护中任一方案和活动的经济效益和费用,或各个方案的物理的和经济的反映。

模拟模型不是一种优化技术,要想直接求得研究系统的最优化解,解析模型是有效的。由于它能直接给出分析的或数值的最优解,故也称为优化模型。应用优化模型,选择或确定水资源系统开发规模、各种设计参数和运行策略等,无疑是水资源规划和管理中最常用的模型,尽管优化模型的优化解并不一定是绝对最优的,但至少也是不坏的。

我们应该清楚,优化模型并不一定能给出精确最优解的原因是多方面的,首先,水资源开发利用和保护治理目标的选择与计量,往往不能全面真实地反映人们近期与远期的根本利益;其次,优化模型的建立和解法(或算法),由于各种原因,目前还不能摆脱假定、简化,取主舍次等局面,如非线性的线性化,变量和约束条件的简化,为适应计算机容量要求不得不放松精度等;此外,还有水文、负荷、技术和经济上的不确定性,资料的不准确性及其他的限制等。

由于上述问题的存在,最优化模型一般多用在方案筛选阶段。筛选后余留方案的经济效益分析和运行策略的制订,又常应用模拟模型来进行。所以,优化模型与模拟模型的结合使用,在大型的水资源规划和管理中也是广泛而经常使用的。

二、静态模型与动态模型

无论优化的和模拟的模型都可依考虑问题的时间因素与否,进一步划分为静态的和动态的两种模型。

静态模型是不考虑时间因素作为变量处理的数学模型,如式(8-10)就是典型的静态模型,

$$\left.\begin{array}{l} \max_{x} f(\chi) \\ \text{受约于} \quad g_j(X) \leqslant b, j = 1,2,\cdots,m \end{array}\right\} \tag{8-10}$$

式中 $X^{\mathrm{T}} = (X_1, X_2, \cdots, X_n)$

动态模型是把时间因素作为变量考虑的模型,或一般包含微分或差分方程的模型,如

$$E = \max \int_{t_0}^{T} N\left(V(t), \frac{\mathrm{d}v}{\mathrm{d}t}, t\right) \mathrm{d}t \tag{8-11}$$

及满足各种有关约束条件(略),便是一种动态模型。

三、确定性模型和随机性模型

在水资源系统分析中,可按模型中变量(如流量等)的未来值是确定的还是不确定的进行分类,有确定性模型和随机性模型之分。

确定性模型是指模型中变量和参数作为确定的固定值来处理的模型。如式(8-10)中引用的径流过程,无论现在和未来均是已知确定的,则式(8-10)就是一个典型的确定性模型。

随机性模型是指模型中的变量和参数,引入了不确定的随机因素所构成的模型,例如式(8-12):

$$V_i^n(k) = \max_K \left\{ \sum_{j=1}^m P_{ij}(k) \times r_{ij}(k) + \sum_{j=1}^m P_{ij}(k) \times V_j^{n-1}(k) \right\} \qquad (8\text{-}12)$$

便是一个随机模型。

式中　$V_i^n(k)$——系统处于状态 i,采用最优策略 $\{K\} = \{k_1, k_2, \cdots, k_n\}$,经过 n 步转移后的总期望值;

　　　P_{ij}——状态为 i 作出的决策 K,状态转入下一时段 j 的转移概率;

　　　r_{ij}——其相应的效益。

对于同一水资源系统,随机性优化模型常包括更多的变量和约束条件,并能给出比确定性模型更多的信息和较强的可靠性。但是随着变量和约束条件的增加,往往使计算机的容量和速度不能胜任,或计算时间太长。因此,水资源系统规划设计阶段,一般多采用确定性模型;要用随机模型的话,也都限于规模较小的子问题中。

四、投资模型和运行策略模型

根据长期和短期运行规划的特点进行分类,水资源系统分析的模型可分为投资模型和运行策略模型。

水资源开发利用和保护治理的投资模型,除考虑施工期外,一般工程运行期均较长。物质设施可能变化和更新,如在这样长的时期内,一般要考虑水资源系统工程规模和管理措施等的变化。通过水资源工程的投资决策,总期望能选择出工程设计参数是最优的。下面以某水利枢纽(包括有发电、灌溉和防洪等)的费用计算公式,作为这种模型的例子。

$$PVC = \sum_{t=1}^n (k_t + M_t)(1 + i)^{-t} \qquad (8\text{-}13)$$

式中　PVC——工程总费用折现值;

　　　k_t、M_t——第 t 年投资和年运行费;

　　　t——年序号,其中,$t = 1, 2, \cdots$;

　　　n——系统的经济计算期,基准点选在施工开始的第一年年初;

　　　i——折现率(如社会折现率 $i_s = 12\%$)。

短期运行策略模型,一般是在工程规模和参数已定的情况下,根据选定的运行目标(单目标或多目标)寻求最优的运行策略。这种运行策略模型,一般考虑的因素要详细些。例如,工程的入流问题可考虑随机的,约束条件更实际些,设备状况和运行条件是现实可行的,等等。这类模型可选用式(8-11)或式(8-12),视具体情况而定。

五、线性模型和非线性模型

如果以模型中的线性关系进行分类,则有线性模型和非线性模型之分。

线性模型是用线性方程表示的数学模型,它的全部约束条件和目标函数都是线性的,如模型(8-10)即是典型的例子。下面是某水资源系统在满足地区社会经济特定收益水平 B_r 的条件下,选择工程方案的净效益最大的线性数学模型:

满足条件:
$$\left. \begin{array}{l} \max \sum_{j=1}^{n} \sum_{t=1}^{T} \dfrac{B_{jt} - M_{jt}}{(1+i)^t} x_j - \sum_{j=1}^{n} K_j x_j \\[3mm] \sum_{j=1}^{n} \sum_{t=1}^{T} \dfrac{(B_p + B_s)_{jt}}{(1+i_r)^t} x_j \geqslant B_r \end{array} \right\} \qquad (8\text{-}14)$$

及其他约束条件。

式中　B_{jt}、M_{jt}——第 t 年第 j 个方案的收入和运行与维修费用;

　　　K_j——第 j 个工程方案的投资现值;

　　　i、i_r——折现率和收入再分配的折现率;

　　　j——相互独立的工程方案数目,其中 $j=1,2,\cdots,n$;

　　　T——工程的经济计算期,$t=1,2,\cdots,T$;

　　　x_j——决策变量,取值为 0,1;

　　　B_p、B_s——系统主要的和辅助的收益。

非线性模型是以非线性方程表示的数学模型。它的目标函数和约束条件的全部和部分是非线性的。

第八节　优化技术与模拟技术

在建立上述的有关模型和满足系统所有约束条件下,而使目标函数最大或最小的过程,就是所谓的最优化,或称最优化程序。

水资源系统分析中的常用优化技术,基本上分两大类:一类是解析技术,如运筹学所讲的优化技术,如线性规划、非线性规划、动态规划、整数规划、多目标规划等;第二类是计算机模拟技术。关于运筹学中的技术方法,这里不再重复。下面,简单地谈谈水资源的模拟技术。

模拟技术,是在仿造真实物理系统的情况下,利用计算机模型(或模拟程序),模仿实际系统的各种活动,为制定正确决策提供论据的技术。这是计算机模拟。除此之外,在水资源规划管理中还可用到物理模拟(如水工模拟试验等)和相似模拟(如电模拟等),但不是主要的。用计算机模拟技术,解决水资源系统问题的主要内容有:建立系统的计算机模型或模拟程序;运用模型进行计算试验;分析研究成果作出决策。

上述内容构成模拟技术的几个组成部分:

(1)确定输入。模拟模型接受一组输入(如径流资料和需水量、工程规模、尺寸等),并按照一组模仿系统"活动"的关系式,将输入转化为输出。

(2)确定变量、参数和常数。变量是指各次模拟运行中可以改变的量,如工程设施规模变量(指库容大小、电站规模、灌溉渠道尺寸等),系统输出变量(如电能、供水量、水质指标等)和运行参数。参数和常数是指物理函数中不变的量,如各种换算因数、水环境容量、河道天然蓄洪能力等。

(3)建立物理的和非物理的关系式。前者是指水流连续性定律、能量守恒定律和其他外加约束条件等;后者指常见的经济定量,如投资、效益、可能需要考虑的政策等非物理变量。

(4)拟定运行规则。反映到模型中的系统运行规则有:水库、防洪、污水处理设施和灌区的运行规则,它们都是系统应用的限制性规定。

(5)输出及优选。在模拟模型中,一组输入按上述的物理和非物理关系,根据运行规则操作,将产生一组输出,它可以是物理量,也可以是反映经济效果的有关指标,表明模拟系统对状态条件的响应。对输出提供的信息和其他有关信息,使用有关优选技术,如格点法、单(双)因子法、随机抽样法、最陡梯度法等进行优选,便可得到提供决策的最优答案。

第三篇　水资源保护规划的技术方法

第九章　水资源保护规划编制过程与方法

第一节　水资源保护规划编制总体过程

对一个流域或一个区域进行水资源保护规划时,往往划分成若干子系统。如对某流域规划时,可将控制河段分成数段进行规划,首先确定各段的功能、水质目标,然后根据其功能与水质目标确定水质标准。规划过程中应用水质数学模型,在掌握水体自净规律的基础上定量地描述排污与水体水质之间的关系,进而确定规划河段的环境容量或最大允许纳污量,制定总量控制方案和水资源保护对策措施方案,并对其进行优化或优选,从而确定方案。为了寻求更经济可行的水质目标和总量控制与治理方案,还要进行水质模拟计算,这样可以定量地分析河流各断面的水质情况,检验水质规划选用的水质目标的合理性,从而根据合理的水质目标及经济分析来选择方案。

水资源保护规划的过程是一个反复协调决策的过程。一个具有实用性的最佳规划方案应该使整体与局部、局部与局部、主观与客观、现状与远景、经济与水质、需要与可能等各方面协调统一,在具体工作中又往往表现为社会各部门各阶层之间的协调统一。实际上,整体规划过程就是在寻求一个最佳的统筹兼顾方案,规划的过程与步骤概括起来可分为四个阶段,即规划目标、建立模型、模拟优化以及评价决策(见图9-1)。每个阶段有它各自相应的工作和准备工作。在模拟优化阶段又可按最优规划和模拟规划等两种途径来进行。显然,各阶段和各步骤不是机械地分割,而是根据需要相互穿插和反复进行的。

一、确定规划目标

整个规划工作要先从"明确问题"和"提出目标"开始。"明确问题"除了要明确规划的范围外,还要指明控制污染的方法和要求。为此,需通过污染源的调查分析和水质的监测研究提供水质现状评价的信息。水质现状评价对于河流来讲,是要把河流的水质现状与要求水环境的质量标准作一比较。对于行业排污来讲,是要把行业的排放水质与要求的行业控制指标作一比较。这就涉及应该选用何种水质标准或规定作为评比和治理目标的问题,而这个目标的最终确定又与一系列技术经济相联系,也是整个规划工作的最后成果之一。因此可以说,确定目标是规划过程的起始与终结。在规划开始可以提出一个认为

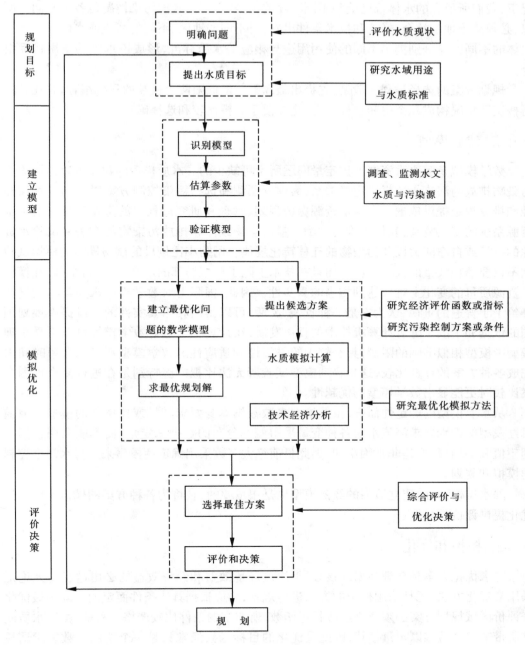

图 9-1 水资源保护规划框图

可行的水质目标,经过规划过程中的反复协调方可最终确定。

每一水体的使用目标是由它的特定用途来决定的,一条具有最理想功能的河流可同时满足各种用途。这样可以得到最大的利益,但必然也要维持很高的水质标准和要求采用十分严格的污染控制措施。显然,只有当这种理想化功能所得到的效益能极大地满足社会的需要,而且污染控制在技术上也是可行的情况下,这种目标才是现实的。在很多情况下,我们所研究的水体都已受到不同程度的污染,不同的区段污染情况也各不相同。所以,必须从当地的社会、经济和技术条件出发,对不同的地区、不同的河流或水体以及同一水体的不同区段分别提出不同的使用用途与相应的水质标准,形成该水体的使用目标组合。

规划方案的选择过程一般是:先提出最高限与最低限两个极端的目标组合,并在其间再按实际情况构成几个中间目标组合,这样便于分析比较和选择确定。

二、建立模型

数学模拟是解决水资源保护定量问题所不可缺少的。水质模型的建立可以为河流中污染物排放与河流水质提供定量关系,为评价预测和选择污染控制方案以及制定水质标准和排放规定提供依据。它是水资源保护规划、管理和研究过程中的重要工具。由于水资源系统的庞大复杂,我们很难用倾倒大量污染物或停止排放污染物的方法来试验水资源的抗污或自净能力以及污染物的迁移转化规律。用缩小比例尺的试验模型的模拟试验则不仅要消耗大量的人力、物力,而且在技术上除了模拟局部的水文、气象特征外,在模拟水资源质量的变化上难以达到相当的真实性。因此,国际上对数学模拟水污染与大气污染给予了普遍的重视,认为它是一种省钱、灵活,可以得出相当真实性的足以提供规划预测的依据和手段。随着计算机技术的日益发展,在计算机上进行数学模拟可以不受物理模型中模型相似准则的限制,具有较大的灵活性和适应性。数学模型还可以在短时间内完成各种方案的计算比较,这是物理模型试验所无法比拟的。特别是在进行多个预测方案比较时更能显出数学模型的优越性。

从水质模型的确定性而言,虽然绝大多数数据本身要求随机或概率性的模型。但随机性模型的识别要求河流水质各种变量采用概率分布的数据来定量,而不能采用它们的期望值和平均值,这是非常困难的,因此目前绝大多数采用确定性模型来进行水污染控制的模拟和规划。

除水质模型外,建立适当的经济模型也是很重要的,它将为各种方案的模拟比较和最优化提供评价的依据。

三、模拟和优化

寻求优化方案是合理规划的核心,是协调环境效益和经济效益的必由途径。无论是采用最优化方法,还是采用模拟的方法进行规划,均应根据具体条件而定的。采用最优化来评价区域规划方案必须建立经济目标函数,所要求的条件比较严格。目前,由于水质改进所带来的收益难以定量估算,因此最优化的目标函数经常只是一个费用函数。所谓最优化就是在水质约束和技术约束条件下,寻求费用最小的控制方案。解决最优化问题所常用的方法有线性数学规划法、非线性数学规划法和动态规划法等。这些数学规划方法,除动态规划法外,都要求把目标函数和约束条件写成显式,再根据各种规划方案所提供的数据,应用不同的水文、污染源、气候等条件进行水质模拟,以计算出相应的河流水质状态,从而可以提供水质与经济等指标的评价对比信息,以便作出优选。

四、评价与决策

对于水资源保护系统的规划问题,用数学方法得出的最优解往往并不一定是一个可以付诸实施的方案。因为水质改善所带来的许多效益,如改善水生生态的平衡、人体健康和旅游观光等都不容易用经济指标来衡量,因此在"最优"规划过程中没有将收益问题考虑进去。另外,水质目标虽然可以作为规划的一个重要因素,但是它还受着政治、经济和技术等目标或条件的制约。因此,需要进行统一协调,作出使各方满意的决策,也就是说,由数学模拟和数学规划得出的"最优"水资源保护规划方案,要与其他诸因素进行协调,从而才能确定一个能够付诸实施的一种"最佳实用方案"。

第二节　水资源保护规划编制内容与步骤

编制水资源保护规划报告的步骤一般可分为三个阶段,各阶段编制内容如下。

一、第一阶段

收集与综述现有的数据、资料、报告及总结过去的工作。

(1)自然条件。地理位置、地形地貌、气候、气温、降雨量、风向、面积与分区等。

(2)人口状况。市区人口、乡镇人口、常住人口、流动人口、人口密度与空间分布、自然增长率和迁移增长率、人口预测等。

(3)城市建设总体规划。城市的规模、性质,城镇体系(如规划市区、卫星城或县城、中心镇、一般建制镇等),城市建设用地性质(居民住宅、公共建筑、工业)等。

(4)社会经济发展现状及预测。包括国民生产总值、工业结构、产值分布特征、产业结构、不同产业的分布特征、工业发展速度(现状与预测值)、国内生产总值的发展速度等。

(5)环境污染与水资源保护现状。污染源、污染性质、污染负荷、水体特征(水文的、水力的)、水质监测状况(布点、监测频率、监测因子)及历年统计资料、数据与结果。

(6)水资源保护目标、标准及水功能区划分状况。水功能区划是指水资源保护类别及水质目标的确定,它是水资源保护规划的基础。根据对现有数据和资料的收集、归类与初步分析,应确定尚需补充收集的数据与资料,并制订补充取样分析、监测的计划。在此阶段中还应确定规划水域。

二、第二阶段

(一)建立数据库管理系统及地理信息系统
将适宜的有关数据、技术参数及资料输入上述系统,提出尚需补充的数据及资料。

(二)确定各类污染源及污染负荷
(1)工业废水污染源。应包括:国家或地方重点限期治理的污染源;工厂处理设备及其效果;出水排放去向。

(2)农村污染源。包括农药、化肥、禽畜养殖业、乡镇企业废水及乡镇生活污水等。需弄清各种污染源对地表水及地下水污染的贡献率,其中应该特别提出的是规模化禽畜养殖业,其粪尿及废水排放的 COD、BOD、氮、磷、钾等污染物负荷总量很大,但是目前十分缺乏有关统计数据,需进行详细调研、监测和统计。

(3)生活污水污染源。包括城市居民住宅污水排放量及污染物负荷量;城市公共建筑污水排放量及污染物负荷量。

(4)城市粪便量。目前尚无城市下水道服务的居民公共厕所的数量、分布、粪尿排放量、收集与运输方式、处置与处理方式及最终出路等。

(5)雨水量及初期暴雨径流量挟带的污染物量。雨水的排放系统(合流制下水道、分流制下水道及半分流半合流制下水道)及最终出路(进入水体、进入污水处理厂或部分进入污水处理厂等)。

(三)模型选择、采用、校正与检验

在水资源保护规划中,需采用模型进行水量、水质预测,并对推荐规划方案进行优化决策,以达到最小费用。例如,作为饮用水水源地的水库水质模型、河流水质模型及地下水水量和水质模型等。但模型必须利用所收集的大量实测的统计数据进行校正或验证;若缺乏必要的数据,则需及时进行补充实测,同时需进行反复的计算机模拟工作,逐步校正,使之符合当地情况,以便准确地进行水质预测。此外,为达到水资源质量目标,应基于各项技术参数及财务参数对各种推荐方案进行评估,这也需要依靠模型,即综合分析模型。目前所采用的是多参数综合决策分析模型或最小费用模型,这类模型需要输入各种费用数据及水资源质量参数等。

(四)酝酿制定可能的推荐规划方案

提出解决水环境污染及改善水质的战略、途径、方法与措施,对制定长期的水资源保护战略提出意见和建议。

三、第三阶段

规划方案确定及实施计划安排:

(1)应提出各种战略、对策及解决问题措施的清单。

(2)对提出的规划方案进行技术、经济分析,以达到技术上的可行与经济上的合理。如果通过模型的模拟运行计算和分析,达不到既定水质目标或技术、经济上不可行或不合理,则需提出在技术、经济上更为可行的规划方案,通过一次或多次计算,最后制定出推荐的规划方案。

(3)应制订各工程项目实施的优先顺序和实施计划(不同规划年各工程项目的实施计划)。

(4)应对水资源保护与管理提出体制、法规、标准、政策等方面的意见和建议。最后还应考虑当地政府财政上的支撑能力,以期获得批准和实施。

四、水资源保护规划的工作程序

水资源保护规划的工作程序见图9-2。

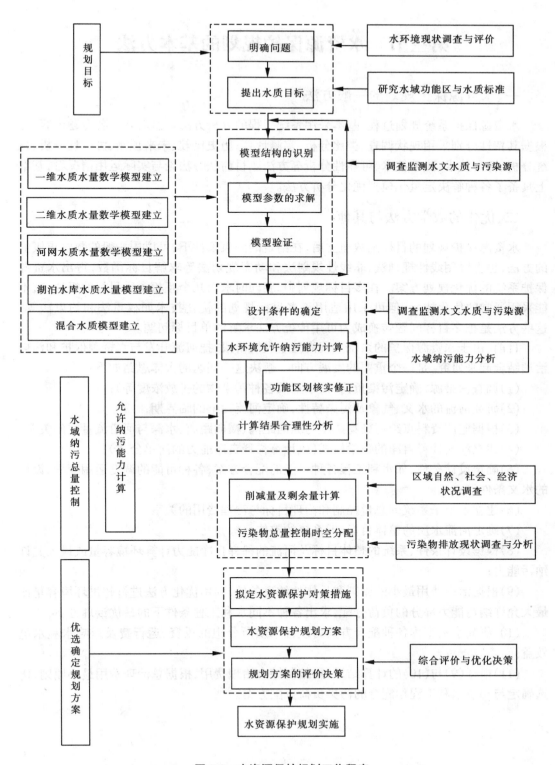

图 9-2 水资源保护规划工作程序

第三节　水资源保护规划的基本方法

一、水资源保护规划的一般方法

水资源保护系统规划过程,基本采用系统工程的分析方法。但对其中各专题内容,可根据其特性分别采用现状调查、类比分析、实测计算、历史比较、未来预测、可行性分析、系统分析、智囊技术、决策技术、可靠性分析等方法。目前从方法论与实际运用情况看,基本上具备了各种解决定量化模拟优化分析方法。

二、优化的数学方法与其他

水资源保护规划的目标函数建立后,在给定的约束条件下,可以用一般的数学求极值的方法,也可以用线性规划法、非线性规划法和动态规划法等求解目标函数,得出水资源保护系统的优化规划方案。在多目标规划中,要同时求出几个互相矛盾目标的极值,就不能采用通常的优化技术,但可采用适用于多目标规划的优化技术如权重法和约束法等。这些方法是把多目标问题转换成为可用传统方法求解的单目标问题。

目前,由于水资源保护的系统工程尚处于发展阶段,把河流开发与水资源保护和污染治理结合起来研究,是一个重要的发展方向。解决这一问题的大体思路如下:

(1)调查污染源,确定污染负荷(污水量及各种污染物的排放浓度等);

(2)研究河流的水文、气象及污染特性,确定河流污染的临界期;

(3)根据监测资料点绘污染物浓度与纵向距离、横向距离、水深与河道流量间的关系;

(4)建立河流稀释自净的数学模式(或计算稀释自净能力的简单公式);

(5)确定设计条件,如水利工程各种可能的配合方案,各种可能的调度运用规程,设计的水文条件等;

(6)建立各个子系统的总量控制和治理目标与治理费用的关系;

(7)确定河流水质的整体目标(即系统的整体目标);

(8)根据设计条件、系统的整体目标及河流的稀释自净能力计算环境容量或最大允许纳污能力;

(9)根据治理费用最小的原则和具体的约束条件,利用优化方法进行超过环境容量或最大允许纳污能力部分的负荷分配,求出各种不同水利工程条件下的最优治理方案;

(10)研究水利工程各种配合方案为改善水质所分担的投资、运行费及影响水利水电效益;

(11)根据(9)与(10)的计算结果,再编制综合治理费用,根据总治理费用最小原则,优选确定与相应水利工程相配合的污染负荷分配方案。

第十章 水体环境调查、监测与分析

与水体及其所在流域、区域有关的基础资料,是进行水资源保护规划的重要依据。它包括自然环境状况、社会经济状况、水文状况调查监测与分析、水质资料调查监测与分析、需水量与水环境状况中长期趋势分析和预测等内容。

第一节 自然、社会、环境概况调查

一、自然环境概况调查

(一)自然地理状况

(1)地理位置。水域所处的经纬度,所属的省、市行政区,两岸或四周区域的主要城镇和交通干线。

(2)地质、地貌概况。流域内的地质构造、地貌特征和类型(如平原、山地和丘陵等),以及矿产的种类和分布等。

(3)气候状况。流域内的气温(包括平均和最高、最低气温)、降雨量和降雨强度、风速、风向、空气湿度、日照时数、气压、主要灾害性天气等。

(二)生态环境状况

(1)土壤条件。流域内的土壤类型、肥力状况等,水土流失与面积状况。

(2)植被状况。流域内植被覆盖程度,主要农作物、野生动植物、水生生物的分布及自然保护区情况和保护要求。

(三)水域状况

(1)水域特征。江河的长度,断面面积,水面宽度(平均、最大与最小值),河流纵剖面图,等深线图,水位及水深(平均水深和最大水深等),河流比降,水文站分布状况等。湖库水面积、宽度、长度、深度以及容积曲线或等深线图,湖库水文站的位置等。

(2)水文特征。江河各代表性断面不同水文时期的流速、流量,断面的流速分布,河流封冻和解冻日期及汛期出现时间等,感潮河流的潮周期、憩流出现时间、不同潮期潮头到达距离,河网水系的主要流向,河流含沙量及粒径等。湖库的水位(平均、最高和最低值),容积(平均、最大和最小值),风浪的高度(平均、最大和最小值)、波长、水面盛行风向,湖库流流向、流速及其分布状况。湖库水面蒸发量的均值和年内分布,水量的流出流入情况(出入湖库河流的流速、流量和泥沙特征值)及其储量的变化等。

二、社会经济状况调查

社会经济状况调查的主要内容:

(1)人口分布。按照功能区划分的水域来分析人口的分布,城镇人口以及在河流、湖泊和水库的位置及对水域的影响,并在水系图中标出。

(2)工业状况。按水系收集工业资料,其中包括工业门类、行业、大中型企业数、乡镇及个体企业数,工业产值、排污情况及位于河道、湖泊和水库的位置,在水系图中标出。

(3)农业与土地利用状况。土地利用情况,农业产品结构、产量以及化肥农药施用量描述,特别是沿功能区划水域的农业情况。

(4)渔业状况。水系的渔业资源及养殖区的位置,在水系图中标出。

(5)航运状况。水系的航运交通情况,河道通航等级及日航运船只、吨位和驱动情况。

(6)其他社会环境资料。简要描述水系内人文景观、文物保护和人群健康等基本情况。

三、水资源开发利用及功能区调查

一般来说,大多数江河湖库都具有饮用、灌溉、养殖、游览等多方面的用途。在制定水资源保护规划时,应按功能区的要求,收集以下几方面的资料。

(一)供水功能资料

(1)城市饮用水水源。河流沿岸或湖库周围各水厂集中式取水点的位置,实际取水量(包括最大、最小和平均取水量)和取水规律。

(2)工业用水水源。河流沿岸或湖库四周各工厂取水点位置,日取水量(包括最大、最小和平均取水量)及每天与日间的取水规律。

(3)农田灌溉用水水源。灌溉面积、灌溉模数、沿河或湖库四周农田灌溉的主要取水口位置、取水设施与功率、年平均抽水量和旱年最大用水量。移动式临时取水设施与功率和年平均抽水量。

(二)养殖功能资料

(1)渔业资料。江河湖库主要经济鱼类产卵场、养殖场、索饵场的位置和水域范围,人工网箱养鱼和围水域养鱼的位置与水域范围,年平均产鱼量和每亩水面平均产鱼量。

(2)水生植物资料。江河湖库或河汉浅水区水域,中、高等植物的覆盖率,生长状况,单位面积生长量和年平均产量。

(3)野生动物资料。江河湖库野生动物的种类,栖息水域和繁殖场所的地点与范围。特别是列为国家一类、二类保护的野生动物,应详细调查与记载。

(三)旅游功能资料

(1)名胜古迹资料。沿江河两岸和湖库周围地区的名胜古迹的数量、等级,风景游览的价值,所处的地理位置和游客的人数。

(2)水上游览设施资料。天然游泳场和划艇、航模训练比赛场的规模,所在的地理位置,参加游泳和划艇的人数。

(四)航运功能资料

江河的最低航运水位或水深,枯、平、丰水期可通航的路程,来往船只的数量与吨位,沿岸各港口所在的地理位置,客运量与货运量,船舶的种类等。

湖库的主要航程,过往船只的数量和船舶的种类,沿湖库的港口地理位置,客运量和货运量等。

四、水污染状况与防治设施状况调查

水污染状况调查包括污染源、入河排污口、水域水质、河流底质状况、水污染事故等内容。水污染防治设施主要有下列调查内容：

(1)有处理设施的排污单位,调查污水处理设施处理能力、运行费用及运行情况与效果,各种规章制度,处理设施应急和维修期间的对策措施,以及排污情况;无污水处理设施的排污单位,调查执行排放标准与区域总量控制指标的情况。

(2)城市污水处理设施的处理能力、运行费用、处理效果等。

(3)城市规划和污水治理规划、设想等。

(4)其他一些有关资料。

五、资料的主要来源及方法

以行政区为单位,收集有关水资源开发利用、水环境保护等地方性法规;流域综合利用规划、水中长期供求计划、统计年鉴、社会经济发展规划、水功能区划、国土规划、农业区划等规划;自然保护区名录、规划;区域水资源分布和开发利用以及进出境水质要求等。

关于水资源保护规划所需的各类基本资料,可按有关统一规定的表格进行收集。表格中列出了所需资料的基本内容,规划时可根据当地的具体情况进行增减或修改。自然环境状况和社会经济状况的表格仅是将文字叙述内容表格化,便于统一汇总,以便建立数据库和进行水资源保护规划工作。

第二节　污染源调查、监测与评价

一、调查对象

江河湖库流域范围内,所有能对水环境质量产生危害和不良影响的自然污染源与人为污染源,均为调查对象。

二、调查内容

(一)自然污染源

自然污染源,系指自然界化学异常地区存在的某些对江河湖库水域环境质量产生危害和不良影响的物质(或能量)源地。

在调查中,主要查明该水域范围内含有害物质(如氟化钠等)过高的矿泉、天然放射性源、自然污染源的位置,地下水退水中的不良物质(如硫酸根、氯根及其化合物等)自然污染的区域,同时测定污染物质的种类和数量。

(二)人为污染源

人为污染源,系指人类的生活和生产活动向江河湖库水域排放污染物质的源地。按污染物质进入水域的形式,可分为点污染源、面污染源和流动污染源三种类型。

1. 点污染源

点污染源,系指该水域沿岸或汇入该水域的支流沿岸各类工矿企业等排污点。

(1)点污染源的地理位置,相对间距,排污种类(如有机物、无机物、营养物质、重金属等),排污数量(包括污水的数量和污染物的浓度,或污染物的总量),排放废热的温度等。

(2)排放方式(如岸边自由或有压排放、潜没有压或无压排放等),排放强度,排放规律(如连续稳定或不稳定排放、间歇排放;间歇排放的次数、时间和数量等)。

(3)排污对水域环境质量的影响(如污染对人体健康的影响,对鱼、贝类等水生生物的影响,对水域生态平衡的影响等)作出定性的调查和定量的监测。

(4)调查污染事故所造成的危害及影响(如对饮用水源、鱼、贝等水生生物的影响)。

2. 面污染源

面污染源,系指江河湖库流域的地表径流(包括牧场和森林区)、地下水退水、农田灌溉尾水、矿区排出的地下水、尾矿淋溶径流、大气降水、村镇居民排出的生活污水等分散的产污源地。

(1)江河湖库流域地表(包括牧场和森林区)径流量及其带入的污染物的种类和数量。

(2)地下水退水和矿区排出的地下水及其带入水域的污染种类和数量。

(3)水面上的大气降水量及其带入水域的污染物种类和数量。

(4)流域地区内农田灌溉尾水量及其带入水域的污染物种类和数量。

(5)流域地区内村镇居民点的人口总数,直接或间接排入水域生活污水的数量,携带污染物的种类和数量。

(6)水网地区投放的灭螺药物量。

3. 流动污染源

流动污染源,系指江河湖库中来往船只、沿岸公路来往车辆排出污染物进入水域的源地。

主要调查该水域中来往船只的数量(或吨位),沿岸公路的车流量,测定排放污染物的种类(如石油类、有机物、重金属等)和数量。

三、调查与测定方法

(一)点污染源的调查与测定

主要是测定各污染源流入水域的污水量及其携带的污染物种类和数量。

1. 污水量的测定

污水量大且集中的点污染源,可采用流速仪测定污水排放的流速,按下列公式计算其污水量:

$$q = A \cdot v \tag{10-1}$$

式中 q——污水量,m^3/s;

  A——排污口过水断面面积,m^2;

  v——排污口断面的平均流速,m/s。

式(10-1)适用于连续而稳定的排污情况,如连续而不稳定,则用时间加权平均,求平均排污流量,如下式:

$$q = \frac{q_1 t_1 + q_2 t_2 + \cdots + q_n t_n}{\sum_{i=1}^{n} t_i} \tag{10-2}$$

式中 $t_1, t_2, \cdots, t_n$——各测次的时间距,h;

$q_1, q_2, \cdots, q_n$——各测次的污水流量,m^3/s;

$\sum_{i=1}^{n} t_i$——各测次的时间距之和,h。

若岸边为有压排污的情况(见图10-1),因射流与自由落体情况相同,只需测得垂落高度 y 和射流距离 x,如不计空气阻力,则

$$x = vt$$
$$y = \frac{1}{2} g t^2$$

两式合并消除 t,经整理后得

$$v = x \sqrt{\frac{g}{2y}} \tag{10-3}$$

式中 x——射流距离,m;

y——射流垂落高度,m;

g——重力加速度,取 $9.81 m/s^2$。

再测得排污管的截面积,代入式(10-2),可算得排污流量。

潜没有压或无压排污,测定其污水流量比较复杂,故不在此赘述。有些排污口极不规则或是漂浮物和悬浮物很多,不具备用流速仪测定时,可稍经整理后,采用插板法、浮标法或三角堰、量水槽等水工建筑物来直接测定污水流量。

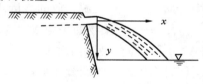

图 10-1 有压射流排污示意图

2.污水中污染物浓度的测定

(1)采样点的布设。通常情况下,有毒物质(如汞、铬、镉、铅、氰化物等)、有机氯农药(六六六、滴滴涕)、放射性物质、强致癌物质,均要求在车间排污口设采样点;其他污染物可在工厂总排水口或污水流入水域处设点、采样。

有污水处理设施的点污染源,采样点可设置在污水处理设施的排出口。为了解处理设施的处理效果,也可在处理设施的进出口处,同时布设采样点。

(2)采样时间。连续稳定排放的点污染源,可按相同的时间距采集10次左右的水样,取各次水样的混合样品送检。以三天测定结果的平均值为该点污染源排放污水的平均浓度。

连续而不稳定排放的点污染源,按其变化周期的规律分别采样送检。一天测两个周期,以三天测得结果,用污水量加权平均求得平均浓度,为该点污染源排放污水的平均浓度。其计算式如下:

$$c^* = \frac{q_1 c_1^* + q_2 c_2^* + \cdots + q_n c_n^*}{\sum_{i=1}^{n} q_i} \tag{10-4}$$

式中 c^*——点污染源的平均浓度,mg/L;

$c_1{}^*,c_2{}^*,\cdots,c_n{}^*$——各测次的点污染源污水排放浓度,mg/L;

$q_1,q_2,\cdots,q_n$——各测次的点污染源污水排放流量,m^3/s;

$\sum\limits_{i=1}^{n}q_i$——各测次点污染源排放污水流量之和,m^3/s。

间歇排放的点污染源,要详细查清排放规律和周期,更严格地按照生产周期和排放规律逐次取样分析,以两个生产周期内逐次采样的平均值,作为该点污染源排放污水的浓度。计算方法同式(10-4)。

(3)采样方法。等时距采样,适用于连续稳定排放的点污染源,采集相同体积的水样,混合均匀后送检;不等时距采样,适用于连续不稳定或间歇排放的点污染源,在排放变化稍稳定后分别采样送检;排污比例采样,适用于连续不稳定排放的点污染源,首先分别测定其污水流量的变化,然后依流量大小按比例采集水样,混合均匀后送检;瞬时采样,适用于污水贮蓄池或污水处理后连续排放的污水浓度。

(4)测定方法。按国家统一制定的《水质分析方法》的规定进行。

3.污染源排放量的计算

根据前述要求测定的污水量和污水浓度,按式(10-5)求算点污染源各污染物的排放量

$$M_i = 86.4qc_i{}^* \tag{10-5}$$

式中 M_i——i 污染源排放的数量,kg/d;

$c_i{}^*$——污染物的平均浓度,mg/L;

q——点污染源污水排放量,m^3/s。

(二)面污染源的调查和测定

1.降水污染物的测定

(1)降水量的测定。在可收集雨水样品的场地上,设置气象部门使用的雨量筒,计测各次降水过程的雨量。也可以直接选用水域邻近地区的气象台站的降水资料。

(2)降水污染物浓度的测定。在近水域岸边的陆地上,选择比较空旷、无重大污染源(烟囱和污水排放点)的场地,在离地面 1.5m 处,安置直径为 50cm 的塑料漏斗或雨水收集器进行水样收集。每次下雨前,漏斗或雨水收集器用去离子水洗涤,除去尘埃。如降水时间不超过 24 小时,以一次降水过程所收集的均匀混合样品送检;如一次降水时间超过24 小时,以前一天 8 时至第二天 8 时收集的均匀混合样送检。测定方法同上。

(3)降水污染物的计算。

$$M_i = 10^{-3}PC_i \tag{10-6}$$

式中 M_i——降水带入水域的 i 污染物的量,kg/d;

C_i——降水中 i 污染物的平均浓度,mg/L;

P——水面上的降水量,m^3/d。

2.径流中污染物的测定

(1)径流量的测定

$$R = fP \tag{10-7}$$

式中　R——流域平均径流量，m^3/d；

　　　f——流域平均径流系数，可以从各地方水文手册中查得；

　　　P——流域平均降水量，m^3/d。

(2)径流中污染物浓度的测定。在各次降水过程中，选择地面径流汇入有代表性的溪沟，按降水初期、中期和后期的不同时段，分别测定径流量和取三次均匀混合样品送检。测定方法同前。

(3)径流污染物的计算

$$M_i = 10^{-3} R C_i \tag{10-8}$$

式中　M_i——径流带入水域的 i 污染物的数量，kg/d；

　　　R——流域平均径流量，m^3/d；

　　　C_i——径流中 i 污染物的浓度，mg/L。

(三)污染源调查

为准确地掌握污染源排放的废污水量及其中所含污染物的特性，找出其时空变化规律，需要对污染源进行调查。污染源调查的内容包括：污染源所在地周围环境状况；单位生产、生活活动与污染源排污量的关系；污染治理情况；废污水量及其所含污染物量；排放方式与去向；纳污水体的水文水质状况及其功能；污染危害及今后发展趋势等。

污染源调查可以采用调查表格普查、现场调查、经验估算和物料衡算等方法。

四、污染源评价

污染源评价是将调查所得到的大量数据进行处理，以确定各行业、各地区或各流域中的主要污染物和主要污染源。评价过程的实质，就是将污染源调查的数据进行"标准化"处理，将其转换成相互可比较的量，据此确定污染源和污染物的相对重要性。下面分别介绍等标污染负荷、排毒系数和等标排放量的概念及计算方法。

(一)等标污染负荷与等标污染负荷比

等标污染负荷是以污染物排放标准作为评价标准，对各种污染物进行标准化处理，求出各种污染物的等标污染负荷，并通过求和得到某个污染源(工厂)、某个地区和全区域的等标污染负荷。

1.等标污染负荷

(1)某污染物的等标污染负荷(P_{ij})定义为：

$$P_{ij} = \frac{C_i}{S_i} Q_{ij} \tag{10-9}$$

式中　P_{ij}——某污染物的等标污染负荷，t/d 或 t/a；

　　　C_i——某污染物的实测浓度，mg/L；

　　　S_i——某污染物的排放标准，mg/L；

　　　Q_{ij}——含某污染物废水排放量，m^3/d 或 m^3/a。

(2)某工厂的等标污染负荷(P_j)，是其所排入的若干种污染物的等标污染负荷之和。

$$P_j = \sum_{i=1}^{n} P_{ij} = \sum_{i=1}^{n} \frac{C_i}{S_i} Q_{ij} \quad (i = 1, 2, 3, \cdots, n) \tag{10-10}$$

(3)某个流域(或区域)的等标污染负荷(P_m),是其中若干(m 个)工厂(污染源)等标污染负荷之和。

$$P_m = \sum_{j=1}^{m} P_j \quad (j = 1,2,3,\cdots,m) \tag{10-11}$$

根据各类等标污染负荷值,即可相应计算出某流域(或区域)、某工厂、某污染物的污染负荷比。对污染负荷比进行分析、比较,就可确定出主要污染源与主要污染物。

2.等标污染负荷比

某污染物的等标污染负荷(P_{ij}),占该厂等标污染负荷(P_j)的百分比,称为等标污染负荷比(K_i),计算公式为

$$K_i = \frac{P_{ij}}{P_j} \times 100\% \tag{10-12}$$

某流域内工厂污染负荷比用 K_j 表示:

$$K_j = \frac{P_j}{P_m} \times 100\% \tag{10-13}$$

(二)排毒系数

污染物的排毒系数(F_i),是假设污染物充分、长期作用于人体时,可以引起慢性中毒的人数。其基本计算公式为

$$F_i = \frac{m_i}{d_i} \tag{10-14}$$

式中　F_i——某污染物排毒系数,人;

　　　m_i——某污染物排放量,kg;

　　　d_i——某污染物的评价标准,g/人,指能够导致一个人出现中毒反应的污染物最小摄入量(g),对于废水,d = 某种污染物的慢性中毒阈剂量(mg/kg)×成年人平均体重(55kg)。

据此基本公式,可以求出一个工厂、一个地区或一个流域的排毒系数:

$$F_n = \sum_{i=1}^{n} F_i \tag{10-15}$$

$$F_m = \sum_{n=1}^{m} F_n \tag{10-16}$$

F_i 值完全是一个反映污染物排放水平的系数,它不反映任何外环境的影响,因此可以作为污染评价的一个客观指标。各种不同性质的污染物,通过这种标准化计算,具有了相同量纲,相互之间就有了可比性,为进一步运算打下了基础。

(三)等标排放量

等标排放量是污染物的绝对流失量与卫生标准的比值,基本计算公式为

$$P_i = \frac{m_i}{S_{si}} \tag{10-17}$$

$$P = \sum_{i=1}^{n} P_i \tag{10-18}$$

式中　P_i——某污染物等标排放量,mg/s;

m_i——某污染物质的流失量,mg/s;

S_{si}——某污染物质卫生标准的浓度,mg/L;

P——某工厂的等标排放量,L/s。

等标排放量的含义可理解为将污染物稀释到等于标准浓度值时稀释介质(水)量。它可以用来表示某种污染物、某种污染源对环境造成污染的潜在能力,又可以用来比较不同污染物、不同污染源、不同污染地区之间的差异,还可以用来作为一个工厂治理效果的一项综合性指标。

污染物和污染源对环境潜在污染能力的评价以及污染源的污染程度比较,除了上述介绍的几种评价方法之外,还可以用单位产量排污系数和单位产值排污系数来评价和比较。这种方法不但可以掌握污染物和污染源对环境污染的潜在影响程度,同时也可以衡量企业的管理水平和技术水平。

(1)单位产量的某污染物排放量

$$M_i = \frac{Q_i}{W} \qquad (10\text{-}19)$$

式中 M_i——每吨产品某污染物的排放量,kg/t;

Q_i——某污染物的排放量,kg/a;

W——产品的产量,t/a。

(2)单位产值的排污系数

$$N_i = \frac{Q_i}{U} \qquad (10\text{-}20)$$

式中 N_i——每万元产值的某污染物排放量,kg/万元;

Q_i——某污染物的排放量,kg/a;

U——产品的产值,万元/a。

五、工业污染源的主要污染参数

工业废水中的主要污染参数因行业流程而异,其含量也因生产规模和管理水平而不同。表 10-1 列出我国进行污染源调查时的各行业主要污染参数。

表 10-1 我国各行业工业废水的主要污染参数

类　别	主　要　参　数
黑色金属矿山(包括磁铁矿、赤铁矿、锰矿等)	pH 值、悬浮物、硫化物、铜、铅、锌、镉、汞、六价铬等
黑色冶金(包括选矿、烧结、炼焦、炼铁、炼钢、轧钢等)	pH 值、悬浮物、COD、硫化物、氟化物、挥发酚、氰化物、石油类、铜、铅、锌、镉、汞等
选矿药剂	COD、BOD_5、悬浮物、硫化物、挥发酚等
有色金属矿山及冶炼(包括选矿、烧结、冶炼、电解、精炼等)	pH 值、悬浮物、COD、硫化物、氟化物、挥发酚、铜、铅、锌、砷、镉、汞、六价铬等
火力发电、热电	pH 值、悬浮物、硫化物、挥发酚、砷、铅、镉、石油类、水温等
煤矿(包括洗煤)	pH 值、悬浮物、砷、硫化物等

续表 10-1

类　别		主　要　参　数
焦化		COD、BOD₅、悬浮物、硫化物、挥发酚、氰化物、石油类、水温、氨氮、苯类、多环芳烃等
石油开发		pH 值、COD、悬浮物、硫化物、挥发酚、石油类等
石油炼制		pH 值、COD、BOD₅、悬浮物、硫化物、挥发酚、氰化物、石油类、多环芳烃等
化学矿开采	硫铁矿	pH 值、悬浮物、硫化物、铜、铅、锌、镉、汞、砷、六价铬等
	雄黄矿	pH 值、悬浮物、硫化物、砷等
	磷矿	pH 值、悬浮物、氟化物、硫化物、砷、铅、磷等
	萤石矿	pH 值、悬浮物、氟化物等
	汞矿	pH 值、悬浮物、硫化物、砷、汞等
无机原料	硫酸	pH 值(酸度)、悬浮物、硫化物、氟化物、铜、铅、锌、镉、砷等
	氯碱	pH 值(酸度、碱度)、COD、悬浮物、汞等
	铬盐	pH 值(酸度)、总铬、六价铬等
有机原料		pH 值(酸度、碱度)、COD、BOD₅、悬浮物、挥发酚、氰化物、苯类、硝基苯类、有机氯等
化肥	磷肥	pH 值(酸度)、COD、悬浮物、氟化物、砷、磷等
	氮肥	COD、BOD₅、挥发酚、氰化物、硫化物、砷等
橡胶	合成橡胶	pH 值(酸度、碱度)、COD、BOD₅、石油类、铜、锌、六价铬、多环芳烃等
	橡胶加工	COD、BOD₅、硫化物、六价铬、石油类、苯、多环芳烃等
塑料		COD、BOD₅、硫化物、氰化物、铅、砷、汞、石油类、有机氯、苯类、多环芳烃等
化纤		pH 值、COD、BOD₅、悬浮物、铜、锌、石油类等
农药		pH 值、COD、BOD₅、悬浮物、硫化物、挥发酚、砷、有机氯、有机磷等
制药		pH 值(酸度、碱度)、COD、BOD₅、悬浮物、石油类、硝基酚类、苯胺类等
染料		pH 值(酸度、碱度)、COD、BOD₅、悬浮物、挥发酚、硫化物、苯胺类、硝基苯类等
颜料		pH 值、COD、悬浮物、硫化物、汞、六价铬、铅、镉、砷、锌、石油类等
油漆		COD、BOD₅、挥发酚、石油类、镉、氰化物、铅、六价铬、苯类、硝基苯类等
其他有机化工		pH 值(酸度、碱度)、COD、BOD₅、挥发酚、石油类、氰化物、硝基苯类等
合成脂肪酸		pH 值、COD、BOD₅、油、锰、悬浮物等
合成洗涤剂		COD、BOD₅、油、苯类、表面活性剂等
机械制造		COD、悬浮物、挥发酚、石油类、铅、氰化物等
电镀		pH 值(酸度)、氰化物、六价铬、铜、锌、镍、镉、锡等
电子、仪器、仪表		pH 值(酸度)、COD、苯类、氰化物、六价铬、汞、镉、铅等

类　　别	主　要　参　数
水　泥	pH 值、悬浮物等
玻璃、玻璃纤维	pH 值、悬浮物、COD、挥发酚、氰化物、砷、铅等
油　毡	COD、石油类、挥发酚等
石棉制品	pH 值、悬浮物等
陶瓷制品	pH 值、COD、铅、镉等
人造板、木材加工	pH 值(酸度、碱度)、COD、BOD_5、悬浮物、挥发酚等
食　品	COD、BOD_5、悬浮物、pH 值、挥发酚、氨氮等
纺织、印染	pH 值、COD、BOD_5、悬浮物、挥发酚、硫化物、苯胺类、色度、六价铬等
造　纸	pH 值(碱度)、COD、BOD_5、悬浮物、挥发酚、硫化物、铅、汞、木质素、色度等
皮革及皮革加工	pH 值、COD、BOD_5、悬浮物、硫化物、氯化物、总铬、六价铬、色度等
电　池	pH 值(酸度)、铅、锌、汞、镉等
火　工	铅、汞、硝基苯类、硫化物、锶、铜等
绝缘材料	COD、BOD_5、挥发酚等

第三节　水文资料调查、监测与分析

一、水文现象的基本特征及水文计算的方法

(一)水文现象的基本特征

水文现象的发生和发展过程,由于受气象因素和地质、地貌、植被等下垫面因素以及人类活动的综合影响,其变化规律是十分复杂的。但是,人们通过对河湖水文现象的长期观察和分析研究,从中寻找出一些规律和特征。认识这些规律和特征,有利于开展水文分析研究工作。

1.周期性

水文现象的周期性是指其在随着时间推移的过程中具有周期变化的特征。同时,河、湖水体因受气象因素影响总是呈现以年为周期的丰水期、枯水期交替的变化规律,如一年四季中的降水有多雨季和少雨季的周期变化,河流中来水则相应呈现丰水期和枯水期的交替变化。不仅如此,河湖水文由于受长期气候变化还表现出多年变化的周期性特征。

2.确定性和随机性

水文现象在某个时刻或由于其确定的客观原因而表现出确定性的特征。同时,水文现象受到各种复杂因素的影响,各因素不断变化、各因素之间相互作用,因此表现出随机性的特征。例如,某河流断面下一个年份的最大流量、最高水位及最小流量、最低水位等数值及其发生时刻是不能够完全确定的,具有一定的随机性。水文特征的随机性,无疑增大了水资源保护的难度和复杂性。

3.区域性

由于气候因素和地理因素具有区域性变化的规律,因此,受其影响的水文现象在一定程度上也具有区域性的特征。若自然地理因素相近似,则水文现象的变化规律具有近似性。例如,同一自然地理区的两个流域,只要流域面积相差不悬殊,则其水文现象在时空分布上的变化规律较为近似,表现为水文现象变化的区域性。

(二)水文计算的方法

从水文现象的基本特征可以看出,水文现象的时空变化规律是错综复杂的。为了寻找它们的变化规律,做出定量或定性的描述,首要的是进行长期、系统的观测工作,收集掌握充分的水文资料,然后根据不同的研究对象和资料条件,采取各种有效的分析研究方法。目前,水文分析计算方法可以分为以下三大类。

1.成因分析法

河流在任一时刻所呈现的水文现象都是一定客观因素条件下的必然现象。成因分析法就是通过对观测资料或试验资料的分析,建立某一水文特征值与某影响因素之间的函数关系,预测未来的水文情势。由于影响水文现象的因素很多,观测资料相对较少,因此,目前这种方法还不能完全满足规划的实际需要。

2.地理综合法

由于水文现象具有区域性的特征,其变化在区域内的分布有一定的规律,在水文观测资料比较少的地区可以借用临近地区的资料来进行推算。这种利用已有固定观测站的长期观测资料确定各水文特征值在区域内的时空分布规律、预估无资料流域未来水文情势的方法称为地理综合法。地理综合法对于解决缺乏资料流域水文特征值的推算,具有非常重要的作用。但这种方法并不能圆满地分析出水文现象的物理成因。

3.数理统计法

数理统计法就是根据水文现象的随机性,运用概率论和数理统计的方法,分析水文特征值系列的统计规律并进行概率预估,从而得出水资源保护规划所需的设计水文特征值。数理统计法是目前水文计算中采用的主要方法。该方法应用在水文统计中时,通常利用已收集到的实测资料为样本,分析各实测值的出现频率及其抽样误差,以此作为该水文系列总体的规律性,预测未来的水文情势和水资源质量的安全性,从中选定合理的设计参数,从而解决规划问题。收集水文资料时,应注意满足以下要求:

(1)可靠性分析。水文资料的来源及获取方式的不同,会形成水文资料可靠程度的差别。一般认为《水文年鉴》中的数据比较可靠。在规划区域内进行水文实测,对于实测结果应进行可靠性的判别,如上、下游水位是否协调,区域测流结果所反映的水量是否平衡,各测站水位基准是否相同等。如果出现问题,则需要研究出现问题的原因,判别是系统误差还是偶然误差。

(2)一致性分析。分析资料的一致性,即分析实测序列中的资料是否在同一条件下得到的,简单说就是样本是否前后一致。特别是在人类活动剧烈的区域,更需要考虑这个问题。如上游筑坝,可增加枯水期的调节流量;跨流域调水可减少原流域的水量;上游工农业发展使用水量快速增长,使下游水量锐减;如此等等都将使频率分析趋于复杂化。解决这一问题的途径一般有两种:一是进行还原分析,扣除人类活动的影响,使资料还原成未受人类活动影响的状态;二是进行截断,将人类活动影响形成突变处(如闸、坝)前后分开,按近期截断后的资料进行分析。

(3)代表性分析。水文条件需要确定保证率,它是总体的一种特征。由于总体是未知的,需用样本进行估计,一般认为实测序列长则大样本代表性好。根据我国实测水文资料的情况及水文工作的经验,一般认为实测序列在15年以上即认为代表性好,低于这个数字的,代表性则较差。考虑到前述资料的一致性要求,以实测序列不能少于10年作为最低要求。代表性不好时,需要延长进行计算用的代表序列。代表序列中如有缺测,则需要进行补插。一般用相关分析的方法解决延长或补插。通过寻求系列更长、缺测少、有成因联系且相关性好的临近站点,利用相关函数对实测序列进行延长或补插。

(4)独立性分析。水文统计分析中把河湖水文现象看成是一种随机事件,因此选用的资料应具有一定的独立性,彼此有关系的资料不能收入同一系列。一般一年中只取一个同类水位或流量实测资料组成的系列独立性好,一年中取多个资料组成的系列独立性较差,这就需要结合成因分析法,有时还要结合地理综合法来进行综合分析,对数理统计结果给予必要的修正。

鉴于水文资料的样本条件,数理统计方法在目前是水文统计的首选方法,其在水文资料中的应用主要有频率计算和相关分析两个方面:

(1)频率计算。频率计算的一般方法是:用实测的水文特征值作为随机样本,点绘于二维坐标图上,用目估方法通过点群中心绘制一条光滑的曲线(通常称为经验频率曲线),再根据概率论的原理,用某种由一定数学公式的频率曲线(通常称为理论频率曲线)进行适线,以理论频率曲线作为外延工具,得出不同频率下的该种水文特征值作为水资源保护规划的依据。探求频率曲线的数学方程,即寻求水文某特征值的频率分布线型,一直是水文分析计算中的难点。水文随机变量究竟服从何种分布,目前还没有充足的论证,而只能用某种理论线型近似代替。这些理论线型并不是从水文现象的物理性质方面推导出来的,而是根据经验从数学的已知概率密度函数中选出的。我国采用最多的是皮尔逊Ⅲ(P-Ⅲ)型曲线。

(2)相关分析。如果能收集到足够长时间的水文观测资料,则采用频率计算方法就可以得到水资源保护规划中所需的数据。但是,由于某种原因使我们能收集到的资料比较有限,代表性较差,那么就需要使用一些其他手段来插补和延展资料系列,以便使用频率计算方法为水资源保护规划服务。相关分析是经常使用的一种手段。

分析变量间相关关系的方法称为相关分析法。水文计算中进行相关分析,主要是通过分析各水文变量之间的相关关系,求出有关系的水文变量之间相关线及其方程式,用较长的水文资料系列插补和延展短期的水文资料系列。如有较长时间的降水观测资料时,可以求出降水与径流量之间的相关关系,用以插补和延展流量资料等。

对于水资源保护规划来说,河流的最小流量或最低水位直接关系到水资源质量。一般规定用河水作为城市供水的水源时,枯水流量的设计频率是90%~97%;作为发电厂的水源时,其设计频率为97%~99%;一般用水区的设计频率为90%左右。地表径流减少,河槽容蓄的水量枯竭,河水主要靠地下水补给,这种现象称为枯水径流。在我国北方,河流一年有两次枯水,一次在冬季,一次在春末夏初;南方各地一般只在冬季出现一次枯水。

枯水径流也是各种自然因素综合作用的结果。由于枯水主要靠流域前期蓄水,特别是地下水补给,因此决定枯水径流大小及其变化的是非分区性自然地理因素,如流域的水文地质条件、流域的面积大小、河槽下切深度及河网密度等。而决定枯水期长短的主要因素则是气候因素的降水和温度。

枯水径流量的计算常用以下特征值:年最小流量(每年之中的最小日流量)、年正常最小流量(年最小流量的多年平均值)、月平均最小流量(每年内月平均流量的最小值)及最小月平均流量的正常值(月平均最小流量的多年平均值)等等。在具有实测枯水资料的情况下,可采用数理统计方法,尽可能地利用相关分析法插补、延展资料系列,然后用适线进行频率分析。当缺乏实测资料时,一般采用间接方法,如等值线图法、水文比拟法或采用经验公式等。

第四节　水质调查、监测与分析

随着工农业生产发展、城市建设规模的不断扩大及人民生活水平的不断提高,水资源开发利用规模增大,水资源质量发生了显著变化。在一些地区,城市供水质量受到严重影响,人们的健康受到威胁,甚至造成巨大的经济损失。及时掌握水资源质量的现状和时空变化规律,可为水资源保护规划提供依据。

一、调查、监测的目的

污染调查的目的是为了判明水体污染现状、污染危害程度、污染物进入水体的途径及污染环境条件,并揭示水污染发展的趋势,确定影响污染过程时可能的环境条件和影响因素。污染调查为控制和消除水污染、保护水资源提供治理依据。水污染调查的内容主要是污染现状、污染源、污染途径以及污染环境条件。

水资源质量监测的目的是为了及时、全面掌握水资源质量的动态变化特征,为水质评价、水功能区划和水资源保护规划提供准确可靠的资料。具体体现为:

(1)提供代表水质现状的数据,供评价水体质量使用。

(2)确定水体中污染物的时空分布状况,追溯污染物的来源、污染途径、迁移转化和消长规律,预测水体污染的变化趋势。

(3)判断水污染对环境、生物和人体健康造成的影响,评价污染防治措施的实际效果,为制定有关法规、水资源质量标准、污染物排放标准等提供科学依据。

(4)探明各种污染物质污染原因以及污染机理。

(5)根据水质监测资料,开展水资源质量现状评价,为水功能区划和水资源保护规划提供依据。

二、水质监测内容

根据我国目前江河湖库等地表水及地下水污染现状,通常的水质监测应测定以下项目:

(1)物理指标:水温、色度、电导率、悬浮物、浊度、臭等。

(2)金属化合物指标:汞、铜、铅、锌、铬、镉等。

(3)非金属无机物指标:砷、氰化物、氟化物、硫化物、氨氮、硝酸盐氮、亚硝酸盐氮、可溶性磷、溶解氧、pH值等。

(4)有机化合物指标:生化需氧量、化学耗氧量、石油类、有机氮、有机磷、挥发性酚、有机氯农药(六六六、滴滴涕)等。

(5)卫生指标:细菌总数、大肠菌群数等。

为了反映湖泊水域的富营养化状况,在湖泊水质监测中,还应增添总氮、总磷、叶绿素、透明度等方面的调查内容。

三、水质监测方法

(一)河流水质监测方法

1. 采样断面的设置

不同河流水质监测采样断面位置和监测断面数,应视污染源分布及河流水文、地形和地理等条件而定。通常情况下,可按下述原则来布设:

(1)河流主要污染源入口处,或支流汇入口处的上游约50m处;河流入湖口或入海口处应设置采样断面。

(2)流经城市的河流,除上述要求外,还应在城市的上游和下游,分别设置采样断面。

(3)河流各水源保护区段内(如饮用水水源保护区内,城市集中式取水点上游1 000m处),至少要设置一个采样断面。

(4)断面应设置在水质均匀混合处。

2. 采样垂线的布设

(1)水质均匀混合的河段,各采样断面上采样垂线的多寡,视河流断面的宽窄而定,如表10-2所示。各采样垂线的位置,如一根垂线,则用比测法,确定能代表断面平均浓度的垂线为采样垂线;如两根垂线,则分别靠近左右两岸设置;如三根以上的垂线,除两根垂线靠近左右两岸外,其他可均匀布置。

表 10-2 采样垂线密度

河面宽度(m)	<20	20	50	100	>100
采样垂线数	1～2	2～3	3～4	5～7	7～9

(2)有明显污染带的河段,采样垂线数可按表10-2规定的数量适当增加,垂线布设尽可能靠近岸边,以测定污染带内的浓度变化。

3. 采样点的设置

各垂线上采样点的位置及数目的多少,应视水质监测项目的要求和污染物在垂线垂直方向上的混合程度而定。如污染物浓度在垂线垂直方向上是混合均匀的,一般设一个采样点,且在水面以下0.5m处为宜,但需测定石油类污染物时,采样位置尽可能接近水表面;如河水较深,污染物在垂线垂直方向上差别较大,则应在$0.2H$、$0.6H$、$0.8H$处设置采样点(H 为河流采样垂线处的水深)。

4. 采样时间

河流污染物浓度受流量、排污量以及流域地区人类活动和环境条件变化的影响较大，因此水质浓度是一个随机变量。但据多年资料的统计分析，水质变化仍有一定周期性的变化规律。为反映河流水质在时间上的变化，一般应按季节或河流流量和污染源排放量的变化进行多次采样测定。如按春、夏、秋、冬四季，或丰、平枯水期采样。在人力、物力允许的情况下，也可逐月、逐旬地进行采样分析。

5. 采样次数

采样次数也即样本容量。在同一水文特征条件下，应有多少样本能满足计算容许排放量的要求，这是环境工作者所关心的问题。

水质变量进行 n 次测定，当 n 足够大时，在统计上是服从正态分布的。但在计算污水允许排放量的水质监测中，要取得大量的样本是不经济的。因此，设法用测次最少、可以达到同样要求的样本数来完成研究目标。统计上的 t 分布，只需要有限的样本数，仍可服从于类似的正态分布。其最少的样本容量计算公式是

$$n = 1 + \left[\frac{st_{(n-1)}}{\Delta} \right]^2 (\alpha) \tag{10-21}$$

当 $n > 30$ 时，式(10-21)变为

$$n = 1 + \frac{4s^2}{\Delta^2} \tag{10-22}$$

式中　n——样本数；

　　　s——样本的标准差，$s = \sqrt{\frac{1}{n-1} \sum_{i=1}^{n} (x_i - \overline{x})^2}$，其中 x_i 为第 i 个样本的浓度值，$\overline{x}$ 为
　　　　样本的均值；

　　　$t_{(n-1)}$——样本数减 1 的 t 值，由数理统计用表查得；

　　　Δ——样本的允许误差值；

　　　α——置信水平，一般取 5%。

在用式(10-21)求样本容量 n 时，查 $t_{(n-1)}(\alpha)$ 仍需自由度$(n-1)$，因此不能直接求得 n 值。当 $n < 30$ 时，用"试错法"，在事先确定标准差的前提下，用式(10-22)算出 n 值，作为查 $t_{(n-1)}(\alpha)$ 的 n 值。查得 $t_{(n-1)}(\alpha)$ 后再代入式(10-21)计算。依此类推，一直到两边的 n 值相差极小为止，该 n 值即为所求之样本容量。一般所求之 n 值不小于 5。

【算例】　假定标准差 $s = 0.15$，监测资料的允许误差 $\Delta = 0.10$，置信水平取 5%，即 $\alpha = 0.05$，求样本容量 n 值。

因用 t 分布，一般 $n < 30$，则选用式(10-22)求 n 值

$$n = 1 + \frac{4 \times 0.15^2}{0.1^2} = 10$$

用 t 分布表，查得 $t_{(n-1)}(0.05) = 1.83$，再代入式(10-21)求 n 值

$$n = 1 + \left[\frac{0.15 \times 1.83}{0.1} \right]^2 = 8.53 \approx 9$$

由于等式两边的 n 值不相等，因此用 $n = 9$ 查 t 分布表，得 $t_{(9-1)}(0.05) = 1.86$，再代入

式(10-21)求 n 值

$$n = 1 + \left[\frac{0.15 \times 1.86}{0.1}\right]^2 = 8.78 \approx 9$$

则等式两边的 n 值均为9,该值即为所求之 n 值,也就是最少的样本容量。

式(10-21)表明,在相同置信水平及标准差的条件下,样本的允许误差愈大,则样本数 n 便愈少,反之则多。所以,样本的允许误差值的确定是至关重要的,应视样本精度的要求加以确定。

6.采样方法

(1)采样器皿。河流水样的采集,在水面以下0.5m处采样时,可用专用的采样瓶;在较深处(大于0.5m)采样时,一般可选用横式采样器。

某些有特定要求的水样,要按其特定的要求采集,如采溶解氧的水样,必须注满样瓶,横式采样器也必须充满,不能留有气泡等。

(2)采样数量。供分析用的水样数量的多寡,视分析项目和测定的精度以及是否进行平行分析而定。供大多数理化分析用的水样,一般取2 000mL左右;供单项分析的水样,取100~1 000mL即可;供某些特定要求项目的水样量,应按其测定方法的要求取样。

(3)盛水容器。一般盛水容器均使用无色硬质玻璃瓶或聚乙烯塑料瓶。在有条件的地方,拟选用耐腐蚀的硼硅酸盐玻璃瓶。

盛水器皿在使用前应洗净。玻璃瓶可选用洗液浸泡,然后用自来水冲洗,再用蒸馏水洗净备用。塑料瓶可用10%的盐酸浸泡,然后用自来水去酸,再用蒸馏水洗净备用。

(4)水样的保存。采集的水样,一般应在尽可能短的时间内测定完毕;某些项目的测定,则应按表10-3中所规定的保存方法处理;其他送检样品亦应严格加保存剂,在保存时间内化验完毕。

表10-3　　　　　　　　　　　　　**水样体积及保存方法**

序号	测定项目		要求体积(mL)	贮存用容器		保存温度(℃)	保存剂	保存时间	备注
				塑料	玻璃				
1	pH值		50	+	+	4		6小时	最好现场测定
2	水温		1 000	+	+				现场测定
3	悬浮物		100	+	+	4		7天	
4	硬度		100	+	+	4		7天	
5	溶解氧	电极法	300		+				现场测定
		碘量法	300		+		加1mL硫酸锰和2mL碱性碘化钾	4~8小时	现场固定
6	化学耗氧量		50	+	+		加H_2SO_4至pH值<2	7天	
7	五日生化需氧量		1 000	+	+	4		6小时	
8	氨氮		400	+	+	4	加H_2SO_4至pH值<2	24小时	

续表 10-3

序号	测定项目	要求体积（mL）	贮存用容器 塑料	贮存用容器 玻璃	保存温度（℃）	保存剂	保存时间	备注
9	亚硝酸盐氮	50	+	+	4		24 小时	
10	硝酸盐氮	100	+	+	4	加 H_2SO_4 至 pH 值<2	24 小时	
11	挥发性酚	500		+	4	加 H_3PO_4 至 pH 值<4,1g$CuSO_4$/L	24 小时	
12	氰化物	500	+	+	4	加 NaOH 至 pH 值=13	24 小时	
13	砷	100	+	+		加 H_2SO_4 至 pH 值<2	6 个月	
14	汞	100	+	+		加 HNO_3 至 pH 值<2	13 天（硬塑）	
15	六价铬			+		加 NaOH 至 pH 值为 8~9	当天测定	
15	总铬			+		加 HNO_3 至 pH 值<2	当天测定	
16	铅		+			加 HNO_3 至 pH 值<2	6 个月	
17	镉		+			加 HNO_3 至 pH 值=2	6 个月	
18	油类	1 000		+	4	加 H_2SO_4 至 pH 值<2	24 小时	
19	浊度	100	+	+	4		7 天	
20	氟化物	300	+	+	4		7 天	
21	细菌总数	150		+	4	无菌	6 小时以内	
22	大肠菌群	150		+	4	无菌	6 小时以内	
23	总磷	50	+	+	4		24 小时	长时间保存时，加 40mg/L 氯化汞可作为替用保存剂,在有其他方法保存时,尽量不用氯化汞
24	透明度							现场测定

(二)湖泊水质监测方法

1.测点的布设

污染物进入湖泊水体后,受湖泊的流场、水文和地理条件的影响,其分布状况也不相同。一般可参照下述要求来布设测点:

(1)入湖和出湖河流的进出口处。

(2)主要污染源入湖与湖水均匀混合处。

(3)沿湖岸的污染带。

(4)湖泊集中式供水口沿河流向上游1 000m处。

(5)鱼类养殖区。

(6)湖心或湖泊的最深处。

(7)湖内的泉水溢出处。

(8)湖泊水质的化学成分异常处。

此外,人工湖泊各支流形成的壅水区域,咸水湖或半咸水湖盐分有差异的地区,也应分别设置测点。测点的数目视湖泊类型和大小、湖泊的污染严重程度与岸边污染带的宽度和长度而定。在污染严重的区域,测点布设要多些;反之,在湖水较清洁的水域,测点布设要少些;在浅水区测点布置要密些,在深水区测点布置可稀些;在湖泊水流复杂的地区按其实际情况多布些测点,在流向单纯的水域少布些测点等。不同面积和深度的湖泊,其测点数一般不少于表10-4所列数目。

表10-4   **湖泊采样点密度**

湖泊面积 (km²)	采样点数目
10 以下	10
10～100	20
100～500	30
500～1 000	40
1 000 以上	50

为测定湖水中污染物浓度在垂向上的变化,还应根据湖泊的水深状况,分层采样。一般水深小于5m的湖泊,取水面以下0.5m处的水样,水深大于5m的湖泊,每隔5m取一个水样。对春末和夏初出现温跃层的湖泊,应在温跃层上下层分别采样。温跃层上层一般在水面以下0.5m处采样,温跃层下层的测点布设应视水深的具体情况而定。如下层水深超过10m,则应在中间部位增加一测点。

2.采样方法

由于湖面较大,为了准确地确定测点的位置,需用六分仪或其他方法(如利用地形、地物等)进行测船的定位。采样的具体方法、应用的采样器皿、采集水样的数量、盛水器具、样本保存时间和样本容量,以及实验室测定等,与河流水质监测有关的内容相同。

(三)地下水水质监测方法

地下水水质监测是进行地下水资源保护规划的基础工作,也是进行地下水质量评价及其研究和预测地下水质量变化的重要手段。由于地下水参与了整个水文循环过程,大气降水、河流湖泊以及人类活动所产生的污(废)水对地下水水质的改变起着重要作用。由此,对大气降水、河水、污水的监测,在有监测站的地区,可直接利用监测部门的资料,不必另行监测;在没有监测站的地区,应在地下水的主要补给区和排泄区适当设置少量的监测点,以取得进行规划所必须的监测资料。

布置地下水水质监测网,应当充分考虑监测区(段)的环境水文地质条件、地下水资源的开发利用状况、污染源的分布和扩散形式以及区域地下水的化学特征。监测的主要对象应该是污染物危害性大和排放量大的污染源、重点污染区和重要的供水水源地。污染区观测点的布置方式应根据污染物在地下水中的存在来确定。污染物的扩散形式可按污染途径及动力条件分为以下几类:

(1)条带状污染,是渗坑、渗井及垃圾淋溶的污染物随地下水流动而在其下游形成条带状污染,这是有害物质在含水层渗透性强、渗透速度快的地区扩散的特点。监测点的布置,应沿地下水流向,用平行和垂直监测断面控制,其范围包括重污染区、轻污染区以及污染物扩散边界。

(2)点状污染扩散,是渗坑、渗井在含水层渗透性很弱的地区污染扩散特点。由于地下水径流条件差,污染物迁移以离子扩散为主,运动缓慢,污染范围小,监测点应在渗坑、渗井附近布置。

(3)带状污染扩散,是污染物沿河渠渗漏污染扩散的形式。监测点应根据河渠状况、地质结构设在不同的水文地质单元的河渠段上,并垂直于河渠设监测断面。

(4)块状污染扩散,是缺乏卫生设施的居民区地下水污染的主要特征,是大面积垂直污染的一种扩散形式,污染范围和程度随有害物质的迁移能力、包气带土壤的性质和厚度而定。污染物多为易溶的无机盐类和有机洗涤剂等,如居民区大面积的硝酸盐污染,应当采用平行和垂直地下水流向布置监测断面。

(5)侧向污染扩散,是地下水开采漏斗附近污染源的一种扩散形式(包括海水入侵),污染物在地下水中扩散受开采漏斗的水动力条件和污染源的分布位置的控制。监测点应在环境水文地质条件变化最大的方向和平行地下水流向上布置。在接近污染源分布的一侧和开采漏斗的上游,应重点监测,在整个漏斗区可以适当布置控制点。

对于监测井的选择,要选用那些正在开采使用的生产井,以保证水样能代表含水层的真实成分。在无生产井的地区,应布设少量的水质监测孔,进行分层采样监测。

四、监测资料的检验与分析

(一)监测资料的检验

为了使监测资料更好地为生产服务,应对监测资料进行合理地检验、订正和整理,以使监测资料客观地反映实际情况。水质监测资料合理性检验,目的是剔除不可靠的资料,衡量样本容量是否满足最少测次的要求。

(1)等频率浓度检验法。河湖在不同水量条件下实测污染物浓度悬殊甚大,难以直接进行对比分析。等频率浓度检验法,是将在排污量恒定情况下同一测点不同年份和不同水文时期的实测浓度值,换算成设计水量条件下的浓度值,使不同频率的资料统一在一个频率标准下进行对比分析。各测次的污染物浓度,经等频率换算后基本上是接近的,如出现个别测次的数值明显偏大或偏小,该测次的监测资料显然是不合理的,应从监测资料中剔除,再衡量样本容量是否满足最小的要求。等频率浓度换算计算式如下:

$$C_P = C_B \frac{Q_B}{Q_P} \tag{10-23}$$

式中　C_P——设计水量条件的浓度值,mg/L;

　　　C_B——实测浓度值,mg/L;

　　　Q_P——某一保证率的设计水量,河流单位为 m^3/s,湖泊单位为 m^3;

　　　Q_B——实测水量,河流单位为 m^3/s,湖泊单位为 m^3。

（2）趋势分析法。由于污染源在稳定排放的情况下,水域中的污染物浓度随时空变化有一定的变化规律。我们利用这种规律可以绘制不同测点随时间变化和随距离变化的过程线图。该过程线虽在不同水量条件下,但变化趋势是一致的,由此来判别有误的测次,以利于剔除。月平均值或年平均值也大致在某一水平值上下之间变动,也可利用这个规律来加以判别。在判别时,对污染源的排污情况应进行分析,如找不到因排污情况有异而引起的反常变化,则可判定这些数据可能有误,见图 10-2。

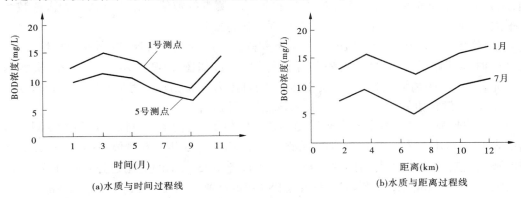

图 10-2　水质趋势过程线

（3）统计分析法。水质变量是一个随机变量,因此可以通过统计分析方法来判别资料的真伪。在有限的样本条件下,一般用 t 检验来完成。从实测的有限样本来确定真值的范围,对误差较大的样本应舍去,其计算式为

$$|\overline{x} - \mu x| \leqslant \frac{s t_{\frac{\alpha}{2}}}{\sqrt{n}} \tag{10-24}$$

式中　μx——总体的真值,因样本有限,是一个未知量;

　　　$t_{\frac{\alpha}{2}}$——1/2 置信水平条件下的 t 值,由统计用表上查获;

　　　其他符号意义同前。

式（10-24）用于同一水文时期较为理想,如将不同水文时期的数据一起来检验,则用式（10-23）换算成同一频率标准的浓度值后,再用式（10-24）来检验更为合理。当求得 $|\overline{x} - \mu x|$ 值后,因 $\overline{x}$ 为实测样本的均值,便可获得真值 μx 的数值范围。

【算例】　有一组采样 12 次的化学耗氧量资料,用式（10-24）来判别监测资料的可靠

程度。资料情况是:276.1, 313.0, 21.1, 21.6, 29.5, 5, 8.1, 34.9, 6.8, 8, 22.2, 26.7,19.9。经计算 $\bar{x} = \frac{1}{2}\sum_{i=1}^{12}x_i = 65.7\text{mg/L}$;标准差 $s = 107.5\text{mg/L}$,取置信度 $\alpha = 0.10$,由 t 分布表查得自由度 $n = 11$ 时,$t_{0.05} = 1.796$,由式(10-24)得

$$|\bar{x} - \mu x| \leqslant 55.7\text{mg/L}$$

$$10.0 \leqslant \mu x \leqslant 121.4\text{mg/L}$$

这表示真值范围在 $10.0\sim121.4\text{mg/L}$ 之间,实测值落在真值范围内就保留,超出这一范围就舍去。本例实测值在 $10.0\sim120\text{mg/L}$ 之间有 10 个数据,合格率达 83%。

(二)监测资料的订正

水质监测资料经合理检验后,对舍去的有误资料应进行订正,使其合乎客观实际。

(1)插补法。由于江河湖库水环境是一个连续的体系,因而水质监测数据不论是某一测次还是月平均或年平均,其在时空变化上均会反映出连续、渐变的特性,故可用一般插补的方法,对误测值或漏测值进行订正。测次订正,被订正值应为前后两测点值之差,除两测点的间距,乘插补点至后测点的距离,再加上后测点的数值。月平均或年平均的补插,应为被订正值前后两测点之差的 1/2,再加后一测点的数值。如连续数个测次或数个月平均、年平均数值需要插补,按上述原理逐个进行插补。

(2)趋势法。由于江河湖库的水质监测资料在时空变化上有连续、渐变的特性,因此便可按时间或距离变化的总趋势来订正有误资料,如图 10-2 所示。5 号测点实测为 10.03mg/L,经距离订正为 6.02mg/L,经时间订正为 6.05mg/L,考虑到时间与地域上的一致性,取两订正值的均值 6.04mg/L 为该点订正值。

也可按趋势外延来推定误测或漏测的资料。例如,某河流 x 断面历年 COD 测定数据如表 10-5 所示。为订正 1984 年的误测值和 1982~1983 年的漏测值,首先按表 10-5 所列的数据绘制 COD 浓度与时间变化趋势图,再按图 10-3 所示的变化趋势外延,订正 1984 年误测值为 19.5mg/L,推测定 1982 年、1983 年的漏测值为 17.5mg/L 和 18.0mg/L。

表 10-5　　　　　　　　某河流 x 断面历年 COD 浓度监测值　　　　　　　（单位:mg/L）

年份	1984	1985	1986	1987	1988	1990	1991	1992	1993
COD	4.5	19.5	20.0	20.0	20.5	20.5	21.5	22.5	24.0

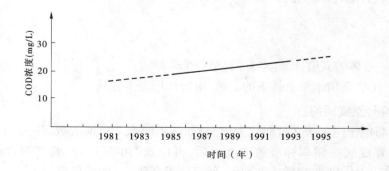

图 10-3　某河流 x 断面 COD 浓度与时间变化趋势

(三)监测资料的整理

为了使水质监测资料能反映出江河湖库水质的时空变化规律和污染程度,除按上述有关方法检验和订正外,还需作以下统计和整理工作。

(1)采样垂线平均浓度的计算。如某一采样垂线有多个测点,则垂线的平均浓度用流速加权来计算:

$$\overline{C_j} = \frac{1}{V_j} \sum_{i=1}^{n} C_{ji} V_{ji} \tag{10-25}$$

式中　$\overline{C_j}$——j 采样垂线的平均浓度,mg/L;

$\quad\quad C_{ji}$——j 采样垂线第 i 测点的浓度,mg/L;

$\quad\quad V_j$——j 采样垂线的平均速率,m/s;

$\quad\quad V_{ji}$——j 采样垂线第 i 测点流速,m/s;

$\quad\quad n$——j 采样垂线上的测点数。

(2)断面平均浓度的计算。由于各垂线的平均流速是不相同的,因而垂线的平均浓度也不一致,其对断面平均浓度的影响大小也不一,故断面平均浓度是按式(10-25)所求的垂线平均浓度,用面积加权来计算:

$$C = \frac{1}{A} \sum_{j=1}^{m} \overline{C_j} A_j \tag{10-26}$$

式中　C——断面平均浓度,mg/L;

$\quad\quad \overline{C_j}$——$j$ 采样垂线的平均浓度,mg/L;

$\quad\quad A_j$——第 j 条采样垂线所代表的断面面积,m²;

$\quad\quad A$——断面截面面积,m²,$A = \sum_{j=1}^{m} A_j$;

$\quad\quad m$——断面采样垂线数。

(3)不同时段(日、月、年或某一时期)污染物浓度平均值的计算。某一时段内断面平均浓度的计算方法目前尚没有统一的规定,一般根据统计学原理,按测定值的分布分别选用不同的统计方法。

当各次测定的数值呈正态分布时,断面污染物平均值用流量加权来计算:

$$\overline{C} = \frac{1}{Q} \sum_{i=1}^{n} C_i Q_i \tag{10-27}$$

式中　$\overline{C}$——不同时期断面平均浓度,mg/L;

$\quad\quad C_i$——各测次的断面平均浓度,mg/L;

$\quad\quad Q_i$——各测次的断面平均流量,m³/s;

$\quad\quad \overline{Q}$——各测次断面平均流量的均值,m³/s,$\overline{Q} = \frac{1}{n} \sum_{i=1}^{n} Q_i$;

$\quad\quad n$——观测次数。

当各次测定的数值为对数正态分布时,取多次测定值的几何平均值为断面污染物的平均值。其计算公式如下:

$$\overline{C} = (C_1 \cdot C_2 \cdot C_3 \cdots C_n)^{1/n} \tag{10-28}$$

式中　$\overline{C}$——多次测定值的几何平均值,mg/L;

$C_1, C_2, \cdots, C_n$——各次测定的数值,mg/L;

n——观测次数。

当各次测定的数值呈偏态分布时,取中位数为断面污染物的平均值。其计算方法是:将所有测定数据由大到小依次排列,当测定次数 n 为奇数时,取其中间位置的数值为断面污染物的平均浓度($\overline{C} = C_{\frac{n+1}{2}}$);当测定次数 n 为偶数时,取其中间两项数值之和的平均值为断面污染物的平均浓度$\left[\overline{C} = \frac{1}{2} \left(C_{\frac{n}{2}} + C_{\frac{n}{2}+1} \right) \right]$。

(4)监测数据极大值的统计。用平均值来描述水体的污染程度,往往易掩盖极大值对水环境造成的危害与影响。因此,还必须对各测点或断面上的极大值以及它的时间分布规律进行统计。

第五节　监测资料的趋势分析

一、监测资料的时间系列

在水质监测结果统计分析中,我们常常要处理某些水质指标随时间变化的规律。例如分析某监测点化学耗氧量 COD 的变化趋势,它是随时间的增长而减少。了解水质指标的变化趋势,对控制水质和保护水环境有很大的指导作用。

由于水质指标是随机变量,它随时间变化的过程是一种随机过程。随机过程有连续型和离散型之分。随时间 t 而连续变化的过程称为连续型随机过程,用自动监测仪记录的水质指标(如 COD 等)过程 $x(t)$,属于这种类型,如图 10-4。目前一些自记监测仪可以几分钟自动监测一次,其观测的时间间隔(时段)很短,实际上可以把它看作是连续观测的。时间上不连续记录所得的过程称为离散型随机过程,如按一定时间观测一次的水质指标过程,属于这种类型,见图 10-5。

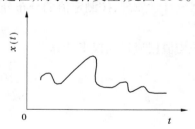

图 10-4　连续型随机过程　　　　图 10-5　离散型随机过程(时间系列)

离散型随机过程因取时间 t 为自变数,故亦称为时间系列。为了分析计算的方便,常需将连续型的随机过程离散化,即化为时间系列。图 10-6 为按时段 Δt 为常数的离散化图形。在离散化时,要保持连续过程的重要特征点,如峰(a 点)、谷(b 点)以及转折点。如果 Δt 取得过大,很可能取不到这些特征点,使时间系列失真。但 Δt 也不能取得太小,否则会增加分析计算的工作量。一般以不失重要的特征点为度。

有时,时间系列用量化过程来表示,即用各个时段内所持有的总量来表示,如河道中各时段所通过的 COD 总量的时间系列。

二、线性趋势分析

水质监测资料的时间系列常含有一定的趋势性。例如,河流某断面某种污染指数随着时间的推移而逐渐增长,说明污染程度在加重,此时应从速查明原因,采取有效的对策;反之,当污染指标随着时间的推移而下降,表示污染程度在减轻。

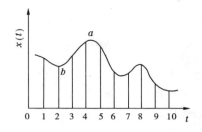

图 10-6　连续过程离散化示例($\Delta t = 1$)

水质资料时间系列一般有两类趋势,即周期性趋势和持续性趋势。

周期性趋势表示水质指标以一定的时间为周期而循环变化。例如,河流在汛期水量大,污染物被稀释,污染指标小;而在枯水季流量小,污染指标就大。由于流量有以年为周期的变化,故这类污染指标亦具有年的周期性。

持续性趋势表示水质指标持续地增大或减小。例如,当大气中不断地增加二氧化硫和氮氧化合物的含量时,雨水的 pH 值会不断地减小,即形成酸度在逐渐增加的酸雨趋势。

当污染指标取以年为单位(如 COD 和氨氮的年总量等)时,可以分析其时间系列有无持续性趋势。下面只介绍持续性趋势的分割方法。

若时间系列 $X(t)$ 随时间 t 的变化呈线性趋势时,其趋势可用线性方程来表示,即

$$X(t) = a + bt \tag{10-29}$$

式中,a 及 b 为待定的常数,可用回归分析或目估图解法确定。当 $b=0$ 时,说明 $X(t)$ 不随时间而变,即无趋势存在;当 $b>0$ 时,说明 $X(t)$ 随时间而增长,即有上升的趋势;当 $b<0$ 时,说明 $X(t)$ 随时间而减小,即有下降的趋势。

【例 10-1】　某水体溶解氧 DO 随时间的变化过程如表 10-6,求其趋势。

表 10-6　　　　　　　　　　　　　　　　DO 含量的资料

时　间 (t)	DO 含量 $X(t)$ (mg/L)	趋　势 (mg/L)
0	3.5	3.1
1	3.6	3.8
2	4.2	4.5
3	5.5	5.2
4	5.3	6.0
5	7.4	6.7
6	7.2	7.4
7	8.1	8.1

解　以 DO 含量为因变数,t 为自变数,计算回归方程,求得式(10-29)中的 $a=3.1$ 及 $b=0.71$,即

$$X(t) = 3.1 + 0.71t$$

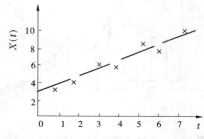

图 10-7　DO 含量的趋势图

按此式算得的趋势值列于表 10-6 的最后一栏。因本例的 $b = 0.71$，其上升趋势是明显的，趋势见图 10-7。

水质时间系列还会出现这种情况，例如开始时呈上升趋势，而以后又呈下降趋势。这时可分段进行分析计算，求出各段的趋势。

三、非线性趋势分析

前述介绍水质时间系列有线性增长或减小的趋势，但在实际情况中，其时间系列的趋势不一定是呈线性变化的，而有不同形式的非线性(曲线形式)变化趋势。由于曲线的表达形式较多，现仅叙述最常见的两种。

(一)指数变化趋势

当时间系列 $X(t)$ 随时间的变化呈指数型时，其趋势可用下式表示：

$$\lg X(t) = a + bx \tag{10-30}$$

式中，a 和 b 为待定的常数。当 $b = 0$ 时，无趋势存在；当 $b > 0$ 时，时间系列有按指数上升的趋势；当 $b < 0$ 时，时间系列有呈指数下降的趋势。

分析趋势的方法，可以在半对数纸上目估配线，亦可用回归分析方法，取 $\lg X(t)$ 为因变数及 t 为自变数进行回归分析。

(二)多项式型变化趋势

这种类型的变化趋势，可用下式表示：

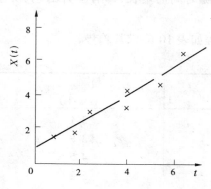

图 10-8　图解法配趋势

$$X(t) = a_0 + a_1 t + a_2 t^2 + \cdots + a_k t^k \tag{10-31}$$

式中　$a_0, a_1, a_2, \cdots, a_k$——待定的常数；

k——多项式的阶数。k 的确定，一般可用图解法。现用一个简单的例子来作说明。

【例 10-2】　有如图 10-8 所点绘的资料，用图解法配出其趋势的多项式。

解　通过点群中心，用目估法绘出一条曲线。在该曲线上按等时距($\Delta t = 1$)求得 $X(t)$ 的相应值，如表 10-7 的第二栏。

计算 $X(t)$ 的一阶差分 Δ。当 $t = 1$ 及 0 时的差分为：$X(1) - X(0) = 1.598 - 1.002 = 0.596$，将此数填于表 10-7 第三栏 $t = 0$ 及 $t = 1$ 两横行的中间。同样，$t = 2$ 及 1 时的差分为 $X(2) - X(1) = 2.401 - 1.598 = 0.803$。依此类推，算完一阶差分。

再计算一阶差分的差分，即二阶差分 Δ^2，计算方法相同，将结果列于第四栏。接着再算三阶差分 Δ^3，列于末栏。

检查各阶差分。照理说,如果某阶差分的值完全相等时,此阶数就是欲求的多项式阶数 k。由于目估所配出的曲线不一定很标准,即不可能确切地符合某一多项式的图形,同时在曲线上摘取数据时,也会有读取的偏差,故某阶差分只能约略相等,而不会全部相等。因此,在实际计算时,只需取差分约略相等的那一阶即可。如表 10-7,二阶差分几乎相等了,故取 $k=2$。此时,多项式的形式为:

$$X(t) = a_0 + a_1 t + a_2 t^2 \tag{10-32}$$

用回归与相关分析中的图解配线法中的方法,取三点:$(0,1.002)$,$(3,3.397)$,$(6,7.597)$,代入上式得:

$a_0 = 1.002$

$a_0 + 3a_1 + 9a_2 = 3.397$

$a_0 + 6a_1 + 36a_2 = 7.597$

解得,$a_0 = 1.002$,$a_1 = 0.504$ 及 $a_2 = 0.098$,即有

$$X(t) = 1.002 + 0.504t + 0.098t^2$$

表 10-7   差分计算表

t	$X(t)$	Δ	Δ^2	Δ^3
0	1.002			
		0.596		
1	1.598		0.207	
		0.803		-0.014
2	2.401		0.193	
		0.996		0.016
3	3.397		0.209	
		1.205		-0.016
4	4.602		0.193	
		1.398		0.006
5	6.000		0.199	
		1.597		
6	7.597			

四、聚类分析

通常,所有观测到的水质资料有着不同程度的相似性,也就是说它们之间或多或少地存在亲疏关系。因此,可将这些资料进行较细的分类。例如,在一年之内,有每月观测一次的 12 个 COD 资料,将这 12 个资料进行分类,看看哪几个月份的值可能归为一类。这种归类的方法在统计中称为聚类分析。

为了将这些资料分类,需要一种表达它们之间相似程度的统计特征值,最简单的是用距离 L 来表示。令 L_{ij} 表示资料系列中某两个值 x_i 与 x_j 的距离,则有:

$$L_{ij}(q) = | x_i - x_j |^q \tag{10-33}$$

式中,q 为正的常数,通常取 $q=1$。这样,上式变为:

$$L_{ij} = | x_i - x_j | \tag{10-34}$$

式中,已把 $L_{ij}(1)$ 简写为 L_{ij},亦即绝对值距离。下面举例说明用距离分类的方法。

【例 10-3】 有 5 个资料,其值为 1.0,2.0,4.5,6.0 及 8.0。试将它们分类。

解 按式(10-34)进行距离计算,列表 10-8。由于表中的值沿主对角线是对称的,故只列出一侧的值。

取距离最短(即数值最接近)的归为一类,这种方法称为最短距离法。从表 10-8 得

知,x_1 与 x_2 的距离最短($L_{12}=1.0$),故可并为一类,记为 $x_6=\{x_1,x_2\}$,作为新类。

将 x_1 的一行及 x_2 的一列划去,因为它们已经比较过了。使表中有 x_1 及 x_2 的地方,均用 x_6 来代替,得到表 10-9。再选距离最短的 $L_{34}=1.5$,即此时 x_3 与 x_4 的距离最短,把它们归为一类,记作 $x_7=\{x_3,x_4\}$。

表 10-8　　　　　　　　　　　距离计算表

x	x_1	x_2	x_3	x_4	x_5
	1.0	2.0	4.5	6.0	8.0
x_1	0	1.0	3.5	5.0	7.0
x_2		0	2.5	4.0	6.0
x_3			0	1.5	3.5
x_4				0	2.5
x_5					0

继续进行下去,得到表 10-10,知可将 x_5 与 x_7 划分为一类(其距离 $L_{57}=2.0$),记 $x_8=\{x_5,x_7\}$。最后,剩下来是 x_6 和 x_8 划成一组,记为 $x_9=\{x_6,x_8\}$。

表 10-9　　　　　　　　　　　有 x_6 后的距离表

x	x_6	x_3	x_4	x_5
x_6	0	2.5	4.0	6.0
x_3		0	1.5	3.5
x_4			0	2.0
x_5				0

表 10-10　　　　　　　　　　　有 x_7 后的距离表

x	x_6	x_7	x_5
x_6	0	2.5	6.0
x_7		0	2.0
x_5			0

现将分类结果用如图 10-9 表示,这就是欲求的聚类分析图。从图中可以清楚地看到:x_1 与 x_2 归为一类,x_3 与 x_4 归为另一类,但 x_3、x_4 又可与 x_5 归为一类。然后,这五个资料属于一大类。

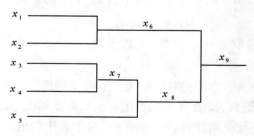

图 10-9　单项资料的聚类分析图

上面介绍的是单项资料的聚类分析。如果有成组资料时,可用距离 d_{ij} 来计算,即

$$d_{ij}(q) = \Big[\sum_{k=1}^{m} |x_{ik} - x_{jk}|^q \Big]^{1/q} \qquad (10\text{-}35)$$

式中,m 为成组资料两两对应的对子数,其他符号意义如前。通常取 $q=1$,此时 $d_{ij} = d_{ij}(1)$ 称为绝对值距离系数:

$$d_{ij} = \sum_{k=1}^{m} |x_{ik} - x_{jk}| \qquad (10\text{-}36)$$

【例 10-4】 现有 4 个指标,每个指标有 6 个观测值(即 $m=6$),资料见表 10-11,将它们分类。

表 10-11 **　　　　　　　　　　　　　4 个指标的观测值表**

指标 ＼ 观测号	1	2	3	4	5	6
x_1	1	1	2	6	2	1
x_2	22	17	4	6	18	14
x_3	2	2	4	7	5	3
x_4	100	320	460	120	60	80

解　　由于各指标的观测值之间在数量级上差异较大,故需进行交换,将其正则化。现取极差正则化变换:

$$x'_{ik} = \frac{x_{ik} - x_{k,\min}}{x_{k,\max} - x_{k,\min}} \qquad (10\text{-}37)$$

式中　$x_{k,\max}, x_{k,\min}$——在 $x_{i,k}(k=1,2,\cdots,m)$ 中的最大值和最小值;

　　　　$x_{k,\max} - x_{k,\max}$——极差。

经变换后,得到表 10-12,其中 $0 \leqslant x'_{ik} \leqslant 1$。

表 10-12 **　　　　　　　　　　　　极差正则化变换后的资料**

指标 ＼ 观测号	1	2	3	4	5	6
x'_1	0	0	0.20	1.00	0.20	0
x'_2	1.00	0.83	0	0.11	0.78	0.56
x'_3	0	0	0.40	1.00	0.60	0.20
x'_4	0.10	0.65	1.00	0.15	0	0.05

据表 10-12,计算两指标之间的绝对值距离(列于表 10-13 中),再计算绝对值距离系数(见表 10-13 最后一栏)。此时需注意用 x' 来代替式(10-34)及式(10-36)中的 x。

表 10-13　　　　　　　　　　　　　　**绝对值距离和绝对值距离系数表**

指标 ＼ 观测号	1	2	3	4	5	6	d_{ij}
d_{12}	1.00	0.83	0.20	0.89	0.58	0.56	4.06
d_{13}	0	0	0.20	0	0.40	0.20	0.80
d_{14}	0.10	0.65	0.80	0.85	0.20	0.05	2.65
d_{23}	1.00	0.83	1.40	0.89	0.18	0.36	3.66
d_{24}	0.90	0.17	1.00	0.05	0.78	0.51	3.41
d_{34}	0.10	0.65	0.60	0.85	0.60	0.15	2.95

　　将 4 个指标的绝对值距离系数 d_{ij} 列如表 10-14(为书写简单起见,将表中 x' 改写为 x),同例 10-3 一样进行聚类分析,得到 $x_5 = \{x_1, x_3\}$,$x_6 = \{x_4, x_5\}$ 及 $x_7 = \{x_2, x_6\}$,详细分析过程不再列出,读者可自行计算。聚类分析见图 10-10。

表 10-14　　　　　　　　　　　　　　　　　　　**绝对值距离系数表**

x	x_1	x_2	x_3	x_4
x_1	0	4.06	0.80	2.65
x_2		0	3.66	3.41
x_3			0	2.95
x_4				0

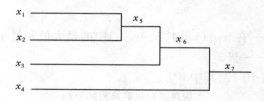

图 10-10　4 个指标的聚类分析图

第十一章 水功能区划

水功能区系指根据流域或区域的水资源状况,并考虑水资源开发利用现状和经济社会发展对水量和水质的需求,在相应水域划定的具有特定功能,有利于水资源的合理开发利用和保护,能够发挥最佳效益的区域。水功能区划则是按各类水功能区的指标,把某一水域划分成不同类型的水功能区单元的一项水资源开发利用与保护的基础性工作;它是制定水资源保护规划的基础和依据之一;是运用法律、行政、经济手段强化水资源目标管理的保证条件;是防治水污染、保护水资源的重要措施。它主要通过系统分析法、定性判断与定量计算法、综合决策法,按特定的区划目的和保护目标,确定区划分级分类系统及相关指标,实现水功能区划分的。

第一节 水功能区划的原则与方法

一、水功能区划的原则

(一)可持续发展原则

水功能区划应结合水资源开发利用规划及经济社会发展规划,并根据水资源的可再生能力和自然环境的可承载能力,科学合理地开发利用水资源,并留有余地,以保护当代和后代赖以生存的水资源和生态环境,保障人体健康和环境的结构与功能,促进经济社会和生态环境的协调发展。

(二)综合分析、统筹兼顾、突出重点原则

在划定水功能区时,应将流域作为一个大系统充分考虑上下游、左右岸、近远期以及社会发展需求对水功能区划的要求,并与流域、区域水资源综合开发利用和国民经济发展规划相协调,统筹兼顾,达到水资源的开发利用与保护并重。重点问题重点处理,在划定水功能区的范围和类型时,必须以城镇集中饮用水源地为优先保护对象。

(三)前瞻性原则

水功能区划要体现社会发展的超前意识,结合未来社会发展需求,引入本领域和相关领域研究的最新成果,要为将来引进高新技术和社会发展需求留有余地。

(四)因地制宜、合理利用水环境容量原则

根据河流、湖泊和水库的水文特征,合理利用水环境容量,保证水功能区划中水质标准的合理性,既充分保护水资源质量又有效利用环境容量、节省污水处理费用。

(五)水质水量并重、水资源保护与生态环境保护相结合原则

在进行水功能区划时,既要考虑开发利用对水量的需求,又要考虑其对水质的要求。对水质水量要求不明确,或仅对水量有要求的,例如发电、航运等,不予单独区划。

在进行水功能区划时,既要考虑河流上中游工农业用水要求,又要考虑下游特别是内

陆河下游生态环境对水资源的需求,同时要注意河源地区涵养水源的生态环境保护。通过区划要求达到遏制河源和下游地区生态恶化、改善生态环境的目的。

(六)不低于现状功能与按高功能保护原则

划分水功能区,确定其功能和水质保护标准一般不得低于现状功能、现状水质。需要降低现状功能时,应做技术经济论证,并报上级行政主管部门批准。当同一水域兼有多种功能时,应依最高功能划分水环境功能区。

(七)集中式生活饮用水源地优先保护及地下水源地污染预防为主原则

地表水环境质量标准中规定的五类功能区,以饮用水源地为优先保护对象。饮用水源地一级保护区内禁止排放污水,禁止新建扩建与供水设施和保护水源无关的建设项目,禁止从事旅游、游泳和其他可能污染生活饮用水水体的活动;二级保护区内污染源必须严格执行一级排放标准,保证保护区内水质满足规定的水质标准,若不能满足,必须削减排污总量。

当地表水作为地下饮用水源地的补给水或地质结构造成明显渗漏时,应考虑对地下水饮用水源地的影响,防止地下水饮用水源地的污染,必须将地表水和地下水以及陆上污染源进行统筹考虑,保护地下水水质,防止地面沉降、塌陷或裂缝的产生。

(八)相似性划分原则

应综合考虑江河、湖泊及水库自然条件、污染现状及使用目标的相似性,并按相似性原则进行功能区的划分。

(1)自然条件相似性。自然条件是制约水资源使用目标、使用方式的重要因素之一。水域自然条件不同,利用水资源的方向、方式和程度就有差异,对污染物的净化能力也不同,改善环境的方向和措施也有区别,因此自然要素在水域中的数量和质量差异,应成为划分水功能区的重要依据。

(2)污染现状相似性。由于人类活动方式和程度不同,而形成不同的环境特征,造成不同程度的水污染。因此,污染现状不同,需要控制水污染的参数不同,水环境的改善途径也不同。所以水质污染现状相似性也是划分水功能区的重要因素之一。

(3)使用目标相似性。由于水资源的用途是多方面的,使用目标一致,水质要求就相同,水质标准也就一致。在水资源保护的管理方面也易于统一。因此,水域使用目标相似,也是水功能区划的重要原则之一。

(九)分级划分水域功能区原则

全国水功能区划由一、二两级区划组成,并在各流域机构功能区划成果上汇总而成。流域水功能区划主要对流域内江河干流、跨省区支流、湖泊和水库水域进行功能区划,各省协助参与流域机构工作,提出对流域水功能区划的意见。

(十)便于管理、可行实用原则

水功能区划的方案要切实可行,其分配界限应尽可能地与行政区界线一致,以便于行政管理,使保护和改善水环境的措施得以贯彻和落实,也便于行政监督管理。同时必须将水功能区的划分与水域允许纳污量、入河排污口的布局及其允许排放量结合起来,真正有利于强化水资源保护的目标管理。

二、水功能区划的方法

(一)系统分析法

系统分析法主要是采用系统分析的理论和方法,把区域对象作为一个系统,分清水功能区划的层次,进行总体设计。

(二)定性判断法

定性判断法主要是在河流、湖泊和水库的水文特征、水质现状、水资源开发利用现状及规划成果进行分析和判断的基础上,进行河流、湖泊及水库水功能区的划分,提出符合系统分析要求且具有可操作性的水功能区划方案。

(三)定量计算法

定量计算法是采用水质数学模型,以定性划分的初步方案为基础,进行水功能区水质模拟计算。根据模拟计算成果对各功能区的水质标准、长度、范围等进行复核。

(四)综合决策法

对水功能区划方案进行综合决策,提出水功能区划报告、水功能区划图及登记表。

第二节　水功能区划的基本任务与工作程序

一、水功能区划的基本任务

(一)确定水系重点保护水域和保护目标

水功能区划的主要工作是在对水系水体进行调查研究和系统分析的基础上,确定水体的主要功能,然后按其水体功能的重要性,依据高功能水域高标准保护、低功能水域低标准保护、专业用水区按专业用水标准保护、补给地下水水源地的水域按保证地下水使用功能标准保护的原则确定其保护目标。

(二)按拟订的水域保护功能目标,科学地确定水域允许纳污量

通过正确地进行水功能区划,科学地确定水域允许纳污量,达到既充分利用水体同化自净能力,节省污水处理费用,又能有效地保护水资源和生态环境,满足水域功能要求的目标。

(三)达到入河排污口的优化分配和综合整治的目标

在科学地划定水域功能区并计算允许纳污量之后,制定入河排污口排污总量控制规划,并对输入该水域的污染源进行优化分配和综合整治,提出入河排污口布局、限期治理和综合整治的意见。这样对水资源保护的目标管理落实到污染物综合整治的实处,从而保证水域功能区水质目标的实现。

(四)科学拟定水资源保护投资和分期实施计划

科学的水资源保护投资计划,是水功能区水质目标实现的保证。水功能区划的整个过程是在不断科学地决策水资源保护综合整治和分期实施规划中完成的。因此,水功能区划是水资源保护规划及投资的重要依据,也是科学经济合理地进行水资源保护的要求。

二、水功能区划的工作程序

水功能区划的工作程序可分为资料收集、资料的分析评价、功能区的划分和区划成果评审报批等四个阶段。在正式提出一、二级区划成果前,应征求有关方面的意见。应根据两级区划成果编制流域水功能区划报告。对于已划为缓冲区的水域,确因开发利用需要,经流域机构同意将其改为开发利用区后,方可按有关商定意见在该水域划分二级功能区。水功能区划的工作程序见图 11-1。

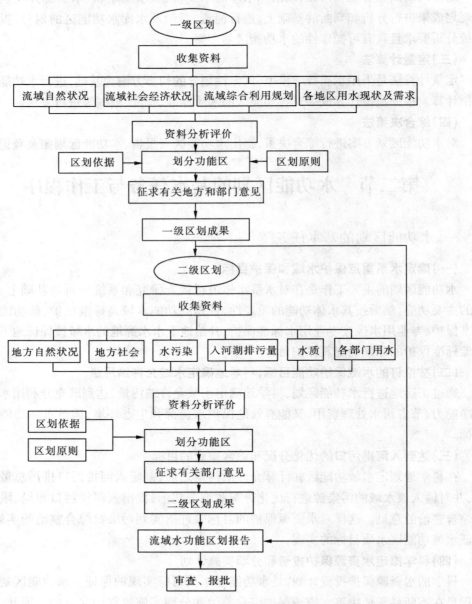

图 11-1　水功能区划工作程序

工作程序框图并不表示固定的工作顺序,相互之间没有明显的时段界限,有时要相互交错,有时可结合在一起,有时则相互反馈,必须根据工作中的目的要求,灵活掌握,统筹安排。其中,评审报批是确认水功能区划法律地位的关键工作,水功能区划成果报告只有经过具有相应管理权限的政府部门批准后,才能作为水资源保护和管理及规划的依据。

第三节 区划分级分类系统

水资源具有整体性的特点,它是以流域为单元,由水量与水质、地表水与地下水等几个相互依存的要素构成的统一体,每一要素的变化均可影响其他要素,河流上下游、左右岸、干支流之间的开发利用亦会相互影响。有许多事情,在局部看来是可行的,但从整体看来则不可行;有的从本区看来是可行的,但从邻区看来是不可行的。另一方面水资源还具有多种功能的特点,在国民经济各部门中的用途广泛,可用于灌溉、发电、航运、供水、养殖、娱乐及维持生态等方面。但在水资源的开发利用中,各用途间往往存在矛盾,有时除害与兴利也会发生矛盾。因此,必须统一规划、统筹兼顾,实行综合利用,才能做到最合理地满足国民经济各部门的需要,并且把所有用户的利益进行最佳组合,以实现水资源的高效利用。

通过水功能区划在宏观上从流域角度对水资源的利用状况进行总体控制,合理解决地区间的用水矛盾。在整体功能布局确定的前提下,在重点开发利用水域内再详细划分多种用途的水功能区,以便为科学合理地开发利用和保护水资源提供依据。为此,全国范围内的水功能区划采用二级体系,即一级区划(流域级)、二级区划(省级、市级)。一级区划是宏观上解决水资源开发利用与保护的问题,主要协调地区间用水关系,长远上考虑可持续发展的需求;二级区划主要协调各地区和地区内用水部门之间的关系。

一级功能区划对二级功能区划具有宏观指导作用。按照《全国水功能区划技术大纲》内容,一级功能区分四类,包括保护区、保留区、开发利用区、缓冲区;二级功能区划在一级功能区划的开发利用区内进行,分七类,包括饮用水源区、工业用水区、农业用水区、渔业用水区、景观娱乐用水区、过渡区、排污控制区。水功能区划分类系统如图11-2。

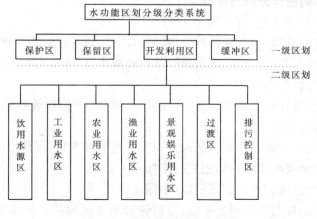

图 11-2 水功能区划分类系统

第四节 水功能区划的内容与方法

一、调查资料的收集与分析

(一)调查资料收集

一级区划与二级区划调查收集资料如下：

(1)法规资料——有关水资源开发利用、水资源保护、水环境保护等地方性法规。

(2)规划、计划资料——流域综合利用规划、江河治理开发规划、国土规划、社会经济发展规划、水资源开发利用规划、水污染防治或环境保护规划、水中期供求计划等与水有关的规划、计划。

(3)区划资料——水环境功能区划、农业区划、水利区划等区划资料。

(4)水文、河道特性资料——包括河流长度、集水面积、河宽、降水、径流、流量,以及湖泊、水库的面积、水位、库容、水深等。

(5)水资源开发利用资料——水资源量、城镇饮用水源地、跨流域(省或地区)调水水源地、供农业取水口的位置、取(引)水量、水体现状使用功能、水利工程等资料。

(6)自然保护区、旅游区资料——与河流、湖泊、水库有密切关系的国家级、省级自然保护区、旅游区的位置、范围、等级以及保护区保护对象等资料。

(7)水污染资料——水质监测断面位置,评价资料基准年、水质监测数据。入河(湖、库)排污口位置、污水排放量、主要污染物浓度和入河量及近五年水污染纠纷等资料。

(8)生态环境资料——河源地区地质、地貌、气候、降水、林木植被、草原、水土流失、沙化、农牧业、生态恶化等;河流下游,特别是内陆河下游河道断流、林木枯死、草原退化、湖泊萎缩及矿化度升高等资料。

(9)其他资料——统计年鉴、水资源公报、环境公报、环境质量报告书、自然保护区名录等。

(二)调查资料的统计分析与评价

1.一级区划资料分析与评价

对收集到的资料进行归纳,并进行合理性、可靠性、科学性分析与评价。

(1)自然环境状况分析。从收集的自然条件资料中,归纳出有利于该区资源开发利用的自然环境条件和限制因素。

(2)社会经济状况分析。通过对各行业的产业结构、产值和效益的分析,找出该区经济发展的主导方向与主要问题。

(3)区域发展规划分析。分析该区的宏观发展规划和人口、经济、环境的发展指标,着重分析区域发展对水资源需求密切相关的指标。

(4)水资源评价。地表水资源评价以《中国水资源评价》、水中长期供求计划、区域或流域水资源开发利用规划等资料为基础,分析评价相关区域的水资源量和可开发利用状况。

2.二级区划资料分析与评价

二级区划资料的分析与评价,除对区域自然环境状况、社会经济状况、区域发展规划、水资源进行类似一级区划的资料分析与评价外,还需要进行区域水质评价。

(1)资料选取。评价资料应以基准年为据,基准年资料不能满足需要时,亦可选用基准年前后一年或二年水质监测资料,评价时段按丰、枯、年均值三个时期进行。

(2)评价参数。为使水质评价成果能客观地反映水质状况,根据水质监测资料,结合河流、湖泊、水库水质污染特点和水功能区划的水质要求,河流评价参数选取 pH 值、COD_{Cr}、BOD_5、高锰酸盐指数、氨氮、挥发酚、石油类、氰化物、总汞、总镉、总铅,湖泊、水库增加总磷、总氮。

(3)水质评价标准。水质评价标准采用《地表水环境质量标准》(GB3838-2002)。

(4)评价方法。采用单因子污染指数评价法。

(5)评价结果。河流水质评价,断面水质由单项水质参数最高水质类别定类。

二、水功能区划

(一)水功能区一级区划

考虑区域社会发展规划、水资源综合利用规划、各行业现有规划的协调,在流域范围内从宏观上进行区划。

1.保护区的划分

保护区是指对水资源保护、自然生态及珍稀濒危物种的保护有重要意义的水域。该区内严格禁止进行与保护无关的其他开发活动,并不得进行二级区划。保护区分为三类:源头水保护区、自然保护区、调水水源保护区。

1)区划条件

(1)源头水保护区划分时可考虑:①流域综合利用规划中划分的源头河段;②历史习惯规定源头河段;③河流上游的第一个水文站或第一个城镇以上未受人类开发利用的河段;④上述三种情况不能满足时,根据具体条件划定。

(2)自然保护区是划分出与河流、湖泊、水库关系密切的国家级和省级自然保护区的用水水域,或具有典型生态保护意义的自然保护区所在水域。

(3)调水水源保护区指跨流域、跨省(区)及经国家批准的省(区)内的大型调水工程水源地,主要已建(包括规划水平年建成)调水工程的水源区。

2)保护区划分的指标

集水面积、自然保护区保护对象、保护级别、调水量等。

3)保护区水质标准

根据保护区的水质现状和需要,水质保护标准分别执行《地表水环境质量标准》(GB3838-2002)基本项目Ⅰ类、Ⅱ类水质标准和补充项目、特定项目标准,或按现状水质保护。

2.保留区的划分

保留区是指目前开发利用程度不高,为今后开发利用和保护水资源而预留的水域。该区内应维持现状不遭破坏,未经流域机构批准,不得在区内进行大规模的开发活动。

(1)区划条件:满足下列条件之一者可划分保留区:①受人类活动影响较少,水资源开发利用程度较低的水域;②目前不具备开发条件的水域;③考虑到可持续发展的需要,为今后的发展预留的水资源区。

(2)划分指标:水量、水质等。

(3)水质标准:按现状水质类别保护。

3. 开发利用区的划分

开发利用区主要指具有满足工农业生产、城镇生活、渔业和游乐等需水要求的水域。

(1)可划分水域:将取水口较集中、取水量较大、一定产量的渔业用水、一定规模的游乐水域划为开发利用区。该区内的具体开发活动必须服从二级区划的功能分区要求。

(2)划分指标:取水水量、人口、产值等。

(3)水质标准:按二级区划分类分别执行相应的水质标准。

4. 缓冲区的划分

缓冲区是指为协调省际间、矛盾突出的地区间用水关系,以及在保护区与开发区相接时,为满足保护区水质要求而划定的水域。缓冲区分为边界缓冲区和功能缓冲区。

(1)区划条件:满足下列条件之一者可划分为缓冲区,未经流域机构批准,不得在该区域内进行对水质有影响的开发利用活动:①跨省、自治区、直辖市行政区域河流、湖泊的边界附近水域;②省际边界河流、湖泊的边界附近水域;③用水矛盾突出的地区之间水域;④保护区与开发利用区紧密相连的水域。

缓冲区的范围可根据污染物的降解自净规律确定。一般而言,主要是上游对下游的功能产生影响,因此其长度上游占2/3,下游占1/3,以减轻上游排污对下游的影响。省界之间的水质要求差异较大时,缓冲区应划长一些;反之可划短一些。缓冲区大小亦可根据行政区的协商结果划定。

(2)划分指标:跨界区域及相邻功能区间水质差异程度。

(3)水质标准:按实际需要执行相关水质标准或按现状控制。

(二)水功能区二级区划

二级(省级)区划是在一级区划的基础上,对重要的开发利用区进行的功能区划分。

1. 饮用水水源区的划分

饮用水水源区是指满足城镇生活饮用水需求的水域。

(1)可划分水域:将以下水域划分为饮用水水源区:①已有城市生活用水取水口分布较集中的水域(包括其准保护区的水域),或在规划水平年内城市发展需设置取水口且具有取水条件的水域;②作为集中生活饮用水水源区的湖泊、水库的整个水域。

(2)划分指标:包括人口、取水总量、取水口分布、水质等。

(3)水质标准:根据水质状况和需要分别执行《地表水环境质量标准》(GB3838 - 2002)基本项目Ⅱ、Ⅲ类水质标准和补充项目、特定项目标准。

2. 工业用水区的划分

工业用水区是指满足城镇工业用水需要的水域。

(1)区划条件:①现有工矿企业生产用水的集中取水点水域;②根据工业布局,在规划水平年内需设置工矿企业生产用水取水点,且具备取水条件的水域;③每个用水户取水量不小于有关行政主管部门实施取水许可制度细则规定的最小取水量。

(2)划分指标:包括工业产值、取水总量、取水口分布等。

(3)水质标准:执行《地表水环境质量标准》(GB3838-2002)基本项目Ⅳ类水质标准。

3.农业用水区的划分

农业用水区指满足农业灌溉用水需要的水域。

(1)区划条件:①已有农业灌溉区用水集中取水点水域,或根据规划水平年内农业灌溉的发展,需要设置农业灌溉集中取水点,且具备取水条件的水域;②每个用水户取水量不小于有关水行政主管部门实施取水许可制度细则规定的取水限额。

(2)划分指标:灌区面积、取水总量、取水口分布等。

(3)水质标准:执行《地表水环境质量标准》(GB3838-2002)基本项目Ⅴ类标准。

4.渔业用水区的划分

渔业用水区是指具有鱼、虾、蟹、贝、藻类等水生动植物的水域。

(1)可划分水域:①主要经济鱼类的产卵、索饵、洄游通道,及历史悠久或新辟人工放养和保护的渔业水域;②对于水库(湖泊)养鱼(水产品),其范围为整个水面。

(2)划分指标:渔业生产条件及生产状况、种类、产量等。

(3)水质标准:珍贵鱼类及鱼虾产卵场执行《地表水环境质量标准》(GB3838-2002)基本项目Ⅱ类水质标准,一般鱼类用水区执行Ⅲ类水质标准,参照执行《渔业水质标准》(GB11607-89)。

5.景观娱乐用水区的划分

景观娱乐用水区指以满足景观、疗养、度假和娱乐需要为目的的水域。

(1)区划条件:①度假、娱乐、运动场所涉及的水域;②水上运动场;③风景名胜区所涉及的水域;④城区景观涉及的水域。满足以上条件之一者划分为景观娱乐用水区。

(2)划分指标:景观娱乐类型及规模等级。

(3)水质标准:人体直接接触的天然浴场、景观、娱乐水域执行《地表水环境质量标准》(GB3838-2002)基本项目Ⅲ类水质标准,人体非直接接触的景观、娱乐水域执行Ⅳ类水质标准。

6.过渡区的划分

过渡区是指为使水质要求有差异的相邻功能区顺利衔接而划定的水域。

(1)区划条件:其区划条件是下游用水水质要求高于上游水质。其范围大小取决于相邻两功能区的用水要求,上下游功能区的水质水量要求差异大时,过渡区的范围适当大一些;要求差异小时,其范围可小一些。

(2)划分指标:上下游水质、水量。

(3)水质标准:以满足出流断面所邻功能区水质要求为目标,选用相应的水质控制标准。

7.排污控制区的划分

排污控制区是指接纳生活、生产污废水比较集中,接纳的污废水对水环境无重大不利影响的水域。

(1)区划条件:①接纳废水中污染物为可稀释降解的;②水域的稀释自净能力较强,其水文、生态特性适宜于作为排污区。

(2)区划范围：其范围为现状纳污口水域；较大河流的控制区内最上一个排污口100～200m，最下一个排污口下游1 000～3 000m；中小河流最下一个排污口下游2 000～5 000m；湖泊、水库为排污口附近水域，其范围视具体情况而定。

(三)功能重叠的处理

(1)一致性(或可兼容)功能重叠的处理。当同一水域内各功能区之间开发利用时不互相干扰，有时还有助于发挥综合效益，那么此区域为多功能同时并存。同一水域兼有多类功能，依最高功能确定水质保护标准。

(2)不一致功能重叠的处理。当同一水域内多功能区之间各功能存在矛盾且不能兼容时，依据区划原则确定主导功能，舍弃与之不能兼容的功能。

(3)主导功能对水质要求较低时，应兼顾其他功能用水的水质要求，选择适当的水质标准。

第十二章 设计水量计算与确定

排入水体的各类污染物浓度与江河湖库等水体的水量大小密切相关。各类水体按实际用途及国家规定的相应水质标准,能容纳多少污染物取决于水体水量的多少。水体水量的多少将直接影响入水污染物的稀释自净能力,以及污染物在水体中的时空分布。从总量控制出发应确定某一标准的水量为设计水量,从而计算各类水体允许容纳污染物总量,因此,设计水量是计算水体最大允许纳污量和水资源保护规划的核心问题之一。

枯水期的水量小,按用途达到国家规定的水质标准所能承纳污物的数量必然也少。这个数量对其他水文时期的水量来说是安全可靠的。因此,在确定设计水量的标准时,就是要研究枯水期的某一保证率的水量为设计水量,以此作为总量控制、水质预测和水资源保护规划的重要参数。

国外大多数国家的设计水量标准,是采用95%保证率最枯连续七天的平均水量为设计水量,这个标准的要求是比较高的。我国属发展中国家,经济实力比较薄弱,不可能在一个较短时期内用大量的投资来控制污染物的排放,并且我国幅员辽阔,南北方径流差异甚大,年内分配不均匀,在枯水期南方河流底水仍较充沛,而北方的小河、小溪会出现断流、干涸。为此,根据我国各类水体的污染现状、污染发展的趋势、国家的经济实力和技术条件,移用国外设计水量的标准是难以实现的、也是不尽合理的。为此,国内多采用《制订地方水污染物排放标准的技术原则与方法》(GB3839-83)所规定的90%保证率最枯月平均水量为设计水量。为便于计算,也可采用近十年最枯月平均水量为设计水量。

第一节 河流设计水量计算方法

河流的流量是受气象等众多因素综合影响的结果。影响河流流量的各个因素,其自身在时间上不断发生变化,所以河流流量也处于不断变化之中。它在时间上和数量上的变化过程,伴随周期性出现的同时,也存在不重复性的特点,这就是所谓的随机性。河流的流量就是一个随机变量。以随机变量的一部分实测资料去研究全体(总体)的数量特征和规律,这就是数理统计方法。某一保证率的设计水量,就是运用数理统计方法对径流作出概率估计,即为频率计算。

一、有资料地区设计水量的计算方法

(一)用频率计算推求设计水量

1. 频率计算基本概念

流量是一个随机变量,在年际变化上表现出偶然性的特点,即每年均不相同。但这种偶然性并不是没有一定的规律,据大量资料的统计分析,发现其在分布上每个可能值出现的次数,有的机会多,有的机会少,这就是说每个可能值的出现存在一定的几率即概率。

设水文现象的随机变量为 X（现研究枯水流量，X 即为枯水流量，湖泊为枯水位），它出现的种种可能值为 x，因 $X=x$ 的概率为零，故只能研究 $X>x$ 的概率，一般将此概率表示为 $P(X>x)$。

显然，$P(X>x)$ 是 x 的函数，这个函数称为随机变量 X 的分布函数，记为 $F(x)$，即

$$F(x) = P(X > x) \qquad (12\text{-}1)$$

它代表 X 取大于某一值 x 的概率，其几何曲线如图 12-1 所示。在数学上称此曲线为分布曲线，而在水文上通常称此曲线为频率曲线。

若需要研究某一流量区间值，即随机变量 X 在区间 $(x, x+\Delta x)$ 内的概率，可用下式表达：

$$P(x + \Delta x > X > x) = F(x) - F(x + \Delta x) \qquad (12\text{-}2)$$

随机变量 X 在 $(x + \Delta x)$ 内的平均概率为：

$$\frac{F(x) - F(x + \Delta x)}{\Delta x} \qquad (12\text{-}3)$$

当 Δx 趋近于零时，取极限值，于是

$$\lim_{\Delta x \to 0} \frac{F(x) - F(x + \Delta x)}{\Delta x} = -\lim_{\Delta x \to 0} \frac{F(x + \Delta x) - F(x)}{\Delta x} = -F'(x) \qquad (12\text{-}4)$$

式中，$F'(x)$ 为分布函数 $F(x)$ 的一阶导数，并引入密度函数符号 $f(x)$。密度函数的几何曲线称为密度曲线，如图 12-2 所示。通过密度函数 $f(x)$ 可以方便地求出随机变量 X 落在区间 $\mathrm{d}x$ 上的概率，显然，它等于 $f(x)\mathrm{d}x$。在几何的意义上就是图 12-2 中那块阴影面积。同样，通过密度函数可以求出概率分布函数 $F(x)$，即

$$F(x) = P(X > x) = \int_x^\infty f(x)\mathrm{d}x \qquad (12\text{-}5)$$

随机变量的最大上限一般取无穷大。$F(x)$ 的几何意义就表示位于 x 轴上密度曲线所包围的面积，如图 12-3 所示。由此可见，密度函数和分布函数从不同角度描述了随机变量的概率分布规律，所以是随机变量的基本特征。

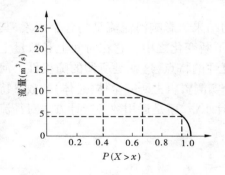

图 12-1　某站流量分布曲线　　　　　　　　　　图 12-2　密度曲线

2.随机变量的统计参数

以某些数值的形式来描述随机变量分布的主要特征，我们称这些数值为随机变量的分布参数，或称为统计参数。因此，统计参数乃是说明随机变量分布特征的主要手段。与设计水量有关的参数有均值 $\bar{x}$、变差系数（或称离势系数）C_v、偏差系数（或称偏态系数）

C_s 等几种。

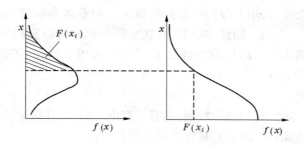

图 12-3 概率分布函数 $F(x)$ 与密度函数 $f(x)$ 曲线的关系

在一般情况下,随机变量的总体(全体)是无限的,也是无法知道的。这便需要在总体不知道的情况下去估算参数,于是只能从总体中抽出一部分来研究,这种方式称为抽样(取样)。实测的流量资料即是总体的一部分,称为样本,因而其必然也有随机性的特性。但随着观测次数的增加,样本数目便增多,样本的频率便非常接近于总体的概率,样本的分布曲线也非常接近于总体的分布曲线。因此,用观测资料所求得的分布曲线,能在一定程度上代表总体的分布。换言之,总体的分布特征可以在某种程度上用样本来推测。这样,当总体不知道或无需去取得时,总体的参数可通过样本来估算。

(1)样本的算术平均值。这一参数与总体的算术平均值相对应,即

$$\bar{x} = \frac{1}{n}\sum_{i=1}^{n}x_i \tag{12-6}$$

式中 $\bar{x}$——样本的算术平均值;

x_i——第 i 次实测的流量值;

n——样本的数目。

(2)样本的离势系数。样本离势系数 C_v 的物理意义是:观测样本 x_i 偏离均值 $\bar{x}$ 的离散程度,x_i 偏离 $\bar{x}$ 大,则 C_v 也大;反之,C_v 值便小。这一参数与总体的离势系数相对应的无偏估计公式,即

$$C_v = \sqrt{\frac{\sum_{i=1}^{n}(x_i - \bar{x})^2}{n-1}}\sqrt{\bar{x}} = \sqrt{\frac{\sum_{i=1}^{n}(K_i - 1)^2}{n-1}} \tag{12-7}$$

式中,$K_i = x_i\sqrt{\bar{x}}$,称为模比系数;其他符号意义同前。

(3)样本的偏差系数。偏差系数 C_s 的物理意义是:观测样本 x_i 在均值 $\bar{x}$ 两边是否对称,以及不对称的程度。观测值 x_i 在均值 $\bar{x}$ 两边对称分布,则 $C_s = 0$;x_i 偏在 $\bar{x}$ 上方,$C_s > 0$ 是正态分布;x_i 偏在 $\bar{x}$ 的下方,$C_s < 0$ 是负偏分布。枯水流量往往是负偏分布。这一参数与总体偏差系数相对应的无偏估计公式,即

$$C_s = \frac{\sum_{i=1}^{n}(K_i - 1)^3}{(n-3)C_v^3} \qquad (当\ n\ 较大时) \tag{12-8}$$

式中的符号意义同前。

这样,只要我们有了样本资料,就可用以上三式计算出参数,并以此来推估总体的参数。但由于总体是无限的,用有限的样本来估算无限的总体参数时,会出现一定的误差,尤其是 C_s 的误差更为突出。因此,式(12-8)在实际计算时难以直接应用,往往用经验的办法来解决,即用 C_s 与 C_v 的比值来计算 C_s 值,一般用 $C_s=1.5C_v$、$C_s=2.0C_v$、$C_s=2.5C_v$、$C_s=3.0C_v$ 等。

3.经验频率曲线

经验频率曲线是用实测的样本数据,估算其对应的频率,在概率纸上绘出一条光滑曲线,并据此来看出总体的分布趋势,其方法和步骤如下:

(1)推求经验频率。把经过校核的观测资料系列,从大到小依次排列,编上序号 1,2,…,m,用目前水文统计中估算频率广泛应用的期望公式来计算:

$$P = \frac{m}{n+1} \times 100\%$$ (12-9)

式中 P——大于或等于随机变量 X 的经验频率;

m——样本的序号,$1,2,…,m$;

n——观测样本总数。

观测样本总数是 n 项,式(12-9)中为什么用 $n+1$ 项呢?若 n 是总体,那么最后一项 $m=n$,就不必用 $n+1$ 项,其概率 $P=100\%$,即为总体中的最小值,除此之外,再也没有更小的数值存在是合理的。但观测的样本是有限的,m 不可能是总体的最末项,因此比样本最小值的更小数值今后仍会出现,如不用 $n+1$ 项,便会把样本的最小值作为总体的最小值,显然是不合理的,因而用 $n+1$ 项解决上述矛盾,而且也符合实际情况。

(2)点绘经验频率曲线。以各样本值 x_i 为纵坐标,用式(12-9)计算得到的相应频率 P 为横坐标,在概率纸上点绘出 $x_i \sim P_i$ 的经验点据,根据经验点据分布趋势,目估绘制一条光滑曲线,该曲线即为经验频率曲线。

当实测的资料系列足够长,以致可近似认为接近总体,便可直接使用经验频率曲线,将欲求的某一频率,从频率曲线图上查得相应的流量。当实测资料的系列不够长,不能用经验频率曲线来确定某一保证率的流量,必须用理论频率曲线来拟合。

4.理论频率曲线

一般水文资料的系列总是有限的,因此,用经验频率曲线来求某一频率的流量,会出现一定的误差。所以用理论频率曲线与系列不长的实测数据拟合,减少经验频率曲线由于实测数据少在外延中造成的误差。这并不是说水文现象的总体概率分布规律,已从物理意义上被证明符合理论频率曲线,而只是说明有几种特定的曲线比较符合水文现象。水文上常用的是皮尔逊Ⅲ型曲线。理论频率曲线计算的具体步骤如下:

(1)点绘经验频率点据,方法同经验频率曲线第(2)步。

(2)计算相应频率的随机变量 x_p。用实测值计算的均值 $\overline{x}$ 和 C_v 作为第一次初始值,C_s 值用式(12-3)计算误差较大,一般先假定一个 C_v 与 C_s 的比值,如1.5、2.0、2.5等,然后查水文上常用的皮尔逊Ⅲ型频率曲线模比系数 K_p 值表,得某一 C_s 值对应的各频率 K_p 值,按下式算出相应频率的随机变量 x_p 值。

$$x_p = K_p \overline{x}$$ (12-10)

(3)调整 C_v 与 C_s 的比值。用各个频率 P 对应的 x_p,在概率纸上点绘 $P \sim x_p$ 的理论频率点据。看经验频率点据与理论频率曲线是否拟合一致,若拟合得不理想,则修改参数后再行计算。因 $\bar{x}$ 一般误差较小,可不作修正,主要是调整 C_v,以及 C_v 与 C_s 的比值,一直到经验频率点据与理论频率曲线拟合较好为止。

(4)确定设计流量。根据理论频率曲线与经验频率点据拟合情况,选择最佳的拟合曲线作为应用的理论频率曲线,据此来求得某一保证率的设计水量。被选定的理论频率曲线相应的参数可看作总体参数的估值。

用理论频率曲线求得的设计水量,其可靠的程度取决于观测资料系列的长度和系列的代表性。一般要求有 20 年以上连续的流量系列,并反映不同的水文年度,如平水年、丰水年和枯水年,则计算成果才较满意,否则精度达不到要求。若资料中含有或者调查到极端干旱年份的流量值,应设法估算出它的重现期,作为理论频率曲线下端的控制点,从而使求得的设计水量更符合实际情况。枯水流量不可避免地会常常受到人类活动的影响,表现为实测枯水流量的经验频率点据在极枯水段变化不规则,甚至会明显地分为前后两段,使理论频率曲线难以与经验频率点据拟合好,遇到这种情况,应分析点据,拟合理论频率曲线时应两者兼顾,或分段拟合。

5.枯水流量系列中出现零值频率曲线的推求

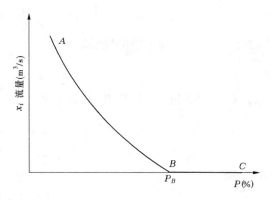

图 12-4　流量出现零值的频率曲线示意图

有些河流特别是北方的小河溪在枯水期出现断流、干涸,因而在枯水流量系列中出现零值。对含有零值的流量系列,仍可用皮尔逊Ⅲ型曲线来作频率分析。其频率曲线由两部分组成,一部分为 $x_i > 0$,如图 12-4 中的 AB 段,一部分为 $x_i = 0$,如图 12-4 中的 BC 段。折线 ABC 转折点 B 处的频率 P_B 可按经验频率来确定。

P_B 值可以从两个方面来确定:

(1)用 $x_i = 0$ 时的第一项经验频率,即

$$P_B = \frac{k+1}{n+1} \times 100\% \qquad (12-11)$$

式中　k——不包含零值的项数;

　　　n——包含零值的项数。

(2)用 $x_i > 0$ 时最末一项,与 $x_i = 0$ 的第一项,取其平均经验频率,即

$$P_B = \frac{1}{2}\left(\frac{k}{n+1} + \frac{k+1}{n+1}\right) \times 100\% = \frac{k+0.5}{n+1} \times 100\% \qquad (12-12)$$

其理由是:零值出现的位置很可能介于第 k 项和第 $k+1$ 项之间,因而取其平均值。

一般用上述两式计算结果差别不大,可按具体条件来选定。

频率计算的步骤如下(比例法):

(1)先将 $x_i > 0$ 的 k 项资料作为一个完整的系列,按经验频率计算,再用理论频率曲线拟合,如图 12-5 中的(a)线。其参数的计算公式如下:

$$\overline{x}_k = \frac{1}{k} \sum_{i=1}^{k} x_i \tag{12-13}$$

$$C_{vk} = \sqrt{\frac{\sum_{i=1}^{k}(k_i - 1)^2}{k - 1}} \tag{12-14}$$

$$C_{sk} = 2C_{vk} \tag{12-15}$$

式中 $\overline{x}_k$ ——不包含零值项的均值;

C_{vk} ——不包含零值项的离势系数;

C_{sk} ——不包含零值项的偏差系数。

在用理论频率曲线拟合经验频率点据时,可以变动 C_{vk},但不变动 $C_{sk} = 2C_{vk}$ 这个比值。

(2)(a)线只代表 n 项资料中的 k 项分布情况,故任一个 x_i 的频率必须缩小 k/n 倍。因为 $x_i > 0$ 的 k 项资料作为一个完整的系列,第 m 项的 x_m 的经验频率为

$$P_a = \frac{m}{n + 1} \times 100\%$$

实际上,x_m 在 n 个样本中的经验频率为

$$P_b = \frac{m}{k + 1} \times 100\%$$

于是图 12-5 中 P_a 与 P_b 的关系即为

$$\frac{P_b}{P_a} = \frac{\dfrac{m}{n+1}}{\dfrac{m}{k+1}} = \frac{k+1}{n+1} \approx \frac{k}{n}$$

$$P_b \approx \frac{k}{n} P_a \tag{12-16}$$

把(a)线的各 x_i 值的频率 P_a 乘上 k/n,即横坐标缩小了 k/n 倍,按缩小后的频率再绘(b)线,此线即为考虑零值后所求得频率曲线。

(3)为检验所求得的理论频率曲线与经验频率点据是否拟合一致,将全部经验点据按式(12-9)计算后绘在图上。如两者不一致,则说明(a)线与 $x_i > 0$ 的经验频率点据拟合得不理想,应继续调整 C_{vk} 值,按上述步骤重新计算,一直到基本一致为止。

(4)全部系列和部分系列之间的关系

$$\overline{x} = \frac{1}{n} \sum_{i=1}^{n} x_i = \frac{1}{n} \sum_{i=1}^{k} x_i = \frac{k}{n} \overline{x}_k \tag{12-17}$$

$$C_v = \sqrt{\frac{n}{k}(C_{vk} + 1) - 1} \tag{12-18}$$

$$C_s = \frac{(k-3)C_{vk}^2 \cdot C_{sk} + 3(k-1)(1 - \dfrac{k}{n})C_{vk}^2 + k(1 - \dfrac{k}{n})(1 - \dfrac{2k}{n})}{(n-3)(\dfrac{k}{n}C_v)^3} \tag{12-19}$$

如 $x_i = 0$ 的项数不多,可直接用试错法调整 C_v,而 $C_s = 2C_v$ 不变,一直到理论频率曲线与经验频率点据基本一致为止。

(5)频率与重现期之间的关系。频率这个名词比较抽象,为了便于理解,往往用"重现期"来替代频率这个词。重现期是指在许多试验(实测资料)里,某一事件(某一流量值)重复出现的时间间隔的平均数,也即平均的重现间隔期,表达为多少年出现一次,也即多少年一遇。它们之间的关系用下式来表示。

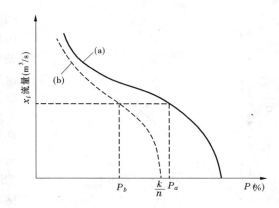

图 12-5　比例法示意图

在研究枯水问题时,一般取 $P > 50\%$,采用

$$T = \frac{1}{1 - P} \tag{12-20}$$

式中　T——重现期,年;

　　　P——频率,%或小数。

例如,当枯水频率 $P = 90\% = 0.90$,代入式(12-20)计算得 $T = 10$ 年,这便称为 10 年一遇的枯水流量。这是指在长时间内平均 10 年可能发生一次,而不能认为每隔 10 年必然会遇到一次。事实上也许在 10 年内出现了多次,也许一次也不出现。因而,它只是在大量的过程中才能表现出来。

保证率就是保证安全的几率。如枯水设计频率 P 和相应的流量 Q_p,若出现的流量大于 Q_p,则能保证安全,即水体的水质浓度不会超过按用途规定的水质标准;如出现的流量小于 Q_p,则不安全,即水体的水质浓度超过水质标准,造成危害。这种保证安全的可能程度,即是保证率。枯水流量的保证率为 90%,表示长时期平均 9 年是保证安全,一年会出现不安全。同样,不能认为每隔 9 年必然会出现一次不安全,造成水体污染。

(二)短期资料情况下设计流量的计算

当实测枯水资料不足 20 年,或虽有 20 年资料,但经分析资料的代表性较差,或资料缺测时,应设法将资料进行插补和展延,然后再进行频率计算。下面介绍几种常用展延枯水径流的方法。

1. 上下游枯水流量相关

设计站资料短,而上、下游站资料较长时,可以用设计站与上、下游站枯水流量,每年取一个最小值,点绘相关图。在同期观测资料较短,点据过少,难以定线时,可以用两站的日平均流量(一年取多个相关点)点绘相关线。点绘时要考虑传播时间。对于一年一个最小值的相关点,要注意枯水出现的时间是否一致。若出现时间相差很多,且点据偏离关系线较远时,要分析原因,确定点据的取舍和修正。

上游有支流汇入时,要加入支流站资料进行相关。干支流枯水流量相加时,要考虑时

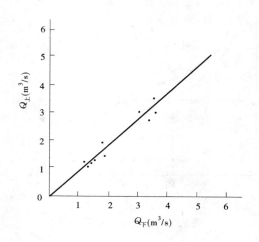

$Q_{上}$(m³/s)

$Q_{下}$(m³/s)

图 12-6　上下游枯水流量相关图

间上的一致性,不能将干支流在不同时间出现的年最小流量加在一起与下游设计站枯水流量相关,而应该以干流为主,加上支流与干流枯水出现时间相对应的枯水流量,或以设计站出现枯水的时间为准,找出上游干支流对应时间(即考虑传播时间)的枯水流量相加,然后与设计站枯水流量相关。图12-6是上游站加支流与下游设计站的流量相关图,据此来展延下游设计站的枯水流量。

2. 本流域与邻近流域枯水相关

本流域实测枯水流量资料系列短,且上、下游没有水文测站,因而无法展延本流域设计站的枯水流量系列,则可与邻近流域有较长实测枯水流量资料的水文站建立相关关系,来展延设计站枯水流量系列。在建立相关关系前,必须分析两流域的特征,最好选择同一气候区,下垫面因素相近,且流域面积比较接近的站作为参证站来展延系列。

3. 利用本站水位—流量相关进行枯水流量展延

若设计站水位资料较长,而流量资料短,且测流断面系山区岩石河床,河床没有冲淤变化,因此历年的水位—流量关系较稳定,于是可用本站的水位—流量关系来展延枯水流量系列,但只能作为检验其他方法成果之用。

系列展延后,即可按长期资料的情况作频率计算。在展延系列时,要注意插补延长的项数不能太多。因为插补延长的累积误差使展延系列后的频率曲线精度难以估计。这时,可假定设计站与上下游站枯水出现的重现期在时间上一致,不作设计站枯水系列展延,而借用上下游较长资料站的频率曲线求出设计频率的枯水流量,再用设计站与上下游站的枯水流量相关线查出设计站的枯水流量。

如果设计站资料过短,不足以同上下游(或邻近流域)站建立相关关系,而它们属于同一气候区,下垫面因素也近似,可以假设参证站与设计站同一年份枯水径流的频率相同,而移用参证站的 C_v 和 C_s,则设计站的多年平均枯水流量 $\overline{Q}$ 用下式计算:

$$\overline{Q} = \frac{Q_i}{K_i} \qquad (12\text{-}21)$$

式中　Q_i——设计站某年实测枯水流量,m³/s;

　　　K_i——与 Q_i 对应的模比系数,即参证站同一年份 K 值。

如果平行观测资料不止一年,而是 n 年,则可类似地得出 n 个 $\overline{Q}$,取其均值作为多年平均值 $\overline{Q}$。根据统计参数 $\overline{Q}$、C_v、C_s,即可求得设计站任何设计频率的枯水流量。

二、无实测资料地区设计水量的推求

无实测资料地区或虽有短期实测资料但无展延的情况下,设计枯水流量只有通过间接途径来推求,目前常用的方法主要有水文比拟法、分区法和地理插值法。

(一)水文比拟法

水文比拟法,就是把参证站的水文资料移用到设计站的方法。当设计流域无资料时,可选择同一气候区下垫面条件相似的邻近流域作参证流域,用下列方法之一移用枯水流量。

(1)直接移用。将参证流域枯水流量统计特征参数直接移用到设计流域来,但移用均值时,必须以模数或径流深表示。根据《制订地方水污染物排放标准的技术原则与方法》中规定,以 90% 保证率月平均最枯月流量为设计水量,则将参证流域 90% 保证率的月径流深,乘以设计流域的面积,除以一个月的秒数,即得设计枯水流量。

(2)间接移用。将参证流域某一频率的枯水流量,乘以设计流域和参证流域的面积比,换算到设计流域来。换算公式如下:

$$Q_{设} = \frac{F_{设} \cdot Q_{参}}{F_{参}} \tag{12-22}$$

式中　$Q_{设}$、$Q_{参}$——设计和参证流域的月平均枯水流量,m^3/s;

$F_{设}$、$F_{参}$——设计和参证流域的面积,km^2。

以上两方法移用的条件是:①两个流域的降雨量要基本相等;②两个流域的自然地理情况要基本接近;③两个流域的面积不能相差太大。

当设计流域与参证流域的自然地理情况相近,而降雨量有较大差别时,就不能直接移用径流深,要考虑降雨量的修正,即用设计流域与参证流域降雨量的比值,乘以参证流域年径流深,其计算公式为

$$y_{年设} = \frac{x_{年设} \cdot y_{年参}}{x_{年参}} \tag{12-23}$$

有了设计流域的年径流深,可根据参证流域该干旱年的月径流分配,得出设计流域月径流深,其计算式为

$$y_{月设} = \frac{y_{年设} \cdot y_{月参}}{y_{年参}} \tag{12-24}$$

式中　$y_{年设}$、$y_{年参}$——设计和参证流域的年径流深,mm;

$x_{年设}$、$x_{年参}$——设计和参证流域的年降水量,mm;

$y_{月设}$、$y_{月参}$——设计和参证流域的月径流深,mm。

(二)枯水径流分区图法(简称分区法)

该法是将多年枯水径流资料,经分析后绘制枯水径流分区图,并列出各区的相应计算参数。这对解决无资料地区设计枯水流量有一定的实用价值,可借用来推求设计流域的枯水流量。

(三)应用参数等值线图地理插值法(简称地理插图法)

某些水文特征参数具有在地区上渐变的规律。为此,全国各省水文总站均按这一原理编制了多年平均径流深 $\bar{y}$、C_v 等值线图,列于水文手册中。在求某一频率月平均枯水流量时,利用参数等值线图进行地理插值,求得设计流域的统计参数 $\bar{y}$、C_v。按 C_v 与 C_s 的比值,用式(12-5)求得指定频率的年径流深 y_p,然后找到干旱年份的月径流分配比,求

得指定频率的月平均枯水流量。

第二节　湖库设计水量的确定

湖泊与水库水量的变化,前者主要受入湖河流水量的影响与支配,后者除上述因素外,还受人工调蓄的影响。因此,其设计水量的确定,既有与河流相同之处,又各有自身的特点。现将确定设计水量有关的方法介绍如下。

一、湖泊设计水量的确定

湖泊水量计算,一般是用湖泊水位—容积曲线,由水位查得相应的水量。对具有水位—容积曲线的湖泊,其设计水量就应以90%保证率月平均最低水位相应的水量为设计水量。对不具备水位—容积曲线的湖泊,分别计算出入湖河流和出湖河流90%保证率月平均最枯流量,然后用水量平衡的方法来计算湖泊的水量,即为湖泊设计水量。

湖泊90%保证率月平均最低水位计算方法,同频率计算推求设计水量方法相同。对不具备水位—容积曲线的湖泊,而又没有入湖河流和出湖河流的流量资料,可参照无资料地区设计水量推求的有关方法,推求出入湖河流和出湖河流的设计水量,再按水量平衡原理求得。

在水资源保护规划中,有时需要湖泊某一水域的设计水量,则用指定频率的设计水位相应的水面面积和平均水深之积,作为该水域的设计水位。

二、水库设计水量的确定

水库受人工调蓄影响较大,水量变化虽可根据水库运行图查得,但由于非自然因素的作用,往往变更较大,无规律可言,因而难以用保证率的办法来进行计算。因此,一般用水库死库容的水量作为设计水量。

第十三章　污染物总量控制规划技术方法

在污染源分布较多的地表水系,因其纳污总量过大,即使各个污染源均达标排放,也往往会形成地表水水质不达标的严重污染状况。为此,总量控制成为水资源保护管理的有效手段,污染物总量控制规划方案是水资源保护规划的重要内容。本章主要研讨总量控制规划的技术路线与技术方法。

第一节　有关总量控制规划的基本规定

一、从实际出发,选择总量控制类型

与环境容量资源分配、负荷技术经济优化分配相适应的是容量总量控制,即根据水质保护目标,反推容许排污量,再将容许排污量优化分配至污染源。容量总量控制完整地反映了污染源与保护目标这一系统的输入—响应关系。在实施优化控制污染源的种种方案中,可以包含目标总量控制、行业总量控制。

与负荷技术经济优化分配相适应的是目标总量控制,即根据给定总量控制目标或削减量目标,将容许排放量或削减负荷量分配至污染源。目标总量控制虽然没有实现输入响应系统的调控,但是由于在区域污染源控制排放中体现了技术经济优化分配,因而具有明显的效益和科学性。

与两类分配无直接推演关系,但从总量控制思想演化而来的行业总量控制,即不设定保护目标和总量负荷目标,直接从行业技术改造、提高资源与能源利用率出发,研究从行业生产工艺改造、可行性处理技术推广、管理职能强化等方面削减污染物。行业总量控制,更多地考虑污染源的生产工艺和可行处理技术。虽然没有在区域内体现两类分配的特点,但是却在污染源内部,开辟了消灭污染于生产工艺过程之中的清洁生产新领域,体现出控制污染的新方向,顺应国际上广泛兴起生态工业与绿色工艺等可持续发展的新潮流。

二、实施可持续发展水资源保护战略,全方位推进总量控制

通过全社会可持续发展水资源保护战略的实施,排污单位清洁生产方式的稳步进行,新技术、新工艺、新设备在治理工程的不断应用,区域生态环境综合防治与科学规划的全面实施,都将成为高效、低耗、现实的污染防治与控制措施,为全社会实施污染物排放总量控制制度奠定了基础。

三、遵循控制准则,制定总量控制指标

(一)按控制污染最不利条件制定总量控制指标

一般以一年中排污量最大、水量最枯、温度最不利、扩散条件最差的条件作为控制污

染最不利条件。注意从实际出发配合各类设计条件。

（二）按污染单项指标分别选择总量控制单项指标

一般从水质标准项目出发，对应选出污染源排污指标，并在影响受纳水域水质的所有污染源中，一一选定单项控制指标。

（三）按控制断面水质浓度，评价总量负荷指标

水质管理应在排污口控制排污总量，在控制断面检验水质浓度。控制断面应选择在功能区与排污口最接近位置，允许保留混合距离或混合区。

平流河段选在功能区上边界；感潮河段选在功能区上、下边界；湖泊、水库选在功能区外围边界，排污口常年下风向点可增加控制点；海湾宜选功能区外围边界，水流交换不活跃区可增加控制点。

（四）按功能区范围，计算应控制水域容许纳污量，考虑安全系数后，作为区域允许排污总量负荷指标

允许纳污量的计算，从水质管理需要出发，只需按排污口邻近水域划为保护区的水域范围及水质标准计算。通过水质模型或实测数据建立输入—响应关系，实现对污染源的影响追踪和负荷分配。

水质研究的有关内容：如河流水质迁移、转化模拟、河口海湾潮流场、浓度场数值模拟、湖泊水库的湖流与浓度场模拟等，从管理精度要求考虑，与排污口近区水域纳污量计算关系较小时，均可省略。

（五）总量控制指标，应以可实施和区域优化进行分配决策

总量控制指标分配方案确定与实施，可根据投资约束、管理水平等由行政部门直接决策；或使用安全系数、方案比较等方法简化决策过程；也可使用先进规划方法和优化技术进行优化决策，但决策结论应交行政部门进行可实施性论证和方案组合、修正。

第二节　污染物总量控制规划的技术路线与步骤

水资源保护规划就是根据水功能区的要求，研究水域纳污能力，提出符合水功能要求的容量总量控制方案。

一、污染物总量控制规划的技术路线

（1）从水资源质量目标出发，根据水域纳污能力，通过技术、经济可行性分析，优化分配污染负荷，确定切实可行的总量控制方案。

（2）从削减污染物目标出发，结合国家排放标准和地区技术、经济特点，制定并优化污染负荷分配方案，预测对水资源质量的改善前景，决策实施方案。

两条技术路线的关键都是污染源排放量与水质状况的定量关系，将水质保护目标和污染源控制这两个对象联系起来。

二、污染物总量控制规划的制定步骤

水资源保护规划的污染物总量控制具体可分以下几个阶段来进行。

(一)第一阶段是确定规划水域的水质目标

该阶段应考虑的主要因素是:

(1)随着生产的发展、人民生活质量要求的提高和社会文明的进步,而使水质目标和环境质量不断提高。

(2)根据社会、经济发展,确定不同区域各类水域的水体功能。

(3)水资源开发利用需满足可持续发展的要求。

(4)同一使用目标也可能有多级水质指标供选择。

(二)第二阶段是建立水质目标与污染源之间的联系,确定排污量与水质状况的定量关系,计算允许排污量

这一步是从水资源质量标准出发制定污染物总量控制的关键,其要点是:

(1)建立描述江河湖库水质状况的数学模型。

(2)掌握污染源的排放规律(地点、量、质及方式)。

(3)初步给定水质目标,或确定最低水质目标。

(4)计算水域允许纳污能力。

(5)拟定污染物削减计划。

(三)第三阶段是分析达到水质目标可供选择的方法

这一阶段主要包括:

(1)可供选择的治理措施:调节枯水流量、废水处理、管道传输、择段排放、清污分流等。

(2)可供选择的管理措施:相应的水资源保护管理方法、制度、监测体系建立等。

(3)可供选择的规定:国家排放标准、国家或地方地表水环境质量标准。

(4)可供选择的时间和范围:如分期、分级实现目标。

在综合分析上述内容之后,根据不同的水质目标,拟定多个总量控制方案。

(四)第四阶段是费用、效益分析

费用分析包括不同水资源保护方案的投资额,以及各种保护治理措施的运转费用等。效益分析包括直接效益的计算,如废物回收、循环用水、节约用水等;间接效益的计算,如下游用水减少的水处理费、渔业资源恢复、生态环境改善、疾病减少、更多外资的引进等。费用、效益分析的详细方法和内容可参阅环境经济方面的文献。

(五)第五阶段是决策

在把全部成果汇总送决策部门后,确定最后方案。

三、制定污染物总量控制规划方案的技术关键

(一)水功能区划定

依据水功能区划分原则,划分功能区并提出其主导功能,进行功能可达性分析,确定保护目标。

(二)设计条件确定

依据设计条件,将随机的偶然的多变化特征的自然条件,概化为定常的、一定概率特征的特定条件,以便进行水体纳污能力计算。设计条件的范围很广,从流量、流速、水温、

排放特征直到 pH 值、达标率等,重要的是设计条件规定的代表性时期、代表性时段、保证率等指标。

(三)模型参数识别

建立排污量与水质目标之间输入响应模型的各类参数,均需由实测值验证、识别,针对要进行总量控制的污染物指标,建立输入响应模型。

(四)开列排放清单

主要是指削减排污量的各种可行方案及技术、经济条件评价清单。总量控制的基点在于削减或控制排污总量,相应制定可行的削减方案和措施。

(五)负荷分配优化技术

在污染源防治技术可行性的基础上,进行区域优化,选择达到水质目标的最优(佳)方案。

上述五个技术关键,最困难的是第四个,要求在开列清单时,必须破除浓度达标的约束,从污染物削减量上考虑。能削减污染物的方案,不管多少,只要技术上可行,均可列入,特别应注意从工艺过程中寻找出路。

第三节 污染物总量控制规划方法

一、污染物排放污染负荷的确定

(一)污染源水质的测定

1.水质测定方法的选择

污水水质测定方法必须与受纳水域水质测定方法一致,一律选用国家标准分析方法。在无法选用同一分析方法时,必须建立两种分析方法所获数据的相关关系。

2.代表性样品的获得

(1)采样地点。①一类污染物采样点的布置应分两处:一处为车间或工段排污口,一处为工厂总排污口。②其他污染物采样点可选工厂总排污口,或依具体要求而定。

(2)采样频率。①在污水流量变化稳定条件下,污水水质测定样品应为均匀混合样,分为 2 小时混合样、24 小时混合样两类:2 小时混合样,取样间隔不得大于 5 分钟;24 小时混合样,取样间隔不得大于 30 分钟。②污水流量变化幅度大时,污水水质测定样品应按流量比例,按比例取混合样。③污水流量与浓度变化幅度均大且与生产工艺关系密切的情况,污水水质测定样品应根据生产工艺特点,设计采样频率,配制代表性混合样。

(3)样品保存。污水水质凡能在现场直接测定的指标,应在现场测定。需送往实验室测定的样品,应按规定保存样品。

3.主要污染行业排放废水应控制的特征项目

表 13-1 列出了主要污染行业排放废水应控制的特征项目。

(二)排污总量的确定

(1)利用实测资料确定排污总量。对全厂废水排放系统选定合适的采样测源点及采样测流频率,实测废水流量、水温、污染物浓度等,从而计算出排污总量。

表 13-1　　　　　　　　主要污染行业排放废水应控制的特征项目

污　染　行　业	特　征　项　目
黄金工业矿业	SS
纺织工业、粘胶纤维工业	pH 值、BOD_5、COD_{Cr}、色度
化学医药工业	COD_{Cr}
电解法(水银法、隔膜法)烧碱生产	总汞、SS
有机磷农药工业	SS、BOD_5、COD_{Cr}、总有机磷
合成氨厂	SS、氨氮、COD_{Cr}、硫化物
石油化工	SS、BOD_5、COD_{Cr}、硫化物、石油类、氰化物
钢铁、铁合金、钢铁联合企业	SS、COD_{Cr}、挥发酚、氰化物、油类
焦化工业	挥发酚、氰化物、COD_{Cr}、油类、SS
湿法纤维板	BOD_5、COD_{Cr}
染料工业	BOD_5、COD_{Cr}、色度苯胺类、硝基苯类
造纸工业	BOD_5、COD_{Cr}、SS
制革工业	总铬、SS、硫化物、BOD_5、COD_{Cr}
甘蔗制糖工业	BOD_5、COD_{Cr}、SS
甜菜制糖工业	BOD_5、COD_{Cr}、SS
合成洗涤剂工业	COD_{Cr}、石油、LAS
合成脂肪酸工业	COD_{Cr}、锰
酒精工业	BOD_5、COD_{Cr}、SS
味精工业	BOD_5、COD_{Cr}、SS
啤酒工业	BOD_5、COD_{Cr}、SS

(2)利用物质平衡法确定排污总量。从生产的原材料入手,对工艺过程进行分析,了解污染产生的来源、种类及数量、流失方向,以达到确定排污总量的目的。与生产工艺结合的水流程图(或水量平衡图)是这一方法的核心。

(3)利用历史积累的原始数据进行分析与计算排污总量。在了解各个厂生产规模变化的情况下,利用原始监测数据,并与水质平衡法互相验证,互相补充,以提高数据的科学性和准确性,从而获得经校准的排污总量。

(4)确定污染源排污总量的步骤如图 13-1 。

(三)实测数据的统计处理

1.以"日负荷"为基本计量单位

2.平均值与最大值双限控制原则

(1)平均值。表示一个总体样本的集中趋势,标志排污口在某个时间段(日、月、年)的排污平均水平,是一个概化指标。其作用是评价该排污口的排污水平,参与区域(或行业、河段)的排污总量计算。其局限性在于作为检查指标需要较多的数据样本求得平均值,无法体现排污过程的变化幅度。显而易见,一次"零"排放可以"平均"掉若干次大数值排放。

(2)最大值。表示在正常生产条件下可能达到的极值。其作用是:表示排污变化可能的幅度;可以给定"不可超越值",因此具有可检查性,便于监督管理;浓度和水量的最大值限制可以避免冲击负荷或稀释排放。但因最大值不能标志平均水平,因此只可用于检查,

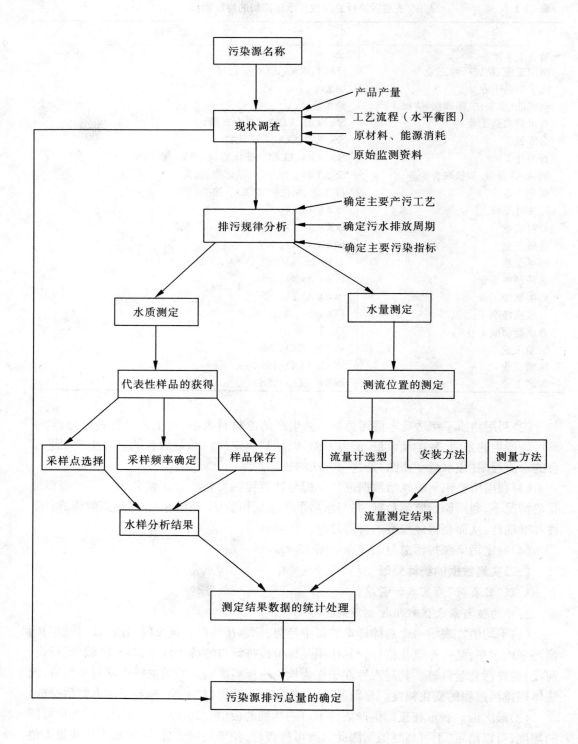

图 13-1 污染源排污总量确定步骤框图

不能参与计算。

3．测量值的统计处理

(1)平均值法。当测定结果遵从正态分布时，其平均值为最可信赖与最佳值，精度应优于个别测定值。因此，加权平均值是测量值获得的有效方法之一。

(2)曲线拟合法。当测定结果不遵从正态分布时，其测量值的获得可采用曲线拟合法，即利用不同测量值在图中所示之点连成一条曲线，利用积分法或其他计算方法来确定最终的测量值。

(四)总量数据的汇总与整理——污染源排放清单

开列排放清单的目的不是罗列污染源资料，而是为建立输入—响应关系和优化控制方案服务。因此，要根据环境目标决策的结论开列排放清单。

1．归纳清单种类

污染物项目：如 COD、BOD_5、酚、氰化物、石油类、Cr^{6+} 等。

污染物影响区域：如自××断面至××断面之间。

污染源所属行业：如先控制化工行业或造纸类等。

由上述三个方面，归纳应开列多少份清单。例如：要控制 COD、BOD_5、酚三个项目，可选择控制××断面至××断面之间为区域 1，××断面至××断面之间为区域 2，共两个区域。

如果考虑上述区域内先控制化工行业 COD，则应开列的清单有：

控制区域(或单元)1 内 COD、BOD_5、酚三个清单。

控制区域(或单元)2 内 COD、BOD_5、酚三个清单。

控制区域(或单元)1 内化工行业 COD 一个清单。

控制区域(或单元)2 内化工行业 COD 一个清单。

总计 8 个清单。

2．确定清单格式

(1)不涉及行业要求。欲建立与环境目标响应关系的清单，应包括污染源名称、沿河长坐标、序号、间距、年排放日数、日排放时数、定常排放水量(m^3/s)、排放浓度(mg/L)、日排放总量(kg/d)。

(2)涉及行业要求，不需建立与环境目标响应关系的清单，则不需列入沿河长坐标、间距，而直接列其他内容。

3．物质平衡与水量平衡

列入清单数据将作为总量控制计算的依据，根据数据使用目的，应分别做物质平衡与水量平衡校核。

上述第(1)类格式应做如下平衡：

节点 I：水量平衡：$Q + Q_1 = Q_I$

$$物质平衡：\frac{QL + Q_1L_1}{Q + Q_1} \cdot Q_I = QL + Q_1L_1 \tag{13-1}$$

节点 II：水量平衡：$Q_I + Q_2 = Q_{II}$

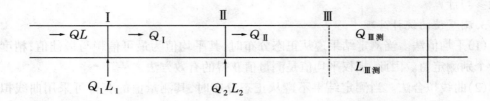

$$物质平衡：\frac{\frac{QL+Q_1L_1}{Q+Q_1}\cdot Q_{\mathrm{I}}+Q_2L_2}{Q_{\mathrm{I}}+Q_2}\cdot Q_{\mathrm{II}}=QL+Q_1L_1+Q_2L_2 \quad (13\text{-}2)$$

水质约束校核：断面Ⅲ实测水质水量数据与节点平衡数据应在考虑降解、随机误差的条件下平衡。即

$$Q_{\mathrm{III}测}=Q+Q_1+Q_2 \quad (13\text{-}3)$$
$$L_{\mathrm{III}测}Q_{\mathrm{III}测}=QL+Q_1L_1+Q_2L_2$$

（初步估算，可不考虑降解因素）

在平衡过程中应注意以下两点：

（1）水量平衡以干流水文测验值为准，可增加平衡水量。因两断面之间河流水量为递增，而定常流量假定在首断面节点平衡，取首断面流量，至末断面节点平衡时，应外加平衡流量，其值等于二断面流量之差。

（2）物质平衡以实测浓度为准，修正污染源排放度、排放水量数据，每个节点递推进行，根据实际情况进行修正，必须认真去做，否则不可能建立输入—响应关系。

继续平衡至污染源的过程与第（2）类格式的做法相同，即

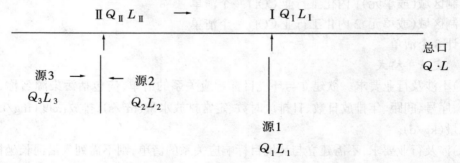

$$总口排污水量平衡：Q=Q_{\mathrm{I}}+Q_{\mathrm{II}}$$
$$Q_{\mathrm{I}}\leqslant Q_1$$
$$Q_{\mathrm{II}}\leqslant Q_2+Q_3 \quad (13\text{-}4)$$
$$排污总量平衡：Q_{\mathrm{II}}L_{\mathrm{II}}+Q_{\mathrm{I}}L_{\mathrm{I}}=QL$$
$$Q_{\mathrm{I}}L_{\mathrm{I}}\leqslant Q_1L_1$$
$$Q_{\mathrm{II}}L_{\mathrm{II}}\leqslant Q_2L_2+Q_3L_3 \quad (13\text{-}5)$$

总口与分口之间的≤号由源排放口至总口的各种损失决定，由实测值和经验确定，在确定损失值后，则 $Q_{\mathrm{I}}L_{\mathrm{I}}$、$Q_{\mathrm{II}}L_{\mathrm{II}}$ 可求出，便可进行负荷分配计算。

二、河流允许纳污量与入河污染物控制总量的确定

(一)控制单元允许纳污量

由第五章相关水质模型推导得河流控制单元允许纳污量计算公式：

$$W_{允} = 86.4 \left\{ \left(Q + \sum_{i=1}^{n} q_i \right) C_s - Q_1 C_0 \exp(-kx/u) + \sum_{i=1}^{n} q_i C_i [1 - \exp(-kx_i/u)] \right\}$$

(13-6)

式中　$W_{允}$——控制单元允许纳污量，kg/d；

　　　Q——规划河段设计流量，m^3/s；

　　　Q_1——上断面流量，m^3/s；

　　　n——控制单元排污口、支流口个数；

　　　q_i——第 i 个排污口、支流口流量，m^3/s；

　　　C_s——规划河段水质控制标准，mg/L；

　　　C_0——控制单元上断面污染物浓度，mg/L；

　　　C_i——第 i 个排污口、支流口污染物浓度，排污口为排放标准污染物浓度、支流口为支流口水质控制标准，mg/L；

　　　x——上控制断面到下控制断面距离，km；

　　　x_i——第 i 个排污口、支流口到下控制断面距离，km；

　　　u——设计流量下河段平均流速，km/d；

　　　k——污染物综合自净系数，L/d；

　　　86.4——单位换算系数。

(二)入河污染物控制总量确定

1. 无岸边污染带单元

将拟定的支流口水质、流量及排污口水量、污染物浓度代入式(13-6)，计算出控制单元的允许纳污量，并与污染物实际入河量对比。若允许纳污量大于实际入河量，则设计条件下的支流口、排污口的污染物入河量为该支流口、排污口的污染物控制量；若允许纳污量小于实际入河量，则对支流口、排污口的污染物入河量进行削减量计算，确定该支流口、排污口的污染物控制量。

(1)支流口、排污口污染物削减量：

$$W_{削} = (W_{入} - W_{允}) \frac{q_i C_i \exp(-kx_i/u)}{\sum\limits_{i=1}^{n} q_i C_i \exp(-kx_i/u)}$$

(13-7)

式中　$W_{削}$——支流口、排污口的污染物削减量，kg/d；

　　　$W_{入}$——控制单元污染物入河量，$W_{入} = \sum 86.4 q_i C_i$，kg/d；

　　　其他符号意义同前。

(2)支流口、排污口污染物允许入河量：

$$W_{允} = W_{入} - W_{削}$$

(13-8)

式中　$W_{允}$——支流口、排污口的污染物允许入河量，kg/d；

$W_入$——支流口、排污口的污染物入河量，$W_入 = \sum 86.4 q_i C_i$，kg/d；

其他符号意义同前。

(3)支流口、排污口污染物控制浓度确定：

$$C_i = W_{允i}/q_i \tag{13-9}$$

式中　C_i——支流口、排污口 i 的污染物控制浓度，mg/L；

其他符号意义同前。

2. 有岸边污染带单元

在宽浅河流上，排入水体的污水在排污口下游部分水域形成污染带，计算采用二维水质模型。

(1)排污口污染物贡献值 C 的计算，可采用二维稳态对流离散方程：

$$C(x, y) = \frac{q_i C_i}{u H \sqrt{4\pi E_y x / u}} \exp\left(\frac{-u y^2}{4 E_y x}\right) \tag{13-10}$$

式中　$C(x, y)$——排污口对污染带内点 (x, y) 的污染物贡献值，mg/L；

q_i——排污口污水流量，m^3/s；

C_i——排污口污染物浓度，mg/L；

H——岸边计算河宽内河道平均水深，m；

u——河水平均纵向流速，m/s；

x——沿河水流向的纵向坐标；

y——垂直于 X 轴的横向坐标；

E_y——横向离散系数，m^2/s。

(2)控制断面各点污染物浓度值：

$$C'(x, y) = C'_0 + C_i(x_i, y_i) \tag{13-11}$$

式中　C'_0——上断面对控制断面污染物浓度贡献值，mg/L。

控制断面各点的污染物浓度均应达到水质控制目标，若部分水域的污染物浓度超过水质控制目标，则需对排污口的入河污染物进行削减量计算。

(3)排污口控制断面污染物浓度最大允许贡献值 C_x：

$$C_x = C_s - C'_0 \tag{13-12}$$

根据 C_x 值用二维水质模型反求排污口污染物最大允许浓度，进而求出排污口污染物最大允许入河量。

(4)横向离散系数 E_y 的估算。横向离散系数的数学表达式为

$$E_y = \alpha_y H u^* \tag{13-13}$$

$$u^* = \sqrt{gHI} \tag{13-14}$$

式中　α_y——无量纲横向离散系数；

H——平均水深，m；

u^*——摩阻流速，m/s；

g——重力加速度，$9.8 m/s^2$；

I——水力坡降，%。

国外 FiSher 等专家试验结果表明,天然河流 α_y 在 0.6(1±50%)之间。若河岸不规则,河道弯曲系数较大,α_y 值增大;反之,α_y 值减小。

三、河段、行政区入河污染物控制总量的确定

河段入河污染物总量控制量为河段内各支流口、排污口允许入河量之和。

某行政区入河污染物总量控制量为该行政区各支流口、排污口允许入河量之和。

四、湖泊、水库污染物控制总量的确定

根据取水口、排水口位置,将湖泊、水库保护水域划分为若干个控制单元,确定控制点;控制单元的水质控制目标确定原则同河流一样,除统一要求外,可根据水质评价结果增加控制参数。

(一)湖泊、水库数学模型

$$C = C_i \exp(- K\Phi Hr^2/2q) \tag{13-15}$$

式中　C——r 处污染物浓度,mg/L;

　　　C_i——排污口污染物浓度,mg/L;

　　　K——污染物自净系数,L/s;

　　　Φ——污染物在湖水中的扩散角(弧度),如排污口在平直的湖岸,$\Phi=\pi$;

　　　H——污染物扩散区平均湖水深,m;

　　　r——控制点距排污口距离,m;

　　　q——排污口入湖污水量,m³/s。

(二)湖泊、水库污染物控制总量

将拟定的排污口水量、污染物浓度代入上式,计算出控制点的污染物浓度,并与水质目标相比。若控制点污染物浓度小于或等于水质标准,则设计条件下的排污口的污染物入湖量为该排污口的污染物控制量;若控制点污染物浓度大于水质标准,则对排污口的入湖污染物控制浓度进行计算,确定该排污口的污染物控制量。

(1)排污口入湖污染物控制浓度 C'_i:

$$C'_i = C_i \exp(K\Phi H_r^2/2q) \tag{13-16}$$

式中符号意义同前。

(2)排污口的污染物控制量 $W'_允$:

$$W'_允 = 86.4qC'_i \tag{13-17}$$

式中符号意义同前。

(3)湖泊(水库)入湖污染物控制总量:

$$W_允 = \sum W'_允 \tag{13-18}$$

五、总量控制负荷技术、经济优化分配程序与步骤

(一)污染源可控性技术经济评价

(1)对控制单元内每一个主要污染源,按照欲控制的污染物,分别开列总量削减方案

清单。

(2)优化计算控制单元内排污总量削减与投资的关系曲线。

(3)讨论控制单元内投资与削减率的优化目标。

(4)初步确定本控制单元的目标总量控制建议值。

如系一条河流上的多个控制单元,则可先将各小单元集中考虑,视为一个大控制单元,进行目标总量控制的建议值评价。

(二)污染物分区削减分担率分配

污染源可控制性技术经济评价,提供了总量控制目标的决策信息,各控制单元之间或控制单元内的若干工业小区之间,还应排列优先削减顺序,对小区污染物削减分担率进行优化分配。

(1)将欲考虑的各小区,分别建立小区内污染物削减率与投资关系曲线。

(2)将每一个小区视为一个污染源,自小区污染物削减率与投资关系曲线上截取一个个削减方案及相应的投资,列出清单。

(3)进行区域或控制单元的总体优化,建立大区削减率与投资关系曲线。

(4)大区每确定一个总量削减目标,列出各小区对应的优化分担削减率及投资表。

(5)初步确定不同总量控制目标下各控制单元或各小区优先削减顺序,从而进一步获得需优先重点控制的小区或控制单元信息。

(三)形成综合整治总量削减方案,将污染负荷分配到污染源

削减目标与分区削减分担率信息是建立在点源治理方案的基础上的,需要结合整治方案再做优化。

(1)将小区内集中处理方案改变排放方式与点源治理方案相结合,建立点源加小区集中处理削减率与投资关系曲线。

(2)将大区内集中处理、截流工程方案改变排放方式等,与点源治理方案相结合,建立点源加大区集中处理削减率与投资关系曲线。

(3)综合区域削减优化目标、小区削减分担率、点源加小区集中处理及点源加大区集中处理的优化信息,初步形成综合整治总量削减的不同建议方案,列出投资与治理项目清单,将污染负荷分配至污染源。

(四)保护目标可达性及技术、经济论证

在上述三步污染源可控性研究的基础上,进行环境目标可达性论证。

(1)建立不同环境目标的容许排污量关系曲线(有条件,还可给出同一环境目标不同达标率的容许排污量曲线)。

(2)以容许排污量为结合点,建立环境目标与投资关系曲线。

(3)根据不同投资水平,确定可实现的环境目标和达标率。行政决策,方案优化组合。

行政综合部门应综合上述四步的全部信息,根据实施条件,从实际出发,为满足不同目标分别选上述四步中的计算结果,组合出若干方案。这些组合方案不可能全优,有的以环境质量为重,有的以经济能力为重,有的则以整治某一工业区为重。最终的决策方案应兼有优化基础、可供实施两点特征。

（五）制定综合整治分期实施方案

方案的优化组合,可为实施污染控制措施和污染负荷分配等提供依据,却不能解决实施时间的分配问题,因为前述优化是假定在同一时间内污染物排放定常条件下进行的。因此,有必要制定分期实施方案。对综合整治方案进行分期的惟一依据,是当地每年的环境投资承受能力,一般是将建设项目"三同时"投资及排污收费中的污染防治费用和企业技术改造投资中可能用于水污染治理的投资,以及城市建设维护费和财政拨款等,经统计测算后,作为方案分期实施的依据。对分期实施方案、开发控制污染方案等均应进行保护目标可达性预测,以便形成环境、技术、经济综合评价结果。

第十四章　地下水资源保护规划

地下水资源是自然界水资源的一个重要组成部分,通过其补给、径流、排泄过程参与自然界的水循环,并与大气圈及水圈发生水交换。因此,地下水的开发利用应该是自然界水资源整体开发的一个组成部分,水资源保护规划也理应包括地下水资源保护规划。

第一节　地下水的赋存及运动规律

一、地下水的赋存

组成地壳的岩石,无论是松散的沉积物还是坚硬的基岩,都存在数量及大小不等、形状各异的空隙。岩石的空隙为地下水的赋存提供了必要的空间条件,空隙的多少、大小、形状、连通情况与分布规律,对地下水的分布、运动及赋存规律有重要影响。

按照空隙特征可将其分为松散岩石中的孔隙、坚硬岩石中的裂隙和可溶岩中的溶隙三大类。

(一)孔隙

松散岩石由大小不等、形状各异的颗粒组成,颗粒或颗粒集合体之间的空隙称为孔隙。岩石中孔隙体积的多少是影响其储存地下水能力大小的重要因素,孔隙体积的大小可以用孔隙度表示。孔隙度 n 是指包括孔隙在内某一体积岩石中孔隙体积 V_n 与岩石总体积 V 之比,用百分数表示,公式为:

$$n = \frac{V_n}{V} \times 100\% \qquad (14-1)$$

岩石孔隙度的大小与岩石的密实程度、颗粒的均匀性、颗粒的形状、颗粒的胶结程度有关。岩石越松散孔隙度越大;颗粒大小越不均一,孔隙度越小;颗粒浑圆度和胶结程度越差,孔隙度越大。

(二)裂隙

固结的坚硬岩石,包括沉积岩、岩浆岩和变质岩,受地壳运动及其他内外地质应力作用,破裂变形产生的空隙称为裂隙。

岩石的裂隙一般呈裂缝状,其长度、宽度、数量、分布及连通性等在空间上的差异很大。与孔隙相比,裂隙具有明显的不均匀性。裂隙岩石的空隙性在数值上用裂隙率 K_T 来表示,即岩石裂隙的体积 V_T 与岩石总体积 V 之比,用百分数表示,公式如下:

$$K_T = \frac{V_T}{V} \times 100\% \qquad (14-2)$$

(三)溶隙

可溶岩石中的各种裂隙被水流溶蚀扩大成为各种形态的溶隙,甚至形成巨大溶洞,这是岩溶地下水的赋存空间。常形成溶隙的岩石有石灰岩、白云岩、硬石膏、石膏、盐层等，这仅是形成溶隙的基础条件。具有可蚀性的水流是溶隙形成的外在动力条件。

溶岩的空隙性在数量上常用岩溶率 K_k 来表示，即可溶岩石的空隙体积 V_k 与可溶岩石总体积 V 之比，用百分数表示，表达式如下：

$$K_k = \frac{V_k}{V} \times 100\% \tag{14-3}$$

在地下水的长期作用下，溶蚀裂隙可发展为溶洞、暗河、竖井、落水洞等多种岩溶形式，形状和大小千差万别，地下水分布及流动也极不均匀。

二、地下水的埋藏条件分类

地下水存在于各种自然条件下，其聚集、运动的过程各不相同，因而在埋藏条件、分布规律、水动力特征、物理性质、化学成分、动态变化等方面都具有不同特征。关于地下水的分类也有不同方法，目前采用较多的一种分类方法是按照地下水的埋藏条件，分为上层滞水、潜水、承压水。

（一）上层滞水

上层滞水是包气带中局部隔水层之上具有自由水面的重力水。它是大气降水或地表水下渗时，受包气带中局部隔水层的阻托滞留聚集而成的。

上层滞水埋藏的共同特点是，在透水性较好的岩层中局部夹有不透水岩层。其形成具有一定的地质条件，同时又与大气降水或地表水下渗有关，其水量完全靠大气降水或地表水下渗直接补给，因此其水量随季节变化显著，一些范围较小的上层滞水在旱季往往干枯无水。而当隔水层分布较广时，上层滞水可以形成比较稳定的小型生活水源。

（二）潜水

饱水带中第一个具有自由表面的含水层中的水称为潜水。它的上部没有连续完整的隔水顶板，潜水的水面为自由水面，称为潜水面。潜水面至地表的距离称为潜水位埋藏深度（T_m），也叫潜水位埋深。潜水面至隔水底板的距离叫潜水含水层的厚度（h）。潜水面上任一点距基准面的绝对标高称为潜水位（H），也称潜水位标高。

潜水的埋藏条件决定了潜水具有以下特征：①由于潜水面之上一般无稳定的隔水层，因此具有自由表面。有时潜水面上有局部隔水层，呈现局部承压现象。②潜水在重力作用下，由潜水位较高处向潜水位较低处流动，其流动的快慢取决于含水层的渗透性能和水力坡度。潜水向排泄处流动时，其水位逐渐下降，形成曲线形表面。③潜水通过包气带与地表相连通，潜水分布区一般与补给区一致。④由于潜水易于受地表降水及水体影响，其水位、流量和化学成分都随地区和时间的不同而变化。

（三）承压水

承压水是指充满于上下两个稳定隔水层之间的含水层中的重力水。其主要特点是，有稳定的隔水顶板，没有自由水面，水体承受静水压力。邻接于承压含水层上、下的隔水层分别称为承压含水层的隔水顶板和隔水底板。顶板、底板之间的垂直距离为含水层厚度。

承压含水层由于有稳定的隔水顶板和底板，因而与外界的联系较差，它的埋藏区也往往与补给区不一致。承压含水层的补给,一方面是由出露地表部分接受大气降水及地表水补给;另一方面可由上部潜水或承压水越流补给。承压水的排泄方式有多种,它可以通过标高较低的含水层出露区或断裂带排泄到地表、潜水含水层或其他承压含水层,也可直接排泄到地表形成泉水。

承压含水层的埋藏深度一般都比潜水大,在水位、水量、水温、水质等方面受水文气象因素和人为因素以及季节变化的影响较小。承压水的水质变化主要取决于水的交替作用。含水层的富水程度除与含水层特性有关外,主要取决于含水层的补给条件。

三、地下水的循环过程

地下水循环是自然界水循环的一个重要组成部分,地下水自身又有独立的补给、径流、排泄小循环。

(一)地下水的补给

含水层自外界获得水量的过程称为补给。地下水的补给来源主要有:大气降水和地表水的渗入;大气中水汽和土壤中水汽的凝结;人工补给。

1. 大气降水的补给

大气降水包括雨、雪、雹。当大气降水降落到地表后,一部分变为地表径流,一部分蒸发重新回到大气,剩余一部分渗入地下形成地下水。

在很多情况下,大气降水是地下水的主要补给方式。大气降水补给地下水的数量受到很多因素的影响,与降水强度、形式,植被,包气带岩性,地下水的埋深等有关。一般当降水量大、降水过程长、地形平坦、植被茂盛、上部岩层透水性好、地下水埋藏深度不大时,大气降水才能大量下渗补给地下水。

2. 地表水的补给

地表水体包括江、河、湖、海、水库、池塘、水田等。地表水对地下水的补给强度主要受岩层透水性的影响,同时也取决于地表水水位与地下水水位的高差、洪水的延续时间、河水流量、河水的含泥量、地表水体与地下水联系范围的大小等因素。

3. 凝结水的补给

凝结水的补给是指大气中过饱和水分凝结成液态水渗入地下补给地下水。在干旱区,凝结水的补给倍受关注,由于干旱区大气降水较少,大气降水和地表水补给量均较少,因此凝结水是其主要补给来源。

4. 含水层之间的补给

当两个含水层之间存在水头差且有水力联系时,则水头较高的含水层将水补给水头较低的含水层。其补给途径可以通过含水层之间的"天窗"发生水力联系,也可以通过含水层之间的越流方式补给。

5. 人工补给

地下水的人工补给就是借助某些工程设施,人为地将地表水自流或用压力引入含水层,以增加地下水的渗入量。人工补给地下水具有占地少、造价低、易管理、蒸发少等优点,不仅可以增加地下水资源,而且可以改善地下水的水质,调节地下水的温度,阻拦海水入侵,减小地面沉降。

(二)地下水的径流

地下水在岩石空隙中的流动过程称为径流。地下水的径流过程是整个地球水循环的一部分。大气降水或地表水通过包气带向下渗漏,补给含水层成为地下水,地下水又在重力作用下由水位高处向水位低处流动,最后在地形低洼处以泉的形式排出地表或直接排入地表水体,如此循环过程就是地下水的径流过程。影响地下水径流的主要因素有:含水层的空隙性、地下水的埋藏条件、补给量、地形状况、地下水化学成分、人类活动因素等。

(三)地下水的排泄

含水层失去水量的作用过程称为地下水的排泄。在排泄过程中,地下水的水量、水质及水位都会随着发生变化。

地下水通过泉(点状排泄)、向河流泄流(线状排泄)及蒸发(面状排泄)等形式向外界排泄。此外,一个含水层中的水可向另一个含水层排泄,也可以由人工进行排泄,如用井开发地下水,或用钻孔、渠道排泄地下水都属于地下水的人工排泄。

在地下水的排泄方式中,蒸发排泄仅耗失水量,盐分仍留在地下水中。其他种类的排泄都属于径流排泄,盐分随同水分同时排走。

四、地下水的运动规律

(一)地下水运动的特点

地下水储存并运动于岩石颗粒间像串珠管状的孔隙和岩石内纵横交错的裂隙之中。由于这些空隙的形状、大小和连通程度等的变化,导致地下水运动的复杂性和特殊性:①地下水运动比较迟缓,一般流速较小。在实际计算中,常忽略地下水的流速水头,认为地下水的水头就等于测压管水头。②由于地下水是在曲折的通道中进行缓慢渗流,故地下水流大多数都呈层流运动。只有当地下水流通过漂石、卵石的特大孔隙或岩石的大裂隙及可溶岩的大溶洞时,才会出现紊流状态。③地下水在自然界的绝大多数情况下呈非稳定流运动。但当地下水的运动要素在某一时间内变化不大,或地下水的补给、排泄条件随时间变化不大时,人们常常把地下水的运动近似看成是稳定流,这给地下水运动规律研究带来很大方便。④人们在研究地下水运动规律时,并不是去研究每个实际通道中复杂的水流运动特征,而是研究岩石内平均直线水流通道中的水流特征,假想水流充满含水层。

(二)地下水运动的基本规律

地下水运动的基本规律又称渗透的基本规律,在水力学中已有论述,这里仅介绍渗透定律的基本内容。

1.线性渗透定律

线性渗透定律反映地下水层流运动的基本规律,是法国水力学家达西建立的,故称为达西定律。即

$$Q = k \cdot \frac{H_1 - H_2}{L} \cdot A_w \qquad (14\text{-}4)$$

式中　Q——渗流量,即单位时间内透过含水层断面的地下水量,m^3/d ;

　　　$H_1 - H_2$——在渗流途径 L 长度上过水断面的水头损失,m;

　　　L——渗流途径长度,m;

A_w——渗流过水断面面积,m^2;

k——渗透系数,m^3/d 。

渗透系数 k 是反映岩石渗透性能的指标,其物理意义为当水力坡度为 1 时的地下水流速。它不仅决定于岩石的性质(如空隙的大小和多少),而且和水的物理性质(如密度和黏滞性)有关。但在一般情况下,地下水的温度变化不大,故往往假设其密度和黏度是常数,所以渗透系数 k 只看成与岩石的性质有关,如果岩石的孔隙性好,透水性就好,渗透系数值也就越大。

达西定律又可表示为

$$v = k \cdot J \tag{14-5}$$

式中 v——渗透速度,m/d;

J——水力坡度,单位渗流途径上的水头损失,无量纲。

达西定律表明,地下水渗透速度与水力坡度成线性关系,因此称为线性渗透定律。

需要说明的是,渗透速度 v 并不是地下水的实际流速,因为地下水不在整个断面 A_w 内流过,而仅在断面的孔隙中流动,可见渗透速度 v 远比实际流速 u 要小。地下水在孔隙中的实际流速应为

$$u = \frac{v}{n} \text{ 或 } v = n \cdot u \tag{14-6}$$

式中 n——岩石的孔隙度。

另外,达西定律也可写成微分形式

$$v = -k \frac{\mathrm{d}H}{\mathrm{d}x} \tag{14-7}$$

$$Q = -kA_w \frac{\mathrm{d}H}{\mathrm{d}x} \tag{14-8}$$

式中 $-\frac{\mathrm{d}H}{\mathrm{d}x}$——水力坡度,负号表示水头沿着 x 增大方向而减小,水力坡度 J 值仍以正值表示;

$\mathrm{d}x$——沿水流方向无穷小的距离;

$\mathrm{d}H$——对应 $\mathrm{d}x$ 水流微分段上的水头损失。

2. 非线性渗透定律

如前所述,线性渗透定律是反映地下水层流运动的基本规律。而紊流运动的规律是水流的渗透速度与水力坡度的平方根成正比,这就是谢才公式,表达式为

$$v = k \cdot \sqrt{J} \text{ 或 } Q = k \cdot A_w \cdot \sqrt{J} \tag{14-9}$$

式中符号意义同前。

第二节　地下水资源开发及污染成因分析

一、地下水资源的特征及其开发利用

凡自然界存在并且可以为人类所利用的物质都可以称为资源。地下水是自然界存在

的物质,而且是有用的,当然可以称为资源。地下水作为一种资源,除具有资源的一般特征外,还具有特殊性。具体来讲,主要特征有:可宝贵性、系统性、可恢复性、复杂性。

(1)可宝贵性。作为供水水源,尤其是饮用水源,地下水具有突出的可宝贵性:水质好、分布广、供水延续时间长等。另外,在干旱区,浅层地下水又作为植物生长的主要水源,是生态用水不可缺少的主要来源。

(2)系统性。地下水资源是按一定含水系统发育的。在一定的水文地质条件下,在某一范围内,形成地下含水系统;系统内部的水是不可分割的统一整体,往往具有统一的补给来源,而且具有密切的水力联系;相邻的含水系统或多或少相互隔绝,不同含水系统中的水一般没有或只有极弱的水力联系。

(3)可恢复性。一个地下水含水系统,当具有一定的储水能力时,可以在补给减小和停止的时期内继续供水,而在雨季或湿润年份来临时补充其过分消耗的水量。地下水资源的这种周期性获得补充、恢复其原有水量的特性便是其可恢复性。地下水的可恢复性是地下水作为一种可持续利用水源的基础。当然,地下水的可恢复性并不是无限的,其开发利用的水量应能在一定的时限内得到补充恢复。

(4)复杂性。地下水资源远较地表水资源复杂,很重要的原因是,其资源形成过程与分布情况无法从地面观察。这给分析与评价地下水资源带来两方面的困难:其一是地下水本身的变化不能直接观察;其二是增加了勘查工作的难度。

对地下水可利用程度的评价,主要是为了确定一个含水系统能长期而稳定地提供的最大水量,原则上便是它从外界所获得的补充量,亦即其补给资源,而不应动用储存资源。即只有动用经常得到补给的水量,才能长期有保证地使用下去。当然,无论是降水、地表水还是其他补给来源,每年都是变动的。因此,补给资源相当于多年平均的补给量,换句话说,可利用水量就是多年平均可以保证提供的最大水量。

在开采条件下,补给量往往可能有所增加。一种情况是,含水系统与地表水体有水力联系,由于开采引起地下水位下降,加大了地表水与地下水之间的水头差,含水系统便吸收更多的地表水量作为其增补的资源,也就是将一部分储存资源转化为补给资源。当然,这在实质上是将地表水资源转化为地下水资源,地下水资源在增加的同时,地表水资源便减少。一种情况是,在开采条件下由于地下水位下降而使含水系统获得增补资源,实际是将一部分储存资源转化为补给资源,因而增加了含水系统可以利用的水资源。但是,储存资源是在历史或地质时期累计形成的,是天然条件下不可恢复的资源。因此,这部分水量开采后不可能及时获得补充,只有当它可以转化为补给资源时才可能得到补充,故一般不宜作为供水水源加以动用。

二、开发利用地下水可能会出现的问题

地下水资源属于可再生资源范畴。它具备水资源的一般特征(如可恢复性、系统性),但又不同于地表水资源。由于地下水储存于地下,不能让人直接看见全貌,常常因地下水储存量大、调节能力强,给人一"水资源丰富"的假象。另外,由于对地下水资源管理不力,乱打井、盲目取水、无节制开采的现象普遍存在。在我国北方已造成部分河流断流、泉水干涸、地下水位持续下降等后果。即使在降水比较丰富的南方也出现区域降落漏斗不断

扩大、淡水水体体积缩小、海水入侵等现象。

(一)引起地下水位下降

如前所述,尽管地下水具有可恢复性,但地下水的补给能力是有限的,只有地下水的开采量小于地下水的补给水量时,才能保证地下水的可持续利用。但是,如果地下水的开采量超过其补充量时,首先会引起地下水位不断下降。这主要是由于地下水资源管理不力,乱打井、盲目取水、无节制开采造成的。这种状况将导致地下水位持续下降、泉水干涸、河流断流、区域降落漏斗不断扩大,在某些地区还会导致淡水水体体积缩小、海水入侵等现象。

(二)引起地面沉降

地面沉降可以由地壳内部原因所引起,也可以由人为因素所引起。前者起因于深部基岩的运动;后者则仅是接近地表的地层在人为影响下发生的变化。凡是因人类活动影响而发生地面沉降的地方,都具有以下几个特点:第一,沉降都发生在从地层中提取一定量的流体之后。第二,流体在地层中都处于相对封闭条件之下,并具有相当的压力,取走一部分流体后,压力降低。第三,受影响的地层年代一般不早于第三纪,换句话说,都发生在未经很好固结的地层中。第四,发生地面沉降的时间、范围和幅度,都和流体压力降低的时间、范围和幅度相对应。因此,不仅仅是开发地下水,只要从地层中提取液体或气体,都有可能引起地面沉降。

(三)引起地下水污染

随着环境污染日趋严重和地下水开采强度加剧,地下水污染已经成为地下水开发的一个严重而普遍的问题。地下水的开发利用应该从水量和水质两方面考虑,地下水符合可利用水质标准是其被利用的基础。据调查,我国很多城市和地区地下水受到比较严重的污染,其中北京、天津、沈阳、西安、青岛等城市尤为严重。据分析(朱党生等,2001 年),有以下特性:①地下水污染程度较严重的是城市。这些城市大都是以地下水作为主要供水水源,且"三废"污染占较大部分。②特大企业和工业区的地下水污染严重。这些地区由于地表各类废物的堆放,垃圾、有毒有害产品等在雨水淋溶下渗,造成地下水的污染。③污染河道沿岸的地下水污染严重。污染河道的污染物在入渗作用下,进入地下水,造成地下水的污染。④污水灌溉区和污水回灌区地下水污染严重。这种类型污染在全国所占比例虽较大,但污染程度较轻。

三、地下水污染成因

(一)地下水污染的特征

由于城市人口增加,生活污水集中排放,同时工业发展,各种厂矿排放各种固体、液体、气体等废物,从而使地下水污染,这是主要的。另一方面,随着农业发展,大量施用化肥和农药,也会使地下水水质受到影响。

水的污染,除了化学成分的变化,还有微生物、热及其他方面的变化。这些污染可能通过传播疾病或毒物危害健康,也可能虽未直接危害健康,但对生活用水、农业用水或工业用水产生不利影响。

地下水的污染和地表水的污染有一些不同之处,其区别之一就是不易察觉。污染物进入地下,要通过一定厚度的土石,在这一过程中,可以消除很大一部分有机物和微生物,使得污染程度大为减轻,甚至消除。这就使地下水的污染过程比较缓慢,也不易觉察。

其次,地下水的污染与含水层的岩性及埋藏条件有关。含水层出露于地表或接近于地表的地段也正是容易发生污染的地方。裂隙宽大及岩溶化的地层容易发生污染,透水性较差的孔隙含水层不易发生污染。

第三,发现地下水污染后,确定污染源较难;而在确定了污染源并消除污染源后,对已被污染的含水层中的水处理起来更不易。因此,保护地下水免受污染显得格外重要。

(二)地下水污染的成因

地下水污染主要是人类生产和生活造成的。随着工业的发展,工业废水的排放量日益增加,农业生产大量使用化肥、农药以及不合理的污水灌溉,城市人口大量集中,生活污水和垃圾也越来越多,这些不仅直接污染了地表水,而且还直接或间接地污染了地下水。

(三)地下水污染途径

地下水污染途径大体上可以分为两大类:直接污染和间接污染。直接污染是指污染源通过某种途径直接进入地下水,因此在地下水中所出现的污染物与污染源的污染物一致。间接污染是指污染物先污染地表水或其他含水层,然后再进入所利用的含水层中。这种情况下,有时地下水中的污染物可能与污染源中的污染物不同,因此确定污染源就更复杂了。

根据地下水补给来源不同,地下水的污染途径有以下几种形式:

(1)通过包气带入渗。这种污染形式可分为连续入渗和断续入渗两种。前者是通过各种存放污染物的构筑物而入渗到包气带;后者是地表堆放工业废渣、城市垃圾,通过降水淋滤而入渗到包气带。

(2)由井、孔、坑道、岩溶通道等直接注入。排放的废水通过这种途径经过地层净化后,可以使污染物浓度降低或完全净化。但如果排入废水太多,超过地层自净能力,就会使地下水受到污染。

(3)地表水体侧向入渗。地表水侧向进入含水层,但经过含水层颗粒吸附、过滤,其水质有所改善,即使污染地下水,其程度也有所减弱。

(4)含水层之间越流。当开采承压含水层时,顶板以上如有污染潜水,它可以通过弱透水层底板或含水层顶板的"天窗"以及止水不严的套管与孔壁间隙或由未封填死的废弃钻孔流入。开采潜水或浅层承压水时,深部承压含水层的咸水或高矿化水同样可以越流污染潜水或浅部承压水。

(5)回灌水引起水质污染。经过净化处理的地表水作为回灌水源,有时也可把污染物质带入含水层而引起回灌井周围地下水污染。

第三节 地下水资源质量评价

一、地下水资源质量评价内容及评价因子与标准

地下水资源质量评价是地下水资源评价的一个重要方面,是对地下水质量等级的一种客观评价。它以地下水水质调查分析资料为基础,可以分为单项组分评价和综合评价。

单项组分评价是将水质指标直接与水质标准比较,判断水质是否合适。综合评价是根据一定评价方法和评价标准综合考虑多因素进行的评价。

水资源质量的评价,应根据评价目的、水体用途、水质特性,选用相关参数和相应的国家、行业或地方水质标准进行评价。

水资源质量评价因子的选择是评价的基础,一般应按国家标准和当地的实际情况来确定评价因子。

评价标准的选择,一般应依据国家标准和行业或地方标准来确定,同时还应参照该地区污染起始值或背景值。

二、地下水资源质量评价方法

地下水质量单项组分评价,按照《地下水质量标准》(GB/T14848－93)所列分类指标划分为五类,代号与类别代号相同,不同类别标准值相同时从优不从劣。例如,挥发性酚类I、II类标准值均为0.001mg/L,若水质分析结果为0.001mg/L时,应定为I类,不定为II类。

地下水质量综合评价有多种方法,评分法和污染指数法已在第六章介绍,现就一般统计法和多级关联评价法分别介绍如下。

(一)一般统计法

一般统计法是以检测点的检出值与背景值或饮用水卫生标准作比较,统计其检出数、检出率、超标率等,一般以表格法来反映,最后根据统计结果来评价水资源质量。其中,检出率是指污染组成占全部检测数的百分数。超标率是指检出污染浓度超过国家生活饮用水卫生标准的数量占全部检测数的百分数。对于受污染的地下水,可以根据检出率确定其污染程度,如单项检出率超过50%即为严重污染。

(二)多级关联评价方法

多级关联评价是一种复杂系统综合评价方法。它的特点是:①评价的对象可以是一个多层结构的动态系统,即同时包括多个子系统;②评价标准的级别可以用连续函数表达,也可以采用在标准区间内做更细致的分级;③方法简单可操作,易与现行方法对比。

1. 多级关联评价的概念

依据监测样本与质量标准序列间的几何相似分析与关联测度,来度量监测样本中多个序列相对某一级别质量序列的关联性。关联度愈高,就说明该样本序列愈贴近参照级别,这就是多级关联综合评价的信息和依据。图14-1为多级关联分析示意图。

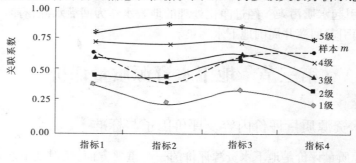

图 14-1 多级关联分析示意图

2. 多级关联评价的计算

(1)先将样本矩阵和质量标准矩阵进行归一化处理(可参阅指标标准化处理方法),转变为$[0,1]$内取值数。

归一化后的实测样本矩阵为

$$
A_{m \times n}(I) = \begin{bmatrix} a_1(1) & a_1(2) & \cdots & a_1(n) \\ a_2(1) & a_2(2) & \cdots & a_2(n) \\ \vdots & \vdots & & \vdots \\ a_m(1) & a_m(2) & \cdots & a_m(n) \end{bmatrix} \begin{matrix} 1\text{级} \\ 2\text{级} \\ \vdots \\ m\text{级} \end{matrix}
$$

其中列标题为：指标 1　指标 2　$\cdots$　指标 n (14-10)

归一化后的质量标准矩阵为

$$
B_{l \times n}(I) = \begin{bmatrix} b_1(1) & b_1(2) & \cdots & b_1(n) \\ b_2(1) & b_2(2) & \cdots & b_2(n) \\ \vdots & \vdots & & \vdots \\ b_l(1) & b_l(2) & \cdots & b_l(n) \end{bmatrix} \begin{matrix} \text{样本 1} \\ \text{样本 2} \\ \vdots \\ \text{样本 } l \end{matrix}
$$

其中列标题为：指标 1　指标 2　$\cdots$　指标 n (14-11)

(2)计算关联离散函数 $\xi_{ij}(k)$：从实测样本矩阵 $A_{m \times n}(I)$ 中取第 j 个监测样本向量 $(\vec{a}_j = (a_j(1), a_j(2), \cdots a_j(n)), j = 1, 2, \cdots, m)$ 作为参考序列(母序列)。把质量标准矩阵 $B_{l \times n}(I)$ 中的每一个行向量 $(\vec{b}_i = (b_i(1), b_i(2), \cdots, b_j(n)), i = 1, 2, \cdots, n)$ 作为比较序列(子序列)。对于固定的 j(如 $j = 1$),令 i 从 1 到 l,分别计算对应每个 k 指标的关联离散函数 $\xi_{ij}(k)(k = 1, 2, \cdots, n)$。

关联离散函数 $\xi_{ij}(k)$ 计算公式(夏军,1996 年)如下：

$$
\xi_{ij}(k) = \frac{1 - \Delta_{ij}(k)}{1 + \Delta_{ij}(k)} (i = 1, 2, \cdots, l; j = 1, 2, \cdots, m; k = 1, 2, \cdots, n) \quad (14-12)
$$

式中,$\Delta_{ij}(k) = |a_j(k) - b_i(k)|$。

(3)关联度 r_{ij} 的计算：关联度 r_{ij} 是子序列向量与母序列的关联程度,定义为 $\{\xi_{ij}(k)\}$ 面积测度。一种加权平均的计算方法如下：

$$
r_{ij} = \sum_{k=1}^{n} w(k) \xi_{ij}(k) \quad (i = 1, 2, \cdots, l; j = 1, 2, \cdots, m; k = 1, 2, \cdots, n)
$$

(14-13)

式中,$r_{ij} \in [0,1]$,$w(k)$ 为第 k 个指标的权重值。$w(k)$ 用主成分——因子分析赋权方法计算。

分别令 $i = 1, 2, \cdots, l; j = 1, 2, \cdots, m$;计算出每一个关联度 r_{ij},最后形成综合评价关联矩阵,记为

$$
R_{l \times m}(I) = \begin{bmatrix} r_{11} & r_{12} & \cdots & r_{1m} \\ r_{21} & r_{22} & \cdots & r_{2m} \\ \vdots & \vdots & & \vdots \\ r_{l1} & r_{l2} & \cdots & r_{lm} \end{bmatrix} \begin{matrix} 1\text{级} \\ 2\text{级} \\ \vdots \\ m\text{级} \end{matrix}
$$

其中列标题为：样本 1　样本 2　$\cdots$　样本 m (14-14)

基于多级关联分析原理,便可确定第 i 个监测样本的评价级别,即取 $R_{l\times m}(I)$ 矩阵第 i 列向量中关联度最大者对应的 k^* 级别,即 $r_{ij*} = \max(r_{ij})$。不难看到,$R_{l\times m}(I)$ 矩阵从整体上描述了每个点 m 项指标相对于各级标准的关联度。它是一种实测序列与标准序列(分级)间距离的一种量度,二者愈接近,隶属性就愈大,反之亦然。为了提高评价的精度,下面将引入关联差异度的概念,进一步完善多级关联评价模型。

(4)关联差异度 d_{ij} 的计算:根据多级关联空间分析理论,关联度是衡量指标序列间相似程度的测度,其变化区间为 $[0,1]$。关联度越接近 1,序列间相似程度越大;关联度越接近 0,相似程度就越小。为了衡量序列间的差异程度,改进提出关联差异度作为序列间差异程度的度量标准。

关联差异度的物理意义与关联度正好相反,它们的计算关系如下:

$$d_{ij} = \mu_{ij}(1 - r_{ij}) = \mu_{ij}\left(1 - \sum_{k=1}^{n} w(k)\xi_{ij}(k)\right) \tag{14-15}$$

式中　μ_{ij} ——第 i 个质量样本从属于第 j 级质量等级标准的从属度。

为了从理论上解出最优的 μ_{ij},构造如下目标函数:全体监测样本与各级质量标准模式之间的加权关联差异度平方和最小,即

$$\min\{F(\mu_{ij})\} = \min\left\{\sum_{i=1}^{l}\sum_{j=1}^{m}\left[\mu_{ij}\left(1 - \sum_{k=1}^{n} w(k)\xi_{ij}(k)\right)\right]^2\right\} \tag{14-16}$$

求解可得:

$$\mu_{ij} = \frac{1}{\sum_{t=1}^{t}\left[\dfrac{1 - \sum_{k=1}^{n} w(k)\xi_{ij}(k)}{1 - \sum_{k=1}^{n} w(k)\xi_{tj}(k)}\right]^2} \tag{14-17}$$

$$(i = 1,2,\cdots,l; j = 1,2,\cdots,m; k = 1,2,\cdots,n; t = 1,2,\cdots,l)$$

(5)综合评价指数 GC 的计算:

$$GC = (\mu_{ij}) \cdot S = U \cdot S \tag{14-18}$$

式中　GC ——多级关联评价的综合指数,$GC \in [1,l]$;

　　　S ——质量标准级别向量,$S' = (1,2,\cdots,l)$。

综上所述便是多级关联评价的计算方法与步骤。

第四节　地下水资源优化管理模型

地下水是水资源系统的一个组成部分,应该与地表水资源统一管理。而在某些地区(如干旱区),地下水是其主要水源。这时,研究地下水资源管理以保证地下水资源可持续利用就十分重要了。本节将根据可持续发展的最新理论,特别是近些年国际上对"可持续水资源管理"研究的最新进展。针对地下水资源管理存在的问题,提出在可持续发展目标下进行地下水资源管理的思想。结合地下水水量水质耦合模型,提出地下水系统环境容量的概念,并给出一种考虑地下水资源与经济、社会、环境相协调的地下水资源优化管理模型框架。

一、可持续发展赋予地下水资源管理新的思想

人们已经认识到加强地下水资源管理的必要性。但是,一方面人们要发展经济、改善人类生活,就要开发利用水资源;另一方面为了维护人类生存环境,又要保护环境、限制水资源开发利用量。目前,由于过于强调前者或不能协调二者的关系,已导致了水资源短缺、水质恶化、生态环境质量严重下降等问题。但假如过于强调后者,在某种程度上就不能满足人们发展经济、改善人类生活的愿望,也不能被公众所接受。因此,保证水资源与社会、经济、环境相协调发展是十分迫切的,也是人类发展所必须采纳的一种水资源开发利用管理模式。

"可持续发展"的思想正好体现这一需要。它是"社会—经济—资源—环境"复杂大系统的一种良性发展模式,是解决环境与发展问题的惟一出路。在这种思路下,我们要重新审视自己开发利用地下水资源的行为,重视弥补和完善地下水资源管理的目的、内容、研究方法和管理措施,注重地下水系统水量水质统一管理,确保水资源可持续利用,走社会、经济、资源、环境协调发展的道路。

二、地下水水量水质耦合模型及环境容量的概念

可持续水资源管理要求:除了考虑水量的分配和管理外,还要考虑水质,保持环境的完整性。因此,在定量研究可持续水资源管理时,需要把水量与水质统一起来来研究,要把水量水质耦合模型(简称作 Q—C 模型)作为一个子模型嵌入管理模型中,以变化了的自然条件来研究未来的水资源管理。关于地下水水量水质耦合模型类型很多,应用实例也不乏其数。本文只介绍均质、各向同性含水层基于三维流基本微分方程上的耦合模型(其他类同)。

三维流溶质运移基本微分方程:

$$\frac{\partial(C + \sigma_C)}{\partial t} = \sum_i \sum_j \frac{\partial}{\partial x_i}\left(D_{ij}\frac{\partial C}{\partial x_j}\right) - \sum_i u_i \frac{\partial C}{\partial x_i} + I \qquad (i,j = 1,2,3) \quad (14\text{-}19)$$

式中　C——溶质浓度;

u_1, u_2, u_3——水体在 x, y, z 方向上的平均流速;

D_{ij}——水体动力弥散系数;

σ_C——单位体积介质中液相以外溶质质量的储存量;

I——源汇项。

为了求解式(14-19),必须要先得到地下水流速 u_1, u_2, u_3 的值。由达西定律知:

$$\left.\begin{aligned} u_1 &= -k\frac{\partial H}{\partial x} \\ u_2 &= -k\frac{\partial H}{\partial y} \\ u_3 &= -k\frac{\partial H}{\partial z} \end{aligned}\right\} \qquad (14\text{-}20)$$

式中　k——渗透系数;

H——地下水头。

建立地下水运动方程：

$$\frac{\partial^2 H}{\partial x^2} + \frac{\partial^2 H}{\partial y^2} + \frac{\partial^2 H}{\partial z^2} = \frac{S_s}{k}\frac{\partial H}{\partial t} \tag{14-21}$$

式中　S_s——贮水率。

由式(14-20)、式(14-21)再加上边界条件、初始条件,就构成水量模型。由式(14-19)、式(14-20)、式(14-21)再加上边界条件、初始条件,就构成了均质、各向同性含水层水量水质耦合模型。

需要进一步说明的是,溶质在多孔介质中输移,除了对流—弥散外,还存在分子扩散、溶解、吸附、离子交换等作用。在式(14-19)中,用 σ_C 表示单位体积介质中液相以外溶质质量的储存量;用源汇项 I 表示由于抽、注、吸附、化学反应(包括溶解、离子交换等)、放射性衰变等作用造成的溶质的产生和消失。从水质模型中可以看出,地下水在多孔介质中运移的过程中,地下水系统本身对溶质浓度(或污染物浓度)有一定的吸附、降解等作用,使水质浓度一般呈减小趋势(除有些因溶解作用增加外)。也就是说,地下水系统本身有一定的纳污能力。正因为此,地下水水质常常较好。但我们又必须看到,地下水系统与地表水体一样,纳污能力是有限的。如果超过某一限度,地下水受到污染,吸收、降解等各种作用下降甚至丧失,从而影响地下水的利用。对此,我们给出"地下水系统环境容量"的概念:一定时期内,一定范围地下水系统,在给定的环境目标下所能容纳污染物的最大量,就称为地下水系统环境容量。

若发展能够使地下水资源维持在环境容量之内,地下水资源可持续利用就具备了环境保障条件;否则,地下水资源将受到污染,其利用受到影响。

三、可持续发展目标下的地下水资源优化管理模型框架

为了保证地下水资源可持续利用,仅考虑水资源本身远远不够。因为它还与社会经济系统密切相关,必须寻求经济发展、环境保护和人类社会福利之间的最佳联系与协调。

(一)管理目标

根据可持续发展理论,可持续发展目标下的水资源管理目标应该是:经济效益、社会效益、生态环境效益三者的综合效益最大。

设 $x_1(T), x_2(T), \cdots, x_n(T)$,为影响综合效益的决策变量(比如:水量,水质等级,水利用率,开发水资源费用,每吨水带来的经济效益等等),它是时间段 T 的函数。写成向量形式,即 $X(T) = (x_1(T), x_2(T), \cdots, x_n(T))$,为决策变量的向量。设 $E_C(X(T))$、$S(X(T))$、$E_N(X(T))$分别为经济效益、社会效益、生态环境效益函数。综合效益函数可表示为:$Z(T) = f[E_C(X(T)), S(X(T)), E_N(X(T))]$。目标函数形式为

$$\max Z(T) = \max f[E_C(X(T)), S(X(T)), E_N(X(T))] \tag{14-22}$$

关于综合效益函数的确定,也有多种方法。比如,常用的一种是用货币(即多少钱)来表示,把各项因子都转化为用"货币"表示的价格,例如,水质每变差一定标准所带来的损失用处理该水体所要投入的代价(即多少钱)来表达(这就是常用的"影子法")。

(二)约束条件

根据可持续发展的准则,为了确保水资源可持续利用,必须在一定的约束条件下,不但考虑现在还要考虑未来的可能变化。

(1)环境完整性约束。要求满足环境容量的要求,按照环境容量的定义来量化表达该约束条件一般比较困难,但可以抓住地下水系统的某些主要环境因子,保证这些因子的指标不超过某一限度,从而达到满足环境容量的目的。比如,某地下水系统主要环境因子是含盐量,采用的度量指标是矿化度,这样,可以通过限制水体矿化度 $C(T)$ 不超过最大允许矿化度值(设 C_0)来约束,约束方程可写成:$C(T) \leqslant C_0$。

(2)水量约束。要求不低于当地的最小需水量 $Q_1(T)$(或称可生存的最小需水量),且又不得超过最大可开采水量 $Q_2(T)$。由于社会经济系统(包括人口、工农业发展等)、自然系统(包括全球气候、所在流域条件变化等)是不断变化的,所以要建立 $Q_1(T)$、$Q_2(T)$ 的预测模型。为了保证水资源可持续利用,应该使当代和未来某时段的水量 $Q(T)$ 满足:$Q_1(T) \leqslant Q(T) \leqslant Q_2(T)$。

(3)社会、经济发展约束条件。包括人口、生产力水平、工农业发展的预测及约束,水资源开发、利用及污水处理等工程技术能力的约束等。

(4)发展可持续性约束。为保证发展的可持续性,要求发展的综合效益函数值不断增加(至少不降低),故有约束条件:$Z(T_2) \geqslant Z(T_1)$,$(T_2 > T_1)$。

(5)水量—水质内在结构关系约束。把 Q—C 模型纳入管理模型当中,作为约束条件之一,以反映水资源系统的变化关系。

综上所述,约束条件可概括如下:

$$\left.\begin{array}{l} Q—C \text{ 模型} \\ x_i(T) \text{ 预测模型集} \\ x_i(T) \text{ 变量约束集} \\ Z(T_2) \geqslant Z(T_1), (T_2 > T_1) \\ (i = 1, 2, \cdots, n) \end{array}\right\} \qquad (14\text{-}23)$$

(三)优化管理模型及求解方法

由式(14-22)、式(14-23)就构成了地下水资源优化管理模型。

上面所建的优化管理模型一般是一个复杂的非线性优化模型。求该模型最优解的常用方法是数值法(即迭代法),所得的解是近似最优解。其基本思路是:从一个选定的初始点 $x^0 \in R^n$ 出发,按照某一特定的迭代规则产生一个点列 $\{x^k\}$,,使得当 $\{x^k\}$ 是有穷点列时,其最后一个点是模型的最优解;当 $\{x^k\}$ 是无穷点列时,它有极限点,且极限点就是模型的最优解。用迭代方法求解的关键是,如何构造迭代规则(包括搜索方向和步长)。因此,人们在探索迭代规则的过程中,派生出许许多多种迭代方法。如乘子法、惩罚函数法、梯度法、Newton 法、共轭梯度法等等。

另外,在求解该优化模型时,也可以采用计算机模拟技术。计算机模拟技术不是一种最优化技术,但在求解像水资源优化管理模型这样的复杂模型时,这种方法非常有效。该方法通过计算机仿造系统的真实情况,针对不同系统方案多次计算(或试验),最终找到一个近似最优的方案,作为原模型的近似解。

本节介绍的优化模型方法仅仅是作者曾经提出的一种模型框架,体现可持续发展的基本思想。在具体应用时需要确定的两类难点问题:一是综合效益的量化问题,可以根据实际情况简化问题,提出可接受的量化方法;一是约束条件的具体化。希望可持续发展思想真正能在地下水资源管理中体现。

第五节　地下水资源保护措施

地下水资源保护可分为早期污染防治和后期污染治理两方面。前者是地下水尚未遭到污染时,在已确定保护区范围内,对各种污染物采取的预防措施,这也是地下水资源保护的重要措施。后者是地下水已遭到污染后,在水质污染程度评价的基础上,提出切实可行的治理措施,以恢复地下水的质量。

一、预防地下水污染的措施

(一)防止固体废弃物对地下水的污染

固体废弃物包括工业废物和城市垃圾。目前,这些废弃物大多数是堆放在地面,在降雨和融雪水的淋滤作用下,其所含的大量有害物质会随着水流下渗到地下,从而污染地下水。尽管在目前的某些城市实施固体废物填埋技术,但由于防渗层并非绝对的防渗,也会带来一定污染物质的下渗。因此,在固体废弃物没有进行防渗填埋的堆放场地,需要尽快进行填埋;在已经填埋的场地,除在坑底设置防渗衬砌外,可通过暗沟或井把渗滤液收集起来进行处理,以防止对地下水的污染。

(二)防止城市污水排放对地下水的污染

从城市污水下水道排出污水,如果下水道和排污渠道衬砌防渗效果不好或根本不防渗,排出的污水很容易渗入地下,从而污染地下水,这对地下水污染危害很大。因此,需要对城市污水进行处理,一般需要经过一级和二级污水处理厂加工处理。经处理后对地下水的污染大大减小。

(三)防止工业废水的渗漏和排放对地下水的污染

工业废水中含有许多对人体有害的物质,如果工业废水渗漏和排放过程中入渗补给地下水,会导致地下水的污染,影响地下水的应用。因此,对产生废水较多的工业企业,应建立各种防渗措施,防止废水入渗地下,并对废水进行处理,做到达标排放,以减小对生存环境的污染。

(四)防止农业活动对地下水的污染

农业活动对地下水的污染主要有三方面:一是使用化肥、农药等对土壤和地下水的污染;二是污水灌溉对地下水的污染;三是在地面或土坑储存或堆放家畜污水或家畜粪便对地下水的污染。

防止的方法是:①对于化肥和农药的污染,要减小土壤中的 NO_2-N 含量,以抑制硝化作用,把氨氮固定在土壤中,防止氮素下渗。要逐步采用高效、低毒、低残留农药代替长效性农药;②对于污水灌溉污染,要研究污水是否符合灌溉要求,对灌溉土壤和地下水有影响的污水不能直接用于灌溉;③对于在地面或土坑储存或堆放家畜污水或家畜粪便的,要设置防渗层,还可以进行发酵处理,降低污染能力。

(五)建立水源地卫生防护带,以防止地下水源地的污染

污染源与抽水井之间到底应保持多大距离才适宜,这个问题很难笼统回答。因为有许多因素决定着污染源的影响范围,如地质条件、表土性质、含水层空隙特性、地下水埋藏深度、水力坡度、地下水流速等。

目前比较有效的防止方法是在水源地周围建立卫生防护带。根据 1986 年国家颁布实施的《生活饮用水水质标准》(GB5749－85)规定,生活饮用水水源必须设置卫生防护带,通常设置三带:

第一带为戒严带,此带仅包括取水构筑物附近的范围,要求水井周围 30m 范围内,不得设置厕所、渗水坑、粪坑、垃圾堆和废渣等污染源,并建立卫生检查制度。

第二带为限制带,紧接第一带,包括较大范围,要求单井或井群影响半径范围内不得使用工业废水或生活污水灌溉,不得施用持久性或剧毒性农药,不得修建渗水厕所和渗水坑、堆放废渣或铺设污水管道,并不得从事破坏深层土层活动。如含水层上有不透水的覆盖层,并与地表水无直接联系时,其防护范围可适当缩小。

第三带为监视带,应经常进行流行病观察,以便及时采取防治措施。

二、地下水污染治理措施

如前所述,地下水污染比较缓慢,但如果一旦污染,治理相当困难。所以,应该把地下水的污染防治问题重点放在预防上。但是,常常由于不同原因会导致地下水的污染,这就需要采取事后补救措施。

一般来讲,如果发现地下水污染后,首先应当切断污染源,然后立即采取防止污染物进一步扩散的补救措施。治理措施主要有以下三种方法。

(一)补排措施

这种措施是对已经污染的地下水采用人工补给的强烈抽水方法,使污染的地下水得到稀释和净化,或改变地下水径流条件,加速水的交替循环,以达到改善水质的目的。

(二)堵截措施

这种措施是采用一定方法将污染体堵截在一定范围内,以防止进一步扩散。堵截技术比较多,比如,采用防渗墙或防渗帷幕进行堵截;采用人造泡沫屏障技术进行堵截。

(三)水处理措施

对于污染后的地下水,也可以采用物理、化学和生物法进行处理,以降低污染物浓度和危害性。这种方法成本较高,不适合大范围的地下水污染处理。

地下水资源的保护,是一个十分重要而又十分复杂的问题。如果不加注意,势必影响地下水的利用,危害人们生活和身体健康。在水资源日益紧张的情况下,保护好珍贵的地下水资源对社会经济可持续发展具有重要意义。

第十五章　生态环境问题与保护

随着人类活动的加剧,人类对赖以生存的环境有越来越大的影响。由于人类活动诱发的土地沙漠化、土壤盐渍化、草地退化、河湖水质恶化、生物多样性减少等一系列生态环境问题日趋严重,使水土资源的开发利用受到严重制约,直接影响到区域社会经济的可持续发展。因此,保护生态环境,实现生态环境科学调控与管理,是促进社会经济与环境协调发展、建立人与自然和谐关系的重要举措。

第一节　生态环境的现状与问题

一、生态环境的概念及影响因素

先对"生态环境"一词的概念作简单评述。

翻开有关环境科学的工具书或文献资料,"生态环境"一词随处可见,定义有多种多样,但未见有关其确切的统一定义。本节也不便去深究它的由来和明确的定义,只略谈对它的理解。

先来看看"环境"的概念。"环境"是相对于某中心事物而言,是与某一中心事物有关的周围事物的总称。在环境科学中,"环境"常被看作是围绕人类的空间,即包括可以直接影响人类生活和发展的各种自然因素的总体。当然,也有人认为环境除自然因素外还应包括有关的社会因素,即环境包括自然因素和社会因素的总体。因此,"环境"按其主体可分为两类:①以人类为主体,其他生命物体和非生命物质都被视为环境要素的环境;②以生物体作为环境的主体(包括人类和其他生命物体),只把非生命物质视为环境要素,而不把人类以外的生命物体看成环境要素的环境。

如果按照以上对环境的分类,生态环境应该属于第一种定义的"环境"。即,生态环境是以人类为主体,其他生命物体和非生命物质都被视为环境要素的环境,除包括自然因素外,还包括社会因素。它是人类赖以生存的有机结合体,包括生物性的生态因子和非生物性的生态因子,如草木植被、河流湖泊、土地气候等自然地理条件和人为条件,都是人类所赖以生存和发展的环境基础。

影响生态环境演变的因素不外乎两大类,即自然因素和人为因素。自然因素形成的生态环境演变现象,如冰川进退、雪线升降、河湖消长、沙漠变迁等等;人为因素形成的生态环境演变现象,如农垦引起的荒漠化,盐碱化,水生生物、稀有动植物减少或灭绝,草场退化等;排污引起的水环境污染、大气环境污染、土地肥力下降、生物生存环境破坏等;工农业发展带来的水资源利用量、土地资源利用量以及其他资源利用量增加,森林覆盖率、草地覆盖率减小等生态环境问题。在人类起源之前,只有自然因素起作用。而从人类出现以后,自然因素和人为因素共同作用,决定了生态环境演变的特征及过程。特别是人类活动日益强烈的近代,人为因素对生态环境演变过程起到重要的促进作用。有时,在自然作用的基础上,人类作用加剧了生态环境的破坏,如黄河上游荒漠化、水土流失等;有时,人类作用对自然因素引起的生态环境破坏有积极改善作用,如退耕还林、净化水质、维护水生生物生存环境等等。

二、水土流失问题

水土流失是一个世界性的重大环境问题,它导致土壤面积减少和干燥,严重地影响农业生产发展,削弱土地养育人类的承载能力。

我国是一个人口众多、农业开发历史悠久、土地丘陵占国土总面积2/3的国家,水土流失严重,成为历史遗留的重大环境问题之一。新中国成立以来,国家十分重视水土保持工作,但在治理水土流失的同时,又因开荒种粮、滥伐森林、过度樵采等,植被覆盖率日趋缩小,水土流失范围日益扩大。现在,全国水土流失面积约占国土总面积的1/6,每年流失泥沙50亿t左右,损失肥料5 000万t。

我国水土流失最严重的地区是黄河流域、长江流域、南方山区和东北黑土带区。

黄河中游即黄土高原区,是我国水土流失最严重的地区。黄土高原地区总面积约53万km^2,水土流失面积就达43万km^2,占该区总面积的80%以上。土壤侵蚀模数达4 000～10 000t/km^2,最高达3.5万t/km^2,其严重程度世界罕见。黄河输沙量达每年16亿t,随之带走肥分3 680万t和大量有机质。在长期水土流失的影响下,黄土高原的土壤肥力日趋下降,干旱愈加严重,粮食单产下降,风沙灾害加重,严重影响了人们的生产和生活。

长江流域历来是我国重要的工农业经济区,粮食、棉花等主要农作物产量占全国总产量的36%～40%。近几十年来,长江下泄河口泥沙平均每年达4.5亿t,全流域有36万km^{2}的面积发生水土流失现象,占流域总面积的20%。长江流域的特点是:人口密度大,平均195人/km^2,为全国平均数的1.9倍;山地丘陵多,土层薄;降雨集中,强度大;能源缺乏,樵采强度大。这些特点都与该地区水土流失密切相关,是该地区水土流失的主要影响因素和诱发因素。尽管长江流域的水土流失不及黄河流域严重,但是我们应该看到,现在的长江流域有些地区水土流失已相当严重,不少地方由于植被破坏,土壤流失,岩体裸露,甚至形成石山景,严重影响到生态环境建设及社会经济的可持续发展。

许多实测资料和研究成果表明,我国大部分地区流失的水土主要来源于坡耕地。即使有的小流域内耕地坡度较小,泥沙主要来源不是坡耕地,但重力侵蚀的主要根源是坡耕地的径流。因此,坡地的开发利用方式对土壤的保持或流失有重要影响。

水土流失不仅使土壤肥力减退,影响作物或植物生长,甚至将整个表土层剥失掉,使生态系统完全毁灭,而且流失的泥沙淤塞河道,抬高河床,沉积在水库或湖泊里,缩短水库或湖泊的寿命,增加洪水灾害的威胁。新中国成立以来,我国修建的大中型水库有84 000余座,总库容量达4 000亿m^3,但由于库区水土流失严重,至今被泥沙淤积的库容达1 000亿m^3。黄河每年有数亿吨泥沙沉积在下游400km长的河床上,致使河床逐年抬升,整个河床高出堤外地面数米之多,有的河段甚至高出十几米,形成世界著名的地上"悬河"。湖南的洞庭湖也因围垦和泥沙严重淤积,湖面缩小,湖床抬升,湖床比江北平原还高出5～7m。此外,由于江河湖泊的淤塞,全国内河通航里程亦由20世纪60年代初的17.2万

km 降至 1980 年的 10.8 万 km。塌方、滑坡、泥石流等自然灾害也随着水土流失加剧而日渐频发。

总之,水土流失不仅严重危害人类赖以生存的生态环境,还给人们农业生产带来严重影响。同时,由于水土流失带来的自然灾害还严重威胁人类的生存。

三、沙漠化问题

沙漠化也是全球面临的重大环境问题之一。据联合国环境规划署资料,当今全球的沙漠化在继续蔓延,全世界受沙漠化威胁的土地占地球陆地总面积的 35%,受威胁的人口占世界人口的 20%,因沙漠化而丧失的土地以每年 6 万 km^2 的速度扩展,直接造成的经济损失约 26 亿美元。此外,沙漠化还造成生产资源基础和珍贵遗传资源的丧失、水文循环的破坏、空气湿度降低、尘埃增加、干旱程度加剧等问题,从而破坏全球的生态平衡。

我国有一半国土处于干旱或半干旱地区,全国所剩可供开发利用的土地资源也主要分布在这些地区。新中国成立以来,西北地区在垦荒、改造沙漠戈壁、发展农牧业方面取得了很大成绩,但由于对这些地区脆弱的生态系统缺乏全面深入的认识,也使这些地区的生态系统受到很大冲击,造成很多环境问题,特别是因开垦导致的土地沙漠化问题十分严重。

引起土地沙漠化最主要的是干旱,其次是强风,而人类过度的农牧业生产活动和其他经济活动则是促使土地迅速沙化的催化剂。在干旱区,降水不足以维持一个完整植被的需水要求,植物之间留有裸地,受到风蚀时,首先刮走微细的土壤颗粒,土壤逐渐粗化,最初导致片状流沙的形成,继而流沙移动,侵压邻近土地,最终摧毁整个地面植被,发育成密集的沙丘。在自然力作用下,这种沙化扩展速度很慢,并且随着降雨的多少,时而扩大,时而缩小。但人类的垦耕活动和过度放牧、过度樵采,可在短时间内毁灭地面植被,从而促使大片土地迅速沙化。

沙漠化的发展不仅使沙化土地利用价值降低,而且由于沙化导致的气候恶化等影响也严重地威胁着邻近地区的农业生产,并对更大范围的环境产生不良影响。

四、土地盐碱化问题

土地盐碱化是农业土地特别是干旱地区一个较普遍的问题,也是我国农田面临的严重环境问题之一。地球陆地表面几乎有 10% 为不同类型盐碱土所覆盖,总面积约有 10 亿 hm^2,而且每年约增加 100 万~500 万 hm^2。我国约有盐碱土地 2 700 万 hm^2,其中 1/4 是耕地,主要分布在黄淮海平原和北方半干旱灌溉平原;3/4 是荒地,大部分在西北干旱、半干旱内陆区。

盐碱土地的形成有自然因素,也有人为作用。在干旱地区,蒸发量多于降水量,大量蒸发促使地下水补给土壤水,成为土壤水盐运行的主要动力,并使盐分不断在土壤表面积累。干旱和半干旱地区的农业发展往往以灌溉为先决条件。灌溉不仅给土壤输入了水分,也输入了盐分,水分蒸发后,盐分积累在土壤中,久而久之,就使耕地发生盐渍化。

另外,在干旱少雨地区,为了发展农业生产,兴修水利工程。但一些水利工程因改变了水文状态,常招致土地盐渍化的发生。一方面,当河水被大量截取用于灌溉后,流量减少,河流冲刷盐分的能力随之降低,河床地带就会有盐分沉积。河流上修建水库后,库区周围常有盐渍化土地产生,下游则因缺水而导致生态环境恶化。另一方面,由于兴建水利工程,导致某些地区地下水位上升,土壤毛细管作用使地下水上升到地面,随后很快蒸发,同时也将长期累积在地下水和内土层的盐分随地下水运动输送到土壤表层,从而可大大加速盐渍化进程。

五、水环境问题日益突出

干旱区有限的水资源在人类活动影响下常导致河流中下游流程缩短,多数河流已经不能到达天然归宿地的尾闾湖。如中国最大的内陆河塔里木河大约缩短了400km,它的尾闾湖台特玛湖也早已干涸。随着河流水量的减小,在强蒸发的作用下,河水逐步咸化。同时,随着工农业的发展,废水排放量增加,农业使用化肥量增加,河流水质变差,水环境问题日益突出,已严重影响到某些河流的正常使用,对人体健康也带来一定影响。

针对干旱区生态环境问题的严重性,确实应该及时采取切实可行的调控对策来保护我们的生存环境。同时,考虑到其独特特点,需要针对不同地区、不同环境、不同条件采取不同的调控模式。

近几年,我国水体水质总体上呈恶化趋势。1980年全国污水排放量为310多亿t,1997年为584亿t。受污染的河长也逐年增加,在全国水资源质量评价的约10万km河长中,受污染的河长占46.5%。全国90%以上的城市水域受到不同程度的污染。地表水体的总体状况是:河水污染加重,水质变差,水环境问题日益突出。

六、污染问题

我国环境遭受污染的地区已遍及全国,1980年全国农业耕地受工业三废污染的总面积已达404万hm^2,其中受乡镇小工业污染或占用的土地约120万hm^2,受农药污染的耕地面积更大,达1 266万~1 600万hm^2。

生态环境的污染从程度上说不是太集中、严重,因而未引起人们足够的重视。但污染有几个显著特点:缺乏对污染物的处理设施和技术,污染物广、污染面积大,通过大气、水体的传播、扩散,已构成了对城市环境污染的威胁。许多城市河流中污染物浓度背景值及大气浓度背景值提高就是例证。因此,生态环境的污染已成为一个不容忽视的问题。

当前最值得注意的是乡镇企业的蓬勃发展,这些企业因缺乏足够的资金和技术,效率低、排污大,已构成了对生态环境的严重威胁。

其次是由来已久的农药、化肥污染问题。它们污染农田,又通过水土流失污染河流、湖泊。

第三是不合理的污灌造成的农田污染问题。

如果对以上问题不加防治,我国生态环境将进一步恶化,不仅降低土质,而且会使大量动物资源消失,鱼产量降低,并加剧城市的环境污染,酸雨问题将会更加突出。

第二节　生态环境质量量化指标体系及评价方法

合理利用水资源,保护生态环境,促进社会经济与环境协调发展,建立人与环境和谐关系,是目前实施可持续发展战略的重要方面。

实现生态环境科学调控与管理的关键在于加强生态环境质量的定量研究,提出一套切实可行的生态环境质量评价指标体系,进行生态环境质量评价及生态环境承载力分析,为实现区域社会经济可持续发展提供科学的决策依据。

当前生态环境质量评价尚处于探索阶段,定量分析的理论和方法需要进一步发展和完善。并且,我国地域辽阔,生态类型复杂,生态环境影响制约因素繁多,生态环境监测资料稀少。如何在资料不完善的情况下,建立切实可行的生态环境质量评价指标体系、评价标准等级和评价方法,是进行生态环境质量评价的一个难点。

基于上述问题,本节仅仅以我国西部干旱区生态环境质量评价为例,内容包括理论方法探索和实际应用研究两个方面。其内在关系是:根据西部地区生态环境的系统特征,提出生态环境质量评价指标体系及其有关的理论方法,再在理论方法的指导下完成实际应用研究。

这里需要指出的是,由于我国地域辽阔,生态环境类型众多,比较客观全面地提出一套适合于所有地区的生态环境质量量化指标体系十分困难,本节仅以西部干旱区为例,其理论方法适合于其他地区。

一、西部干旱区生态环境特点及问题

我国西部干旱区除具有以上介绍的生态环境问题之外,还具有以下突出特点和问题:

(1)干旱少雨,水资源短缺,且时空分布不均匀。西部干旱区最大气候特点是干旱少雨,这也是西部干旱区生态环境特点的起因。正是由于干旱少雨,导致西部总体水资源短缺。比如,新疆总面积166万 km^2,约占全国陆地面积的1/6。而新疆的河流总水量884亿 m^3,仅占全国河流总水量的3%。但是,在干旱区水资源时空分布又有极大的差异,有些地区相对富水,有些地区相对缺水,造成西部干旱区生态环境类型众多、调控模式各异的局面。

(2)面积辽阔,可利用土地少,易形成土地沙漠化、盐渍化。在西部干旱区,由于特殊的干旱气候导致大片面积呈现沙漠、戈壁、盐碱地貌,只有很少土地可以利用。比如,新疆可利用土地约占新疆土地总面积的5%。同时,由于人为因素和自然因素的作用常导致土地沙漠化、盐渍化,威胁土地利用。比如,塔里木盆地形成的现代沙漠化土地就有0.86万 m^2。且随着人类活动的加剧,水土资源不合理开发利用,这种土地沙漠化、盐渍化生态环境问题日益严重。

(3)动植物及水生生物种类少,种群结构简单,易遭破坏。降水稀少、水资源总体缺乏和时空分配不均,造成干旱区动植物及水生生物种类贫乏,分布稀疏,种群结构稀疏,稳定性差,极易遭受破坏。在人类不断开发的过程中,对生物种群破坏很大,主要表现为种群灭绝、数量减少及分布面积萎缩。

(4)河水咸化,水质变差,水环境问题日益突出。干旱区有限的水资源在人类活动影响下常导致河流中下游流程缩短,多数河流已经不能到达天然归宿地的尾闾湖。如,中国最大的内陆河塔里木河大约缩短了400km,它的尾闾湖台特玛湖也早已干涸。随着河流水量的减少,在强蒸发的作用下,河水逐步咸化。同时,随着工农业发展,废水排放量增加,农业使用化肥量增加,河流水质变差,水环境问题日益突出,已严重影响到某些河流的正常使用,对人体健康也带来一定影响。

针对西部干旱区生态环境问题的严重性,确实应该及时采取切实可行的调控对策来保护我们的生存环境。同时,考虑到其独特特点,需要针对不同地区、不同环境、不同条件采取不同的调控模式。

二、西部干旱区生态环境质量评价指标体系及评价标准

生态环境质量评价,是根据合理的指标体系和评价标准,运用恰当的方法,评价某区域生态环境质量的优劣及其影响关系。无论是哪种类型的评价,建立科学、完善、可行的评价指标体系及选择恰当的评价标准是成功进行生态环境质量评价的关键。

为了建立科学、完善、可行的评价指标体系及选择恰当的评价标准,首先必须对西部干旱区生态环境系统有一个详细的了解,该系统可概化为图 15-1 所示。

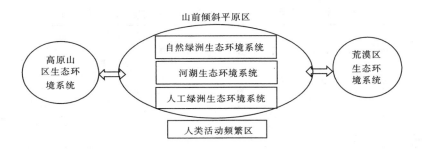

图 15-1 西部干旱区生态环境系统关系图

生态环境系统是社会经济系统赖以存在的物质基础,是实现可持续发展的重要保证。根据以往经验,建立区域生态环境质量评价指标体系,应先从区域生态环境典型结构分析入手,找出影响和表征生态环境质量的主要因子,然后建立指标体系,并加以量化和评价。

根据西部干旱区生态环境系统的特点,考虑评价的需要,把生态环境质量评价指标体系划分为 5 个指标群(图 15-2)。指标体系见表 15-1。

在进行生态环境质量评价时,需要有判别的基准,即评价标准。其来源于①国家、行业和地方规定的标准;②背景或本底标准;③类比标准;④公认的科学研究成果。

从可操作性出发,并考虑到西部地区现有的技术、经济条件,经过可行性研究后,初步提出针对西部干旱区有一定实用参考价值的生态环境质量评价指标体系及评价标准,如表 15-1 所示。

三、生态环境质量综合评价的多级关联评价方法

生态环境质量评价方法正处于探索与发展阶段,尚不成熟,亦无定论。目前,常采用的方法有:列表清单法;生态图法;指数法;景观生态学方法;层次分析综合评价法;生物生产力评价法以及系统分析方法等。不管采用什么方法,其可靠性最终取决于对生态环境的全面认识和理解程度。获取可靠的基础数据、把握生态环境特点、本质和各要素之间的内在联系,是评价成功的关键。本节将引用夏军等(1998 年, 1999 年)提出的多级关联评

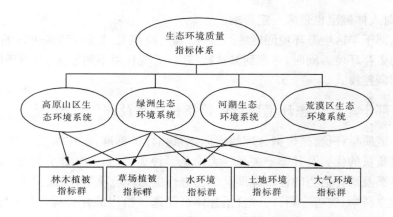

图 15-2　生态环境质量评价指标群关系图

表 15-1　　　　西部干旱区生态环境质量评价指标体系及质量等级划分标准

指标群类型	生态环境质量评价指标		生态环境质量等级划分标准				
			Ⅰ	Ⅱ	Ⅲ	Ⅳ	Ⅴ
林木植被指标群	乔木1:胡杨林	地下水位(m)	<3	3~4	4~6	6~10	≥10
		盐分含量(%)	<2	2~4	4~5	5~10	≥10
	乔木2:沙枣	地下水位(m)	<3	3~4	4~5	5~6	≥6
	灌木:红柳、白刺灌丛	地下水位(m)	<3	3~5	5~7	7~8	≥8
		覆盖度(%)	≥40	40~30	30~20	20~10	<10
草场植被指标群	草场等级	载畜量(hm²/羊)	<0.53	0.53~0.67	0.67~0.87	0.87~1	≥1
		产青草量(kg/hm²)	≥2 737	2 737~2 310	2 310~1 890	1 890~1 455	<1 455
	草场退化	植被覆盖度比(%)	≥75	75~50	50~25	25~10	<10
水环境指标群	高锰酸盐指数	COD_{Mn}	2.0~4.0	4.0~6.0	6.0~8.0	8.0~10.0	≥10.0
	溶解氧	DO	8.0~6.0	6.0~5.0	5.0~3.0	3.0~2.0	<2.0
	氨氮	NH_3-H	0.01~0.02	0.02~0.1	0.1~2.0	2.0~8.0	≥8.0
	六价铬	Cr^{6+}	0.01~0.04	0.04~0.05	0.05~0.06	0.06~0.10	≥0.10
	挥发酚	$\phi-OH$	0.001~0.002	0.002~0.01	0.01~0.10	0.10~1.0	≥1.0
	水体矿化度(g/L)		<1	1~17	17~35	35~50	≥50
土地环境指标群	土地肥力	有机质含量(%)	≥1.5	1.5~1.2	1.2~0.7	0.7~0.2	<0.2
		全氮含量(%)	0.15~0.09	0.09~0.07	0.07~0.05	0.05~0.03	<0.03
	盐化程度(0~30cm)	总盐含量(%)	<0.55	0.55~0.73	0.73~0.87	0.87~1.35	≥1.35
		缺苗率	<1/10	1/10~1/3	1/3~1/2	1/2~2/3	≥2/3
	碱化程度	钠碱化度(%)	<5	5~20	20~30	30~40	≥40
		pH(1:2.5)	<8.7	8.7~9.1	9.1~9.3	9.3~9.6	≥9.6
	土地沙化	沙化面积扩大率(%)	<5	5~12	12~20	20~41	≥41
	水土流失	水土流失模数(t/(km²·a))	<1 000	1 000~2 500	2 500~5 000	5 000~8 000	≥8 000
大气环境指标群	二氧化硫	SO_2	<0.05	0.05~0.15	0.15~0.25	0.25~0.50	≥0.50
	氮氧化物	NO_X	<0.05	0.05~0.10	0.10~0.15	0.15~0.30	≥0.30
	固体总悬浮物	TSP	<0.15	0.15~0.30	0.30~0.50	0.50~0.75	≥0.75
	漂尘	漂尘	<0.05	0.05~0.15	0.15~0.25	0.25~0.50	≥0.50

价方法,并介绍其在宁夏分区生态环境评价中的应用实例。

依据监测样本与质量标准序列间的几何相似分析与关联度计算,来度量监测样本中多个序列相对某一级别质量序列(L 级)的关联性。关联度愈高,就说明该样本序列愈贴近参照级别,这是综合评价的信息和依据。

多级关联评价方法的特点是:①评价的对象可以是一个广义谱系结构的动态系统,即同时包括多个子系统;②评价标准级别可用连续函数表达,也可采用在标准区间内做更细致的离散分级;③依据监测信息,按规范化的主成分系统分析方法,确定多因子综合评价应赋的权重。

参照第十四章介绍的计算原理和过程,把生态环境质量综合评价计算过程介绍如下:

(1)将实测样本矩阵与评价标准矩阵进行归一化处理。归一化后的 L 级生态环境质量标准矩阵和实测样本归一化后的实测矩阵分别记为:

$$
B_{L \times n} = \begin{bmatrix} b_1(1) & b_1(2) & \cdots & b_1(n) \\ b_2(1) & b_2(2) & \cdots & b_2(n) \\ \vdots & \vdots & & \vdots \\ b_L(1) & b_L(2) & \cdots & b_L(n) \end{bmatrix} \begin{matrix} 1\,级 \\ 2\,级 \\ \vdots \\ L\,级 \end{matrix} \qquad A_{m \times n} = \begin{bmatrix} a_1(1) & a_1(2) & \cdots & a_1(n) \\ a_2(1) & a_2(2) & \cdots & a_2(n) \\ \vdots & \vdots & & \vdots \\ a_m(1) & a_m(2) & \cdots & a_m(n) \end{bmatrix} \begin{matrix} 样本1 \\ 样本2 \\ \vdots \\ 样本m \end{matrix}
$$

(其中列标为 指标1 指标2 $\cdots$ 指标n)

(2)取区域第 j 个空间的监测样本向量 a_j 为母序列($j = 1,2,\cdots,m$);对固定的 j,取 B 矩阵行向量 b_i 为子序列($i = 1,2,\cdots,L$);分别计算对应每一个指标因子的关联离散函数 $\xi_{ij}(k)$($k = 1,2,\cdots,n$)。

$$
\xi_{ij}(k) = \frac{1 - \Delta_{ij}^p(k)}{1 + \Delta_{ij}^p(k)} \tag{15-1}
$$

式中,$\Delta_{ij}(k) = |a_j(k) - b_i(k)|$,$p$ 为不等于 0 的整数,一般取 2。

(3)为了综合 n 项指标,需要求出所有的 $\xi_{ij}(k)$ 值,子序列 b_i 与母序列向量 a_j 的关联程度定义为 $\xi_{ij}(k)$ 的面积测度,即关联度。一种加权平均关系为:

$$
r_{ij} = \sum_{k=1}^{n} w(k) \xi_{ij}(k) \tag{15-2}
$$

式中　$w(k)$——第 k 个指标的权重值,取值 0～1 之间。

如上所述,分别计算出所有的关联度 r_{ij},最后形成综合评价关联度矩阵,记为

$$
R_{L \times m} = \begin{bmatrix} r_{11} & r_{12} & \cdots & r_{1m} \\ r_{21} & r_{22} & \cdots & r_{2m} \\ \vdots & \vdots & & \vdots \\ r_{L1} & r_{L2} & \cdots & r_{Lm} \end{bmatrix} \begin{matrix} 1\,级 \\ 2\,级 \\ \vdots \\ L\,级 \end{matrix}
$$

(其中列标为 样本1 样本2 $\cdots$ 样本m)

(4)为了提高评价结果的分辨率,引进关联差异度的概念,即:关联差异度 = 1 - 关联度。假定第 j 个监测样本同时以灰色从属度 μ_{ij} 从属于第 i 个质量标准级别,将第 j 个监测样本与第 i 级质量标准的差异程度,用以灰色从属度 μ_{ij} 为权的权关联差异度表示。

为了解出最优的 μ_{ij},构造如下目标函数:全体监测样本同各级质量标准之间的权关

联差异度 d_{ij} 平方和最小,即

$$d_{ij} = \mu_{ij}(1 - r_{ij}) \tag{15-3}$$

$$\min\{F(\mu_{ij})\} = \min\left\{\sum_{j=1}^{m}\sum_{i=1}^{L}d_{ij}^{2}\right\} = \min\left\{\sum_{j=1}^{m}\sum_{i=1}^{L}[\mu_{ij}(1-r_{ij})]^{2}\right\} \tag{15-4}$$

将等式约束 $\sum_{i=1}^{L}\mu_{ij}=1$ 和目标函数转变为拉格朗日函数,求解无约束极值问题,可得:

$$\mu_{ij} = \cfrac{1}{\displaystyle\sum_{t=1}^{L}\left[\cfrac{1 - \displaystyle\sum_{k=1}^{n}w(k)\xi_{ij}(k)}{1 - \displaystyle\sum_{k=1}^{n}w(k)\xi_{tj}(k)}\right]} \tag{15-5}$$

(5) 引入经典的综合指数法,构造质量标准级别向量 $S^{T} = (1,2,\cdots,L)$,那么评价级别结果可表示为:

$$GC = (\mu_{ij}) \times S = U \times S \tag{15-6}$$

式中　GC——生态环境质量评价灰色识别模式的综合指数。

如何确定各因子(指标)对整体质量的"相等重要度",即因子权重问题,是生态环境质量评价中的一个难点。目前,应用效果较好的方法有主成分赋权法和层次分析法。本文应用主成分赋权法。该方法赋权的信息源来自客观环境中的监测样本,赋权是以各因子对整体质量的"客观贡献"为依据,能够避免人为赋权的主观性,使赋权的结果比较合理、客观且具有可比性。

四、应用举例——宁夏分区生态环境质量评价

宁夏国土面积 51 800km^2,处于黄土高原和鄂尔多斯高原的交汇过渡地带,地跨腾格里沙漠与毛乌素沙地。地势由南向北呈阶梯下降,地貌呈现流水侵蚀向干燥剥蚀过渡特性。绝大部分处于干旱半干旱地区,属于典型的内陆性气候。干旱少雨,蒸发强烈,风大沙多。

由于特殊的地理位置,宁夏植被、土壤具有明显的地带性特征。自南向北植被分布为温带半湿润区森林草原、半干旱区草原、干旱区荒漠草原和草原化荒漠。土壤类型为黑垆土和灰钙土。全区植被稀少,森林覆盖率仅 4.85%。土壤有机质含量平均为 1.13%。

宁夏国土面积虽然不大,但是拥有丰富的煤炭资源,并且在建立西部生态屏障方面具有重要的地位。

根据宁夏生态环境特点和存在的突出问题,将宁夏地区生态环境系统按照林木植被、草场植被、水环境、土地环境和大气环境划分为五类子系统,建立评价指标体系,并采用多级关联评价方法,对各类子系统质量进行评价。在此基础上,进行整体生态环境质量综合评价。

本次评价中,考虑到宁夏现阶段生态环境的监测状况,主要以宁夏回族自治区环境保护局的 1996 年环境监测资料为主,并结合其他有关的资料,进行统一整理,合成研究区内评价代年(1996 年)代表资料。运用多级关联评价方法,评价结果详见表 15-2。

宁夏生态环境综合质量为 3.5 级,属于中等偏低水平。森林植被质量最差,平均级别在 4.7 级。其次是草场植被、水环境质量和土地环境质量。宁夏大气环境质量稍好,属于

中度偏轻度污染。因此,从总体来看,治理宁夏生态环境,首先是植树造林,提高森林覆盖率,改善草场质量;其次是治理水污染,同时防治水土流失和土地盐渍化。这几项措施应统筹规划,协调进行。

表 15-2   宁夏生态环境质量综合评价

分 区	林木植被		草场植被		水环境		土地环境		大气环境		综合质量
	级别	ω	级别	ω	级别	ω	级别	ω	级别	ω	
银川市	4.1	0.229	3.3	0.215	2.8	0.206	2.8	0.195	2.0	0.155	3.0
石嘴山市	4.7	0.229	3.4	0.215	3.2	0.206	3.0	0.195	2.9	0.155	3.4
银南地区	5.0	0.229	3.4	0.215	4.2	0.206	2.7	0.195	2.7	0.155	3.6
固原地区	4.7	0.229	3.4	0.215	3.5	0.206	3.0	0.195	3.6	0.155	3.7
全区平均	4.7	0.229	3.4	0.215	3.6	0.206	3.0	0.195	2.8	0.155	3.5

第三节　面向可持续发展的生态环境调控与管理模型研究

一、可持续发展是社会经济发展与生态环境质量的综合

人类社会不断向前发展。在人类起源初期,人的社会活动范围狭窄,经济发展从零开始,利用的资源量很有限,当然,创造的社会财富也很少,也基本没有出现环境问题。随着人类的发展,特别是工业革命以来,人口不断增长,人类社会活动增加,科技飞速发展,经济也在不断飞速增长,当然伴随着资源消耗量不断增加,水资源危机也从"开始出现"到"日益突出",带来的环境问题也越来越大。反过来环境又在不同程度上制约着经济增长、社会进步。可以这样说,社会、经济、水资源、环境相互联系、相互制约、互为因果,构成一个复杂的大系统。

可持续发展的目标,就是要保持社会经济和生态环境的协调发展,实现复杂大系统在当代人之间、当代人与后代人之间,以及人类社会与生态环境之间公平合理的分配。因此,可持续发展研究的对象系统应该界定在社会经济—水资源—生态环境复合系统上。复合系统的一般组成结构如图15-3所示。

在可持续发展研究的复合系统中,社会经济、水资源、生态环境三大子系统相互作用与影响,构成了有机的整体。系统各部分的功能与关系如下:

(1)区域(或流域)生态环境系统和水资源系统是区域(或流域)社会经济系统赖以存在和发展的物质基础,它们为区域(或流域)社会经济的发展提供持续不断的自然资源和环境资源。

(2)区域(或流域)社会经济系统在发展的同时,一方面通过消耗资源和排放废物对生态环境和水资源进行污染破坏,降低它们的承载能力;另一方面又通过环境治理和水利投资对生态环境和水资源进行恢复补偿,以提高它们的承载能力。

(3)区域(或流域)水资源系统在社会经济系统和生态环境系统之间起到一条纽带作

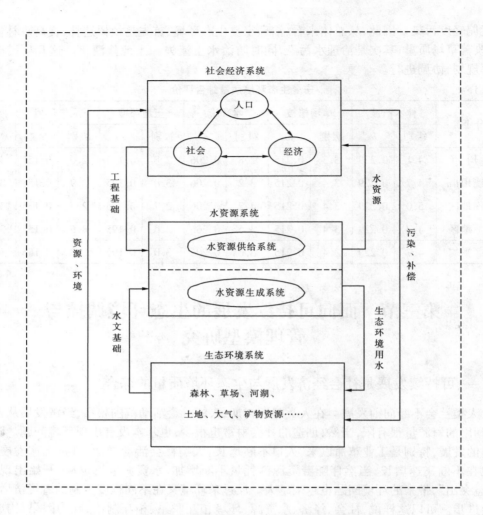

图 15-3   社会经济—水资源—生态环境复合系统

用。它置身于生态环境系统之中,是组成和影响生态环境的重要因子。同时它又是自然和人工的复合系统,一方面靠流域水文循环过程产生其物质性;另一方面靠水利工程设施实现其资源性。从水资源利用的可持续性上能够直接反映出"人与自然"的协调关系。

(4)在区域(或流域)社会经济—水资源—生态环境复合系统中,任一个系统出现问题都会危机到另外两个系统的发展,而且问题会通过反馈作用加以放大和扩展,最终导致复合大系统的衰退。比如,区域生态环境系统遭到破坏(如森林被大量砍伐,水土流失,环境污染等等),必然会影响或改变区域的小气候和水文循环状况,使得区域洪灾增加,水环境污染,水利设施损坏,可利用水资源量减少,最终将阻碍社会经济的发展。而社会经济发展的迟缓必然会减少环境治理和水利部门的投资,使生态环境问题和水资源问题得不到解决。这些问题将会随着人口和排污的增加变得更加严重,并进一步影响到社会经济的发展,造成恶性循环的局面,就如同一些发展中国家目前所面临的状况。

因此,保护生态环境,合理开发与优化配置水资源是实现复合系统可持续发展的关键性因素,也是可持续发展的核心内容。

二、发展综合指标测度——社会经济发展水平 EG 与生态环境质量 LI 的集成

可持续发展的目标是使社会经济发展与生态环境保护相协调。那么,如何表征它们的综合发展状况呢? 这里,我们引进一个新的量化指标——发展综合指标测度 DD。它是社会经济发展水平综合指标 EG 与生态环境质量综合指标 LI 的集成。

前文已经就生态环境质量的评价问题进行过叙述。由于生态环境质量评价方法较多,本章仅作简单介绍。就一般方法而言,基本上是从不同方面,针对不同类型指标,参照评价标准,依据一定方法,定量给出生态环境质量的好坏等级。根据这一评价结果,总可以根据模糊数学的观点,给出生态环境质量隶属度,记为 LI, $LI \in [0, 1]$。如图 15-4 所示(假设生态环境质量分 5 级),当 $LI = 1$ 时,表示此时此地的生态环境质量很好;当 $LI = 0$ 时,表示此时此地的生态环境质量很差;如果 $0 < LI < 1$ 时,表示此时此地的生态环境质量介于很好与很差之间。LI 就是表征生态环境质量好坏程度的指标。

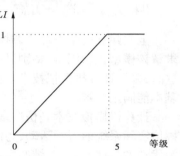

图 15-4　一种 LI 函数曲线

关于社会经济发展水平综合评价方法,目前也处于探索和发展阶段。当然也有许多可以借鉴的比较成熟的方法,如综合指数法、层次分析综合法、多级关联评价法等。这些方法的基本思路也是针对选定的评价指标,参照一定的评价标准,依据具体的方法,定量给出社会经济发展水平的高低等级。同样的道理,总可以给出社会经济发展水平隶属度,记为 EG, $EG \in [0, 1]$。

发展综合指标测度 DD,是社会经济发展水平综合指标 EG 与生态环境质量综合指标 LI 的集成,计算式如下:

$$DD = EG^{\beta_1} \cdot LI^{\beta_2} \tag{15-7}$$

式中,β_1、β_2 分别为给定"社会经济发展水平" EG、"生态环境质量" LI 的一个指数权重。根据考虑方面的重要程度给 β_1、β_2 赋值,通常可取 $\beta_1 = \beta_2 = 0.5$。

DD 是系统在某时段"发展综合指标测度"。因为 $EG \in [0, 1]$, $LI \in [0, 1]$,所以 $DD \in [0, 1]$。DD 作为衡量某时段"社会经济发展"和"生态环境发展"程度的一个"综合尺度"。只有当 $EG = 1$ 和 $LI = 1$(即很好)时,$DD = 1$(也为很好)。假如 EG 和 LI 有一个等于 0,其结果 DD 也为 0。这样,比较客观地反映了"保证社会经济与生态环境相协调"的发展途径。

三、面向可持续发展的生态环境调控与管理优化模型

根据以上论述,可以建立面向可持续发展的生态环境调控与管理优化模型。

(一)目标函数——发展综合指标测度 DD 最大

"发展综合指标测度 DD 最大"是可持续发展的目标,也应该是生态环境调控与管理的目标,因此,被选作优化模型的目标函数。即 $\text{Max}(DD)$。

(二)约束条件

它至少应该包括"社会经济发展水平最低约束"、"生态环境质量最低约束"、生态环境系统与社会经济系统相互作用关系约束以及其他约束。设社会经济发展水平最低要求为 EG_0、生态环境质量最低要求为 LI_0,则有

$$EG \geqslant EG_0 \qquad LI \geqslant LI_0 \qquad\qquad (15\text{-}8)$$

设:生态环境系统与社会经济系统相互作用关系的定量描述是"生态环境系统与社会经济系统的耦合系统模型",记为 SubMod($EE-SE$)。

于是,得到优化模型一般表达式,如下:

$$\left.\begin{array}{l}
目标函数:\max(DD) \\
约束条件:EG \geqslant EG_0 \\
\qquad\qquad LI \geqslant LI_0 \\
SubMod(EE-SE) \\
其他约束
\end{array}\right\} \qquad (15\text{-}9)$$

它是一个涉及社会经济、生态环境两大方面,且在社会经济系统与生态环境系统的耦合系统中运行、满足一定约束条件,要求总体效益最大的优化模型。

四、方案优选与实施

上文建立的生态环境调控与管理优化模型,一般是一个十分复杂的非线性优化模型。求解该模型比较困难,特别是复杂的子模型 SubMod($EE-SE$)的嵌入,使求解难度加大。这时,采用计算机模拟技术求得近似最优解,大大减少了计算工作量。通过实际应用,也基本能满足要求。

计算机模拟技术是仿造真实物理系统的情况下,利用电子计算机模型(或模拟程序),模仿实际系统的各种活动,为制定正确决策提供论据的技术。本文根据生态环境调控对策优选的具体问题,总结的主要计算过程如图 15-5。

根据计算模拟技术的优选,可以得到生态环境调控的具体对策,内容包括:社会发展规模、经济发展速度、资源利用规划、生态环境保护目标等的制定。

五、应用实例——新疆博斯腾湖流域生态环境调控模式研究

(一)新疆博斯腾湖流域概况

博斯腾湖流域位于新疆维吾尔自治区巴音郭楞蒙古自治州境内,天山南麓,是塔里木河流域的一个小流域,由开都河流域与孔雀河流域组成,也常称之为"开—孔河流域",本文统称为"博斯腾湖流域"。包括焉耆县、和静县、和硕县、博湖县、尉犁县和库尔勒市共五县一市。流域面积 4.4 万 km^2,进入流域的地表总径流量为 39.45 亿 m^3。博斯腾湖流域涉及的人口占该自治州的 80%,总控制灌溉面积占全州的 80% 以上。地表水可利用量占全州的 50%,宜垦荒地占全州的 33%。同时,该流域也是自治区最重要的经济区之一,是塔里木石油开发主战场的社会保障前沿,又是自治区重要渔业基地。博斯腾湖流域的水资源可持续利用和生态环境科学调控对巴音郭楞蒙古自治州社会经济可持续发展起决定性作用。

如图 15-6,该流域的河流汇集地——博斯腾湖是目前我国最大的内陆淡水湖泊。它既是开都河的尾闾,又是孔雀河的源头,兼有开都河来水的水资源调控、孔雀河流域农田灌溉、工业及城乡生活用水、流域生态环境保护和向塔里木河中下游紧急调水等多种功能。博斯腾湖在最高水位 1 048.75m 时,水面面积为 1 002.4km²,容积为 88 亿 m^3,平均水深 4.2m 左右。湖区多年平均降水量为 68.2mm,年蒸发量为 1 800～2 000mm,为强烈

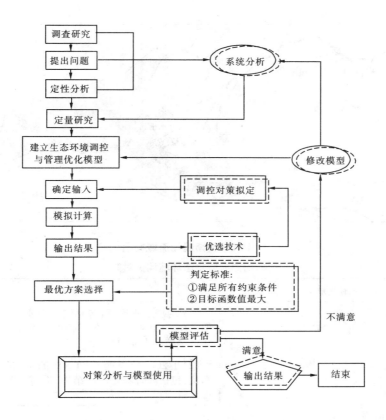

图 15-5 生态环境调控对策计算机模拟计算方法步骤

内陆沙荒漠气候。博斯腾湖分为大、小两个湖区,大湖区是湖体的主要部分,大湖西南部和小湖盛长芦苇。该湖泊芦苇不仅有很高的工业价值,而且对整个湖区生态系统乃至整个流域都有重要的影响作用。流入博斯腾湖的常年性河流只有开都河。开都河发源于西部积雪的高山(天山中部),由冰雪融水补给,也是天山南坡水量丰富的河流之一。在宝浪苏木分水闸处,该河流又分为东、西两支,东支注入博斯腾湖大湖,西支注入博斯腾湖小湖。以开都河为界(宝浪苏木分水枢纽以下,以东支为界),把开都河流域分成左、右两个灌区。灌区从开都河引水进行农田灌溉,并不断向大、小湖排水(盐)。经过博斯腾湖的调节,从大湖出口——西泵站、小湖出口——达吾提闸汇入到孔雀河,肩负着孔雀河流域农田灌溉、工业及城乡生活用水等重担。对干旱区这样一个十分宝贵的流域,如何协调该区工业、农业发展与生态环境保护的关系? 如何协调上游灌区(即开都河灌区)发展规模与下游灌区(即孔雀河灌区)发展规模的关系? 目前该区发展态势和生态环境质量如何? 采取什么样的措施才能保证走可持续发展道路? 等等。这些都是亟待研究的问题。

(二)新疆博斯腾湖流域生态环境调控对策

针对新疆博斯腾湖流域实际情况,采用前面介绍的一套定量研究方法,得到生态环境调控决策方案,如表15-3。

所提出的决策方案结论科学、合理、符合实际,提出的建议具体、可操作性强,有很高的应用价值。主要内容包括:

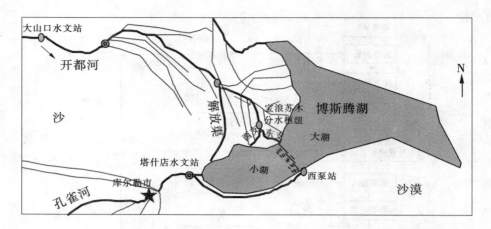

图 15-6 博斯腾湖流域概图

表 15-3 博斯腾湖流域生态环境调控对策

控制变量	控制值
经济结构调整： (1)工业	(1) 增加工业投资(包括增加引水量)，提高工业产值。在 2020 年以前，在现有用水效率下，以 1.3% 的年增率增加工业引水量
(2)农业	(2)在 2020 年以前，以 1.1% 的年减率减少农业引水量(包括改善农业用水结构、提高农业用水效率、减小灌溉面积等措施)
保护湖泊生态措施： (1)进行人工育苇(万亩) (2)大湖水位(m) (3) 宝浪苏木东西支分水比	(1) 4 (2)调节水位：1 045～1 047.5 年平均水位：1 045.2～1 046 (3) 66:34～68:32
协调上下游灌区用水结构(亿 m³/年) (1)开都河流域农田引水量 (2)焉耆盆地地下水开采量 (3)向孔雀河总输水量 (包括灌区引水和向下游、塔里木河生态调水)	(1) 近期(2000 年):9.3～8.5　远期(2020 年):5.8 (2) 近期(2005 年):3　远期(2020 年):5 (3) 13～18
博斯腾湖流域主要河流——开都 河源流区生态环境保护措施	(1)维持现有牧畜规模(因现状生态较好) (2)在规划水平年增加的牧畜，一方面移至中游(大山口以下)，一方面通过提高草产量和圈养来解决

(1) 经济结构的调整：包括工业规模增加、农业规模减小以及农业内部结构调整的具体建议。

(2)节水灌溉措施以及农业灌溉效率的确定。

(3)博斯腾湖芦苇生态环境保护的具体措施，包括人工育苇面积及相应技术措施、博斯腾湖控制水位等。

(4)上游灌区(即开都河灌区)发展规模及引水量大小的优化确定，以及下游灌区(即孔雀河灌区)引水量范围的确定。

(5)确保博斯腾湖水质缓慢变好的水管理措施,包括宝浪苏木东西支分水比例、博斯腾湖大湖水位、西泵站扬水量、地下水开采量等主要控制参数。

第四节　生态环境调控对策综述

生态环境是人类赖以生存的基本条件,保护生态环境是可持续发展的基本要求。为了使生态环境朝良好的方向发展,必须采取一系列可行的措施。现参照一些文献,对生态环境调控对策综述如下。

一、总体调控对策

(一)提高认识,以实施可持续发展战略为指导

中国早在 1994 年就提出要实施可持续发展战略。这是一个十分伟大的战略设想,也是目前我国实施区域发展的基本战略思路。大力开展生态环境建设,关系到区域乃至全国能否实现可持续发展。因此,必须培养各级领导的可持续发展意识,提高科学决策水平,在经济建设和生态环境建设的过程中,要深刻意识到生态环境建设不仅关系到我国社会经济发展大局,更关系到子孙后代的发展。

因此,科学调控生态环境,首先要从人的意识上提高认识,以实现可持续发展战略为指导,这是生态环境科学调控的出发点。

(二)生态环境保护总体规划与分步实施相结合

生态环境建设要有总体规划,而且要作为当地社会经济发展规划的重要组成部分,把生态环境建设与当地农民脱贫致富、农村经济发展结合起来。要坚持按照客观规律办事,讲求实效,因地制宜地制定生态环境保护规划,采取多种科学合理的措施,发挥生态环境治理和保护的综合效益。坚持以预防为主,实行"边建设、边保护",使各项生态环境建设工程发挥长期最大综合效益。

在实施生态环境建设过程中,也应该分步实施,在重点区域首先推进,先易后难,先主后辅。在现有的条件下,逐步实施生态环境保护总体规划。

(三)生态环境保护与建设相结合

应当把生态环境建设与保护结合起来。要全面停止对大江大河上中游的天然林采伐,大力开展植树造林,提高森林覆盖率。改变以人工造林为主的绿化方式,实行封山育林与飞播造林、人工造林相结合。坚持以改造中低产田、提高现有耕地的生产能力为重点,少开荒地。发展农村第二、三产业不能破坏自然资源和生态环境。要通过宣传和法律,治理毁林开荒、乱捕滥猎等落后生产生活习俗,把广种薄收的生产方式转移到依靠科学精耕细作上来。生态环境建设必须标本兼治,把生物措施与工程措施有效地结合起来。植树造林必须选择适宜植物种,林灌草相结合,实施综合治理、综合建设、综合保护。

(四)控制人口增长,加强公众参与

"人口"是可持续发展的关键。我国目前的人口密度已经远远超过联合国测算的适宜人口密度,超过了当地生态环境的承载能力,人口与资源、环境之间的矛盾日益突出。生

态环境恶化就是这种矛盾的集中体现。因此,加强生态环境保护与建设,必须严格控制人口增长速度。

另外,提高人口素质也是可持续发展的重要方面。必须采取多种手段和措施,降低儿童失学率、文盲率,提高全民文化素质,为有效地保护生态环境创造必要条件。

一般,生态环境较差的地区潜伏着生存危机,而这里恰恰又是人口快速增长的地区,人地矛盾突出,加剧生态环境恶化。而且,这类地区的人口素质又恰恰较低,不仅缺医少药,而且缺少教育培训。人口素质的低下,不仅不能掌握现代科学技术,有效而合理地利用资源环境,改善环境,而且还会在很大程度上破坏资源、破坏环境,使本已恶化的生态环境更加恶化,形成恶性循环。所以,既要严格控制人口增长,又要大力提高人口素质,加强文化教育,加强科学技术的培训。

群众是生态环境建设的主体。应当坚持依靠群众,广泛动员全社会的力量共同参与。要以多种手段,特别是以经济手段发动群众,积极创造公众参与生态环境建设的条件,在生态环境建设过程中要逐步形成政府引导与公众积极参与相结合的局面,充分调动广大群众保护和建设生态环境的积极性。

二、加强环境管理,坚持以防为主的原则

人类生存所依赖的"环境"一旦被污染,治理起来相当困难。所以,加强环境保护,特别是加强农村环境保护,要吸取城市环境保护工作的经验,坚持以防为主的原则,加强环境管理,从管理上要效益。

(一)合理调整经济结构与布局,控制污染物排放

乡镇企业主要应立足于农业、服务于农业,重点发展农产品加工厂,发展农产品的储藏、包装、运输、供销等产前、产后服务业。有条件的地方在遵守有关规定的前提下,发展小型采矿业、小水电和建材工业。在经济发达地区,根据实际需要和自身条件,发展为大工业配套、为出口服务和为城乡人民生活服务的加工业、服务业等。乡镇企业应严格遵守国家关于乡镇企业"不准从事污染严重的生产项目,如石棉制品、土硫磺、电镀、制革、造纸制浆、土炼焦、漂染、炼油、有色金属冶炼、土磷肥和染料等小化工,以及噪声振动严重扰民的工业项目"的规定。

国务院《关于加强乡镇、街道企业环境管理的规定》指出:"在城镇上风向、居民稠密区、水源保护区、名胜古迹、风景游览区、温泉疗养区和自然保护区内,不准建设污染环境的乡镇、街道企业"。这是乡镇企业布局必须遵守的最基本原则。

城市工业布局应该考虑到城市环境和生态,新建的企业和大型工程必须进行环境评价工作,环境评价结果认为不合理或不合适建设的项目一定不予批准和建设。对已建的企业项目,要进行长期的环境监测工作,对影响城市环境和生态的项目,特别是危及城市居民身心健康的项目,必须采取"停产整顿"、"迁厂"、"关闭"等措施。

从保护环境和维护自然生态平衡的观点出发,可以把当前污染环境的工业归为如下几类,分别采用的处置策略如下:

(1)对生产大量有害烟尘的工业。如钢铁、有色金属冶炼、水泥厂、白灰厂、磷肥厂、砖瓦厂、沥青厂等。此类工厂宜建于居民区主导风向的下风向、空旷地带,并远离城镇、居民

生活区、游览区和名胜古迹。

(2)对易燃、易爆的工业。如炼油、化工、制氧、棉花加工、纸制品、有机制剂、鞭炮生产等。这类生产项目宜布置在距城镇、居民区、游览区、仓库较远的位置。

(3)对释放毒气和腐蚀性等有害气体的工业。如氯碱厂、农药厂、硫酸厂、炼铝厂等。这类工厂应建在居民区的主导风的下风向、空旷地带,并远离城镇、居民生活区、游览区和名胜古迹。要做好有毒气体的净化处理工作,控制达标排放。

(4)对散发臭气的工业。如制革厂、造纸厂、化工厂、屠宰厂、肥料厂等,应建于下风向区,并远离游览区、疗养区。

(5)对产生噪声、振动的工业。如织布厂、锯木厂、粉碎加工、机械抛工、铸锻、冲压等,应远离居民区、医院、学校、幼儿园、疗养区等。

(6)对产生大量有毒有害废水的工业。如造纸厂、漂染厂、电镀厂、染料厂等,应远离水源保护区和养鱼池。要做好废水的净化处理工作,控制达标排放;对工业集中的地区要实施"污染物总量控制"。

(7)对地质、地貌和自然景观造成破坏的企业。如露天开矿、开山采石等生产活动,应在游览区、自然保护区以外的区域进行。

(8)对无污染或少污染的企业。如编织、刺绣、服装、鞋帽、电子元件等。这类企业对环境影响不大,可在城镇、居民区内适当兴建。

(二)确保污染物达标排放,严格控制新的污染源

工业废水、废物、废气排放是环境污染的主要来源,应该按照国家有关法规从排放源头上加以控制。首先确保各种污染物达标排放,其次对污染物集中的地区实施污染物总量控制,以保证处在可承载的能力范围内。

在今后的新建项目中,要严格控制新的污染源。新批项目必须进行环境影响评价,未经环境保护部门审批的项目,不得批准建设。

(三)防治农药、化肥的污染

(1)要合理、安全选用农药品种。1982 年,我国已颁布《农药安全使用规定》,依据规定我国目前常用农药分为高毒、中等毒和低毒三类。高毒农药只要接触极少量就会引起中毒或死亡。中、低毒农药虽较高毒农药的毒性为低,但接触多,抢救不及时也会造成死亡。规定中指出,凡已制定出"农药安全使用标准"的品种,均按"标准"要求执行,尚未制定"标准"的品种,按如下要求使用:①高毒农药不准用于蔬菜、茶叶、果树、中药材等作物,不准用于防治卫生害虫与人、畜皮肤病。除杀鼠剂外,也不准用于毒鼠。②高残留农药六六六、滴滴涕、氯丹,不准在果树、蔬菜、茶树、中药材、烟草、咖啡、胡椒、香芋等作物上使用。③杀虫脒不得在粮食、油料、蔬菜、果树、药材、茶叶、烟草、甘蔗、甜菜等作物上使用。④禁止用农药毒鱼、虾、青蛙和有益的鸟兽。

(2)要合理施用农药,实行综合防治措施。在使用农药时,要选择合适的施用浓度、施用量、施用次数、施用间隔时间、施用时辰以及施药方式。1984 年,我国实施《农药安全使用标准》,对不同品种农药的施用提出了具体的要求,提倡农业综合防治措施,比如:①选用抗病品种,加强植物检疫,采取耕翻、轮作、增施有机农肥等农业技术措施;②改革农药剂和喷施技术,如防漂移粉剂(DL 粉剂)、胶悬剂、颗粒剂、微囊剂等缓释剂,推广低容量、泡沫喷雾等新的施药方法;③停产并逐步停用高残毒的有机氯农药和有机汞、有机砷农药,推广高效、低毒、低残留的新农药;④采用放射不育技术等物理防治措施,推行寄生蜂、苏云金杆菌等生物农药,发展激素等杀虫农药,等等。

(3)提高化肥利用率,增用有机肥,防治化肥污染。改革化肥使用方法,选用合适的化肥,以提高化肥利用率,尽量减少化肥的使用量,降低化肥的污染。对铵态氮肥和尿素要深施覆土;或采用沟施、穴施、集中施肥覆土;推广氮肥增效剂(硝化抑制剂),与氮肥混合施用,可减少氮肥脱氮而造成的污染;改革目前的粉状面肥为粒肥(球肥),即将氮肥与农家肥、其他化肥和泥土混合制成粒状或块状的"球肥",很适于追肥使用;研制长效肥料和包膜肥料,使一次施用后肥效可维持数月至一年,以减少肥料损失,这可使氮素的利用率从 35%~40% 提高到 75%。磷肥利用率低的原因主要是因它易被土壤"固定",采用粒状肥料、球肥、有机—无机混合肥料、集中施肥法等,能减少对土壤的固定作用,提高磷肥的利用率。

尽量使用农家有机肥,一方面,农家有机肥种类多,来源广,可就地取材,如粪尿肥、堆沤肥、土杂肥、饼肥等;另一方面,由于农家肥含有较多有机质,能改良土壤,培肥地力,又能防止土壤污染。

(四)污水回灌要慎重对待,防止二次污染

将污水恰当地用于农田灌溉有明显的优点。它既提高了水资源的利用率,又为灌区农业提供了稳定的水源;同时,它又利用了土壤和作物等强大的自净能力,减少了入河污水量,减轻了污水处理厂的负荷和投资,可以弥补污水处理不足的矛盾;同时又避免了水体富营养化。正因为这样,污水回灌在国内外都有相当发展。城市规划也应该把合理发展污水回灌作为城市水资源重复利用的一个有效途径。

然而,自然界对污染物的净化作用和污染物在自然界的污染扩散作用是两个统一的对立面。污水回灌不当又会污染水体和土壤,并使污染物残留在作物中,当人食用了这些粮食、蔬菜,将引起严重的后果。因此发展污水回灌又必须十分慎重。归纳起来,污水回灌必须注意的事项有:

(1)水质。污水必须经处理达到农田灌溉标准。生活污水和易分解的有机废水适于污水回灌,在这一方面已有较多经验;但对于含重金属、难分解化合物的工业废水用于污水回灌必须慎重地从严控制。

(2)污水回灌区的选择。不宜实行污水回灌的地区主要有:①表土层很薄及易引起渗漏污染地下水的地区,如洪积、冲积扇中上部、岩溶发育区;②地下水位很浅和以浅层地下水为主要水源的地区;③容易受淹和污水很易入河的河滩地、涝洼地;④集中式给水水源的卫生防护带及其上游,备用水源地及其上游;⑤过于靠近城市,会危及城市环境卫生的地区。

(3)灌溉方式。最好备有清水水源,实行清污混灌或清污间灌。采用沟灌、畦灌,不宜漫灌、喷灌。

(4)灌溉作物。优先用于经济作物和工业用谷物,尽量避免蔬菜类作物。

(5)其他措施。常年输水的污水回灌渠道通过透水性强的土壤时,应采取衬砌、管道等防渗措施;应有完善的污水回灌退水渠系,避免退水入河造成污染;选择理想的地质地形部位,建立污水库,调节污水排出量,避免非灌季节(主要是冬季)污水大量入河,这在河流丰枯水量悬殊的北方尤其必要,污水库又起到类似氧化塘的净化作用。

三、推行生态农业战略

新中国成立以来我国农业取得了举世瞩目的成就。我国以占世界 7% 的耕地养活了占世界 23% 的人口,且基本消灭了历史性的饥荒问题。1979 年我国粮食总产量已达 3 321亿 kg,居世界第一位,全国粮食单产达3 000kg/hm²。

但是,我国的农业生产和世界各国一样,也面临着一系列生态环境问题,面临着探讨农业生产新出路的问题。多年来,人们通过对有机农业、生物动力学农业和生态农业进行对比研究后认为,生态农业是今后最有希望的农业发展道路。一些生态农场的试验研究表明,生态农业是一种充分合理利用自然资源,稳定持续发展农业生产,同时又保护环境和维持农村生态平衡的可行办法,对整个农业发展和生态环境建设有普遍意义。

生态农业是以生态学理论为依据,因地制宜地在某一区域建立的农业生态系统。生态农业的理论基础是不断提高太阳能转化为生物能的效率和氮气资源转化为蛋白质的效率,加速系统的能量流动和促进物流在生态系统中的再循环过程,使其达到最理想的指标。生态农业以保持并改善系统的生态平衡为总体规划的指导思想,因地制宜地安排农业生产布局和生产结构,以尽可能少的能源、肥料、饲料及其他原材料(都可折算成能量)输入,通过提高太阳能利用率和生物质转化率,使物质在系统内部多次重复利用和循环利用,而求得尽可能多的农林牧副渔及其加工产品(也可折算成能量)输出,从而获得高效的生产发展、生态平衡、能量利用与再生、经济效益四者统一的综合性效果。

生态农业的基本原则是系统尽可能自给,包括能源的自给在内,系统必须是多样性的,即实行多种经营、综合经营,使系统有较高的稳定性;单位面积的净产出较高,生产良性循环,既有生态效益又有经济效益。同时,应充分利用土地(包括水面)、阳光及各种物料,提高初级产品生产量;提高初级产品的利用率和转化率;开发能源,特别是开发沼气,维持营养物质的循环。

生态农业战略是新形势下面向可持续发展的农业发展模式,也是目前大家比较赞同的一种农业理想发展模式。通过生态农业工程的实施,一方面提高农业产量,增加农业经济效益;另一方面保护农业区生态环境,是生态环境保护的有效途径,具有较高的生态效益。因此,推行生态农业是确保生态环境保护与建设的有效措施。

四、采取生态环境综合整治的技术措施

由于生态环境问题多种多样,针对不同的生态环境问题类型应采取切实可行的整治措施。这里仅仅做一概要叙述。

(一)恢复和保护植被覆盖

植被是生态系统最重要组成部分,是人类生活和物质生产的主要依靠地。维持植被生态系统完整性,保护植被生态环境,对促进生态环境建设与社会经济发展有重要意义。

我国西部干旱半干旱地区,由于特殊的气候条件,使得该地区的生态环境比较脆弱,很容易受到人为因素和自然因素所影响,甚至是毁灭性的破坏。由于以前我国对生态环

境重视程度不够,导致多数地方过度开发(开荒、过牧),形成生态环境问题异常严重的局面。特别是干旱半干旱地区,生态环境对水的依赖性很强,在水资源的利用方面,由于社会经济的发展,在许多地区挤占了生态用水。

为了合理保护生态环境,促进西部大开发,国家从全局的高度、可持续发展的高度,提出了"退耕还林还草"、恢复生态环境的战略方针。

"退耕还林还草",是把人类已经开荒耕地的农田还原成以前的本来面目(林地或草地),从土地覆盖类型上看,是把人工耕地变成生态用地。变成的生态系统可以是天然生态系统,也可以是人工生态系统。

大致的措施有:①通过封山育林、护林防火和退耕还林等措施,恢复和增加植被覆盖面积。②加强农村能源建设,以便减轻因樵采、铲草皮而造成的植被破坏。③改革耕作制度,实行粮草林等高带状间作、套作和轮作,以减轻病虫草害。

(二)盐碱化的整治技术和措施

盐碱化综合整治分盐渍化土地和碱化土地的综合整治两种,主要采用生物和工程措施,通过农业生产进行整治。

1. 盐渍化土地的综合利用和整治

盐渍化土地有其自身的发生演变规律,其综合利用和整治要遵循因地制宜、针对性利用和综合性治理相结合的原则。

具体的技术措施应主要依靠土壤盐化的成因和水盐运动规律,做到既要治标,更要治本。基本原理和措施为:①控制盐分来源,特别是控制盐分进入土壤上层,以保证作物根系生长活动层不致过多的盐分产生危害,使作物得以正常生长发育。在平原区应根据当地的积盐条件,完善灌排系统工程,控制咸水的利用与地下水位的上升。②对现有盐渍化耕地应注意消除过多的盐分,才能顺利地进行农业种植,如蓄淡水压盐、垫换客土等。③不同作物能适应不同的土壤水盐环境条件,可根据土壤的盐化程度,选择作物、牧草种植,也可采取适当的耕作技术措施,如推迟播期、躲盐巧种等,进行适应性种植。④调控盐量变化。由于季风气候的季节性变化,所以土壤的水盐运动、积盐返盐在时间、形态上均有一定的规律性,可通过灌溉水浓度稀释、地面覆盖、中耕松土、雨后松土,以及作物生长发育阶段咸淡轮浇等措施进行控制。盐渍化土地的整治还根据其盐渍化程度大小分别采用不同的措施进行整治。⑤发展节水农业,逐步改进现行的大水漫灌,发展喷灌、滴灌和微灌等节水型灌溉,健全排水系统,适当引水洗井,以控制和改良盐碱危害。

2. 碱化土地的综合利用和整治

土壤碱化是随着盐渍化过程发生、发展的。可溶性盐分在土体中随水分而移动、积累的同时,Na^+进入土壤胶体,引起土壤物理、化学性质的一系列改变。盐碱特征往往交织在一起,因季节变化而反映不同,当盐化危害小时往往即为碱化危害明显的时期。在地下水位持续下降、干旱频率不断增大、枯水年份增多时,则碱化特征明显;相反,丰水期、地下水位较高时,则土壤盐化特征明显,掩盖了碱化的表现。地下水质对碱化的发展起了重要作用,特别是深层碱性淡水,或者古河道旁侧含有较多钠的 HCO_3^-、CO_3^{2-} 水的地方,土壤碱化均有发展。起伏坡地、微高地等较高、起伏较大,略显破碎的地貌条件,也有利于土壤碱化的发展。

碱化地由于不良的物理、化学特性,有机质含量较低,肥力水平甚差,限制了作物的生长发育,植物生长不良,且土壤一旦碱化之后,治理难度远较盐化困难,所以应予以高度重视。鉴于碱化土地主要是土壤碱性高,水分物理化学性质差,以及仍有较高的可溶性盐,因此必须采取生物、工程、化学等综合治理的措施,以提高土壤肥力为核心:①完善工程系统,提高工程效益,发展井灌井排,提倡咸、淡水混浇,控制地下水位,实行节水农业与旱作农业,更好地利用自然降水等。②因地制宜,搞好农业开发利用。滨海碱化盐土、草甸碱土分布区,应以盐业、畜牧业为主;不同轻重程度的碱化潮土地往往穿插分布于内陆地区,应因地制宜实行农、牧业利用;在滨海、内陆过渡地带的碱化、盐化潮土地,除应考虑发展杂交高粱、豆类等外,应多种植人工牧草,以畜牧业为主要方向。③建设条田,提倡蓄淡压碱,微咸水冲淡,洗盐沥碱等。④采用化学改良方法,如施用石膏行之有效,某些地方使用糠醛渣、酒糟等中和碱性,改碱效果很好,且可增加土壤有机质含量。⑤重视生物措施,积极发展耐碱的向日葵和棉花等经济作物。同时,大力培育赖盐、赖碱的植物,以促进天然草场的改良和利用。

(三)沙漠化的整治技术和措施

当前的风沙灾害对人类的危害很大,且有蔓延之势。如:侵吞草场;沙埋房屋、街道等建筑物;压埋和破坏水利设施;干扰通讯线路;污染环境,对人身健康与机器、仪表造成直接危害,威胁着人们的生存。

由于沙漠化所处的地区不同,其特点和治理措施也各异。下面分别就湿润半湿润地带、半干旱地带和干旱地带三种类型的沙漠化整治技术和措施进行简单介绍。

(1)在湿润半湿润地带,采取平沙整地与灌溉设施相结合;营造护田林网与栽植果树或经济作物相结合;黏土压沙与栽植经济作物的固沙与利用相结合;海滨沙丘乔灌结合防护林与丘间低地栽植果树经济作物的防治与开发相结合;绿带分割沙丘与发展旅游资源相结合。

(2)在半干旱地带,以旱农为主的土地利用结构,合理确定载畜量和合理轮牧;扩大林草比例,集约经营水土条件较好的土地并和营造护田林网相结合;丘间营造片林(灌丛)和封育相结合,建立人工草地和饲料基地。

(3)在干旱地带,合理分配内陆河上下游水量和发展节水农业;以绿洲为中心,建立绿洲内部护田林网和绿洲边缘乔灌结合的防沙林;采用绿洲外围机械沙障与障内栽植固沙植物相结合;通过密集流沙地区的交通沿线采用沙障与植物固沙相结合的固阻结合、以固为主的防护体系。

(四)水土流失的整治技术和措施

水土流失直接导致地表土壤流失和肥力下降。由于水土流失,大量泥沙下泄,粗砂砾石沿河堆移沉积,致使河床抬高,水库、湖泊淤塞,航程缩短,水库养鱼、灌溉、发电、蓄洪等综合效益下降。由于植被破坏,导致表土流失及河床淤高,水源涵养能力降低,河流流量变幅增大,水旱灾害增多等。

水土流失是一项十分复杂的综合作用过程,它受到多种因素的制约。因此,治理水土流失也是一项系统工程,必须从生态经济学的理论出发,充分利用光、热、水、土、气资源,根据生态位、生物种群共生和物质循环再生的原理及市场需求,综合应用优化的农林技术措施及系统工程,调整产业结构,改变单纯的谷地农业结构,发展林牧业。利用林下空间种植草类或农作物,增强植被覆盖,减少水土流失;对林草和农作物的选择,尽量选择经济效益高的、可适地生长的种类。但要处理好短期效益和长期效益的关系,造林绿化荒山,其远期效益显著,既保持了水土,促进农业发展,又有远期的林业收入,而且劳动收益较高,社会需要量大。但林木生长的周期长,不仅当前没有收益,而且要有足够的投资才能长期坚持下去,因此,需要有短、中效益支持它。短期收益主要来自农牧渔业,因而在治理水土流失时,要强调农、林、牧、渔、副业协调发展。

第十六章　水资源保护对策和措施

第一节　水资源保护工程措施概述

水污染防治工程指为防治、保护、改善水环境质量,净化处理工业废水和城市污水而修建的工程,有单元废水处理工程、污水处理系统工程、水系污染防治工程和污水排海工程等。

一、单元废水处理工程

单元废水处理工程起源于给水处理,其原理是通过一定的处理方法和工程技术设施,对废水中污染物进行分解、分离,将其转化为无害的稳定物质,使水得到净化。起初是为了保障用水安全,防止传染病的暴发流行,修建了以格栅、截留、自然沉降等为主的简易水处理工程。后来,为适应环境保护的需要,出现了依据物理处理原理设计的格栅、沉淀池、沉沙池、斜板沉淀池等工程;依据化学处理原理设计的中和调节池、混凝池等工程;依据物理化学原理设计和制造的废水净化装置(如离子交换装置、电解装置、活性炭吸附装置、臭氧发生装置、次氯酸钠装置等);依据生物净化原理设计的生物转盘、生物滤塔以及采用活性污泥法、生物接触氧化法和射流曝气法设计的净化工程。

二、污水处理系统工程

工业及城市的废水成分复杂,只有通过不同处理单元工程组成的水处理系统工程,方能达到预期目的。污水处理系统工程有一级处理工程、二级处理工程和三级处理工程,以及氧化塘、氧化沟、土地处理工程等。

(一)一级污水处理工程

一级处理又称预处理。一级处理工程是由格栅、沉淀池、气浮池及输水、排水管网所组成的,用以去除废(污)水中呈悬浮状态的固体污染物质。

(二)二级污水处理工程

二级污水处理工程指由一级处理工程和生物处理工程组成的污水处理系统工程。一级处理工程去除固体污染物,生物处理工程利用微生物去除废水中呈胶体和溶解状态的有机污染物质。生物处理工程于1913年在英国问世以来,发展较快,现已成为经济发达国家控制水污染、改善水环境质量的主要措施。

(三)三级污水处理工程

三级污水处理工程又称污水深度处理工程,是以污水回用和再次复用为目的而发展起来的、以去除废水中某种特定的污染物质(如氮、磷)的水处理工程。深度处理工程应用活性炭吸附、臭氧氧化、混凝沉淀等方法处理污水。

(四)生物塘处理工程

利用菌藻共生系统处理城市及工业废水的工程。生物塘一般有 4 种类型:好氧塘、厌氧塘、兼性塘和曝气塘。利用氧化塘净化污水,是将几种塘串联组成氧化塘处理系统。利用氧化塘处理城镇污水,具有耗能低、造价低、操作简易、管理方便、有机物去除率高等优点,故应用比较广泛。中国一些地方也采用氧化塘处理污水。例如湖北省的鸭儿湖氧化塘,就是一座典型生态氧化塘。它是由沉淀池—厌氧塘—兼性塘—好氧塘—养鱼塘等 5 个池塘组成,形成了由菌、藻水生植物、浮游动物、底栖动物、鱼、鸭等生物组成的多层的多级食物网的共生生态系统。

(五)氧化沟

氧化沟又称循环曝气池,是 20 世纪 50 年代由荷兰的 Pasveer 所开发的一种污水生物处理技术,属活性污泥法的变形工艺。安装曝气装置池体呈环状沟渠。池中独特循环水流状态有利于活性污泥的生物絮凝作用,且可分区为富氧区、缺氧区,是一种具有一定脱氮功能的高效、低耗、易于维护管理的废(污)水处理工艺技术,主要用于城市污水净化处理。氧化沟 1954 年首次在美国华盛顿市建成,目前在欧洲、北美和我国等地区已普遍应用。

(六)土地处理工程

土地处理工程由预处理、贮水湖、灌溉系统、地下排水工程等组成。土地处理系统利用土壤及其微生物、植物等来净化污水,具有成本低、净化效率高等特点。

三、水系污染防治工程

水系污染防治工程是在污染源治理、城市污水处理的基础上,利用水系自净能力,以求得系统的最佳处理效果的系统工程。修建这种工程,首先要掌握水体的自净能力与河流水文特征参数之间的定量关系,以确定水体可被利用的环境容量;其次,要根据污染源分布状况,确定各河段的污染负荷,修建相应的治污工程(如调节水库、污水库、引水冲污水道、污水处理厂等)。中国河北省在解决白洋淀水质污染时,采用了截蓄灌溉、修建水库等形式来减轻白洋淀污染。截蓄工程包括长 23.5km 的引水干沟,4 100万 m^3 的污水库,以及相应的引水调节建筑物和污水灌溉工程。中国广东省佛山市 1980 年修建了引水冲污工程,使通过市区的受污染的汾江水质得到了改善。中国浙江省杭州市为改善著名旅游胜地西湖的水质,修建了环湖地下排水网,截留城市污水和城市地表径流入湖,并引钱塘江水入湖,以加速水体的变换。美国为改善和恢复芝加哥河的水质,建造了总长为 113km 的人工运河,把密执安湖水引入芝加哥河,以增加河流的径流量,改善河流水质。日本为恢复隅田川水质,引用清洁的利根川水,使隅田川流量增加 3～5 倍,水质得到改善。

(一)污水排海工程

20 世纪 80 年代开始出现了利用海洋环境容量的水处理工程,即污水排海工程。排海工程一般由泵站、输水管和多孔扩散管组成,排污口选择在离岸 2～8 km,稀释比为 100∶1。除欧洲外,世界各大洲都有排海工程。美国西海岸通过污水排海工程,每天约有 45 亿 L 污水和污泥排入海中。中国的排海工程尚处在研究试验阶段。排入海洋的废水,需经适当处理。至少需经一级处理,达到排海的水质要求,否则会对海洋产生不良影响。

此外,利用江河深处流速快、流量大、扩散能力强的特点,将污水的岸边排放改为深水排放,也是一种控制与改善河流岸边污染的有效措施。

(二)污水土地处理

利用土地及其土壤—植物系统对污染物的净化能力,对污水进行处理。土壤是一个处于半稳定状态的物质体系,对外界环境条件变化及外来物质具有缓冲能力。污水通过土壤—植物系统的物理、化学、生物等方面的作用,其中的有害毒物可以得到处理;处理后的水可用以促进农作物、草场或树木正常生长。

美国的污水土地处理系统,一般是由氧化塘、污水贮存库和污水灌溉3个部分组成,氧化塘对废水进行二级处理,灌溉系统进行三级处理。非灌溉期,将氧化塘的出水排入贮存库待用。中国石家庄市西三教村1975年以来兴建了3个串联式氧化塘,容积为3万m^3,设有3 000多m长的地下防漏管,日处理能力为5 000t,出水达到农业水标准,可灌溉133.3hm^2农田。

1.土地处理的效率

土地处理系统的效率随处理方式不同,对污染物去除率也不相同。例如对微生物的去除率,漫流、灌溉和渗滤均为98%以上;对生化需氧量(BOD)的去除率,漫流为92%,灌溉为98%,渗滤为85%~99%;对总氮的去除率,漫流为70%~90%,灌溉为85%以上,渗滤为50%以下;对金属的去除率,漫流为50%以上,灌溉为95%以上,渗滤为50%~95%。

2.土地处理的机理

(1)病原微生物的去除。经一至数米的土壤过滤,可去除细菌和病毒,仅在1cm表土中的去除率就高达92%~97%。一般肥沃、干燥和具有好气条件的土壤,病原微生物在其中的生存期和残留率比在贫瘠、潮湿和具有厌气条件的土壤中短和小。

(2)BOD的去除。大部分有机物在10~15cm的表土去除(主要是被异养型微生物氧化降解)。有机物的种类不同,其降解速度也不相同。若污水量或BOD负荷超出土壤净化能力,则难降解的有机物易累积,并产生硫化亚铁沉淀,堵塞土壤孔隙,降低净化能力。

(3)氮和磷的去除。污水中的氮包括有机氮、氨氮、硝酸盐氮和亚硝酸盐氮。有机氮容易氧化为其他形式的氮;好气的亚硝酸盐氮可氧化为硝酸盐氮,通过作物吸收或反硝化作用去除;厌气的硝态氮(10%~80%)经反硝化作用还原为亚硝酸盐氮,最后转化为氮气。污水中的磷以正磷酸形式存在。在酸性条件下磷形成磷酸铝、铁沉淀,在碱性环境中磷形成磷酸钙沉淀,并通过植物吸收等途径去除。因此,地下排水系统的出水中磷的浓度一般为0.01~0.1mg/L。

(4)微量有毒物的去除。二级处理出水的氯化烃类、有机氯、有机磷和有机汞农药、多氯联苯、酚化物等等有机毒物,其浓度远低于1mg/L,通过土壤胶体吸附、植物摄取、微生物降解、化学破坏和挥发等可有效去除。

(5)重金属的去除。微量重金属的去除以吸附作用为主;常量重金属以沉淀作用为主。去除的主要方式有:①层状硅酸盐以表面吸附或以形成表面络合离子穿入晶格和离子交换等方式吸附;②不溶性铁、铝、锰的水合氧化物的吸附;③腐殖质酸对镉、汞等重金属的吸附;④形成金属氧化物或氢氧化物沉淀;⑤植物和微生物摄取和固定。

(三)污水资源化

污水资源化使污水重新具有使用价值和经济价值。污水是人类生产生活产生的废弃物质。污水中的污染物质如不经处理而排入水体,就会造成水污染;采用适当工艺进行处理,将其中有用物质加以回收利用,可减轻或消除污染,处理后的水可按其水质状况重新使用。

水的用途不同,水质要求也不相同,某些部门的污水可用作另一部门的水质要求较低的水源。有的污水可直接回用,有的则需经过适当再生处理。污水回用,节约了用水量,也减轻了对水体的污染,在水资源短缺的地区具有重要应用价值。目前运用先进的工艺处理,水的重复利用率可以达到 70% 以上。美国、加拿大、日本等国曾提出"零排放",即实行密闭循环的目标。1976 年加拿大建成世界上第一个不排废水的纸浆厂,但设备及管理要求都很高。目前多采用部分回用结合补充少量新鲜水的方法。水的回用及再生程度,主要取决于下列因素:供水成本、水质要求、将工业废水处理成符合回用水水质标准的可行性、废水处理费用及排污费用等。污水的处理方法参见水污染防治工程治理措施。

污水的用途主要有:用作低质水源,用于灌溉养殖,从中回收物资。

(1)用作低质水源。目前经处理的工业废水主要用于取代新鲜水作为低质水源,如用作火力发电厂的冷却水,炼铁高炉中冷却水,石油化工企业中一些敞开式循环系统的循环水等。在石油开采中回用水还可用作油井注入水。

(2)用于灌溉。生活污水含有大量氮、磷等营养物质,其他重金属及农药等有毒有害物质浓度较低,用作农田灌溉用水时,一般不需处理或仅需进行初级处理,污水中氮、磷等可作为农作物的养料。污水经土壤表层颗粒的吸附过滤及土壤中微生物的作用而得到净化。某些工业废水经处理后,也可用于农田灌溉。美国和墨西哥等国还将二级处理的工业废水用于公园及风景区等公共设施区的灌溉。

(3)用于养殖水生生物。污水中营养物质可促进鱼类等水生物生长,但应避免重金属、农药等的有害作用;控制污水营养物浓度,不使水体中藻类过度繁殖,影响鱼类等水生物的正常生长。

(4)从污水中回收有用物质。采用电渗析法和离子交换法,可成功地用于各种电镀液中重金属的回收。例如,用醋酸纤维膜进行反渗透处理,可去除 99% 的镍。英国开发的电化学工艺,可高效地回收电镀液中铜、锌、镉、镍、金、银等。在屠宰厂及肉类加工厂废水中加入木质素磺酸钠,然后用溶气浮选法可有效回收蛋白质。近来由于生物工程技术的发展,微生物繁殖回收蛋白质技术得到了较快的发展。此外,用离心分离—高温裂解法可从羊毛洗涤污水中回收 30% ~45% 羊毛油脂;用压气发酵法可从食品加工废水中回收沼气;用气化法可回收酸洗废液中的盐酸等。

处理后的污水还可用于地下水回灌;用作不与人体直接接触的水源(如冲洗厕所和消防的水源)、旅游水源(如钓鱼、划船)等。

第二节 利用水利工程改善水质及污水资源化

一、利用水利工程改善水质

河流作为人类活动产生的废物的接受者,在没有超越其自净能力以前,它能够处理这

· 258 ·

些废物,不致使正常的生态平衡受到危害,保持其生命力,使之仍能正常地供给人类生产、生活和生态系统协调发展的需水量。

随着人口增长和人类经济活动的发展,就相应的增加了废物,以致世界许多河流的污染超过了水体自净能力,发生了各种类型的公害。表明公害发生的基本方程式是:

(人类各种活动的冲击)-(自然界动态平衡恢复能力)>0(发生公害);

对于河流来说则是:

(污染物总量)-(河流的稀释自净能力)>0(发生污染)。

因此,治理河流污染的原则应是,“节污水之流(减少污染负荷),开清水之源(增加河流的稀释自净能力)”,双管齐下,综合治理,才是最有效的,经济上也是最节约的。

目前,统一的工业排放标准中所规定的浓度约为地面水标准的 10 倍以上(如汞为 50 倍),为此,污水排入河道均匀混合后要达到地面水标准,河道中至少要有 10 倍以上的流量,还需要流经一定的距离。所以研究河流的污染防治问题,首先必须调查各河段的污染源(包括污染负荷、污水量、污水排放方式以及各种污染物的排放浓度等),确定水利工程所需供应的最小流量(考虑河流原有的稀释自净能力后);其次要了解河段的污染特性,确定控制河段污染的临界期(如松花江哈尔滨等地段为 12 月到次年 3 月冰封期,黄浦江为每年的 5～9 月和每年的 1～4 月),根据这个临界期,在水利工程放流时,对工程的调度运用,提出改善水质的要求。以下列举几种方式说明:

(1)改善水质任务与发电、航运等任务完全结合或部分结合起来。如控制河流水质的临界期为每年的枯水期,则发电放流、航运放流和改善水质三者可以同时结合;但如改善水质要求泄放的流量大于航运或保证出力的调节流量,就要进一步研究,按保证出力设计的枯水年各月的出力分配,从电力系统统一考虑,在水质最恶劣的临界期,酌情多安排一点出力,以达到同时解决改善水质的任务。经济账一定要算,但是一定要从国民经济各部门总体效益最大去考虑问题,不能只从某一部门的效益去算账。

例如,东北松花江三岔河以上有一定的污水流量排入,1976～1979 年丰满水库连续枯水期,其平均流量还不到多年平均流量的 60%,又因照顾缺电,未按调度图操作,致使发电最小流量只有 $105m^3/s$,加上区间径流,三岔河的枯水流量约为 $105～130m^3/s$,稀释比降低很多。因此,丰满水库除原规定的防洪、发电、工业给水、航运、灌溉、渔业等任务外,还应增加改善第二松花江水质的任务。这个任务在水情处于正常情况下,按调度图操作,与发电几乎完全结合,即使遇到发电设计保证率 $P = 90\% ～95\%$ 的枯水年,仍可放流 $350m^3/s$ 左右,稀释比就会大幅度增加。如遇特殊枯水年,即使按保证出力流量的一半放流,也可达 $180m^3/s$,也比放流 $105m^3/s$ 大得多,河流的稀释自净能力也大可加强。

假如电站能在 12 月～次年 3 月期间把出力分配酌情调整,适当加大,则即使遇到最枯水年,对改善水质也是大有好处的。显然,对松花江的污染治理,假若不考虑丰满水库可以起配合作用,只着眼于污水处理,不但多费钱,而且也难收到理想效果。因此,在松花江污染治理中,应研究选择丰满水库合理的最小放流量作为设计条件。此外,嫩江流域如拉哈和齐齐哈尔等城市污水中的有机污染也很严重,为了进一步改善哈尔滨的水质,对嫩江也应予以足够的注意,除控制污染源外,还可研究选择适当地点建筑水库,以增加枯水期的流量,与丰满水库联合运用,共同增强松花江的稀释自净能力。

(2)采取多种途径增加枯水流量,如增建以改善水质为主的综合利用水库,提高河流的稀释自净能力和通航能力。例如,桂林漓江是我国著名的风景区,对水质的要求很高。根据桂林水文站 1941～1976 年资料分析,漓江多年平均流量为 $128m^3/s$,最大流量为 $4\,640m^3/s$(1976 年),最小流量为 $3.3m^3/s$(1951 年)。漓江流域水量丰沛,问题在于年际和年内的丰、枯期水量变化较大。如果采取多种途径增加枯水流量,则可提高污水的稀释自净能力和通航能力。这些途径有:上游植树、造林、涵蓄水源;对青狮潭水库进行合理的调度,并研究该库的加高加固问题;研究兴建华江梅子岭水库,主要用来改善漓江水质和航运条件,也可结合发电,缓和供电紧张状况。

还要强调的是,必须把漓江治理作为城市规划的一个组成部分,统一规划,除工业污水要严格处理后才能排放外,城市的取水口和下水系统也应合理布置。

(3)当本流域无法修建水库调节径流时,应研究跨流域引水,以增加稀释流量。例如,在研究黄浦江的污染治理时,可以考虑从长江引水,以增加淡水水源。经研究,如能合理调剂太湖来水量及控制太湖水位,就可增加黄浦江水体的自净能力,减少污水向上游的顶托回荡,降低咸水入侵的几率,保障黄浦江上游给水水源的可靠性,使水质得到改善。

(4)关于湖泊及湖泊群的污染治理问题,在湖泊附近常有化工、农药等工厂,其污水有的未经任何处理就排入湖泊,污染了水源,甚至使水草以及经济鱼类减少,生态平衡被破坏,居民健康受到一定影响。类似此种情况,为了保护水源和生态平衡,除加强厂内处理外,可以因地制宜地利用部分湖泊洼地分块建立梯级氧化塘,用生物净化方法充分利用和强化自然水体的自净能力,进一步处理工业废水中的污染物质。这种处理系统运转费用低,可以大量节约能源。不仅通过水生生物的协同作用,可以从收获鱼产的形式中回收其中的磷、氮等元素,而且通过梯级氧化塘后的水资源又可进一步利用。梯级氧化塘对某些湖泊的污染治理是一个可以研究采用的方向,湖北鸭儿湖治理就是一个有效的实例。

二、污水资源化

(一)概述

水是生命的支柱,也是国民经济各部门最基本、最重要的原料,随着人口不断增长,工农业生产迅速发展,对水的需求量也越来越大,水资源的供需矛盾已日益尖锐突出。地球上可供人们直接利用的水资源极为有限,不足全球贮水量的 1%,同时由于水资源在地理上和时间上分布的不均匀性,更加剧了一些地区水资源供需矛盾。一些地区的工农业生产和人民生活由于缺少合适可用的水资源而受到严重影响。在不少干旱地区和人口稠密地区,用水量常常超过了可用水量,而新的水源不是不能利用(如地下水过度取用将会造成地面沉降)就是开发投资太大,新水源成本太高。因此,为解决这一矛盾,除设法寻找、开发新的可用水源,尽量采用无排或少排工艺,降低单位产品用水量,节约工农业生产用水外,充分回收利用城市污水及工农业排放废水,已成为一个不容忽视的方面。

污水回用在国外利用时间很长,规模很大,并已取得一定经济效益。据 1977 年调查,美国有 357 个城市实现了污水处理后再利用,其中,回用于农业占 58.3%,回用水量为 2.9 亿 m^3/a;回用于工业占 40.5%,回用水量为 2 亿 m^3/a。城市污水回用于工业的最大企业是美国马里兰州巴尔的摩港的伯利恒炼钢厂,该厂使用 28 万～43 万 m^3/d 的城市污水用于工艺和冷却用水,已经使用 20 多年。

苏联污水回用规模也很大。莫斯科市东南地区设有专门的工业用水系统,有 36 家工厂利用处理后的城市污水,回用量达每天 55.5 万 m^3。库里扬诺夫污水厂出水 36.5 万 m^3/d,回用于工厂企业,年获利润超过 300 万卢布。

日本在 1962 年就开始利用城市污水作为工业用水。供给工业区水厂有:东京都江东地区工业水道,是利用三河岛处理厂二级处理出水经补充处理后用作工业用水,利用水为 16.7 万 m^3/d。川崎市工业用水道的利用污水量为 8.8 万 m^3/d,名古屋市工业用水道的利用污水量为 3 万 m^3/d。

水的重复利用或循环使用之目的是为了提高单位体积新鲜水重复利用的次数,通常以重复利用率(即在某一生产工艺过程中重复利用水量与总用水量的比值)作为表征值。在密闭循环情况下,重复利用率为 100%。一般而言,在较先进的工艺中,水的重复利用率应在 70% 以上。

通常生活污水及工业废水均须经适当处理后才能回收利用,对所使用的处理技术,除应使处理后水符合回用水要求外,还应考虑下列因素:①经济因素,即对污水进行处理所需的经济代价;②工艺技术应尽量简便实用;③社会因素应考虑污水回用可能对人体健康造成的影响,尤其是卫生学方面的影响,通常致病菌、致癌、致畸变及有毒、有害化学物质引起的危害是首要考虑的因素。

根据对污水处理程度的不同,经处理后水可分为:

(1)回用水即污水经一定形式处理后,只适用于某一种用途。

(2)再生水即污水经处理后大幅度地去除水中污染物质,使之恢复到水源水质的水平。可适用于各种用水目的。

(二)城市污水回收利用

城市污水主要为生活污水,其中含有显著含量的氮、磷等营养物质,除铅外,其他重金属、农药等有毒、有害物质的浓度一般较低。其回收利用方式分为下列两种。

1. 直接利用法

即城市生活污水不经稀释,也不经任何处理直接使用,常用于农作物灌溉及养鱼等。

2. 间接利用法

在许多国家,禁止使用未经处理的污水灌溉供人们食用的作物。为使水质满足大多数重复利用的要求,通常应进行二级处理,以去除污水中大部分有毒、有害物质及有机物。然后再根据用途决定是否采取其他处理步骤。

经处理后的污水可用于下列用途:

(1)饮用水:回收的污水用于饮用的目的时,必须经过三级生物—化学处理,只经二级处理的污水,一般不能满足饮用水的水质要求。此时,污水中还含有悬浮固体、胶体以及不易降解的有机化合物,此外还有氮、磷等营养物质以及细菌与病毒,应利用各种深度处理方法加以去除。其中:悬浮固体及胶体可用微滤、混凝、沉淀、过滤等方法除去;磷可用生物吸收或化学沉淀法去除;氨氮可用空气气提或氧化法去除;硝酸盐氮可通过硝化—脱氮作用除去;用活性炭吸附法或化学氧化法可除去难分解的有机化合物;用常规加氯处理可除去 99.99% 病原菌。

污水经上述深度处理后,可提升到水库,与其他水源混合后,引往水厂,作为城市给水用,此法在美国及南非等国均曾采用。未经深度处理的二级处理后的污水不能直接使用,因水中有机物含量偏高,水的色泽及嗅味较差。

利用深度处理后的城市污水用作饮用水水源在一些缺水地区和国家有一定应用推广的价值。

(2)灌溉:经二级处理后的污水用于农田灌溉已得到广泛应用。这样,既利用了污水中的氮、磷等营养物质作为农作物的养料,促进了农作物生长,提高了作物产量,同时由于土壤表层颗粒的吸附过滤作用,以及土壤表层中的微生物的作用,可使污水得到净化。美国西部及西南部已普遍推广了污水灌溉,一般有下述三种方法:地面漫流法,用于渗透能力差,易形成地面径流土壤;快速渗滤法,适用于渗透能力强的土壤;慢速渗滤法,适用于农作物耕地。

在美国、墨西哥等国家,经二级处理后的污水还被广泛应用于公园、风景区等大型公共设施土地的灌溉。

污水灌溉最主要的缺点是,经过一段时期后,溶解盐及农药等不易降解的物质会在土壤中逐渐积累使土壤性能变坏,也可能通过各种途径间接对人体产生影响,因此,使用时应进行严密观测与控制。

(3)养殖:利用经过二级处理的城市污水进行水生物养殖,已被证明是一种利用污水的有效途径,已积累了不少成功的经验。污水中的营养物质可促进鱼类生长,增加鱼类产量。其污水中应不含铜、铅、镉、汞以及农药等有毒、有害物质,以避免对水生生物和人体的危害。此外,在实际使用时,应注意控制污水用量,以避免水体中有机物含量过高,导致缺氧。对 BOD 较高的污水,应考虑用前进行稀释。水体中过高的营养物浓度会导致藻类等过度繁殖,严重影响鱼类等生长繁殖。

(4)地下水回灌:污水经二级处理后,用明矾进行混凝过滤,然后以活性炭吸附净化,将经过处理的水向地下回灌,以补充地下水水量,提高地下水水位,从而可防止咸水侵入。在实施时,可将处理后的污水直接注入回灌井,也可将水灌到土壤表面,经土壤渗入水层,借助土壤的过滤及净化作用使污水水质得到进一步改善。如采用灌井注入法,通常需进行高级处理以防止堵塞灌井。在采用土壤净化法时,如长期使用未经深度处理而只经二级处理的污水时,土壤也可能发生溶解固体和硝酸盐的积累。将污水向地下砾石层回灌,取出后,可作为灌溉及生活用水。

(5)游览区用水:游览区用水是水重复利用潜力较大的领域。一般污水毋须深度处理,在经过常规二级处理后,可再经氧化塘、土壤处理或采用其他物理—化学方法除去水中营养物及有机物后,必要时再经加氯处理,即可供作钓鱼、划船或游泳用。但污水中的营养物浓度也应严格控制,浓度过高会造成水体中水草生长过于旺盛。

(三)工业废水回收利用

工业废水是造成水体污染的主要原因。为减少和防止水污染,节约工业用水,减少排污量是关键方法之一。为此目的,必须对工业用水进行最大限度的重复利用,美国、日本及西欧提出了零排放的要求,现在许多工业企业已接近或实现了这一目标。

按工业中用水类型可划分为下列几种:

(1)冷却用水:冷却用水是工业用水量较大的项目,通过提高冷却系统的冷却效率,将冷却水进行串联或重复使用,可明显减少冷却水用量。

将经二级处理后的污水用作电厂的冷却水,而将干净水用来生成蒸汽,可大大缓和水源短缺地区发电用水的矛盾。炼铁高炉的冷却水以及一些石油化工厂的敞开式循环水系统也可采用经二级处理后的城市污水。在长期使用后,应使用适当的化学物质进行处理,以消除生物污垢、磷酸钙垢及泡沫。

(2)工艺用水:大多数工业生产过程都需要大量的水,冶金、纸浆和化工等行业均是用水大户。这些部门在循环利用经过净化的工艺用水方面,已取得了重要的进展。如制氨工艺中气提后的冷凝水可用作锅炉补充水;许多化工厂的工艺冷凝水亦可作为循环冷却水的补充水;在造纸行业中,一些纸板厂已实现了全封闭系统废水循环,纸浆生产中的白液可经真空过滤后重复使用;在钢铁工业中,炼焦废水经空气浮选和重力沉淀后可进行密闭循环,重复使用;轧钢工艺中产生的含氧化铁皮废水进行重力沉淀,处理澄清并过滤后,可返回热轧机循环使用。

(四)污水回用工艺

(1)生物处理工艺:好气生物处理工艺去除氮、磷已有很明显的效果。除氮、磷直接与有机物中可利用的碳有关。大约每生产 1 磅(0.45kg)生物物质要求有 0.12 磅氮,要求磷大约为氮的 1/5。假如可能调整废水水质使营养物达到平衡,则在生物增长中,可除去所有营养物。然而,因为碳、氮、磷之间极不平衡,所以生活污水生物处理工艺中只能去除 30%～40% 的氮和 20%～40% 的磷。

研究表明,调整废水水质是有可能基本上去除所有废水中的氮,但是,由于磷的不平衡,使出水中带有很多溶解性的磷。

厌氧反硝化已成功地除去废水中的硝酸盐,可作为一种减少营养物的满意的处理方法。

若能调整水质提供藻类生长的适宜条件,则可成功地增长藻类,以去除营养物。

(2)除氮:气提除氮是一种去除水中氮的处理工艺。气提如放在石灰除磷处理之后,由于 pH 值提高了,则更为经济。气提要在空气温度 32°F(0℃)以上才能有效。

选择性离子交换是一个十分可靠的除氮工艺,但是工艺复杂、造价高。折点加氯简单易行,但折点加氯会破坏水体缓冲能力,对自然环境是有害的,因而被禁止使用,除非用在高级处理之后。

(3)固体接触处理法除磷:药剂固体接触处理法对沉降无机物和去除悬浮固体是一个有效的途径。这种方法的基本概念是原废水和新投的药剂和以前形成的泥渣互相接触,已形成的泥渣提供了巨大的表面积,在这些表面积上可产生沉降物或絮体,这些循环泥渣提供的大量矾花在接触新形成的絮体时,能增进絮体的形成。

去除悬浮物质、重金属和磷已经有成功的运行装置。除磷工艺的凝结剂,加石灰、铝盐、铁盐都有同样的效果。

(4)粒状滤料滤池:粒状滤料滤池可能是提高出水水质的很重要的处理单元。滤池通常作固液分离之用,可用于含 200mg/L 悬浮物质的废水,过滤速度范围为粗颗粒 61～120m/h,胶体悬浮物 4.9～12m/h。滤床可设计成不同的滤料粒径和不同的滤料厚度,这样适应性强,能保证要求的出水水质。这样的滤池也可用于加无机凝结剂(如铝盐)或聚合物,以达到固、液分离和去除其他污染物(如除磷)的目的。对市政废水来说,过滤是常用的。

粒状滤料滤池还可用于除油,使乳化油浓度达到很低程度,其他油几乎可被除尽。对除悬浮固体和油,这种工艺是很成功的。通常处理含乳化油和固体物质时加一些化学药剂能有更好的处理效果。

废水经过一层或多层碳、砂、石榴石等粒状滤料后,悬浮物被物理截留、沉淀和粒子间互相作用而除去。当滤池水头损失增加到一定程度后,滤料应该停止工作进行滤料清洗。

清洗滤料是很困难的,因为整个滤料层中附有粘泥。应用气水反冲才能洗去这些粘泥。要先冲空气,以扩张滤床,使颗粒碰撞擦洗滤料,随后用水冲。

(5)活性炭吸附:溶解性有机物常可用活性炭去除,但有些有机物活性炭吸附得很慢或不能被吸附。活性炭处理工艺设计关键是确定接触时间和吸附能力,在实验室内或试验工厂中决定这两个参数,以达到希望的出水水质。

粒状活性炭(GAC)类似于粒状滤料滤池,要有专门的再生炭装置与技术。有代表性的处理系统是废水靠重力流过填充炭的滤床,炭的深度、表面积和几何外形可以不同,以能达到处理的效果为准。如出水水质要求高,可以经过两阶段或多阶段逆流滤床。炭再生要进多段加热炉,将吸附的有机物挥发掉。

粉状活性炭(PAC)用于间歇地去除有机物,或在炭投量很低时使用。粉状活性炭加到水里混合后,使炭沉淀下来,典型用法是将粉状活性炭加到水处理厂的产生矾花的装置里,然后在沉淀池里将炭和矾花一起沉淀下来。粉状活性炭因为再生问题不再回用。

(6)生物活性炭:生物活性炭(BAC)是一种新的处理工艺,用在废水处理和饮用水处理去除有机物方面是很有希望的。这个系统包括臭氧随后粒状活性炭吸附。炭上有生物膜起到破坏有机成分的作用。

现在对这种方法并不完全清楚,但从以下方面说明它是成功的:预臭氧使难降解的有机物变为容易被吸附和生物降解,炭上生物膜的作用是氧化有机物,炭的作用是吸附有机物,在附有生物膜的炭上随着不断供氧,有机物被吸附降解,结果导致去除有机物,特别是去除难降解的有机物,并延长炭的使用时间。美国在克利夫兰地区威斯特污水处理厂曾应用生物活性炭。生物活性炭在欧洲用于饮用水的水厂中是很多的。

(7)微滤机:微滤机是一个覆盖滤网的转鼓,其作用像一个简单的过滤器,在废水通过时粒子被去除。使用时,水连续不断地流过浸没在水下的转鼓部分,滤过净水从转鼓内流出进入贮存室。反冲洗水喷洒冲洗滤网,反冲洗水量一般小于5%进水量。常用紫外线灯控制网上的生物增长。

水通过网的滤速与悬浮物浓度有关。在低悬浮物浓度时(通常指二级处理出水)负荷为 9.8~17m/h。

(8)膜处理工艺:电渗析和反渗透是已经有实际应用的废水除盐、除营养物的两种膜处理工艺。电渗析加上电流后强制离子从稀溶液中通过膜到浓溶液中去,以此来分离除去阴阳离子。去除离子数量直接与离子浓度的比例有关,大约从一侧能去除(通过)30%的离子。

反渗透要求废水加压到 350 磅/平方英寸($24.6kg/cm^2$)渗透压通过醋酸纤维膜。筛滤、表面张力和氢键是设想离子通过醋酸纤维膜除去的某些机理。

超滤使用较粗的膜在较低的压力下工作,工作压力为 $25\sim50$ 磅/平方英寸($1.76\sim$ $3.54kg/cm^2$)。超滤极为成功的用于分离直径为 $0.002\sim10\mu m$ 的大分子胶体悬浮物质。处理工艺是靠物理分子筛网孔径而不是反渗透的扩散作用。

(9)蒸馏:蒸馏包括闪蒸蒸馏、蒸汽蒸馏和不同蒸馏方法来完成蒸馏处理过程。因为蒸馏成本昂贵,只有在极特殊情况下可用。然而,蒸馏是很可靠的,或许可以考虑探索它与其他处理工艺合并使用的可能性。

(10)泡沫分离:经验证明,泡沫分离可以使胶体有机物质和部分溶解物质吸附在气泡上而去除。有些废水,当含有适当的表面活性剂时,也可以起到泡沫分离作用,但是,这与泡沫分离是不一样的。在废水中,为了加强处理而加入表面活性剂是不经济的,也是不必要的。由此而增加水中的离子,还须用其他处理工艺把它去除。

(11)化学氧化与消毒:水回用系统中化学处理应用很多。用氯及其衍生物、高锰酸钾和臭氧,在给水或废水处理中消毒和去除各种无机和有机物质,诸如去除铁、锰、硫化物、氰化物、味、气味和发色的各种化合物。

上述的方法在回用系统中应用是适用可靠的。近几年来,用化学氧化去除污染物又出现了良好的前景。如用折点加氯法、臭氧、臭氧加紫外辐射、臭氧加超声去除有机物或消毒,用二氧化氯消毒防止产生三氯甲烷(饮用水)。这些工艺基本上处于发展阶段,在技术上正在不断改进。

第三节　水污染治理技术

一、控制水污染的基本途径

防止水环境污染的关键在于严格地控制污染物的排放量和减少污染源排放的废、污水量。为此,要提倡节约用水,进行清洁生产与污染全过程的控制,大力开展污水治理。

(一)建立"节水型"经济和"节水型"社会

我国目前工农业生产的耗水量十分惊人,节水潜力很大。采用先进工艺技术,发展工业用水重复和循环使用系统;改进灌溉技术,采用新型耕作技术和作物结构设计;发展城市废水的再生及回用;加强管理、杜绝浪费是建立节水型工业、农业和经济,缓解水资源紧张,减少废、污水排放量的有效措施。为此,要加强节水的宣传教育,普及节水知识,增强人们的惜水、节水意识。

(二)清洁生产是防治工业污染的新战略

20 世纪 70 年代以来,我国在"预防为主,防治结合"的环保方针的指导下,通过合理布局,调整不合理的、浪费资源的、污染环境的产品结构、原材料结构和能源结构;技术改造,三废综合利用;强化环境管理等手段防治工业污染,不仅减少了污染物超标排放的状况,而且有效地解决了一些突出的污染问题。实践表明将重点放在末端的治理,即侧重在污染物产生后如何处理达标,这种做法有一定的缺陷和不足,根据国内外几十年的经验和教训,提出"源头防止"的战略——清洁生产。

清洁生产是与传统的以末端治理为主的污染防治战略完全不同的新概念,它是在清洁工艺,无废、少废工艺的基础上发展起来的。清洁生产是指以节能、降耗、减污为目标,以管理、技术为手段,实施工业生产全过程控制污染,使污染物的产生量、排放量最小化的一种综合性措施,目的是提高污染防治效果,降低污染防治费用,消除或减少工业生产对人类健康和环境的影响。清洁生产,我国称为工业污染的全过程控制,是一种防止污染的新战略。

这个概念的目标、手段、目的都非常明确地贯穿了环境与经济协调发展的思想,是完全符合我国国情和持续发展精神的。

清洁生产包括以下一些主要内容:

(1)选择无污染、少污染的替代产品和生产工艺;

(2)选择无毒、低毒、少污染的替代原材料和能源;

(3)强化工艺、设备、原材料储运管理和生产组织过程的管理,减少物料的流失和跑、冒、滴、漏事故;

(4)开展生产过程内部原材料的循环使用和回收利用,提高资源、能源的利用水平;

(5)结合技术改造,更新落后的、原材料浪费大、污染严重的工艺、设备;

(6)对必须排放的污染物实行"三废"综合利用;

(7)对必排的少量污染物进行高效率、低费用的处理和处置。

清洁生产也是我国关于建立现代工业新文明,参与综合决策,实行持续发展的环境保护战略目标的重要措施,其主要意义在于:①提高企业的整体素质。清洁生产是一个包括工业生产全过程,涉及企业各部门的庞大的系统工程,既有技术问题,又有管理问题,需要各方面的共同努力,因此对企业的整体素质提出了更高的要求。②节能、降耗、减污,降低了产品成本,提高了企业的经济效益。③全过程控制使必须排放的污染物大大减少,末端处理与处置的负荷大大减轻,处理、处置设施的建设投资和处理费用也大为降低。④可以避免末端处理可能产生的风险,如填埋、贮存的泄漏,焚烧产生的有害气体,污水处理产生的污泥等造成的污染。⑤可以改变职工在有毒、有害原材料以及有污染的生产环境中工作和操作,从而减少对人体健康的威胁。⑥清洁生产可以缩短建设周期,减少末端处置"三废"所造成的能源、物料消耗。⑦大大减少了企业对环境的污染。

(三)大力开展对水污染的治理

除了积极预防水污染外,对水污染的治理也是不可缺少的,因为预防并不能彻底消灭污染源。人类生活过程中必然会排放各种类型的水,这是无法预防、无法消灭的,只有进行妥善处理。工业生产即使大力采用了清洁生产技术,有时也不可避免地仍要排放一定量的废水,也必须妥善处理。治理的目的是使废水的水质改善,保护水体环境不受污染,或是利用再生的废水作资源。因此治理和预防都是积极的、不可缺少的控制水污染的关键措施。尤其是在很多江河湖海已经受到严重污染的条件下,对水污染的治理就显得更为重要。

我国水体污染的主要特征是有机物污染。为控制水体的有机污染,普遍采用二级生物处理流程,尤以活性污泥法的应用最广。美、英、日、瑞典等国普遍采用以活性污泥法为主的生物处理污水厂后,水环境的质量有了明显的改善,证明此种方法是有效的。

但是,二级生物处理流程的基建投资、运行费用都很高,我国目前难以普及。而且,传统的二级生物处理流程不能去除 N、P 等营养物质及难以生物降解的有毒有害有机物,产生的污泥量较多,运行的稳定性也不够。因此有必要研究并大力推广高效、节能、低耗的城市废水(包括工业废水和生活污水)处理新流程、新技术,以求达到处理功能强、出水水质好、基建费用低、能耗运行费少、管理维护简单、处理效果稳定、污泥尽可能少的目标。

(四)合理利用水体的自净能力,综合防治水污染

在考虑控制水体污染的时候,必须同时考虑水体的自净能力,采取综合防治措施,争取以较少的投资获得较好的水环境质量。

此外,为了有效地控制水污染,还必须加强法制建设,制定和完善防止水污染的法律、法规和制度,强化管理和监督。

二、污水处理技术概述

(一)污水处理技术简介

污水处理的目的,就是用各种方法将污水中所含的污染物质分离出来,或将其转化为无害的物质,从而使污水得到净化。

针对不同污染物质的特性,采用各种不同的污水处理方法,特别是对工业废水的处理。这些处理方法可按其作用原理划分为四大类:

(1)物理法:主要是利用物理作用分离废水中呈悬浮状态的污染物质,在处理过程中不改变污染物的化学性质。

(2)化学法:利用化学反应的作用,去除污染物质或改变污染物的性质。

(3)生物法:也称生物化学法,简称生化法。生化处理法是处理污水中应用最久、最广和比较有效的一种方法,它是利用自然界存在的各种微生物,将污水中有机物分解和向无机物转化,达到净化的目的。

(4)物理化学法:利用吸附、萃取、离子交换和膜分离等物理化学作用,分离和去除污染物质。

处理方法的详细分类及其作用见表 16-1。

表 16-1 　　　　　　　　　　　　　**污水处理技术分类及其作用**

物理法	筛滤截留法	格栅:主要截留污水中大于栅条间隙的漂浮物
		筛网:主要用网孔较小的筛网截流污水中的纤维等细小悬浮物,以保证后续处理效果
		滤机:机械型式较多,其作用相当于转动的筛网
		砂滤:主要采用石英砂等为过滤介质,靠水力压差使污水通过滤层,滤除细小悬浮物、有机物
	重力分离法	沉淀:通过重力沉降分离废水中呈悬浮状态污染物质的方法
		气浮:又称上浮法,用于去除污水中比重小于 1 的污染物,或通过投加药剂等措施去除比重大于 1 的物质
	离心分离法	水旋分离器:设备固定,废水通过水泵打入或靠水头差沿切线方向进入器内,造成旋流产生离心力场,使悬浮颗粒分离出来
		离心机:由设备本身高速旋转,以产生离心力,使悬浮物分离出来
	高梯度磁分离法	利用磁场中感应磁场和高磁梯度所产生的磁力从液体中分离颗粒污染物或提取有用物质

化学法	化学沉淀法	向废水中投加可溶性化学药剂,使之与水中呈离子状态的无机污染物起化学反应,生成不溶于水或难溶于水的化合物,析出沉淀,使废水得到净化
	中和法	利用中和过程处理酸性或碱性废水
	电解法	利用电解的基本原理,使废水中有害物质通过电解过程,在阴阳两级分别发生氧化和还原反应,以转化成无害物,达到净化水质的目的
生物化学法	活性污泥法(好氧生物处理方法)	鼓风曝气:即推流式曝气,将压缩空气不断打入污水中,保证水中有一定溶解氧,维持微生物生命活动,分解有机物
		机械曝气:即表面曝气,利用装在曝气池内的机械叶轮转动,剧烈搅动水面,使空气中的氧溶于水中,供微生物生命活动
		纯氧曝气:又称富氧曝气,是按鼓风曝气方法向水中吹入纯氧,以充分提高充氧效率
		深井曝气:一般用 $0.5\sim0.6m$,深达 $50\sim150m$ 的曝气装置,利用水压来提高水中氧的速率,使废水中有机物降解,达到净化目的。这也是需氧生物处理法
		生物滤池:使废水流过生长在滤料表面上的生物膜,通过各相间的物质交换及生物氧化作用,使废水中有机物降解,达到净化目的,这也是需氧生物处理法
		塔滤:即塔式生物滤池,塔高 $8\sim24m$,直径 $1\sim3.5m$,由于内部通风好,水力冲刷较强,污水同空气、生物膜充分接触,生物膜更新速度快,各层生长有适应于废水性质的不同生物群
		生物转盘:由固定在一横轴上的若干间距很近的圆盘组成,圆盘面上生长一层生物膜,以净化污水
		生物接触氧化:供微生物栖附的填料全部浸在废水中,并采用机械设备向废水中充氧,废水中的有机物由微生物氧化分解,达到净化目的
	生物氧化塘	利用水中的微生物和藻类、水生植物等对污水进行好气或厌气生物处理的天然或人工池塘
	土地处理系统	利用土壤及其中的微生物和植物根系对污染物的综合净化能力(过滤、吸附、微生物分解等)来处理城市污水,同时利用污水中的水、肥来促进农作物、牧草、树木生长
	污水灌溉	以灌溉为主要目的的土地处理系统
	厌氧生物处理法	利用厌氧微生物(如甲烷微生物等)分解污水中有机物,达到净化目的,同时产生甲烷、CO_2 等气体。厌气性处理既用于处理废水(主要为高浓度有机废水)又用于污泥消化
物理化学法	离子交换法	借助于离子交换剂中的交换离子和废水中的离子进行交换,以除去废水中的有害离子。离子交换剂分无机质(如海绿砂的天然物质或合成氟石)与有机质(如磺化煤和树脂)。此种处理方法为电镀废水处理和回收贵重金属离子的有效手段之一。
	萃取法	把适当的有机溶剂加入废水,从中分离出某些溶解性的污染物质,以达到废水净化的目的
	膜分离技术	电渗析:电渗析是在离子交换法基础上发展起来的一项分离技术。溶液中的离子在直流电场的作用下,有选择地通过离子交换膜进行定向迁移。此法多用于海水和苦咸水除盐、制取去离子水等
		扩散渗析:即浓差渗析,利用半透膜(只透过溶剂或只透过溶质)使溶液中的溶质由高浓度一侧通过膜向低浓度一侧迁移。主要用于酸碱废液的处理、回收和有机、无机电解质的分离、纯化
		反渗透:以压力为推动力,把水溶液中的水分离出来。同时分离、浓缩溶液中的分子态或离子态物质的方法。反渗透在化学工程分离技术、硬水软化、制取高纯水和分离细菌、病毒等方面得到广泛应用
		超过滤法:以压力为推动力,使水溶液中大分子物质和水分离,其本质是机械筛滤,膜表面孔隙大小是主要控制因素
	吸附处理	利用吸附剂(多孔性固体,如活性炭、大孔吸附剂树脂、硅藻土、炉渣等)吸附废水中一种或几种污染物,以回收或去除某些污染物,使废水得到净化

(二)污水三级处理及城市污水处理厂

污水的处理装置一般分为三级。按所要求的净化程度决定采用一级、二级或三级处理流程。

污水一级处理即机械处理,主要用物理法或化学法将污水中可沉降固体除去,然后加氯消毒即排入水体。一级处理只是去除污水中的漂浮物和部分悬浮状态的污染物质,调节污水 pH 值,减轻废水的腐化程度和后续处理工艺负荷。用这种处理流程建立的污水处理厂称为一级处理厂或低级污水处理厂。

污水二级处理:污水经过一级处理后,再用生物化学方法除去污水中大量有机污染物,使污水进一步净化的工艺过程。长时期以来,把生物化学处理作为污水二级处理的主体工艺,故常将二级处理作为生化处理的同义语使用。

污水三级处理:又称污水高级处理或深度处理。污水经过二级处理后,仍含有磷、氮、病原微生物、矿物质和难以生物降解的有机物等,需要进行三级处理,以便进一步去除上述污染物或回收利用有用物质,并能使污水经三级处理后再利用。三级处理主要是采用物理化学方法或土地处理系统予以实现。

用三级处理工艺流程建立起来的城市污水处理厂称为城市三级处理厂或深度处理厂。

表 16-2 列出各种污水处理流程净化率和优缺点。

表 16-2 各种污水处理流程的净化率和优缺点

处理流程	净 化 率	优 点	缺 点
一级处理	BOD 25%～40%;悬浮物 60% 左右	设备简单,费用省	只适用于向海洋或自净能力强的水体排放
二级处理	BOD 90% 左右;悬浮物 90% 左右;N 25%～55%;P 10%～30%	除去有机废物,保持水中 DO	不能防止富营养化
三级处理	BOD_5 99% 以上;悬浮物 99%;N 50%～95%;P 94%	基本除去氮、磷等植物营养物	费用约为二级处理厂的 2 倍,一级处理厂的 4 倍

发达国家把普及和完善城市下水道,大量和普遍地兴建污水处理厂,特别是二级处理厂作为防治水污染和水系保护的重要技术措施。在新发展的城市中,一般都设置分流制下水道(将雨水、污水分开)。同时还兴建流域下水道,将局部地区二个以上的城镇下水道连接在一起,以降低污水处理费用,提高处理效率,便于运转管理,保护所在流域水系。

第四节　氧化塘与土地处理系统

一、氧化塘处理系统

氧化塘处理污水最初完全是靠自然状态,即未经人工设计。例如我国南方农村,通常都将生活污水排入养鱼塘,塘内繁殖藻类,既养鱼又使污水得到净化。随着经济社会的不断发展,城市生活和工业污水量不断增加,人们开始研究和设计氧化塘处理污水。如美国在 19 世纪 20 年代开始利用氧化塘处理污水,到 20 世纪 20 年代,氧化塘得到了大力发展,氧化塘个数已达 4 000 多个,约占美国城市污水处理厂总数的 25%。加拿大在 20 世纪 70 年代也已建成氧化塘 200 多个,印度则达到 4 500 多个。最初,氧化塘主要作为一级和二级处理措施,去除废水中残余 BOD、SS,同时杀死病原菌和去除污水处理厂很难去除的营养盐类。直至目前为止,世界上已有 40 多个国家应用氧化塘处理污水。利用氧化塘处理城镇污水、工业污水已成为污水集中处理的主要工程措施之一。

氧化塘处理污水的基建投资、运转费用均低于同样处理效果的生物处理方法,同时其构造简单、维修和操作容易、管理方便,且可充分利用地理环境,净化后的废水可用于农灌以及养鱼等。所以,利用氧化塘处理污水符合环境、经济、社会效益的统一。

(一)基本原理

利用氧化塘处理污水已有 100 多年的历史,氧化塘主要利用水体的生物降解能力以及物理、化学等净化功能处理污水。污水中有机污染物由好气菌氧化分解,或经厌氧微生物分解,使其浓度降低或转化成其他物质,实现水质的净化。在该过程中好气微生物所需的溶解氧主要由藻类通过光合作用提供,也可以通过人工作用充氧。

(二)基本要求

氧化塘处理污水以生物处理为主,所以凡是可以进行生物处理的污水均可采用氧化塘处理。对于含有重金属和难于生物降解及有毒有害污染物的废水不适宜氧化塘处理。

氧化塘处理污水受自然环境和气候条件影响较大,它更适用于气候温暖、干燥、阳光充足的地区。在寒冷地区也可利用氧化塘,但处理效率受到一定影响。氧化塘占地面积较大,在有天然的洼地、湖泊、坑、塘、沟、河套等的地区,可将其改造成氧化塘。氧化塘规模可大可小,小的每天可以处理几十吨废水,大的可达到日处理废水数十万吨,处理规模主要由地理条件所决定。

氧化塘较适合于低浓度的有机污染为主的废水的处理,尤其是在气候较为寒冷的地区,氧化塘污水负荷不宜太高。这时氧化塘处理废水主要靠自然净化,很少人工控制。为提高污水处理效率,在氧化塘设计中可增加人工控制措施,污水处理逐步由自然净化发展到半控制或全控制。

氧化塘污水处理效率主要受水温、水深(塘深)、水面面积、停留时间、污染负荷(COD、BOD 负荷)、藻类种类及数量、塘的底质等条件限制。不同地理环境、不同污水构成、不同污染负荷下氧化塘处理效率不同。

氧化塘既可以处理污水,又可以通过人工措施,从氧化塘中索取生物资源,利用氧化塘养鱼,处理后的污水用于农灌。这时则需要不同类型、不同功能的氧化塘系统组合,形成氧化塘污水处理系统或氧化塘生态系统。

氧化塘可充分利用天然的地理条件,所以造价较低,所需机械设备较少,运行费用也较低、运行维护和管理简单方便,不需配备太多专业人员。

(三)氧化塘类型

根据氧化塘中溶解氧的来源及条件,氧化塘可分为四种类型:厌氧塘、兼性塘、好氧塘、曝气塘。

(1)厌氧塘,全称厌气氧化塘,主要是在缺氧条件下分解有机物。它主要靠塘内及底泥厌氧分解有机物,仅表面很薄的水层进行好氧分解,厌氧塘内几乎不存在藻类。它主要适用于处理水温较高和污染浓度较高的污水如粪便和工业废水,所以更适用于污水的预处理。通常将该塘和兼性塘或好氧塘串联使用。

厌氧塘水深远远大于好氧塘,一般在 $2.5\sim3.5m$,相对好氧塘而言它的占地面积较小,BOD 负荷高,它需要的水温高,溶解氧消失殆尽,只有厌氧菌和兼性厌氧菌对有机物进行厌氧分解。厌氧塘易产生臭味。厌氧塘中有机物分解大体分二个阶段:

第一阶段为有机酸生成期(酸性发酵阶段)。参与该阶段分解有机物的微生物主要为细菌、真菌、原生动物。它们将复杂的有机物分解成短链酸、乙醇等。

第二阶段为甲烷发酵期,参与该阶段分解有机物的微生物是一些专业性很强的厌氧菌。他们把前一阶段生成的有机物进一步转化为以甲烷和 CO_2 为主的气体,所以厌氧塘产生臭味,并对温度比较敏感。有人认为水温不应低于 $10℃$,低于 $10℃$ 时有机物、BOD就很难去除了。

(2)兼性塘。兼性塘较深,分三层。上层为好氧层,溶解氧主要来自藻类光合作用,少部分来自大气复氧;由表层向下,溶解氧逐渐降低,直至溶解氧为零;在溶解氧为零的水域为厌氧层;由好氧层到厌氧层的过渡层为兼性层,在白天它处于好氧状态,而夜间则处于厌氧状态。兼性塘中主要发生光合作用、好氧分解、厌氧分解三个过程。

兼性塘是各种氧化塘中最为常用的一种,该类塘在达到同样处理效率的生物处理方法中,它的建设费用和运转费用最小,而且在管理好的条件下,该塘不会产生臭氧。

(3)好氧塘。它是在好氧条件下,微生物对有机物进行分解,其有机物去除效率较高,有人称为高负荷塘。好氧塘水深不到 $1m$,一般在 $30\sim50cm$。由于水较浅,阳光透射到池底,藻类利用光合作用维持生长。好氧塘为藻菌共生系统,该系统中发生光合作用过程和好氧微生物分解有机物过程。

光合作用过程中,藻类利用 CO_2、无机营养物、H_2O,借光能合成有机物,然后形成细胞质。与此同时,释放出电子、质子和分子态氧。好氧微生物将废水中的有机物作为能源或合成为新的细胞质,作为能源的有机物则被氧化成 CO_2、H_2O 和其他无机物质。

(4)曝气塘。曝气塘是指由人工供氧的氧化塘。该种类型氧化塘可划分为好氧性曝气氧化塘和兼性曝气氧化塘两种类型。

好氧性曝气氧化塘中,全部污泥都处于悬浮状态并使全部液体都有溶解氧。它实质上是一个没有污泥回流的活性污泥处理系统,兼性曝气氧化塘有机物分解机理同兼性塘相似,只是二者供氧方式不同。

(四)氧化塘的典型设计及处理效率

氧化塘污水处理效率受自然和人为两个因素影响,且不同类型氧化塘处理效果是不同的。影响氧化塘处理效率的主要因素有:

(1)自然因素:气温、水温、塘的底质、地下水水位及水质、光照强度(阳光入射辐射量)、原塘中藻类种类及数量、微生物种类及数量等。

(2)人为因素:水深、水停留时间、BOD 负荷、污水水质构成、污水水温、氧化塘水面面积。

氧化塘污水处理效果受以上各种因素综合作用的影响,但主要影响因素是塘的深度(水深)、水的停留时间、污染负荷,因此在氧化塘设计中主要考虑这几个因素。

氧化塘的设计途径本质上是经验性的,就是说,首先对已有的成功运行的氧化塘进行统计分析,然后导出设计标准或有关数学表达式,以此作为设计的参考依据,同时还必须依据地理环境特点,当地气候条件,同时考虑被处理污水的构成及污染负荷,要求处理后的水质质量等因素。目前,氧化塘的设计还没有规范性要求,在此仅介绍一下典型氧化塘设计参数和污水处理效果,供参考。

1. 厌氧塘的典型设计及处理效率

厌氧塘的典型设计参数和污水处理效率如下:

深度(m)	2.4~3.0;3.0~4.5
停留时间(d)	30~50;30~50
BOD_5 负荷[kg/(亩·d)]	22~37;33~66
BOD_5 去除率(%)	50~70;50~80

2. 好氧塘的典型设计及处理效率

好氧塘的典型设计参数及污水处理效率如下:

深度(m)	0.15~0.50
停留时间(d)	2~6
BOD_5 负荷[kg/(亩·d)]	7~15
BOD_5 去除率(%)	80~95
藻类浓度(mg/L)	100~200
回流比	0.2~2.0
出水悬浮固体浓度(mg/L)	150~350

3. 兼性塘的典型设计及处理效率

兼性塘的典型设计参数及污水处理效率如下:

深度(m)	0.9~2.5
停留时间(d)	7~50
BOD_5 负荷[kg/(亩·d)]	1.5~3.8
BOD_5 去除率(%)	70~95
藻类浓度(mg/L)	10~100
回流比	0.2~2.0
出水悬浮固体浓度(mg/L)	100~350

4. 兼性曝气塘的典型设计和处理效率

兼性曝气塘的典型设计参数和污水处理效率如下:

深度(m)	2.4~5.0
停留时间(d)	7~20
BOD_5 负荷[kg/(亩·d)]	2.2~7.5

BOD$_5$ 去除率(%)	70~90
出水悬浮固体浓度(mg/L)	110~340

5.好氧曝气塘的典型设计及处理效率

好氧曝气氧化塘的典型设计参数和污水处理效率如下:

深度(m)	2.4~5.0
停留时间(d)	1~10
BOD$_5$ 负荷[kg/(亩·d)]	2.0
BOD$_5$ 去除率(%)	80~95
出水悬浮固体浓度(mg/L)	260~300

6.齐齐哈尔氧化塘

齐齐哈尔市地处我国东北地区,气候寒冷,该市为了处理城市排放的废水,根据地理环境,建成了具有地方特色的氧化塘系统。该系统的运行机制是"冬贮夏排","枯贮丰排",充分利用不同水期河流的水量差来控制污染,求得"污染源—氧化塘—嫩江"系统的平衡,在接纳的污水达标情况下,调整好氧化塘与受污水体的关系。

齐齐哈尔市氧化塘工艺流程为:排污口→明渠→格栅→厌氧塘→沉淀池→泵站→兼性塘→生态塘→池水闸门→嫩江。其总投资为878万元。冬季储排并用,即在嫩江环境容量允许情况下,适当适时排放污水。氧化塘主要参数见表16-3,氧化塘去除率见表16-4。

表 16-3　　　　　　　　　　齐齐哈尔氧化塘主要参数

月份	参数	厌氧塘	兼性塘	生态塘	全塘
1~3	有效面积(万 m^2)	80	100	520	700
	平均水深(m)	5	2.4	3.4	3.4
	有效容积(万 m^3)	400	240	1 768	2 408
7~9	有效面积(万 m^2)	110	123	358	591
	平均水深(m)	2.2	1.5	2	
	有效容积(万 m^3)	220	185	715	1 120
设计停留时间	夏季(d)	9	7	29	45
	冬季(d)	105			

表 16-4　　　　　　　　　　齐齐哈尔氧化塘去除率　　　　　　　　　（%）

污染指标	月份	厌氧塘	兼性塘	生态塘	总去除率
COD	1~3	18.40	0.31		16.91
	7~9	51.06	13.63	11.46	76.15
BOD$_5$	1~3	11.36	12.69		21.34
	7~9	38.24	30.94	18.25	79.04
SS	1~3	40.00	20.31	15.10	75.41
	7~9	64.22	7.58		70.76

二、污水土地处理系统

(一)基本原理和概况

污水的土地处理指有控制地将污水投配至土地表面,通过土壤—作物系统中自然的物理过程、化学过程、生物过程,达到污水的处理和利用。

污水土地处理和氧化塘一样是一种古老的污水处理方法。在污水通过土壤—植物—水分复合系统的过程中,污水中的污染物经过土壤过滤、吸附、土壤中生物的吸收分解、植物的吸收净化等物理、化学和生物的综合作用而得到降解、转化。这样既使污水得到净化,防止环境污染,同时又利用了废水中的水肥资源,种植树木、草坪、芦苇、农作物等,进一步改善生态环境,取得较大的经济、环境、社会效益。

污水灌溉是最早的污水土地处理。最早的有文献记载的是德国本兹劳(Banzlau)污灌系统。该系统从1531年开始投入运转,一直运行了300多年。苏格兰爱丁堡附近的一个污水灌溉系统在1650年左右开始运行。美国的污水土地处理系统始于1888年。尽管污水土地处理系统历史悠久,但由于人们对污水处理技术不能全面理解所造成的压力等一系列原因使土地处理系统发展并不顺利,并有很长一段时间衰落下去。而最初的污水土地处理主要是指污水灌溉。直至20世纪60年代末期,污水土地处理系统重新受到人们的重视,并对该处理方法开展了大量的研究工作。开始应用土壤—植物的净化功能,将环境工程与生态学的基本原理相结合,综合考虑污水的处理及污水资源利用,建立土地处理系统。目前土地处理系统已作为一种切实可行的、有投资效益的污水处理技术,为许多国家和地区所采用。据统计,1964年美国有2 200个土地处理系统,到了1985年大约为3 400个,占全部污水处理系统的10%～20%。10%新建和改建厂中申请要建土地处理系统,预计不久的将来土地处理系统将增加50%。

苏联也十分重视土地处理系统,并具体规定,只有当没有条件实现利用自然进行生物净化时才能考虑人工生物处理,并要求在选择污水处理的方法和厂址时,首先考虑处理后出水用于农业灌溉。苏联的灌溉面积达150万 hm^2 以上,年利用污水约60亿t,相当于国家污水总量1 640亿t的3.6%。预计可能发展的污灌面积为800万～1 200万 hm^2,每年可灌溉污水量达300亿～400亿t,约相当污水总量的25%。

澳大利亚目前已有5%的城市污水用土地处理系统处理,主要集中在维克多利州,其中最典型的是威里比牧场,已有80余年的历史,总面积为1万 hm^2,其中土地处理系统占7 000hm^2,日处理污水量达44万t。

其他国家如日本、特别干旱地区的以色列等国家也都在发展污水土地处理系统。

我国污水污灌也有很悠久的历史,据1980年统计,全国污灌面积为33.3万 hm^2 以上,1982年已达139.9万 hm^2。但对大部分地区讲,污灌的发展还是处于自流或半盲目状态,没有专门的管理机构,大部分污水未经适当处理,基本上是利用原污水灌溉,而且污灌对象主要是粮食作物,如水稻、麦等。同时,不少城市的蔬菜实际上也是用污水灌溉。从全国37个主要污灌区的环境质量普查与评价结果来看,除个别污染较严重外,大部分灌区尚未发现严重污染问题。

我国的污水灌溉取得了一定的经验和教训,国家在近几年来加强了该方面的研究,通过研究充分证实了土地系统处理污水的有效性、实用性、可靠性。北京、天津、沈阳等地分别建立了快渗、漫流、湿地、漫渗等日处理能力为100m^3的试验工程。这对我国缺水干旱地区改善生态环境有很大的推广应用价值。

目前我国正在筹建污水土地处理工程有十余处,如新疆、吉林、山东等地。由此可见,该污水处理技术在自然、土地条件具备的地方大有发展前途。

为促进土地处理系统的普及和推广,近十几年来,国外和国内大力加强土地处理系统的科学研究工作和示范工程的实践,并取得一些进展。研究主要集中在以下三个方面:①污水土地处理系统长期效应的研究;②污水土地处理系统的净化功能和环境容量的研究;③污水土地处理系统的管理技术和经济效益的研究。其他如筛选能承受高负荷的作物及作物管理技术也都在研究之中。

污水土地处理系统之所以受到广泛重视,并作为处理城市污水的主要措施之一,主要是因为该方法既可以有效地净化污水,又可以回收和利用污水,充分利用废水的水肥资源,同时污水土地处理系统能耗低、易管理、投资少,处理费用比同样处理效率的污水机械处理技术要低,其基建投资可比常规处理方法节省 30%～50%。

(二)基本处理方法

污水土地处理方法可分为五种类型:①快速渗滤系统(RI);②慢速渗滤系统(SR);③漫流系统(OF);④人工湿地(CW);⑤地下渗滤系统。

(1)快速渗滤系统。是指以每周 10～250cm 的负荷量有控制地向具有良好渗透性的土壤渗滤池施用污水。通常它较适宜砂土和壤砂土。快速渗滤系统的水力负荷率比慢速渗滤系统一般要高一个数量级以上。该系统中上层土壤在污水净化过程中起主要作用,污水在上层土壤中经历生物、化学和物理过程而得到净化,快速渗滤方法的主要目的是处理污水。另外经过该系统处理的污水主要回注地下水或补充地面水,也可以回收和再次利用。

(2)慢速渗滤系统。是指以每周几厘米的负荷量有控制地向生长有植物的土地表面施用污水,一般情况下它较适宜壤土和砂壤土地。慢速渗滤系统中,污水经过土壤—植物复合体时得到净化。一部分污水及污染物被植物吸收利用,一部分则可能进入地下水。该系统中,地面植被是必不可少的组成部分,是使污水得到处理的主要因素。慢速渗滤方法在施用污水时主要方式有:沟灌、垄沟漫灌、固定竖管喷灌、移动式喷灌。

应用慢速渗滤法除可以处理污水外,还可以实现利用污水的水肥资源生产商品作物,如林木、牧草、高粱、玉米等,取得一定的经济效益。在干燥的气候条件下或缺水地区,用污水代替适于饮用的清水进行作物灌溉。

(3)漫流系统。漫流污水土地处理方法是指有控制地向覆盖着植被的缓坡上渗透性较差的土壤施用污水。主要适宜黏性土壤。漫流系统典型的水力负荷为每周数厘米至数十厘米,通常都高于大多数的慢速渗滤系统。植被(多年生牧草)是漫流系统中必不可少的组成部分,它既能够固定坡地、防止侵蚀、又可以去除污水中的养分及污染物质。在漫流污水土地处理系统中,污水与土壤、植物及地面生物膜相互作用而得到处理。污水的处理过程包括了物理、化学和生物反应。漫流系统处理的污水通常只有很少的一部分通过深层渗漏而损失,另外一部分则经过蒸发、蒸腾作用损耗掉,而绝大部分将排入地面水体。

漫流系统对 BOD、SS、氮类具有很高的去除率,既可以作为整个污水处理系统的基本污水处理单元,也可以作为污水深度处理的手段。

(三)基本要求

污水土地处理主要受到场地条件的限制,同时也受到污水水质水量、污染负荷、气候条件等一系列因素的制约。S.C.里德,R.W.克赖茨(美)给出了三种污水土地处理系统场地应具备的基本特征,见表16-5,这些特征参数是根据成功经验所总结出来的典型数据,具有一定参考价值。

表 16-5　　　　　　　　三种污水土地处理系统场地应具备的特征

处理系统	慢速渗滤系统	快速渗滤系统	漫流系统
坡度	种作物时不超过 20% 不种作物时不超过 40%	不受限制	2%～8%
土地渗透率	中等	高	低
地下水埋深	0.6～3m	施用污水时 0.9m; 落干时 1.5～3m	不受限制
气候	寒冷季节常需蓄水	不受限制	寒冷季节常蓄水

(四)土地处理系统的典型设计及处理效率

美国的 S.C.里德,R.W.克赖茨通过对美国污水土地处理成功经验的总结,在工业和城镇污水土地处理系统手册中提出了慢速渗滤系统、快速渗滤系统和漫流系统三种污水土地处理系统的典型设计要点和水质处理效率,见表16-6 和表16-7。

表 16-6　　　　　　　三种污水土地处理系统的典型设计要点

处理系统	慢速渗滤系统	快速渗滤系统	漫流系统
污水施用方式	喷灌或地面灌溉	通常为地面灌溉	喷灌式地面灌溉
全年污水负荷(m)	0.6～6	6～130	3～23
每天处理 378m³ 污水所需土地面积(hm²)	24～280	3～24	6～44
最低限度的污水预处理	一级处理	一级处理	筛滤和粉碎
污水周施用量(cm)	1.3～10	10～250	6～40
对植被的需要	需要	有时需要(用于固定土壤)	需要

表 16-7　　　　　　　污水土地处理系统出水的预期水质　　　　　　　(单位:mg/L)

处理系统	慢速渗滤系统	快速渗滤系统	漫流系统
BOD_5	<2	5	10
悬浮固体	<1	2	10
NH_3-N(以 N 计算)	<0.5	0.5	<4
总 N(以 N 计算)	<3	10	5
粪便大肠杆菌(个/100mL)	0	10	200
总磷	<0.1	1	4

表 16-7 所列出的数据反映了污水土地处理系统中植物—土壤复合体对污水的直接的处理效果,而没有把地下水对污水的混合、分散、稀释作用和污水在底土中的移动包括在内。

(五)土地处理系统的典型技术特性

通过对国内外成功的污水土地处理系统的总结和分析,得出 5 种污水土地处理方法的典型技术特性,见表 16-8。

表 16-8　　　　　　　　　各种污水土地处理类型的技术特性

类型	快速渗滤	慢速渗滤	土地漫流	人工湿地	地下渗滤
土壤类型	砂、砂壤土	砂壤土、黏壤土	黏土、黏壤土	黏土、黏壤土	砂壤土、黏壤土
土壤渗透率 (cm/h)	>5.0 快	>0.15 中	<0.5 慢	<0.5 慢	0.15~5.0 中
占地性质	征地	农、牧林业	牧业	经济作物	绿化
年水利负荷 (m/a)	6~122	0.6~6	3~21	3~30	0.4~3
日有机负荷 (kgBOD/(hm²·d))	150~1 000	50~500	40~120	18~40	
气候	可终年运行	冬季污水需贮存	冬季降低负荷运行部分污水贮存	可终年运行	可终年运行
典型植物	无要求	谷物、牧草、植木	牧草	芦苇	草皮、花木

第五节　水资源保护法规与管理措施

水资源质量下降的一个很大的原因是管理不善。从我国实际情况来看,有的地方实行"堵河造地"、"围湖造田"、"移山填湖"以开垦新田,导致江、河、湖、库面积日益缩小,水生生态破坏非常严重。又如有的河流,一方面被确定为饮用水水源地,另一方面又在上游附近兴建排污口。有的地方,在饮用水源湖、库大力开展旅游业,修筑了许多别墅、疗养院和游乐场,许多污水、废物排入水体,造成严重污染。以上种种是因为人们对保护水资源的重要性认识不清所致,对造成的重大水质问题,应认真总结,引以为戒,必须加强水资源保护意识,认真管理,以确保水功能区水质目标的实现,为社会经济可持续发展服务。

为确保水资源的合理开发利用、国民经济的可持续发展及人民生活水平的不断提高,必要的法律法规措施和管理措施是非常重要的,也是非常关键的。

一、加强水资源保护管理立法,实现水资源的统一管理

(一)水资源保护立法

我国在水资源和水环境保护立法方面取得了巨大的进展。1973 年,国务院召开了第一次全国环境保护会议,研究、讨论了我国的环境问题,制定了《关于保护和改善环境的若

干规定》。这是我国第一部关于环境保护的法规性文件。其中明文规定:"保护江、河、湖、海、水库等水域,维持水质良好状态;严格管理和节约工业用水、农业用水和生活用水,合理开采地下水,防止水源枯竭和地面沉降;禁止向一切水域倾倒垃圾、废渣;排放污水必须符合国家规定的标准;严禁使用渗坑、裂隙、溶洞或稀释办法排放有毒有害废水,防止工业污水渗漏,确保地下水不受污染;严格保护饮用水源,逐步完善城市排污管网和污水净化设施。"这些具体规定为我国后来的水资源保护与管理措施与方法的实施奠定了基础。1984年颁布的《中华人民共和国水污染防治法》,1988年1月又颁布的《中华人民共和国水法》,1989年12月颁布的《中华人民共和国环境保护法》等一系列与水资源保护有关的法律文件,使我国的水资源管理与保护有法可依,使水资源保护与管理走上了法制化的轨道。我国的水污染防治法,突出体现了以下几方面的内容:

(1)水资源的保护已正式纳入国家计划和经济管理的项目中来,在制定和审批经济发展计划时,相应的水资源保护措施必须联系到每一个环节,应全面考虑防治水污染的方法和对策。

(2)地下水资源的保护,始终要贯彻以防为主、全面规划、合理布局的原则,在制定城乡发展规划时,应把环境目标、指标、措施作为一个整体列入规划。总体规划方案应立足于当地的自然条件、经济条件和环境影响评价。

(3)在水资源保护过程中,严格执行奖励与惩罚相结合的原则,这是调动地方和企业治理污染的积极性、加快治理步伐的重要途径,同时也是促进增产节约的一项重要经济政策。

(4)水污染防治必须贯彻责任制,制造污染事故单位应自己主动治理,不能把污染所造成的问题和严重后果转嫁给社会或其他单位、企业。对违反水资源保护法的单位和行为必须依法追究,并应由其承担行政责任、经济责任及刑事责任。

(5)水资源保护关系到每个人的生命安全和日常生活问题,保证人民享有舒适的自然环境和高质量的供水是符合全民利益的决策,因此防止水资源污染是每个公民的义务和权利,人人都有责任为保护和改善水资源做出努力。

(二)水资源保护法律法规管理措施

水资源保护工作必须有许多法律法规与之配套,才能使保护规划得以实施。水资源保护的法律法规措施应从以下方面考虑:建立和完善水资源保护管理体制和运行机制;运用经济杠杆作用;加强水资源保护政策法规的建设;依法行政,建立水资源保护法规体系和执法体系,并进行统一监督与管理;加紧制定水资源保护的法规,尽快颁布《水功能区管理办法》、《入河排污口管理办法》、《省际间水质断面管理办法》等等。

(三)实施流域水资源的统一管理

流域水资源管理与污染控制是一项庞大的工程,必须从流域、区域和局部的水质、水量综合控制、综合协调和整治才能取得较为满意的效果。

我国在流域水资源保护与管理方面开展了一定的工作。在以《水法》、《环境保护法》、《水污染防治法》等法律为基础的水资源法制管理的基础上,制定了其他与流域水资源管理与保护有关的政策性法规,为我国的流域水资源管理起到了积极的推动作用。

1986年11月国务院环境保护委员会发布了《防治水污染技术政策的规定》,对流域、

区域综合防治水污染的技术政策给予明确规定,其主要内容为:

(1)水污染综合防治是流域、区域总体开发规划的组成部分。水资源的开发利用,要按照"合理开发、综合利用、经济保护、科学管理"的原则,对地表水、地下水和污水资源化统筹考虑,合理分配和长期有效地利用水资源。

(2)制定流域、区域的水质管理规划并纳入社会经济发展规划。制定水质管理规划时,对水量和水质必须统筹考虑,应根据流域、区域内的经济发展、工业布局、人口增长、水体级别、污染物排放量、污染源治理、城市污水处理厂建设、水体自净能力等因素,采用系统分析方法,确定出优化方案。

在流域、区域水资源规划中,应充分考虑自然生态条件,除保证工农业生产和人民生活等用水外,还应保证在枯水期为改善水质所需要的环境用水。特别是在江河上建造水库时,除应满足防洪、发电、城市供水、灌溉、水产等特定要求外,还应考虑水环境的要求,保证坝下最小流量,维持一定的流态,以改善水质、协调生态和美化环境。

(3)重点保护饮用水水源,严防污染。对作为城市饮用水水源的地下水及输水河道,应分级划定水源保护区。在一级保护区内,不得建设污染环境的工矿企业、设置污水排放口、开辟旅游点以及进行任何有污染的活动。在二级保护区内,所有污水排放都要严格执行国家和地方规定的污染物排放标准和水体环境质量标准,以保证保护区内的水体不受污染。

(4)厉行计划用水、节约用水的方针。加强农业灌溉用水的管理,完善工程配套,采用渠道防渗或管道输水等科学的灌溉制度与灌溉技术,提高农业用水的利用率。重视发展不用水或少用水的工业生产工艺,发展循环用水、一水多用和废水回收再用等技术,提高工业用水的重复利用率。在缺水地区,应限制发展耗水量大的工业和农作物种植面积,积极发展节水型的工农业。

(5)流域、区域水污染的综合防治,应逐步实行污染物总量控制制度。对流域内的城市或地区,应根据污染源构成特点,结合水体功能和水质等级,确定污染物的允许负荷和主要污染物的总量控制目标,并将需要削减的污染物总量分配到各个城市和地区进行控制。

(6)根据流域、区域水质管理规划,允许排入污水的江段(河段)应按受纳水体的功能、水质等级和污染物的允许负荷确定污水排放量和污水排放区。污水排放区应选择水文、水力和地质条件以及稀释扩散好的水域,对其污水排放口和排放方式的设计,应进行必要的水力试验。特别是对重要水体,应以水力扩散模型为依据进行设计,防止形成岸边污染带和对水生生态造成不良影响。

(7)对较大的江河,应根据水体的功能要求,划定岸边水域保护区,规定相应的水质标准,在保护区内必须限制污水排放量。对已经形成岸边污染带的江段,应对排放口的位置及排放方式进行调整和改善,或采取其他治理措施,使岸边水域达到规定的水质标准。

(8)位于城市或工业区附近已被污染的河道,应通过污染源控制、污水截流与处理、环境水利工程等措施,使河流水质得到改善。对已变成污水沟的河段,要通过污染源调查及制订综合治理规划,分期分批进行治理。

(9)根据湖泊、水库不同的功能要求和水质标准,采取措施防止富营养化的发生和发展。对已受污染的湖泊、水库,在有条件的地区,可采用调水方法降低单位容积的纳污量,或通过污水截流和处理等技术措施,达到消除污染的目的。对已处于中等营养状态的湖泊、水库,应严格控制氮、磷的入湖、入库量,并对湖泊、水库内的水环境进行综合治理。

(10)以地下水为生活饮用水源的地区,在集中开采地下水的水源地、井群区和地下水的直接补给区,应根据水文地质条件划定地下水源保护区。在保护区内禁止排放废水,堆放废渣、垃圾和进行污水灌溉,并加强水土保持和植树造林,以增加和调节地下水的补给。

(11)防治地下水污染应以预防为主。在地下水水源地的径流、补给和排泄区应建立地下水动态监测网,对地下水的水质进行长期连续监测,对地下水的水位、水量应进行定期监测,准确掌握水质的变化状况,以便及时采取措施,消除可能造成水质恶化的因素。对地下水水质具有潜在危害的工业区应加强监测。

(12)保护地下水资源,打井应有统一规划,禁止乱打井,防止过量开采地下水;地下水资源不足的地区,地下水的使用应首先满足生活饮用水的需要。

(13)地下水受到污染的地区,应认真查明环境水文地质条件,确定污染的来源及污染途径,及时采取控制污染的措施与治理对策(如消除污染源、切断污染途径、人工回灌、限制或禁止开采等)。

(14)已形成地下水降落漏斗的地区,特别是深层地下水降落漏斗地区及海水入侵、地面沉降、岩溶塌陷等地区,应严格控制或禁止开采地下水,支持和鼓励有条件的地区利用拦蓄的地表水或其他清洁水进行人工回灌,以调蓄地下水资源。

(15)控制农业面源污染。合理使用化肥,积极发展生态农业;研究和使用高效、低毒、低残留的农药,并发展以虫治虫、以菌治虫等生物防治病虫害技术,以防止和减少农药(包括农田径流)对水体的污染。

此外,在各大水系建立了水资源管理与保护的各种委员会及其下属的水资源保护与管理的分支机构,具体负责流域范围内的水环境和水资源的开发利用、保护与管理,由于管理体制不健全等原因,迄今未能充分发挥应有的功能。各流域均制定了流域水资源保护规划,这些规划大多是流域内各地区污染治理计划的叠加,没有形成真正意义上的水资源规划、水资源管理与水资源污染控制。由此,淮河流域污染综合整治、河水变清,黄河流域水资源的合理分配、污染控制、流域生态环境的恢复,辽河流域、长江流域及众多流域的综合协调,水资源和水环境的矛盾、上游和下游之间的矛盾和冲突的解决,自动监测系统的建立,流域内清洁生产的发展和污废水处理能力和水平的提高等等,都需要做大量艰苦的工作,还需要付出巨大的努力。只有上述诸多问题得到解决,才能保持流域内水环境的良性循环、水资源的有效利用,从根本上克服水资源短缺的矛盾。

二、水资源保护机构具体管理措施

(1)明确江、河、湖、库的水体功能与水质保护目标。水功能区划是水资源保护管理的重要依据,因此,要管理好水资源首先必须划定水体功能。

(2)明确污染负荷控制为水资源保护的中心环节,科学制定污染物排放标准与水质标准。我国目前国家标准中《地表水环境质量标准》(GB3838-2002)中对水质参数作了规定,但对湖泊、水库富营养化的因子没有标准。因此,在确定水体功能后,应制定相应的水质标准。

（3）加强水域水质的监测、监督、预测及评价工作。加强水质的监测和监督工作不应是静态的，而应是动态的。只有时时清楚污染负荷的变化和水体水质状况的响应关系，才能对当时所采取的措施是否有效作出评判，并及时调整其实施措施的步骤，水质监测一定要考虑其频率、布点及自动采集和处理等。

（4）积极实施污染物排放总量控制。污染物总量控制是水资源质量管理的重要手段，在水资源保护管理中应积极实施。

三、节约用水，提高水的重复利用率

节约用水、提高水的重复利用率是克服水资源短缺的重要措施。工业、农业和城市生活用水均具有巨大的节水潜力。世界上一些发达国家在节水方面取得了重大进展。

提高水的重复利用率是工业节水的重要环节，一些工业发达国家在这方面尤其重视。日本 1962 年水的重复利用率为 20%，1970 年为 50%，1975 年达 58%，现在已高达 71%。美国 1954 年工业用水量为 447 亿 m^3，其中 93.2% 的水在重新回到水源之前，在厂内重复利用了 1.8 次；1975 年工业用水量增加到 841 亿 m^3，水的重复利用增加到 2.2 次。据估计，如果水的重复利用率提高 10 倍，则可使工业用水量到 2010 年保持现有工业用水总量。美国现在水的重复利用率为 60% 以上，与德国处于同一水平线上。

许多国家把城市生活污水加以利用。如美国加利福尼亚奥兰奇地区对地下水道污水进行科学处理后，用来灌溉农田和冲洗盐碱地，已取得良好效果。由于长期缺水，以色列对污水净化和回收利用极为重视。1981 年以色列城市污水的重复利用率已达 30%，其中大多数用于农田灌溉；到 21 世纪，在达恩区污水再利用工程完成后，雨季城市污水的重复利用率将提高到 80%。

农业是水的最大用户，占总用水量的 80% 左右。世界各国的灌溉效率如能提高 10%，就能节省出足以供应全球居民的生活用水量。据国际灌溉排水委员会的统计，灌溉水量的渗漏损失在通过未加衬砌的渠道时可达 60%，一般也在 30% 左右。采用传统的漫灌和浸灌方式，水的渗漏损失率高达 50% 左右。而现代化的滴灌和喷灌系统，可将水直接送到紧靠作物根部的地方，以使蒸发和渗漏水量减至最小。20 世纪 80 年代以来，以色列采用计算机控制的滴灌和喷灌系统，使农业用水减少了 30%。

我国的节水工作和国外先进国家相比仍具有较大的差距。1993 年，在全国对 296 个城市的工业用水重复利用率粗略计算一下就可知，我国节水潜力是十分巨大的。据不完全统计，我国工业年用水量为 466 亿 m^3，仅将重复利用率由 50% 提高到 70%，一年可节水 99 亿 m^3；农业年用水约为 3 912 亿 m^3，若改变目前的灌溉方式，由大水漫灌变为喷灌或滴灌，平均节水 1/20，一年仅农业节水可达 196 亿 m^3，两项合计可节水 295 亿 m^3，等于工业用水总量的 63%。另一方面全国污水年直排量按 340 亿 m^3 计，相当于我国黄河年径流量的 50%，如对全国污水加以处理，只要重复利用一次，就等于在中国大地上又多了半条黄河。其他城市生活、工矿用水的跑、冒、滴、漏现象如能断绝一半，一年也可节水 1.5 亿 m^3。几项之和可达 466.5 亿 m^3，等于现有工业用水量，可见节水潜力之巨大。只要投入必要的资金和科技，就有可能将其转化为可以利用的水资源。

四、综合开发地下水和地表水资源

联合运用地下水和地表水是当前许多国家开发水资源的一项基本政策。

地下水和地表水都参加水文循环，在自然条件下相互转化。但是，过去在评价一个地区的水资源时，往往分别计算地表径流量和地下径流量，以二者之和作为该地区水资源的总量，造成了水量计算上的重复。据苏联 H.H. 宾杰曼的资料，由于这种转化关系，在一个地区开采地下水，可以使该地区的河川径流量减少 20％～30％。所以只有综合开发地下水和地表水，实现联合调度，才能合理而充分地利用水资源。

我国是一个降雨量年内变化较大的国家，7～8 月的丰水期降雨量占全年总降雨量的 80％左右，如何有效合理利用集中降雨季节的巨大的地表径流量成为解决水资源短缺问题的重要的研究内容。在部分地区已充分利用了雨季的地面径流量。

地下水与地表水联合调度有以下几种类型：

(1)水库与泉水联合供水，利用二者丰、枯期不在同一时间出现的情况，通过联合调度得到均匀供水。

(2)若在城市水源地上游有水库存在，且地表水与地下水有水力联系，可充分利用含水层进行调蓄。

(3)丰水季节补灌地下水，待枯水季节作为供水水源。

附录一　全国水资源保护规划技术大纲

1. 总则

1.1　目的与意义

水是人类生存和发展不可缺少的自然资源。随着我国社会和经济的迅速发展,水资源匮乏和水污染日益严重所构成的水危机已成为我国实施可持续发展战略的制约因素。依据国民经济发展规划和流域综合利用规划,科学合理地编制水资源保护规划,是实现水资源永续利用,保证我国社会、经济与环境可持续发展的重要条件。

八十年代中期,原水利电力部会同城乡建设环境保护部首次组织编制了全国七大江河与太湖流域水资源保护规划,该规划的基本思想、方案和结论,对各流域水资源保护工作起到了重要的指导作用,成为流域水资源保护工作的重要依据之一。随着各流域社会经济的高速发展,污废水排放量急剧增加,江河水质恶化的趋势没有得到有效遏制,水污染事故和省际间、地区间水污染纠纷频频发生。原规划的目标、措施已不适应流域综合利用总体规划的要求,也不适应目前水资源保护工作的新形势和新要求。因此及时修编水资源保护规划,对保证水资源永续利用和实现流域社会经济的可持续发展,为国家宏观决策和水资源统一管理提供科学依据,是十分必要和紧迫的工作。

1.2　指导思想

与各流域综合利用规划相协调,面向 21 世纪,贯彻可持续发展的战略思想,体现和反映社会经济发展对水资源保护的新要求,为国家宏观决策和水资源统一管理提供科学依据。

1.3　编制依据

1.3.1　《水法》、《环境保护法》、《水污染防治法》、《河道管理条例》和《取水许可制度实施办法》等国家法律、法规。

1.3.2　《地面水环境质量标准》、《地下水质量标准》等国家标准;无国家标准的可依据行业技术规范与标准,如《地表水资源质量标准》。

1.3.3　水资源保护规划应当与流域综合利用规划、水中长期供求计划、国土整治规划、国民经济发展计划等相衔接与协调。

1.3.4　《全国水资源保护规划任务书》。

1.4　基本原则

1.4.1　全面规划、统筹兼顾、突出重点的原则

水资源保护规划应将流域内干流、支流、湖泊、水库以及地下水作为一个大系统,分析河流上下游、左右岸、省际间,湖泊、水库的不同水域、远、近期社会发展需求对水资源保护的要求。坚持水资源开发利用与保护并重的原则。统筹兼顾流域、区域水资源综合开发利用和国民经济发展规划。对于城镇集中饮用水水源地保护等重点问题,在规划中应体

现优先保护的原则。

1.4.2 水质与水量统一考虑的原则

水质与水量是水资源的两个主要属性。水资源保护规划的水质保护与水量密切相关。规划中将水质与水量统一考虑,是水资源的开发利用与保护辩证统一关系的体现。在水资源保护规划中应依据流域综合利用规划,考虑水污染的季节性变化、地域分布的差异、设计流量(地表水)和水位(地下水)的确定、最小环境用水量、防止水源枯竭等因素。

1.4.3 地表水与地下水相统一的原则

在流域水资源系统中,地表水与地下水是紧密相联的。本次水资源保护规划应注意地表水与地下水统一规划,为流域水资源统一管理提供科学决策依据。

1.4.4 突出水资源保护监督管理的原则

水资源保护监督管理是水资源保护工作的重要方面,规划内容中应突出水资源保护监督管理工作。

1.5 规划范围

本次规划的范围分为流域和省区两级。流域级为长江、黄河、淮河、海河、珠江、辽河、松花江、太湖流域的干流、重点支流、湖库。省区级包括各省区的主要河流、湖库。各流域具体规划范围在流域水资源保护规划技术细则中确定。

1.6 规划水平年

规划基准年为1998年,规划近期水平年为2010年,远期水平年为2020年。以近期规划水平年为规划的重点。在实施计划中应考虑与"十五"计划相衔接。

1.7 规划指标

规划中各流域、省区统一采用COD、氨氮作为污染物控制指标。除以上指标外,各地区还可选取反映本地区水污染特性的其他指标作为污染物控制指标,但省区选取的指标应满足流域规划的要求。

1.8 规划目标

完成水功能区划,设置水源保护区,加强水质监测,实施水域纳污总量控制,近期(2010年)力争使集中饮用水水源地的水质达到国家规定的标准,初步遏制水环境恶化,逐步恢复河湖的生态环境。远期(2020年)通过加大水污染监控力度和水资源的有效保护和合理配置,生活用水水源功能区达到国家规定的生活用水标准,其他功能区基本达到水功能区水质标准。严格控制地下水超采和污染,基本遏制水环境恶化,实现水资源和水生态系统的良性循环,促进流域社会经济可持续发展。各流域结合本地区社会经济发展状况,具体制定不同水平年不同水域的水资源保护目标。

1.9 规划要求

1.9.1 总结以往水资源保护规划工作的经验和成果,根据近年来水资源保护工作中出现的新情况和新问题,采用较新的资料编制水资源保护规划;

1.9.2 规划要紧密结合当地实际,分析研究与水资源保护相关的重要问题,规划应突出重点并具有可操作性;

1.9.3 要保证规划的先进性,应积极采用新技术、新方法,提高水资源保护规划成果的科技含量。

2.基本资料收集与数据库建立

2.1 收集规划区内自然环境、社会环境、水资源、水污染状况及有关发展规划等基本资料

自然环境资料包括水文、气象、地形、地质、土壤、植被、生物、矿产、水土流失、湿地、自然保护区等。

社会环境资料包括人口、工业、农业、林业、渔业、航运、乡镇企业、景观、文物、人群健康等。

水资源资料包括水资源量及其分布、水资源开发利用现状和供需状况、重要水利水电工程及其运行方式、取水口、城镇饮用水水源地等。

水污染状况资料包括污染源、入河排污口、支流口、水域水质、河流底质状况、水污染事故等。污染源资料可依各地具体情况取舍。

有关规划包括各流域各地区社会经济发展规划、流域综合规划、水中长期供求计划、国土整治规划、饮用水水源保护规划、环境保护规划等。

2.2 对基本资料进行"三性"分析

所需搜集的资料应以近期通过验收、鉴定、审批的规划、调查、统计、监测、整编等成果为主。对收集到的基本资料按重点与一般区域分析检查资料是否全面、完整,对缺乏资料的区域应及早制定相应的补救措施。

对收集到的基本资料需从代表性、合理性、可靠性(三性)等方面进行分析。

对主要干、支流和重点城市的资料应以较高要求收集,若不能满足规划需要时,应作必要的补充调查和监测,以突出规划重点,提高工作深度。

2.3 基本资料整编与数据库系统的建立

应加强规划中采用的各专业基本资料的分区域、分类汇总分析,强调资料的统一归档工作。

建立统一规划的数据库,并及时补充更新,为建立水资源保护信息管理系统打下基础。

3.水功能区划与水质目标确定

3.1 水功能区划

水功能区划的范围为流域片全部水域。

根据流域区域水资源状况和社会经济发展及国土开展整治规划的要求,结合自然地理、行政区划、水文特征等因素,并考虑水资源开发利用现状和社会经济发展对水量与水质的需求,对全部水域划定若干具有特定主导功能,且有利于水资源合理开发利用与保护的水功能区。

水功能区划分应按相应的区划原则、标准、指标体系和程序与方法进行,具体内容另见《水功能区划技术大纲》。

3.2 结合水功能区划,划定规划水域

根据水功能区划,并考虑水文特征、水质监测断面布设、水质状况、入河排污口、取水口及水利水电工程调控作用等因素,将规划范围内水体划分为若干单元,称为规划水域,

同时确定本次规划的重点规划水域。重点规划水域应是城市集中式饮用水水源地、重要的鱼类洄游产卵场地及流经较大城市、大型工矿企业区、水体污染较重且水体具有较高功能的水域。规划水域的确定应与水功能区划成果协调一致。

3.3 依据水功能区划,结合相关标准确定规划水域的水质目标

根据水功能区划确定规划水域符合水体功能的水质目标。结合水污染现状和预测以及技术经济条件等因素,并考虑上下游、干支流和左右岸的影响,拟定规划水域满足不同规划水平年的水质目标。

4. 规划水域污染调查和水质现状评价

4.1 入河排污量及污染源分析

本规划要以水功能区划为基础,按规划水域排污口、支流口排入的污染物调查、监测与评价开展工作,有条件的地区可通过对主要污染源(点源、面源)进行调查、分析等方法对调查、评价结果进行合理性检验。

应调查统计入河排污口、支流口的位置、数量及水量与水质,确定入河排污口的种类、性质及排放方式,各类污染物入河量及其过程分布。根据调查结果,重点分析流经大中城市的河段、水域的入河排污口、支流口情况。

入河排污口现状评价因子一般选取 COD_{Cr}、氨氮、BOD_5、石油类、挥发酚、氰化物、总砷、总汞、六价铬、总铜、锌、总铅、总镉等。评价标准采用《污水综合排放标准》(GB8978 – 1996),现状评价方法采用主要污染物排放量排序及超标排序方法。

支流口水质现状评价类同水质现状评价。

通过评价,应明确规划水域所需控制的主要入河排污口、支流口和主要入河污染物及其排污量与过程。

4.2 水质现状资料收集、监测与评价

水质现状评价以搜集河流、湖泊、水库等现有的水质资料为主(基准年为 1998 年),对搜集的资料应进行可靠性、代表性及合理性的分析。若不能满足规划需要时,应按《水质监测规范》的要求进行补充监测。

评价因子应根据污染源和现有水质资料选取。江河水质评价因子宜选取 pH 值、DO、COD_{Cr}、BOD_5、挥发酚、氰化物、氨氮、$NO_3 - N$、$NO_2 - N$、石油类、总砷、总汞、六价铬、总铜、锌、总铅、总镉等。湖泊、水库的水质评价因子除选取上述因子外,宜增加总磷、总氮、叶绿素、水温、透明度、电导率等。

全国统一选择 COD_{Cr}、氨氮为主要污染控制指标(重要湖库水源地应考虑总磷和/(或)总氮等富营养化指标),各流域及省区可根据当地的实际情况,补充其他代表性控制指标。

评价标准采用地面水环境质量标准,评价方法宜采用单因子法,按年平均值、汛期、非汛期分别统计计算。在此基础上,对规划水域水质进行总体评价。

4.3 规划水域水污染危害及近年水质变化趋势分析

重点调查由于排放或泄漏污染物而造成的水污染事故,河流水质污染对工业、农业、水工程、水生生物及人体健康造成的危害及影响。

收集重点城市河段、主要边界河段、重要干支流河段和重要(湖、库)水源地近 5~10 年(有条件地区可延长系列)实测水质资料,采用季节性肯达尔法进行水质趋势分析。

5. 规划水域水质预测与受纳污染物预测

由于获取污染物数据有不同的途径,该部分工作内容视各地区情况选择开展,不做统一要求。

5.1 规划水域污染物纳入量预测

规划水域污染物纳入量为通过排污口、支流口进入规划水域的污染物量。

污水及污染物排放量预测主要包括点污染源和面污染源。其中,以点污染源预测为主,应依据规划水平年的人口、工业产值等社会经济指标,选择适当的模型与方法,测算其相应的生活污水、工业废水、农业废水及主要污染物排放量。而污染源可根据条件进行定性和半定量估算。

通过排污口进入规划水域的污染物量,可根据年污染物排放量与纳入量之间的关系,推求规划水平年的污染物纳入量;通过支流进入规划水域的污染物量,可根据规划水平年支流的纳污状况及其降解作用,求出支流口的污染物浓度,再乘以水量来计算,并采用相关资料进行校验。

规划水平年某规划水域污染物纳入量,应是排污口、支流口输进污染物量之和。

5.2 规划水域水质预测

水质预测应根据各规划水平年水域污染物纳入量,测算各规划水域的水质污染状况。水质预测因子应根据主要污染因子和污染源预测中的主要污染物分析确定。根据江河、湖泊、水库的水文特征及水体边界条件等因素,选择适当的预测模型和方法,预测规划水平年的水质状况。

模型的选择:

山区河流一般流量小,环境容量小,河道地形可概化为顺直河段,水量水质预测可采用一维恒定流模型;

平原河流一般河道宽、浅,曲率半径大,可概化为宽浅顺直河段,水量水质预测可视河宽状况采用一维或二维恒定流模型;

对于感潮河段,单一河流的潮流作用河段可处理为宽浅顺直河段;河道地形复杂或河网区,必须依据河道断面实测资料进行处理。一般感潮河段水量水质预测可采用一维非恒定河网区模型;

水库湖泊可采用湖泊推流衰减模型,对于河道型水库湖泊可简化为二维恒定流模型计算;

注意预测结果同水质现状的对比分析,对重要规划水域应进行水域污染物纳入量同河道水质的响应关系分析。

6. 规划水域纳污能力分析

纳污能力是满足水功能区水环境质量标准要求的污染物最大允许负荷量。规划水域纳污能力分析应以水功能区划成果为基础。

6.1　分析河流水文变化规律及水体污染物的降解规律

研究确定水功能区河流水体的水文变化规律及流域水资源开发利用方案,研究各规划水域的设计流量(水量),推求合理的河流污染物降解系数,为河流纳污能力计算提供技术支持和科学依据。

设计流量应考虑上游水资源开发利用影响及不同的规划方案,可按以下原则确定:

饮用水源区,采用95%保证率最枯月平均流量;

其他水功能区一般采用近10年最枯月平均流量或90%保证率最枯月平均流量;

对有水利工程控制的河流应用最小下泄流量(坝下保证流量或漏水流量);

对流向不定的水网地区和潮汐河段,按流速为零时低水位相应水域的水量,或根据感潮河段水环境容量计算所采用的模型要求,确定设计流量。

对于一般湖泊或水库,分别按近10年最低月平均水位或90%保证率最低月平均水位相应的蓄水量和死库容的蓄水量确定设计流量。

降解系数是计算水体纳污能力的一项重要参数。由于不同的污染物和不同的水体、不同的环境条件,其降解系数是不同的。可通过现有监测资料推求合理的降解系数。

6.2　纳污能力计算

根据污染物排放总量控制原则,计算各规划水域的纳污能力,为制定污染物排放总量控制方案提供依据。

规划水域允许纳污量是满足不同规划水平年水环境质量目标的污染物允许纳入量。允许纳污量的计算,一般以水质模型法为主。应根据不同水域选择相应的水质模型。模型建立过程中要搜集以往模型计算的成果,掌握影响模型精度的要点,根据水体的自然情况选择模型的维数、选取合适的时间步长和空间步长,用多种方法进行参数估值,最终用实测资料进行模型的率定和验证,使模型模拟的结果控制在一定的误差范围之内。

规划水域允许纳污量的计算应考虑到规划水平年流域不同开发利用方案对水域内水量的变化及影响,并进行多方案的比较研究。

根据计算的设计水量、确定的各规划水平年水环境保护目标,通过模型计算规划水域允许纳污量并进行合理性分析。

6.3　敏感区域河流、湖泊生态环境需水量的估算

生态环境需水量的提出,是水资源保护工作实施可持续发展战略的重要体现。随着社会经济的发展和生活环境的变革,人类在开发利用水资源的同时,对河道生态环境用水的要求更为迫切。从维持江河的合理流量和湖泊、水库、地下水的合理水位,维护水体的自然净化能力的角度出发,采用有关方法,估算河流最小生态环境需水量,作为流域水资源综合开发利用的环境约束。

7.规划水域纳污总量控制方案

纳污总量控制及分配方案的研究与制定是水资源保护规划工作的重要内容。为了使规划水域满足规划水质目标的要求,必须对其实施污染物总量控制,根据纳污能力、纳污现状、不同水平年的水质控制目标、污染源源强与排入水体水质的关系等因素,提出规划水域按照水功能区划要求的水质目标和不同水平年水质目标下各水域水体的纳污控制总

量,并提出实施计划;计算不同水平年纳污控制量,并以现状纳污量为基础计算规划水域的污染物削减量。

规划水域的主要污染物总量控制指标应分配至入河排污口和支流口,分配方法由流域根据具体情况制定。必要时应提出入河排污口规划方案。

8. 主要饮用水水源地保护规划

集中供水的饮用水地表水源地,按照不同的水质标准和保护要求,划分饮用水水源保护区,制定保护规划。保护规划包括水量、水质和周边地区生态环境。主要工作内容包括:

8.1 主要城镇饮用水水源地基本情况调查与资料收集

自然条件方面的资料,包括当地气象、水文、地质地貌、土地、植被、水土流失等;

社会经济方面的资料,同 2.1 内容;

水源地利用方面的资料,包括近 10 年水源地供水量、水质变化、用水结构、水厂规模及运转情况、取水口位置、水源地保护情况、水源地水质资料情况等,并按取水规模分类统计;

对水源地水质有影响的各排污口及其排污情况进行调查。

8.2 主要城镇饮用水水源地各级保护区的范围划分及水质目标的确定

对现有水源地保护区范围和不同级别的保护区分类,给予合理性分析。对新水源地进行水源地保护区范围的划定和不同级别保护区的划分。水源地保护区划分主要按以下要求:

保护区一般按三级划分,第一级位于水源地及周边近距离地带,第二、三级依次向外划分;

各级保护区范围依具体水源地的流域概况、水体自净能力、污染物沿程削减规律等情况划分,设计流量的计算以保证流量作为计算依据。

8.3 饮用水水源地水质现状评价与预测

分析水源地水质状况并进行水质现状评价。

根据水源地及其周边的污染源预测情况及水质模拟调算,预测水源地不同水平年水质状况。

8.4 饮用水水源地保护方案及管理监督措施

在划分保护区和污染源预测的基础上,应结合当地社会经济发展的环境综合整治规划,提出污染物削减和排污控制方案。

提出水源地保护管理监督措施,其内容包括建立健全水质水量监测体系,加强机构建设,健全水源地保护法规条例,并积极鼓励有关地区非政府组织及公众的参与等。

9. 地下水重点保护区水资源保护规划

在地下水污染严重、地下水超采、海水入侵和以地下水作为饮用水源地的地区,应当编制地下水资源保护规划。对开展地下水资源保护规划的地区,应尽量利用现有成果开展工作。主要工作内容为:

9.1 地下水污染源及水质监测评价与分析

调查规划城区地理位置、自然概况及社会经济发展情况;收集规划区内污染源资料,摸清规划区的地下水污染产生源;依据规划区污染源现状调查资料确定规划区的主要污染源和主要污染物。

9.2 地下水资源质量评价与预测

通过对地下水环境质量现状评价、掌握和了解该区域地下水质功能,弄清地下水的污染程度、范围、原因及影响,为预测提供基础资料和依据。收集预测基准年社会经济、污水和污染物排放量数据及国民经济发展规划的有关数据,进行污染源预测和水质预测。通过预测,搞清地下水水质变化趋势对人体、动植物及工农业生产的影响。

9.3 地下水水量水质保护目标与限采区划分

依据地下水水质预测结果和对地下水水质水量功能的要求及国民经济的发展规划来确定保护目标和限采区划分。

9.4 地下水污染防治及合理开发利用对策

制定和筛选地下水污染控制方案和削减处理污染物方案,对规划方案进行经济评价,最终确定合理的开发利用方案对策。

9.5 地下水资源保护监督管理

针对地下水资源开发、利用中产生的突出问题,分别提出相应的地下水资源保护和管理措施。对地下水的保护应始终贯彻预防为主的原则。一旦发现污染,应立即制止,并采取相应的技术措施予以补救。

10.水质监测规划

为了全面加强各流域机构水资源保护和治理监督工作,建立健全各流域水质监测网络,形成全国统一的水质监测信息网,使水质监测工作为水资源保护管理服务,为水资源保护规划服务,开展水质监测规划工作是一项重要和紧迫的任务。主要内容有:

10.1 各地区现行水质监测站网调查及存在的主要问题分析

收集现有水质监测站点的分布、规模、监测指标、监测频次、资质水平及其行政隶属和业务指导部门等有关资料,并绘制出监测站点分布图。

根据水资源保护规划要求,分析现行监测站点存在的主要问题和不足,从中筛选部分各方面条件具备的监测站点进入监测站网。水质监测站点的布设应结合水质站网建设规划,按统一规划、分步实施的原则进行规划。

10.2 水质监测站点设置与建设的基本要求与原则

规划水体范围内的水质监测站设置的基本要求,必须满足掌握水质的时空变化动态、进行污染物入河量计算、进行水质监测管理的基本信息要求。

水质站点设置的基本原则是要满足水行政主管部门保护管理水质的需要,同时应做到技术上、经济上的合理。

根据以上的基本要求和原则,水质监测站应布设在主要水功能区水质控制断面,包括主要供水水源地及排入水源地的主要入河排污口和支流口;省界河流、湖泊、控制断面主要入河排污口和支流口;主要河流的控制断面及其主要入河排污口和支流口;其他特征水域。

10.3 水质监测站点管理与监督办法

根据水资源保护规划监督管理的要求,提出监测站点管理与监督的目的、管理与监督体系、站点的管理与监督内容(包括组织、计划、技术及成果质量的管理与监督等)。

11. 水资源保护对策措施

水资源保护对策措施应包括工程措施、管理措施和法律法规措施。

11.1 水资源保护工程措施

水资源保护工程措施主要是为了防止水污染、使水体水质达到拟定的水质目标、满足水体功能要求对排放废水采取的削减处理、调度等工程。本次规划具体可从如下方面进行工程措施的规划:入河排污口规划(优化排污口的布设)、江河治理、利用水利工程对废污水调度、清污分流、河道曝气、氧化塘、污水资源化、水利工程调度运行与水资源保护目标的协调措施等。

污染源治理及污水处理措施包括工业污染源、农业污染源、生活污染源及其他污染源的治理措施和污水处理措施等,本规划不做具体要求,主要根据水体纳污能力及水质目标提出控制要求。

各地区应对水资源保护工程措施进行规划,并按有关规范进行投资估算和效益分析。

11.2 管理措施

水资源保护管理措施是在分析管理体制、运行机制、经费保障和管理技术手段基础上,提出的管理模式和运行机制。其主要内容包括以下方面:

11.2.1 建立和完善流域水资源保护管理体制;

11.2.2 建立和完善流域水资源保护运行机制。

11.3 法律法规措施

水资源保护法律法规措施内容包括加强水资源保护政策法规的建设,依法行政,建立以流域为单元的水资源保护法规体系和执法体系,并进行统一监督与管理。需加紧制定的法规包括:

11.3.1 重要饮用水水源地保护办法;

11.3.2 跨省界河段水质管理办法;

11.3.3 水功能区管理办法;

11.3.4 纳污总量控制管理办法及实施细则;

11.3.5 入河排污口监督管理办法及实施细则。

12. 专题研究

为了保证本次规划的先进性,提出如下四项专题研究:

(1)全国水资源保护信息管理系统开发;

(2)水资源保护经济政策研究;

(3)生态环境最小需水量的计算研究;

(4)河流污染物降解系数、水体纳污能力及污染物总量控制计算方法研究。

13. 规划成果

(1)全国水资源保护规划；

(2)全国及各流域水功能区划(阶段成果)；

(3)长江流域水资源保护规划；

(4)黄河流域水资源保护规划；

(5)松花江流域水资源保护规划；

(6)辽河流域水资源保护规划；

(7)海河流域水资源保护规划；

(8)淮河流域水资源保护规划；

(9)珠江流域水资源保护规划；

(10)太湖流域片水资源保护规划；

(11)水质监测规划；

(12)省区水资源保护规划；

(13)专题研究成果。

以上成果均包括书面及电子版报告、图表、软件等内容。

14. 组织形式与分工

全国水资源保护规划工作由水利部水资源司和规划计划司负责组织领导、监督和检查,安排总体计划和经费,并完成代部组织审查和向国务院报批的有关工作；

水规总院负责组织编制全国水资源保护规划技术大纲,组织审定各流域水资源保护规划技术大纲,协调七大流域开展水资源保护规划的编制工作,进行技术指导及编制全国水资源保护规划总报告,并组织专题研究；

各流域水资源保护局负责组织和编制本流域水资源保护规划,流域内有关省、市、自治区配合完成,同时按任务书及大纲的要求开展本省区水资源保护规划工作。

为了使水资源保护规划成为跨行业开放式的工作,应吸收有关部门专家参与规划的编制。

15. 工作进度安排

(1)1999 年 5 月底~12 月底

水规总院提出《全国水资源保护规划任务书》,由水利部审批下达。

(2)1999 年 8 月~2000 年 1 月

水规总院组织编制《全国水资源保护规划技术大纲》和《水功能区划技术大纲》；

召开各流域机构及有关部门参加的工作会议,布置规划工作,具体落实任务,完成规划的启动工作。

(3)2000 年 1 月~12 月底

各单位根据分工及规划任务书要求,按照工作大纲开展规划工作,并编制规划报告。

其中:

2000年3月底前各流域初步完成水功能区划,并于3月底完成与各省区协调;

2000年6月底完成第一阶段的工作,即确定水功能区的划分,水利部分别组织对各流域成果进行阶段性审查;

2000年9月底各流域完成纳污总量控制及分配方案初步成果;

2000年12月底完成第二阶段的工作,即完成各流域及省区的水资源保护规划汇总报告,水利部分别组织对各流域规划报告进行审查。

(4)2000年12月~2001年3月

水规总院汇总并编制全国水资源保护规划报告。

水利部组织审查全国水资源保护规划报告,并报批。

编制单位:水利部水利水电规划设计总院

二○○○年一月

附录二　水功能区划技术大纲*

第一节　总　　则

一、目的和意义

水是重要的自然资源,随着社会和国民经济的迅速发展、人口的增长、人民生活水平和城市化水平的提高,对水的需求愈来愈多,水资源短缺和水污染日益严重,在一些地区已成为社会经济发展的制约因素。为促进国民经济可持续发展,全面贯彻《中华人民共和国水法》,加强水资源保护,履行水利部"三定"方案的职责,开展水功能区划分工作是十分必要和紧迫的任务。根据流域的水资源开发利用现状,结合社会需求,确定各水域的主导功能及功能顺序,科学合理地划分水功能区,以作为水资源保护规划的基础和水资源保护管理的依据。

本大纲的编制借鉴了自然资源等有关区划工作的经验,明确了水功能区划的原则;分级分类系统及指标;区划的工作程序;报告编写内容;区划图的技术要求等。同时,大纲考虑了水资源自然属性在流域水地区间的差异,具有一定灵活性。大纲为在全国范围内开展水功能区划工作提供了统一模式。

二、适应范围

本大纲适用于我国境内河流(包括运河和渠道)、湖泊、水库等水体。

地下水有其特殊性,可参照本大纲。

三、依据与标准

主要依据:

1.中华人民共和国环境保护法》;

2.《中华人民共和国水法》;

3.《中华人民共和国水污染防治法》;

4.《取水许可制度实施办法》;

5.《水利部职能配置、内设机构和人员编制规定》;

6.流域综合利用规划报告。

主要标准(区划过程中,采用标准被修订,则应按有关规定执行):

GB/T14529-1993　　　《自然保护区类型与级别划分原则》

---

* 本大纲根据 1999 年《水功能区划技术大纲》(讨论稿)修订。大纲编制单位:长江流域水资源保护局。

GB3838 - 88 　　　　《地面水环境质量标准》
GB11607 - 89 　　　　《渔业水质标准》
GB12941 - 91 　　　　《景观娱乐用水水质标准》
GB8978 - 1996 　　　《污水综合排放标准》

四、关键词

本大纲采用下列定义：

(一)功能

系指自然或社会事物于人类生存和社会发展所具有的价值与作用。

(二)水功能区

系指根据流域或区域的水资源状况,并考虑水资源开发利用现状和社会经济发展对水量和水质的需求,在相应水域划定的具有特定功能,有利于水资源的合理开发利用和保护,能够发挥最佳效益的区域。

(三)主导功能

在某一水域多种功能并存的情况下,按水资源的自然属性、开发利用现状及社会经济需求,既考虑各功能对水量要求的大小,又兼顾各功能对水质要求的高低,经功能重要性排序而拟定的首位功能即为该区的主导功能。

(四)水功能区划分

按各类水功能区的指标把某一水域划分为不同类型的水功能区单元的一项水资源开发利用与保护的基础性工作。

第二节　区划原则

一、可持续发展原则

水功能区划应与区域水资源开发利用规划及社会经济发展规划相结合,并根据水资源的可再生能力和自然环境的可承受能力,科学地合理开发利用水资源,并留有余地,保护当代和后代赖以生存的水环境,保障人体健康及生态环境的结构和功能,促进社会经济和生态的协调发展。

二、统筹兼顾,突出重点的原则

在划定水功能区时,应将流域作为一个大系统充分考虑上下游、左右岸、近远期以及社会发展需求对水功能区划的要求,并与流域、区域水资源综合开发利用和国民经济发展规划相协调,统筹兼顾达到水资源的开发利用与保护并重。重点问题,重点处理,在划定水功能区的范围和类型时,必须以城镇集中饮用水源地为优先保护对象。

三、前瞻性原则

水功能区划要体现社会发展的超前意识,结合未来社会发展需求,引入本领域和相关领域研究的最新成果,要为将来引进高新技术和社会发展需求留有余地。

四、便于管理,实用可行的原则

水功能的分区界限尽可能与行政区界一致,以便管理。区划是规划的基础,区划方案的确定既要反映实际需求,又要考虑技术经济发展,切实可行。

五、水质水量并重原则

在进行水功能区划时,既要考虑开发利用对水量的需求,又要考虑其对水质的要求。对水质水量要求不明确,或仅对水量有要求的,不予单独区划。

第三节　区划分级分类系统及指标

一、分级分类系统

水资源具有整体性的特点,它是以流域为单元,由水量与水质、地表水与地下水这几个相互依存的组分构成的统一体,每一组分的变化可影响其他组分,河流上下游、左右岸、干支流之间的开发利用亦会相互影响。有许多事情,在局部看来是可行的,但从整体看来则不可行,有的从本区看来是可行的,但从邻区看来是不可行的。另一方面水资源还具有多种功能的特点,在国民经济各部门中的用途广泛,可用来灌溉、发电、航运、供水、养殖、娱乐及维持生态等方面。但在水资源的开发利用中,各用途间往往存在矛盾,有时除害与兴利也会发生矛盾。因此,必须统一规划、统筹兼顾,实行综合利用,才能做到同时最合理地满足国民经济各部门的需要,并且把所有用户的利益进行最佳组合,以实现水资源的高效利用。

通过水功能区划分在宏观上对流域水资源的利用状况进行总体控制,合理解决有关用水矛盾。在整体功能布局确定的前提下,再在重点开发利用水域内详细划分多种用途的水域界线,以便为科学合理地开发利用和保护水资源提供依据。为此,本次水功能区划分采用两级体系,即一级区划和二级区划。一级区划是宏观上解决水资源开发利用与保护的问题,主要协调地区间用水关系,长远上考虑可持续发展的需求;二级区划主要协调用水部门之间的关系。

一级功能区的划分对二级功能区划分具有宏观指导作用。一级功能区分四类,包括保护区、保留区、开发利用区、缓冲区;二级功能区划分重点在一级所划的开发利用区内进行,分七类,包括饮用水源区、工业用水区、农业用水区、渔业用水区、景观娱乐用水区、过渡区、排污控制区。水功能区划分类系统见附图1。

二、一级区划分类及指标

(一)保护区

指对水资源保护、自然生态及珍稀濒危物种的保护有重要意义的水域。该区内严格禁止进行其他开发活动,并不得进行二级区划。

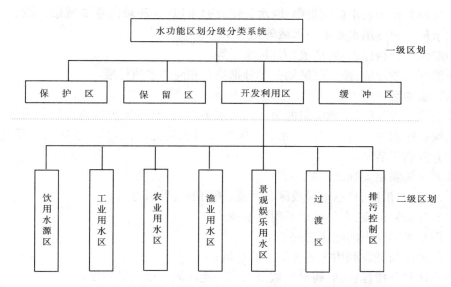

附图1　水功能区划分级分类系统

其划区为满足下列条件之一者:

1. 源头水保护区,系指以保护水资源为目的,在重要河流的源头河段划出专门保护的区域;

2. 国家级和省级自然保护区的用水水域或具有典型的生态保护意义的自然环境所在水域;

3. 跨流域、跨省及省内的大型调水工程的水源地,主要指已建(包括规划水平年建成)调水工程的水源区。

功能区指标包括:集水面积、调水量、保护级别等。

功能区水质标准:根据需要分别执行《地面水环境质量标准》(GB3838-88)Ⅰ、Ⅱ类水质标准或维持水质现状。

(二)保留区

指目前开发利用程度不高,为今后开发利用和保护水资源而预留的水域区域。该区内应维持现状不遭破坏,未经流域机构批准,不得在区内进行大规模的开发活动。

其划区为满足下列条件之一者:

1. 受人类活动影响较少,水资源开发利用程度较低的水域;

2. 目前不具备开发条件的水域;

3. 考虑到可持续发展的需要,为今后的发展预留的水资源区。

功能区划分指标包括:产值、人口、水量等。

功能区水质标准:按现状水质类别控制。

(三)开发利用区

主要指具有满足工农业生产、城镇生活、渔业和游乐等多种需水要求的水域。该区内的具体开发活动必须服从二级区划的功能分区要求,区内的二级区划工作在流域机构指导下,由省级水行政主管部门负责组织划定。

其区划条件为取水口较集中、取水量较大的水域(如流域内重要城市江段、具有一定灌溉用水量和渔业用水要求的水域等)。

功能区划分指标包括:产值、人口、水量等。

功能区水质标准:按二级区划分类分别执行相应的水质标准。

(四)缓冲区

指为协调省际间、矛盾突出的地区间用水关系,以及在保护区与开发利用区相接时,为满足保护区水质要求而划定的水域。未经流域机构批准,不得在该区内进行对水质有影响的开发利用活动。

其划区为满足下列条件之一者:

1.跨省、自治区、直辖市行政区域河流、湖泊的边界附近水域;

2.省际边界河流、湖泊的边界附近水域;

3.用水矛盾突出的地区之间水域;

4.保护区与开发利用区紧密相连的水域;

功能区划分指标包括:跨界区域及相邻功能区间水质差异程度。

功能区水质标准:按实际需要执行相关水质标准或按现状控制。

三、二级区划分类及指标

(一)饮用水源区

指满足城镇生活用水需要的水域。

其划区条件为:

1.已有城市生活用水取水口分布较集中的水域;或在规划水平年内城市发展需设置取水口,且具有取水条件的水域;

2.每个用水户取水量不小于有关水行政主管部门实施取水许可制度规定的取水限额。

功能区划分指标包括:人口、取水总量、取水口分布等。

功能区水质标准:根据需要分别执行《地面水环境质量标准》(GB3838-88)Ⅱ、Ⅲ类水质标准。

(二)工业用水区

指满足城镇工业用水需要的水域。

其划区条件为:

1.现有工矿企业生产用水的集中取水点水域;或根据工业布局,在规划水平年内需设置工矿企业生产用水取水点,且具备取水条件的水域;

2.每个用水户取水量不小于有关水行政主管部门实施取水许可制度细则规定的最小取水量。

功能区划分指标包括:工业产值、取水总量、取水口分布等。

功能区水质标准:执行《地面水环境质量标准》(GB3838-88)Ⅳ类标准。

(三)农业用水区

指满足农业灌溉用水需要的水域。

其划区条件为：

1.已有农业灌溉区用水集中取水点水域；或根据规划水平年内农业灌溉的发展，需要设置农业灌溉集中取水点，且具备取水条件的水域；

2.每个用水户取水量不小于有关水行政主管部门实施取水许可制度细则规定的取水限额。

功能区划分指标包括：灌区面积、取水总量、取水口分布等。

功能区水质标准：执行《地面水环境质量标准》(GB3838－88)Ⅴ类标准。

(四)渔业用水区

指具有鱼、虾、蟹、贝类产卵场、索饵场、越冬场及洄游通道功能的水域，养殖鱼、虾、蟹、贝、藻类等水生动植物的水域。

其划区条件为：

1.主要经济鱼类的产卵、索饵、洄游通道及历史悠久或新辟人工放养和保护的渔业水域；

2.水文条件良好，水交换畅通；

3.有合适的地形、底质。

功能区划分指标包括：渔业生产条件及生产状况。

功能区水质标准：执行《渔业水质标准》(GB11607－89)，并可参照《地面水环境质量标准》(GB3838－88)Ⅱ类标准。

(五)景观娱乐用水区

指以满足景观、疗养、度假和娱乐需要为目的的江河湖库等水域。

其划区为满足下列条件之一者：

1.度假、娱乐、运动场所涉及的水域；

2.水上运动场；

3.风景名胜区所涉及的水域。

功能区划分指标包括：景观娱乐类型及规模。

功能区水质标准：执行《景观娱乐用水水质标准》(GB12941－91)，并可参照《地面水环境质量标准》(GB3838－88)Ⅲ类标准。

(六)过渡区

指为使水质要求有差异的相邻功能区顺利衔接而划定的区域。

其划区条件为：

1.下游用水要求高于上游水质状况；

2.有双向水流的水域，且水质要求不同的相邻功能区之间。

功能区划分指标包括：水质与水量。

功能区水质标准：以满足出流断面所邻功能区水质要求选用相应控制标准。

(七)排污控制区

指接纳生活、生产污废水比较集中，接纳的污废水对水环境无重大不利影响的区域。

其划区的条件为：

1.接纳废水中污染物为可降解稀释的；

2.水域的稀释自净能力较强,其水文、生态特性适宜于作为排污区。

功能区划分指标包括:排污量、排污口分布。

功能区水质标准:不执行有关的水质标准。

第四节 区划程序与方法

一、区划程序

水功能区划的工作程序可分为资料收集、资料的分析评价、功能区的划分和区划成果评审报批等四个阶段。在正式提出一、二级区划成果前,应征求有关方面的意见;应根据两级区划成果编制流域水功能区划报告;对于已划为缓冲区的水域,确因开发利用需要,经流域机构同意将其改为开发利用区后,方可按有关商定意见在该水域划分二级功能区。水功能区划的工作程序见附图2。

工作程序框图不代表固定的工作顺序,相互之间没有明显的时段界限,有时要相互交错,有时可结合在一起,有时则相互反馈,必须根据工作中的目的要求,灵活掌握,统筹安排。其中,评审报批是确认水功能区划的法律地位的关键工作。水功能区划报告只有经过具有相应管理权限的政府部门批准后,才能作为水资源保护和管理及规划的依据。

二、一级区划方法

(一)资料的收集

以省级行政区为单位,收集有关水资源开发利用、水环境保护等地方性法规;流域综合利用规划、水中长期供求计划、统计年鉴、社会经济发展规划、水环境功能区划、国土规划、农业区划等区划、规划;自然保护区名录、规划;区域水资源分布和开发利用以及进出境水质要求等。

(二)资料分析与评价

1.自然环境状况分析

从收集的自然条件资料中,归纳出有利于该区资源开发利用的自然环境条件和制约因素。

2.社会经济状况分析

通过对各行业的产业结构、产值和效益的分析,找出该区经济发展的主导方向与主要问题。

3.区域发展规划分析

分析该区的宏观发展规划和人口、经济、环境的发展指标,着重分析区域发展对水资源需求密切相关的指标。

4.水资源评价

地表水资源评价以《中国水资源评价》等资料为基础,分析评价相关区域的水资源量和可开发利用状况。

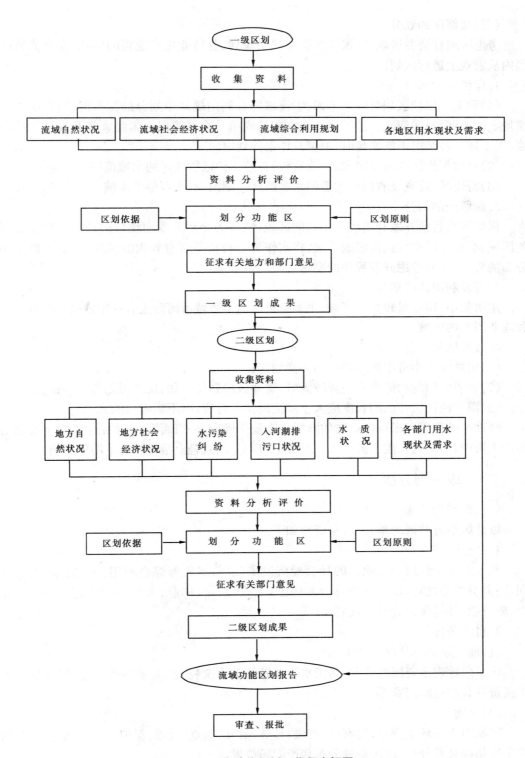

附图 2　水功能区划工作程序框图

(三)功能区的划分

考虑区域社会发展规划、水资源综合利用规划、各行业现有规划的协调,在全流域范围内从宏观上进行区划。

1.保护区的划分

(1)源头水保护区划分时可考虑:①流域综合利用规划中划分的源头河段;②历史习惯规定源头河段;③河流上游的第一个水文站或第一个城镇以上未经人类开发利用的河段;④上述三种情况不能满足时,根据具体条件划定。

(2)自然保护区范围指国家级(或省级)自然保护区所确定的水域范围。

(3)跨流域、跨省及省内的大型调水水源地。湖泊、水库等整个水域。

2.保留区的划分

保留区指目前开发利用程度不高的区域,或者为今后开发而预留的区域。对于预留的区域,必须考虑更长远发展的需求,将水作为一种资源留有较大的余地,既要考虑空间分布的要求,又要考虑开发程序的要求。

3.开发利用区的划分

用水集中、用水量较大的区域,主要指流域内主要城市河段或有一定规模的灌溉用水和渔业用水的区域。

4.缓冲区的划分

(1)缓冲区大小可根据行政区划协商划定;

(2)省界之间的功能水质差异较大时,缓冲区应划长一些,反之可划短一些;

(3)潮汐河段缓冲区的长度应大于水流回荡的行程,以不影响功能为限。

缓冲区的范围可根据污染物的降解自净规律确定,一般而言,主要是上游对下游的功能产生影响,因此其长度上游占2/3,下游占1/3。以减轻上游排污对下游的影响。

三、二级区划方法

(一)资料的收集

以地级市行政区为单元,收集资料如下:

1.社会经济

收集沿江(河、湖、库)地区的社会经济发展规划,水资源综合利用、水中长期供求计划、河道整治等规划,以及有关行业如国土、工业、农业、林业、水产业、乡镇企业、城市建设、旅游业、环境保护等发展规划。

2.自然条件

(1)地表水资源状况

区域内地表水资源的分布,河流水系及湖泊的水文特征,如多年平均流量、最枯月平均流量及其相应的河宽等。

(2)生物

区域内生态环境特点,国家级(省级)自然保护区地点、规模、保护对象。濒危、珍稀的水生生物种类及分布,经济物种分布和产卵场位置。

3.水资源开发利用、治理状况

(1)水工程

现有以及规划中的重点水工程。

(2)水产养殖

养殖场位置、范围、规模等。

(3)旅游资源

区域内与江河、湖库水域关系密切的国家级、省级旅游资源地理位置、范围、等级等。

(4)农业灌溉

农业灌溉用水取水位置及用水量。

(5)水源地

区域内现有水源地、取水口分布、取水能力、取水位置及方式。

4.水质现状

地区环境质量年报和环境质量报告书,1995~1999年的河流水质监测数据。

5.排污口及排污量

以各地区的干流排污口调查为基础,核实排污口数量、位置、污水排放量和主要污染物。

6.水污染纠纷

区域近10年的水污染纠纷。

(二)资料的分析与评价

资料的分析与评价除对区域自然环境、社会经济、行业规划和水资源现状进行分析评价外,还需对区域水质进行评价,水质按《地面水环境质量标准》(GB3838-88)进行单因子评价,一些与行业有关的指标参照有关行业标准进行评价。评价有关区域的主要污染物和受污染的范围。

(三)功能区的划分

二级区划主要是在一级区划的基础上,对重要的开发利用水域进行功能区划。

1.饮用水源区的划分

(1)由邻近取水口的水源保护区连片形成的水域(包括其准保护区水域);

(2)作为集中生活饮用水源区的湖、库的整个水域。

2.工业用水区、农业用水区的划分

其范围可考虑自相邻数个取水口中最上游的一个取水口以上200m至最下游的取水口以下50m。

3.渔业用水区的划分

(1)对于水库(湖泊)养鱼(水产品),其范围为整个水面;

(2)对于网箱养鱼,其范围应考虑不同水期、不同水位条件下网箱区域外缘水质满足《渔业水质标准》的要求。

(3)对于产卵场和人工放流站,其范围既要考虑产卵场和人工放流站附近水域水质满足要求,还应考虑鱼类在索饵、洄游以及鱼卵在漂流孵化过程中对水质的要求,即在大江大河划定功能区时,影响渔业用水的功能区不能覆盖河面。

4.景观娱乐用水区的划分

(1)娱乐用水区范围根据疗养、度假、水上运动等功能需要而划定；

(2)风景名胜区范围根据国家级(或省级)风景名胜区规划水域范围而确定。

5.过渡区的划分

其范围大小取决于相邻两功能区的用水要求。上下游功能区的水质水量要求差异大时,过渡区的范围适当大一些,要求差异小时,其范围可小一些。

6.功能恢复区的划分

其范围为现状纳污水域区间。

(四)功能重叠的处理

1.一致性(或可兼容)功能重叠的处理。当同一水域内各功能区之间在开发利用时不互相干扰,有时还有助于发挥综合效益,那么此区域为多功能同时并存。

2.不一致功能重叠的处理。当同一水域内多功能区之间各功能存在矛盾且不能兼容时,依据区划原则确定主导功能,舍弃与之不能兼容的功能。

3.主导功能对水质要求较低时,应兼顾其他功能用水的水质要求,选择适当的水质标准。

参 考 文 献

[1] 左其亭,王中根著.现代水文学.郑州:黄河水利出版社,2002

[2] 左其亭,夏军.陆面水量—水质—生态耦合系统模型研究.水利学报,2002(2):61～65

[3] 左其亭,张浩华,欧军利.面向可持续发展的水利规划理论与实践.郑州大学学报,2002(3)

[4] 左其亭,谈戈.可持续发展与地下水资源管理研究.工程勘察,1999(6):24～27

[5] 左其亭,夏军,陈嘻.区域生态经济协调发展量化研究.生态经济,2001增刊:9～13

[6] 左其亭,吴泽宁,陈嘻.面向可持续发展的水管理政策模拟实验研究.见:全国现代水利水电科技论文集.西安:陕西人民教育出版社,2001

[7] 左其亭.科技进步与可持续发展.河北省科学院学报,1999(3):520～524

[8] 刘昌明,陈志恺主编.中国水资源现状评价和供需发展趋势分析.北京:中国水利水电出版社,2001

[9] 朱党生,王超,程晓冰著.水资源保护规划理论及技术.北京:中国水利水电出版社,2001

[10] 于名萱,郑连生.中国水资源保护的进展.水电站设计,1997(3):7～15

[11] 陈雪萍.加强水资源保护　实现水资源可持续利用.人民珠江,1998(2):11～13

[12] 李广贺,刘兆昌,张旭编著.水资源利用工程与管理.北京:清华大学出版社,1998

[13] 夏军.可持续水资源管理研究与展望.水科学进展,1997(4):370～375

[14] 夏军.区域水环境与生态环境质量评价.武汉:武汉水利电力大学出版社,1999

[15] 吴泽宁,索丽生,左其亭.水利水电工程人工神经网络综合优选模型.水利水电技术,2001(7):6～8

[16] 张成才,左其亭,李荣.GIS和RS支持下的小流域环境评价方法研究.土壤侵蚀与水土保持学报,1998(6)

[17] 魏凤英,曹鸿兴著.长期预测的数学模型及其应用.北京:气象出版社,1990

[18] 冯尚友著.水资源系统工程.武汉:湖北科学技术出版社,1991

[19] 笔谈.水与可持续发展——定义与内涵(三).水科学进展,1998(2):196～201

[20] 邓聚龙著.灰色预测与决策.武汉:华中理工大学出版社,1988

[21] 夏军等编.水资源可持续管理问题研究与实践.武汉:武汉测绘大学出版社,1999

[22] 方子云主编.水资源保护工作手册.南京:河海大学出版社,1988

[23] 水利部水政水资源司.水资源保护管理基础.北京:中国水利水电出版社,1996

[24] 张逢甲、金传良等主编.水污染物容许排放量的计算方法.北京:中国科学技术出版社,1991

[25] 国家环境保护局、中国环境科学研究院.总量控制技术手册.北京:中国环境科学出版社,1990

[26] 朱发庆编著.环境规划.武汉:武汉大学出版社,1995

[27] 赵跃龙编著. 中国脆弱生态环境类型分布及其综合整治. 北京:中国环境科学出版社,1999

[28] 罗湘成主编. 中国基础水利、水资源与水处理实务. 北京:中国环境科学出版社,1998

[29] 国家环保局计划司《环境规划指南》编写组. 环境规划指南. 北京:清华大学出版社,1994

[30] 金光炎,黄道基等著. 水质数理统计·评价·预测与规划. 北京:中国科学技术出版社,1991

[31] 傅国伟编著. 河流水质数学模型及其模拟计算. 北京:中国环境科学出版社,1987

[32] 国家环境保护局污染管理司、排污许可证技术协调组. 水环境保护功能区划分技术纲要及实例(第二次全国水污染防治工作会议参考资料之五),1989

[33] 刘天齐,孔繁德等编著. 城市环境规划规范及方法指南. 北京:中国环境科学出版社,1992

[34] 吴泽宁,于鲁冀,王震等.工程经济原理及应用.北京:气象出版社,1996

[35] 吴泽宁,左其亭,张晨光. 水资源配置中环境资源价值量评估方法及应用. 郑州工业大学学报,2001(4)

[36] 张晨光,吴泽宁. 层次分析法(AHP)比例标度的分析与改进. 郑州工业大学学报,2000(2)

[37] 吴泽宁,张文鸽,管新建.AHP中判断矩阵一致性检验和修正的统计方法.系统工程,2002(3)

[38] 徐光先,吴泽宁,王博.水资源系统分析理论与实践.北京:气象出版社,1994

[39] 吴泽宁. 水利工程全过程综合经济评价. 见:全国企业技术经济论文大奖赛(1991年)论文集.北京:今日中国出版社,1992

[40] 吴泽宁,蒋水心. 水利工程综合评价中定性指标评价方法探讨.水能技术经济,1991

[41] 吴泽宁,蒋水心. 水利水电工程的模糊层次综合评价.水利学报,1988(2)

[42] 贺北方,王效宇,贺晓菊等.基于灰色聚类决策的水质评价方法.郑州大学学报(工学版),2002(1)

[43] 贺北方,吴泽宁,杨建水等.复杂系统灰色综合评估研究.郑州工业大学学报,1999(1)

[44] 袁宏将,邵东国,郭宗楼.水资源系统分析理论与应用.武汉:武汉大学出版社,2000

[45] 国家环保总局.环境影响评价技术导则.北京:中国环境科学出版社,1994

[46] 王晓光.灰色模糊聚类分析与水质评价.辽宁大学学报(自然科学版),1997(2)

[47] 阎伍玖.环境质量的模糊综合评价——灰色关联分析.农村生态环境(学报),1994(3)

[48] 李正最.水质综合评价的 B—P 网络模型.甘肃环境研究与监测,1998(2)

[49] 宋健.走可持续发展是中国的必然选择.环境保护,1996(6)

[50] 孙喆,宋金璞,高健磊等.城市环境保护学.郑州:河南科学技术出版社,1996

[51] 王浩,阮本清,杨小柳,梁瑞驹.流域水资源管理.北京:科学出版社,2001

[52] 周年生,李彦东主编.流域环境管理规划方法与实践.北京:中国水利水电出版社, 2000

[53] 谢永明.环境水质模型概论.北京:中国科学技术出版社,1996

[54] 陆雍森.环境评价(第二版).上海:同济大学出版社,1999

[55] 史捍民主编.区域开发活动环境影响评价技术指南.北京:化学工业出版社,1999

[56] 中华人民共和国国家标准:地表水环境质量标准(GB3838-2002)

[57] 中华人民共和国行业标准:地表水资源质量标准(SL63-94)

[58] 中华人民共和国国家标准:生活饮用水卫生标准(GB5749-85)

[59] 中华人民共和国行业标准:生活饮用水水源水质标准(CJ3020-93)

[60] 中华人民共和国国家标准:地下水质量标准(GB/T14848-93)

[61] 中华人民共和国国家标准:渔业水质标准(GB11607-89)

[62] 中华人民共和国国家标准:农田灌溉水质标准(GB5084-92)

[63] 中华人民共和国国家标准:污水综合排放标准(GB8978-1996)

[64] Xia Jun & Wang Zhonggen. Eco-environment quality assessment: a quantifying method and case study in the Ning Xia arid and semiarid region. China: IAHS Publ, No. 266,2001

[65] Brundtland G H, et al. Our Common Future. Report of the World Commission on Environment and Development. Oxford University Press, 1987: 3~15

[66] Donella Meadows, et al. The Limits to Growth. The New American Library, Ninth Printing (second edition), 1975

[67] Daniel P. Loucks. Quantitying Trends in System Sustainability. Hydrological sciences Journal, 1997, 42(4)

[68] Simonovic. A. P. (ed.). Modeling and Management of Sustainable Basin-Scale Water Resource Systems. Proceedings of IAHS Symposium 6, IAHS Publication No. 231, 1995

[69] International Geosphere-Biosphere Program. A Study of Global Change (IGPB): Biosphere Aspects of the Hydrological Cycle (BAHC)—The Operational Plan, Stockholm, 1993

[70] Rogers peter, et al. Water Resources Planning in a Strategic Context: Linking the Water Sector to the National Economy. Water Resources Research, 1993, 29(7): 1 140~1 167

[71] Lambertus, et al. Integrated Management of Urban Water. Water Science & Technology, 1993, 27(12): 741~751

[72] Tom Tietenberg. Environmental and Natural Resources Economics. Third Edition, 1992 by Harper Collins Publishers Inc

[73] Xia Jun & Kuniyoshi Takeuchi. Hydrological Science—Barriers to Sustainable Management of water Quantity and Quality. IAHS Press, Vol. 44, 1999

[74] Asit K. Biswas. Environment and Water Resources Management: The Need for a New Holistic Approach. Water Resources Development, 1993(2)

[75] Asit K. Biswas. Water for Sustainable Development in the 21st Century: A Global Perspective. Water Resource Development, 1991(4)

[76] Kenneth K. Orie. Proposed Amendment to Kenya's Water Legislation: Some Missing Sustainable Water Resources Management Principles. Water Resources Development, 1996(2)